Ternes · Römisches Deutschland

Charles-Marie Ternes

Römisches Deutschland

Aspekte seiner Geschichte und Kultur

Mit 100 Textabbildungen
und 31 Tafeln

Mit einem Vorwort von
Raymond Chevallier

Philipp Reclam jun. Stuttgart

CIP-Kurztitelaufnahme der Deutschen Bibliothek

Ternes, Charles-Marie:
Römisches Deutschland : Aspekte seiner Geschichte u. Kultur / Charles-Marie Ternes. Mit e. Vorw. von Raymond Chevallier. – Stuttgart : Reclam, 1986.
ISBN 3-15-010341-X

Gesamtherstellung: Reclam, Ditzingen. Printed in Germany 1986
Umschlagentwurf: Reichert Buchgestaltung, Stuttgart
ISBN 3-15-010341-X

Inhalt

Vorwort
Romanisierung: Reizwort oder greifbare Wirklichkeit?

»Geschichte ist immer Gegenwartsgeschichte.«

In einer Zeit, die gleichzeitig gekennzeichnet ist durch das Ende der Kolonialreiche und den Konflikt gewaltiger Herrschaftsansprüche auf Weltebene, kann es nicht ausbleiben, daß man dem antiken Kolonialismus Interesse schenkt, besonders dem römischen, der in mancher Hinsicht als vorbildlich und vollendet galt. Kein Wunder also, daß das Schlagwort »Romanisierung« in allen Bibliographien immer häufiger auftritt, allerdings oft mit Beimischungen und ›Zutaten‹, die weitab der geschichtlichen Realität und Erkenntnispraxis liegen. In Wirklichkeit zeigt das objektive Studium des Phänomens eindeutig, daß die Römer nie eine ›Theorie der Romanisierung‹ besaßen, sondern diese in Raum und Zeit sehr nuanciert, pragmatisch und kreativ verwirklichten. Das Geschehen am Rhein kann eben diese flexible Originalität exemplarisch darstellen.

Es gab eine Phase der Prä-Romanisierung, noch ehe Rom real und körperlich präsent war. Sie wurde geprägt durch Kaufleute aus dem Mittelmeerraum und die Waren, die sie zum Verkauf anboten. Die Karten über die Verbreitung von Metallgefäßen, Keramik, Münzen usw. lassen die zahlreichen Wege erkennen, auf denen jene ›fremden‹ Güter vordrangen. Auch andere (Konsum-)Waren, wie Öl, Südfrüchte, vor allem aber der Wein (*der* Trumpf in den Händen der südländischen Kaufleute), spielten eine bedeutende Rolle und erregten durch recht unbestimmte Gerüchte anfänglich bestimmte Wunschvorstellungen, später Bedürfnisse.

In den Augen der Römer stellte die Aufnahme oder Zurückweisung der Händler das Kriterium dar, an dem man die Geistesverfassung der Einheimischen ablesen konnte. Es genügt hier, auf Caesars Urteil zu verweisen: »Die Belger sind von allen erwähnten Stämmen die tapfersten, weil sie von der verfeinerten Lebensweise und hochentwickelten Zivilisation der römischen Provinz am weitesten entfernt sind. Denn nur sehr selten gelangen Händler zu ihnen mit Waren, die die Lebensweise verweichlichen können« (*De bello gallico* 1,1,3). »Man sagt, [die Nervier] lassen keine Händler ins Land, man dulde nicht, daß Wein oder sonstige Luxusgüter importiert werden« (ebd. 2,15,4). »Die Verbindung zu Handelsleuten [von den Sueben] wird vorwiegend zu dem Zweck aufrechterhalten, daß sie das, was sie im Krieg erbeutet haben, verkaufen können, weniger mit dem Wunsch, irgend etwas einzuhandeln« (ebd. 4,2,1). »Die Ubier sind etwas zivilisierter [wörtlich: menschlicher!] als die übrigen Germanen, weil ihr Gebiet an den Rhein stößt und sie viel Verkehr mit Händlern haben« (ebd. 4,3,3).

Dann kamen die Legionen, große, straff organisierte Truppeneinheiten, die einheitlich motiviert waren, woraus sich erklärt, daß die Romanisierung gerade an den Grenzen besonders wirksam war und ihre Ergebnisse, gleichsam experimentell potenziert, dort am ausgiebigsten beobachtet werden können. Die Auswirkungen werden spürbar sowohl im Materiellen als auch in der geistigen Entwicklung.

Im Bereich des täglichen Lebens veränderten sich vor allem der Hausbau, das Verkehrsnetz und die Bodenvermessung bzw. -verteilung. Sieht man von den Ubiern ab, die schon feste Siedlungsstrukturen besaßen, als sie das linke Rheinufer besetzten, so ist die Urbanisierung zweifellos das wichtigste Zeugnis römischen Wirkens am Rhein. Hier gilt, was Agricola in Britannien zu erreichen trachtete und Tacitus im *Agricola* (Kap. 21) folgendermaßen formulierte: »Damit sich die verstreut lebenden und rohen und deshalb zum Kriege neigenden Menschen durch Wohlleben an Ruhe und Muße gewöhnten, drängte er sie persönlich und half ihnen von Staats wegen, Tempel, Märkte und Häuser zu errichten, lobte dabei die Bereitwilligen und schalt die Trägen: so wirkte Ehrsucht und Wettstreit statt Zwang.« Dann ist die Rede von der Erziehung der Söhne der Adligen, von der Übernahme römischer Sitten, dem Tragen der Toga, dem Geschmack für Wandelhallen, Bäder und Gelage, allerdings mit deutlich kritischem Unterton. (Übrigens hat die Urbanisierung im Norden die einheimischen, oft klimatisch bedingten Eigenheiten, z. B. im Wohnungsbau, nicht unterdrückt.)

Bevor die Römer kamen, benutzten die Germanen Wege, die nur in schwierigerem Gelände erkennbar markiert waren, oder Flüsse. Rom wagte es, Brücken über den Rhein und die Donau zu schlagen, legte dann ein systematisches, dauerhaftes Straßennetz an, samt Infrastruktur und Bauwerken, die ein sicheres Reisen gewährleisteten.

Schließlich gab es eine Katastrierung, die sich auf das Straßennetz stützte und vor allem in der Umgebung von Köln wiederentdeckt wurde. Zweifellos sind auch andernorts Überreste von Zenturiationen zu finden, die einerseits fiskalischen Zwecken dienten, andererseits dazu, die Bevölkerungsdichte zu stabilisieren und eine bessere Ausnutzung des Ackerlandes zu gewährleisten.

Was nun den geistigen Romanisierungsprozeß betrifft, gilt es zu unterscheiden zwischen dem Verwaltungspersonal auf verschiedenen Ebenen, Offizieren und Mannschaften, Legionen und Hilfstruppen, Einheimischen diesseits und jenseits des Rheines, am Limes schließlich zwischen ›freien‹ Germanen und solchen, die in der römischen Interessensphäre angesiedelt worden waren.
Beamte, Offiziere, reiche Großkaufleute waren direkte Vertreter Roms als des Zentrums der Macht und sehr darauf bedacht, eine ›stadtrömische‹ Atmosphäre in ihren Amtsstuben, Kontoren und Privathäusern zu schaffen und in ihrer Lebensweise exemplarisch vorzuführen. Sie kannten den genauen Wert von Rang und Besitz, kalkulierten exakt das Risiko ihrer oft steilen Karrieren und genossen um so freudiger die Vorzüge des materiellen Reichtums; für Importwaren aus Italien, Luxuskeramik, Metallgefäße, Konsumgüter, bezahlten sie hohe Preise. Zugewanderte Künstler und Handwerker ließen sie an der Ausstattung ihrer Häuser arbeiten und ihre Gesichtszüge festhalten in Statuen und Grabreliefs.
Innerhalb der Legionen war die Romanisierung schon weit fortgeschritten, wenn auch nicht abgeschlossen. Es blieben Nuancen, je nach dem Ursprungs- und Rekrutierungsgebiet, das wir archäologisch erfassen können. Rekruten aus Norditalien holten Töpfer heran, die in Lagernähe die ihnen vertraute Ware nun als ›Soldatenkunst‹ weiter produzierten. Am Rhein begegnet man Pfeilergräbern mit Dachbekrönung, die über Norditalien aus dem östlichen Mittelmeerraum ›eingeführt‹ worden waren.
Zwar belegt die Epigraphik die Rückkehr von Soldaten in ihre Heimat (vor allem in die *Cisalpina*), doch blieben offenbar auch nicht wenige, die sich an Land und Leute gewöhnt und angepaßt, manchmal Ehen und Freundschaften geschlossen hatten, in der Nähe ihres früheren Truppenstandorts und ließen sich dort nieder; aufgrund des ausbezahlten Soldes und der zugewiesenen Beute (oder einer *missio nummaria*, einer pauschalen Soldabfindung), vielleicht auch einer Landzuteilung, bildeten sie oftmals – nach Absolvierung des Dekurionats – den Kern einer späteren Munizipal-Aristokratie.
Der Einfluß der ›Besatzungsmacht‹ auf die Ortsansässigen war beträchtlich. Er wird vor allem in den *canabae*, den Lagervorstädten,

deutlich, und zwar sowohl durch die Inschriften als auch durch die materiellen Zeugnisse:

- Ehen mit einheimischen Frauen, die durch Militärdiplome legalisiert wurden;
- Benutzung der lateinischen Sprache, ablesbar auch an der schrittweise sich verändernden Namengebung;
- Annahme römischer Bräuche in der Ernährung (Ölküche statt Speckküche), Bekleidung, Inneneinrichtung der Häuser;
- Hinwendung zu einer geregelteren Lebensweise, die bestimmt war durch gemeinschaftlichen Besuch der Thermen, der öffentlichen Zeremonien und Schauspiele, was allmählich zu einem *consensus*, einem Zusammengehörigkeitsgefühl, führte;
- Gemeinsamkeit im kultischen Bereich, wobei es zu gegenseitiger Beeinflussung kam, wie z. B. aus den Weihinschriften erkennbar wird (die *interpretatio Romana* wirkt immer in zwei Richtungen!).

Das Entstehen ›gemischter‹ Siedlungen am Rande, gleichsam ›im Schatten‹ der Lager, ist für die Gebiete an Rhein und Donau besonders charakteristisch.

Die ›Agrippiner‹, deren Bedeutung Tacitus so eindrucksvoll hervorgehoben hat, stellen einen Sonderfall dar: »Den Siedlern, die einst hierhergeführt worden waren und nun mit uns in Ehegemeinschaft leben, sowie deren Nachkommen bedeutet das alles hier Vaterland« (*Historien* 4,65,2). Bei den unabhängigen Germanen muß man differenzieren: (a) räumlich, was die Entfernung vom Limes betrifft, (b) zeitlich: es gibt Aufstände, Feldzüge, ganze Völker geraten in Bewegung. Darauf reagiert man mit Interesse, wenn handfeste geschäftliche Vorteile im Spiele sind (vgl. Tacitus' Erwähnung germanischer Händler, die zu den Märkten an Rhein und Moselmündung kommen); mit Neid, etwa gegenüber eben jenen Ubiern in Köln; mit Ablehnung und Haß, die manchmal von Überläufern (wie Arminius) aus dem römischen Heer geschürt wurden. Diese mögen so argumentiert haben wie der Bretone Calgacus bei Tacitus (*Agricola* 30–32).

Wie stellt sich nun die Bilanz der Romanisierung an der Nordostgrenze dar? Der Historiker soll zwar Werturteile vermeiden; dennoch muß er feststellen, daß trotz aller Mißerfolge (Scheitern der großräumigen Unternehmungen am Ende des 1. Jahrhunderts, langwierige Auseinandersetzungen mit den angrenzenden germanischen Völkern, baldiges Versagen Roms) die Urbanisierungspolitik zu einem politischen und kulturellen Erfolg geführt hat. Die zur Stadtgründung bestimmten Plätze sind geographisch, verkehrsmäßig und historisch so gut ausgewählt, daß sie im Grunde bis heute eine Vorzugsstellung genießen. Positiv bleibt auch der Eindruck beim Übergang zum Mittelalter, als die Germanen auf dem linken Rheinufer mehr und mehr Rolle und Handlungsweise der Römer übernahmen.

So gilt es heute, die Geschichte der Bemühungen zu schildern, die, *aus verschiedenen Richtungen*, vom Innern Germaniens, von Gallien und von Rom aus, unternommen wurden, um Rhein und Donau als trennende Grenzen zu überwinden; ihren letztlich nicht zu übersehenden Mißerfolg genau zu erklären, sowie das Ausmaß der ›beiläufigen‹ Wirkungen zu bestimmen, die während der ›römischen‹ Jahrhunderte des heutigen Deutschland an Rhein und Donau, aber auch im Hinterland zu verzeichnen sind. Geschichte und Archäologie müssen sinnvoll verknüpft werden, viele sorgfältig, aber meist nur auf konventionelle Weise kommentierte Texte sind kritisch heranzuziehen, auf daß nicht das Zufällige den Regelfall, das Normale die Randerscheinungen überstrahle! Wichtigen, ja entscheidenden (auch älteren) Büchern ist die gebührende Reverenz zu erweisen, wobei ihre unumstrittenen Ergebnisse unmittelbar in die neue Darstellung einfließen werden. Neue Erkenntnisse und innovative Hypothesen sollen das Ganze beleben und den an der Forschung interessierten Leser zufriedenstellen.

Durch seine Bücher (über das römische Rheinland, das römische Luxemburg, die *Germania Romana*, Gallien zur Zeit Caesars), seine Berichte (über die *Provincia Germania Superior*, die *Civitas Treverorum*), seine Tätigkeit als Gründer und Leiter einer Forschungsstelle für Alte Geschichte und Archäologie im Raume der römischen Provinzen *Germaniae* und *Belgica* (Centre Alexandre-Wiltheim), einer Gesellschaft von Altertumsfreunden (Société des Antiquités Nationales, Luxemburg), als Herausgeber des *Bulletin des Antiquités Luxembourgeoises*, der *Année Archéologique*, der Werke des Ausonius sowie frühneuzeitlicher lateinischer Quellen zur Altertumskunde ist Professor Ternes wohl dazu bestimmt, aus seiner Perspektive im Schnittpunkt des dargestellten Geschehens den schwierigen Anforderungen eines allgemein verständlichen, wissenschaftlich fundierten und doch mutigherausfordernden Buches gerecht zu werden.

Raymond Chevallier

Erster Teil
Römisches Deutschland?

Erstes Kapitel
Der Weg der jüngeren Forschung

Als ich 1970/71 *La vie quotidienne en Rhénanie à l'époque romaine* (Paris 1972; deutsche, erweiterte und veränderte Fassung unter dem Titel *Die Römer an Rhein und Mosel. Kunst und Kultur*, Stuttgart: Reclam, 1975, ^{3}1982) schrieb, lagen nur wenige umfassendere Arbeiten aus jüngerer Zeit vor. Neben Karl Müllenhoffs *Deutscher Altertumskunde* (12)* und sporadischen Ausführungen der Historiker (Mommsen, 11; Kornemann, 10; Heuss, 7; Cramer, 2; Dragendorff, 3; Koepp, 9; Frings, 4) standen unangefochten (trotz aller erkannten Mängel) die Quellenwerke von Alexander Riese (13, 14), die Inschriftensammlungen (*Corpus Inscriptionum Latinarum*, 181; Dessau, *Inscriptiones latinae selectae*), die Werke über Skulpturen (Espérandieu, 312; v. Massow, 319), einige Kataloge. Nur der 173 Seiten starke Bericht von Harald v. Petrikovits über die Rheinland-Forschung 1945–1960 (38), das umfangreiche ältere Werk von Friedrich Hertlein, Oscar Paret und Peter Goessler über die Römer in Württemberg (6) und Friedrich Wagner über die Römer in Bayern (15) berichteten ausführlicher und gründlicher über ausgedehntere Gebiete.

Den während der letzten zwölf bis fünfzehn Jahre bewirkten Fortschritt mißt man heute an vier wesentlichen Büchern: von Harald v. Petrikovits über die Rheinlande in römischer Zeit (56); von einem Autorenkollektiv unter der Leitung von Philipp Filtzinger, Dieter Planck und Bernhard Cämmerer über Baden-Württemberg (57); von Hans-Jörg Kellner über Bayern (58); und von Tilman Bechert über die *Germania Inferior* (59). Ohne diese Werke kann heute nicht weiterge-

* Die Ziffer nach dem Autorennamen verweist auf die entsprechende Nummer in der Bibliographie (S. 371–403).

forscht werden. Sie haben in ihrer Art Maßstäbe gesetzt, die es nicht zu überbieten, aber nachzuahmen gilt, auch wenn manche dort geäußerten Thesen weiterhin kontrovers bleiben oder sogar zurückgewiesen werden müssen. Alle diese Publikationen zeichnen sich dadurch aus, daß sie weder einfache Bildbände noch reine Forschungsberichte sind, sondern das Wagnis eingehen, aus *allen* Quellen (d. h. aus schriftlichen wie aus bodenkundlichen Zeugnissen) Geschichte gewinnen zu wollen.
Diese wertvollen Bücher beziehen sich alle auf Teilgebiete dessen, was man als »heutiges Deutschland« – d. h. hier im wesentlichen die Bundesrepublik – bezeichnet. Ist es sinnvoll, daneben nun ein Buch zu stellen, das einen viel größeren Raum (im Sinne der *Germania Libera* sogar Gebiete, die bis nach Böhmen, Mähren und Schlesien hineinreichen) behandeln will? Einige Überlegungen sollen den kühnen Versuch einleiten.

Die Menge des archäologischen Materials nimmt seit den fünfziger Jahren unablässig zu; ich habe Berichte über die *Germania Superior*, über Trier und das Trierer Land vorgelegt, aus denen dies eindeutig hervorgeht. Die Zahl der Veröffentlichungen wächst entsprechend (wenn auch nicht gleichmäßig): der erwähnte Bericht über die *Germania Superior* (60) enthält allein 240 Seiten Literaturangaben. Spezielle Veröffentlichungen wie die *Archäologische Bibliographie* (Deutsches Archäologisches Institut, Berlin), *L'Année Philologique* (Centre National pour la Recherche Scientifique, Paris) und *L'Année Archéologique* (Centre Alexandre-Wiltheim, Luxemburg) sorgen für aktuelle Information, die aber doch auch immer zwei Jahre gegenüber dem Erscheinungsdatum im Rückstand bleibt.
Im Bereich der Periodika ist der Informationsfluß (zumindest auf bundesdeutscher Ebene) zum Teil recht unbefriedigend. Langatmige Rezensionen von Werken, die manchmal vor fünfzehn Jahren erschienen sind, Abdrucke ganzer Referattexte, ja gelegentlich ganzer Dissertationen, Bibliothekseingänge und Verwaltungsberichte lassen in den aufwendigen (und mithin überaus kostspieligen) Zeitschriften kaum Platz für Mitteilungen und Darstellungen wirklich aktueller Themen und Arbeiten. Deshalb soll hier der dringende Wunsch geäußert werden, man möge ein bundesdeutsches *Informationsblatt für Archäologie und Altertumskunde* schaffen, das etwa zweimal im Jahr ordner- und computergeeignet, in billiger Ausführung, über Funde, Grabungen, Tagungen, Veröffentlichungen und dergleichen unterrichtet. Gute Ansätze bestehen (z. B. in Bonn und Freiburg) auf Länderebene oder

in eigener Regie einzelner Museen und Institutionen. Aber auch dort sollte noch mehr auf Systematisierung, Vereinfachung, Schnelligkeit, quantitative Steigerung und Kosteneinsparung Wert gelegt werden. Einstweilen sind wir viel zu oft in der peinlichen Lage, feststellen zu müssen, daß Arbeiten mit großem werblichen Aufwand vorgelegt werden, aber in der Sache und vom Interpretationsansatz her seit Jahren überholt sind. Die Koordinierung müßte auf höchster Ebene geschehen.

In den letzten fünfzehn Jahren waren allerdings auch beachtliche Fortschritte in der deutschen Museumslandschaft zu beobachten.
Das *Römisch-Germanische Museum* in Köln zieht – begünstigt durch seine Lage, seinen Aufbau, die sorgfältig geplanten und ausgeführten flankierenden Maßnahmen (Führer, Führungen, Vorträge, Sonderausstellungen usw.) – riesige Besuchermengen an, die ohne Zweifel, auch bei fehlendem Vorwissen, aus der thematischen Gruppierung sowie der guten Beschriftung und großzügigen Präsentation der Ausstellungsobjekte viel lernen können. Bekanntlich erhebt sich die Anlage über dem prachtvollen, 1941 entdeckten Dionysosmosaik, vertikal gegliedert wird sie durch das 14 m hohe Poblicius-Denkmal, das alle Etagen verbindet. Besonders reich ist das Museum an römischen Gläsern, antikem Schmuck und Tonlampen.
Das *Rheinische Landesmuseum* in Bonn bietet in thematisch und museumstechnisch gut ausgestatteten Räumen ganz wesentliche Exponate in der Sparte Militaria, Kult und Grabkunst der Römerzeit in Deutschland. Ausgezeichnete Modelldarstellungen (Steinbruch, Errichtung einer Stadtmauer, Gräberstraße usw.) unterstreichen die zahlreichen pädagogischen Bemühungen der Museumsleitung z. B. im Hinblick auf die Lehrerfortbildung.
Das Mainzer *Mittelrheinische Landesmuseum* birgt nicht nur die Originalfragmente des Dativius-Bogens und der Samus-Severus-Säule, sondern bietet auch wesentliche Unterlagen zur Geschichte von Moguntiacum und der dort stationierten Truppeneinheiten.
In Stuttgart lohnt es, sowohl das *Städtische Lapidarium* als auch das *Württembergische Landesmuseum* am Schillerplatz eingehend zu besichtigen: Kaiserporträts, Juppitersäulen, Reliefs und Weihegeschenke, Inschriften werden angenehm und wirkungsvoll präsentiert.
Seit 1977 werden in München nicht nur die prähistorischen Sammlungen, sondern auch die provinzial-römischen Altertümer im *Museum für*

Vor- und Frühgeschichte in der Lerchenfeldstraße ausgestellt. Hier werden die engen Verbindungen mit Italien und der Mittelmeerwelt (z. B. während der Latèneperiode) sehr eindringlich dokumentiert. Die Funde von Manching, Bregenz, Gauting, Obermenzingen, Künzingen (das komplette Gerät einer Pioniertruppe!), die Gesichtsmasken von Eining gehören zu dem hier ausgiebig und geschickt dargestellten Thema »Römer in Bayern«.
Daneben gibt es natürlich viele Museen mit frühgeschichtlichen Abteilungen, die eben erst gegründet (wie etwa das Freiburger) oder grundlegend erneuert worden sind: der *Deutsche Museumsführer* (63) und Führer zu Museen und Sammlungen in Bayern und Baden-Württemberg (64, 65) geben über diese wie selbstverständlich auch über alle anderen Auskunft. Unter vielen sei in unserem Zusammenhang das *Limes-Museum* in Aalen genannt, das nicht nur durch Funde, sondern auch durch seinen umfassenden didaktischen Kontext in die Breite wirkt; dazu gehört auch ein- und weiterführendes Schrifttum sowie das sog. *Parkmuseum*. Hier werden Nachbildungen württembergischer Römersteine, z. B. der Juppitersäule von Walheim, im Freien ausgestellt. Die Bonner *Gräberstraße* in den Rheinauen zeigt einen ähnlichen Versuch, Früheres in Heutiges zu integrieren. In Köln ebenso wie in Stuttgart sind sogar Originale ›ausgelagert‹, ohne daß ihnen größere Unbill widerfahren wäre. Besonders augenfällig ist diese Freiluft-Präsentation im *Archäologischen Park* in Xanten, dessen Besuch man unbedingt im *Regionalmuseum* vorbereiten oder abrunden sollte.
Trotz regionaler Akzente und Schwerpunkte haben alle diese Museen eine allgemeinere Bedeutung, die sie über die einzelnen Landschaften hinaus als Teile eines größeren Ganzen erkennbar werden läßt – einer Schicksalsgemeinschaft, die sich seit Ende des ersten nachchristlichen Jahrhunderts in Form der beiden römischen Provinzen verwaltungstechnisch und politisch konkretisierte; allerdings hatte man schon ein Jahrhundert lang um (teilweise für, teilweise gegen) diese Gemeinschaft, diese Integration in das römische Weltreich gerungen, die ohne wirtschaftliche und gesellschaftliche Umschichtungen nicht möglich war. Schließlich hatte niemand plötzlich die politische Wahl, sich kurzfristig für oder gegen Rom zu entscheiden; es galt, jahrzehntelangen Entwicklungen Rechnung zu tragen, die zu internen Auseinandersetzungen bei Völkern und Völkergruppen geführt hatten, lange bevor der erste Römer auftauchte; dann angesichts der von den neuen Machthabern angebotenen Vorteile die unvermeidbaren Verluste abzuwägen und jenen Mittelweg zu bestimmen, den neue Generationen mit Erfolg

beschreiten konnten. Dieses Phänomen war immer dann zu beobachten, wenn Rom neue Gebiete in seinen Herrschaftsbereich einbezog; da es hierbei selbst keine starren Schablonen anwandte, sondern jeweils improvisierte, blieb den betroffenen Einheimischen immer genug Spielraum, sich wenigstens allmählich ein Mitspracherecht zu sichern. Die Funde in unsern Museen sind das Sediment dieser Auseinandersetzung, der in den Boden abgesunkene Überrest einer Umschichtung, deren schicksalhafte Bedeutung nicht regional behandelt werden kann, sondern nur als Ganzes unter Einbeziehung aller Ereignisse, Fakten und Denkmäler, die uns zugänglich sind. Damit werden übrigens nicht nur lokale Partikularismen überwunden, vielmehr erhebt sich auf diese Weise die Darstellung jenes Abschnittes der deutschen Geschichte auch über das national-patriotische Pathos des 19. Jahrhunderts.

Wenn also das ›römische Deutschland‹ sinnvoll abgehandelt werden soll, ist von vornherein zu fordern, daß nicht nur Deutschland (etwa in seiner ›germanischen‹ Vergangenheit) dargestellt wird und deutsche Städte sich weiterhin sinnlos darum streiten, welche denn nun »die älteste deutsche Stadt« sei: der Begriff ermangelt dann nämlich jedweder Bedeutung. Es muß *römische* Geschichte geschrieben werden, in die sich das einfügt, was viel später als Deutschland bezeichnet wurde. Deshalb verzichte ich hier z. B. auf eine Darstellung jener Teile der *Provincia Germania Superior*, die heute schweizerisch und französisch sind, ebenso auf solche der *Germania Inferior*, die heute zu den Niederlanden gehören. Für diese Gebiete liegen ausgezeichnete Werke vor, die ohne weiteres jedem erlauben, den antiken Rahmen wiederherzustellen. Aber vom Römischen darf nicht abgewichen werden, ganz im Gegenteil, es muß als Leitbegriff allem vorangesetzt werden. Da Rom tausend Jahre lang das Weltgeschehen mitbestimmte oder sogar allein beherrschte, geht es letzten Endes darum, die Reihe jener Zivilisationen aufzuweisen und zu erklären, die nacheinander unser Schicksal wenigstens teilweise vorgeformt und -bestimmt haben.

Es wird das Verdienst der ab 1960 von Franz Bömer und Ludwig Voigt herausgegebenen *Gymnasium*-Beihefte über die *Germania Romana* (77, 78, 79) bleiben, einerseits die Bedeutung des Städtischen (Köln, Xanten, Mainz, Rottweil, Regensburg, Augsburg) hervorgehoben zu haben (vgl. dazu auch das Vorwort von Professor Chevallier, S. 10 f.); diese Tendenz wurde in den *Bonner Jahrbüchern* mit Kurzbeiträgen über Ehl, Rottweil, Mainz, Wiesbaden, Schwarzenacker, Trier, Köln, Xanten (Bd. 172) und über Regensburg (Bd. 181) weiterverfolgt. Andererseits wurden in diesen *Gymnasium*-Beiheften die Kunstdenkmäler aus der ästhetischen Betrachtungsweise in die historische übergeführt; in derselben Richtung liegen die Arbeiten von H. Gabelmann über die rheinischen Grabstelen (82).

Schließlich war es wichtig, auf die rechtliche Situation einzugehen (hierher gehört die – letztlich nicht sehr ergiebige – Diskussion über den Rechtsstatus der Städte, Munizipien, *vici* und *canabae*) sowie ganz untheoretisch die materielle Wirklichkeit in Haus und Hof anhand der Bodenfunde darzustellen. Neue Forschungszweige wie Paläobotanik, Dendrochronologie (Bestimmung des Alters anhand der Jahresringe bei Holzfunden), Malakologie (Identifizierung von Insektenfunden aus Grabungsschichten), die zahlreichen Anwendungen elektrisch-physikalischer Messungstechniken, Statistik, Luftbilder, Thermographie tragen dazu bei, daß ein umfassenderes Gebiet systematischer ausgewertet werden kann. Dabei geht dann freilich gern der größere Zusammenhang verloren. Entgegen dem, was oft gesagt wird, muß jedoch die Zukunft – zumindest in einem bestimmten Ausmaß – der Synthese gehören. Ziel kann nicht nur der endlose Katalog der eingetragenen Fundstücke sein; es muß darum gehen, diese zu sichten, zu ordnen, zu erklären, zu interpretieren, zum höheren Zweck des Geschichtsverständnisses aufzuarbeiten und bereitzustellen. Letzteres ist um so wichtiger, als unsere Gegenwart ihrerseits bereit ist, ohne Zorn zurückzublicken, und vom Historiker eine angemessene, d. h. gerade bei diesem Thema neuartige Darstellung dessen verlangt, was ehedem mißdeutet wurde, ja noch heute in dümmlichen Machwerken gelegentlich dem gutgläubigen Publikum vorgesetzt wird. Häufige Aufenthalte in den deutschen Museen, genaues Hinhören auf die Bemerkungen der Besucher und zahlreiche Gespräche mit fachlich durchaus gebildeten Besuchern nach Führungen in Köln, Bonn, Mainz, München, Würzburg, Darmstadt, Trier und anderswo zeigen, wie klischeehaft die Vorstellungen sind und wie schwer es fällt, das Denkschema Teutoburger Wald / Niederwald-Denkmal / Loreley aufzugeben.

Wenn wir festgestellt haben, daß ein ›römisches Deutschland‹ seinen Sinn erst dadurch erhält, daß das Entstehen Deutschlands aus der Auseinandersetzung zwischen Germanen – was immer das späte und unbequeme Wort bedeuten mag – und Römern erklärt wird, so hat der Historiker die Pflicht, von beiden Gruppierungen ein faires Bild zu zeichnen, die Einheimischen weder als wilde Horden noch als heilige Gralshüter, die Römer weder als edle Kulturträger noch als internationale Terroristen darzustellen. Es wird sich zeigen, daß beide Seiten zahlreiche schwerwiegende Fehler gemacht haben; Fehler in dem Sinne und in dem Maße, wie sie der Historiker erkennt, der aus der Distanz und in guter Kenntnis möglichst aller Quellen das beschreiben kann, was unter den gegebenen Umständen hätte sein können, aber nicht war, oder was war und nicht hätte sein müssen. Es gilt aber nicht nur, diese Mißerfolge zu schildern und zu erklären, sondern aufzuweisen, in welcher Weise und weshalb trotzdem Kontakte stattgefunden haben, sich viel Römisches im späteren Deutschland erhalten hat, die Romanisierung ein Faktum geblieben ist.

Zu letzterem Begriff habe ich mich so oft in Vorlesungen, Vorträgen und Veröffentlichungen geäußert, daß ich hier nur lapidar feststellen möchte: Romanisierung kann nicht mit Imitation oder mit Nachempfindung gleichgesetzt werden, sondern mit Osmose, d. h. inniger, vitaler, lebensnotwendiger Vermischung, die zur Symbiose führte, d. h. einer neuen Lebens- und Schicksalsgemeinschaft, die als solche empfunden, praktiziert und notfalls verteidigt wurde. Damit soll die Bedeutung des Militärischen beileibe nicht geschmälert oder gar heuchlerisch verbrämt werden: die römischen Geschichtsschreiber haben uns ja mit aller Deutlichkeit gelehrt, wie respektlos und kritisch man das Wirken jener Generäle beobachten kann, die bestenfalls in einer allerersten Phase der Kontaktnahme eine entscheidende Rolle spielen durften. Dann mußte möglichst bald der Übergang zum Zivilen erfolgen, mit dem eine soziale und ökonomische Umschichtung im ›Empfängerland‹ einhergeht. Sie vollzieht sich sehr langsam und benötigt mindestens hundertfünfzig Jahre unter günstigen Bedingungen, wie z. B. in Trier, im relativ friedlichen Hinterland – ganz im Gegensatz zu den Rhein- und Donaugegenden, wo immer wieder das Militärische in den Vordergrund tritt und die Zivilisierung daher langsamer, weniger systematisch, oberflächlicher vonstatten ging.

Nun entsteht gerade hierdurch der Eindruck, daß die am meisten gefährdeten Gebiete am tiefsten romanisiert waren, während in Wirklichkeit hier immer noch das Römisch-Mittelmeerische von Römern für Römer kopiert und importiert wurde. Echte Romanisierung in dem oben dargelegten Sinne kann nur dort erwiesen werden, wo das Stadtrömische und der Reichsstil zurücktreten, wo zwar römische Technik angewandt wird, aber inhaltlich und formal eigene Mittel eingesetzt und Ziele angestrebt werden, die nicht (oder nur noch teilweise) römisch sind im wahren Sinn dieses Wortes. So wäre es denkbar (in der Praxis war es freilich nicht so), daß die Römer irgendwo eine römische Stadt errichtet hätten, gleichsam als Propagandawerk, als Staffage riesigen

Ausmaßes: eine solche transplantierte Stadt wäre kein Zeugnis von Romanisierung gewesen, sondern ein Beispiel für massive Überfremdung und totale Nichtbeachtung jener Psychologie, die es anzuwenden galt, damit der Stärkere als Herr anerkannt wurde ohne Demütigung, ohne kriecherische Unterwerfung, ohne Heuchelei, ohne Ressentiment.

Leider wurde dieser Zustand, den andere Provinzen ohne Zweifel gekannt haben (vor allem wohl Gallien), in den beiden Germanien nur teilweise und vorübergehend erreicht. Die ›Schuld‹ an diesem Mißerfolg kann weder den germanischen Völkern noch den Römern angelastet werden. Erstere gerieten zunehmend in den Sog und unter den Druck einer riesigen Völkerverschiebung, die über Jahrhunderte hinweg Nord- und Nordosteuropa umgestaltete; letzteren gelang es nicht immer (oder nicht mehr), jene Anpassungsfähigkeit zu demonstrieren, die über ein halbes Jahrtausend lang bewirkt hatte, daß aus Feinden Freunde wurden. Wenn man bedenkt, wie lange es eine Ehre war, Römer zu sein, versteht man, wo die Ansätze lagen; sie gelangten aber nicht zur freien Entfaltung, vielleicht weil zu enge soziale Schichten angesprochen wurden und mit der eigenen politischen Tradition der eroberten Länder zu abrupt und endgültig gebrochen wurde. In der ersten Phase dieses Prozesses war Rom selbst mit der Erarbeitung einer neuen politischen Struktur (des ›Kaisertums‹) so stark beschäftigt, daß es von der Durchführung größerer außenpolitischer Aufgaben zwar nicht abgehalten, aber doch abgelenkt wurde; später wurde gerade der (relative) Erfolg zum Verhängnis: die zur Aufnahme der römischen Kultur bereiten Völker, die an den ›Grenzen‹ mit Fortschritt und Zivilisation in Berührung kamen, konnten auf die Dauer nicht abgewiesen werden, zumal das Imperium jetzt in die Defensive ging und mit Römern allein die Welt nicht verteidigt werden konnte. Wir wissen heute, daß Weltreiche keinen Bestand haben. Wir wissen auch, daß nur Zusammenarbeit, soziale Anpassung, friedliches Konkurrieren (›Miteinander-um-die-Wette-Laufen‹) und Austausch zum Erfolg führen. Daß aber dieses Wissen allein nicht genügt, erfahren wir leider täglich. Um so größere Aufmerksamkeit sollten darum jene Vorgänge aus der gemeinsamen Vergangenheit verdienen, die in ganz ähnlicher Weise abgelaufen sind.

Meinem verehrten Lehrer, Professor Raymond Chevallier, verdanke ich ein systematischeres Interesse an den *Germaniae*. Seine unverändert wertvolle Einführung *Rome et la Germanie au premier siècle de notre ère* (Brüssel 1961) hat viel dazu beigetragen, daß ich nach einem Ausgleich suchte zwischen der stets erneuerten Lektüre der antiken Schriftsteller und der Verwertung neuer Fakten, die aus anderen Quellen gleichsam nur so hervorsprudeln. Man kann den hier angesprochenen Fragenkomplex heute nicht mehr behandeln, ohne der Archäologie breiten Raum zu gewähren. Trotzdem muß auch sie sich dem unterordnen, was bedeutende Männer der Antike uns wohlüberlegt mitgeteilt haben. Unsere Aufgabe ist es, ihnen ständig neue Erkenntnisse zu entlocken, dank deren wir der Menge von Fakten Herr werden, die uns sonst ersticken würden. Ich danke Professor Chevallier für die Vorrede zu diesem Buch: als *der* Historiker Norditaliens ist er dazu berufen, über die Ausstrahlung Roms zu berichten und sie zu würdigen; sie kehrte sich zunächst nach Süden, und erst als sie erstarkt war und reiche Erfahrungsschätze gesammelt hatte, wandte sie sich nordwärts gegen die Kelten. Das Vorgehen gegenüber den Germanen entspringt derselben Logik.

Es braucht kaum betont zu werden, daß das vorliegende Buch keinen Anspruch erhebt, alles über alle Städte, Gegenden, Ausgrabungen, Themen, Theorien und Probleme zu sagen. Da vielfach der Wunsch zu hören ist, die Geschichte Deutschlands als solche möge im Lichte der Archäologie etwas rehabilitiert werden, habe ich im ersten Teil dieses Buches einige historische Schwerpunkte gesetzt, die zwar thematisch allgemein ziemlich bekannt sind, aber meist nur recht konventionell interpretiert werden. Danach rücken die Menschen, Römer und Germanen, in den Mittelpunkt. Das Militärische und die Verwaltungsstrukturen werden relativ kurz behandelt, da über sie eine ausgiebige spezielle Literatur existiert. An ganz präzisen Beispielen soll jedoch das Leben am Limes, im Legionslager, in der Etappe geschildert werden ebenso wie das in den vielen Kleinstädten, den Dörfern und Flecken. Die Beispiele sind möglichst aus dem Bereich der jüngeren Forschung genommen.

Die Bebilderung beschränkt sich auf das Notwendige. Sie will sich bewußt von dem Material abheben, das z. B. in vielen Bildbänden bis zum Überdruß reproduziert wird.

Zweites Kapitel
Kartographie

Nordostgallien und Germanien zur Zeit Caesars

Die von R. Much der 3. Auflage seiner *Germania*-Ausgabe (130) beigegebene Karte (Abb. 1) umfaßt (mit vielen Fragezeichen und teilweise in Abweichung von anderen Versuchen, etwa bei Menghin, 131), ein riesiges Gebiet, das von der Rheinmündung im Westen bis weit hinein nach Mitteleuropa reicht, also wenigstens zur Hälfte außerhalb der Betrachtungen liegt, die in diesem Buch angestellt werden.
Wenn wir auch davon ausgehen, daß allen derart kartographierten Angaben, bei oft recht knappen Hinweisen von seiten verschiedener antiker Schriftsteller, ein gewisses Maß an Unsicherheit anhaftet, so geben sie doch ohne Zweifel einen Überblick über die mögliche Raumordnung in diesen Gegenden zur Zeit des ersten nachchristlichen Jahrhunderts. Auf eine strikte Trennung zwischen Germanen und Galliern wird hier mit Absicht kein besonderer Wert gelegt, da streng ethnographische Kriterien im Sinne der heutigen Forschungspraxis für die Völker zwischen Maas und Elbe nicht vorliegen.
Nehmen wir – im Sinne der damaligen Geographie, Geschichtsschreibung und Politik – den Rhein als (in Wirklichkeit nicht trennende, wohl aber der Orientierung dienende) Achse an, so folgen aufeinander von Nordwesten nach Südosten:

- auf dem linken Rheinufer: *Batavi* – *Cugerni* – (Ubier) – *Treveri* – *Vangiones* – *Nemetes* – *Triboci* – *Rauraci*;
- im Hinterland: *Texuandri* – die Gruppe *Condrusi/Paemani* – *Sunuci/Caerecates* – *Mediomatrici* – *Lingones* – *Leuci* – *Sequani*;
- auf dem rechten Rheinufer: *Canninefates* – *Frisii minores* – *Chamavi* – *Tencteri/Usipetes* – (Sugambri) – *Mattiaci* – *Toutoni* – *Chatti*.

Anschließend das ehemals helvetische Gebiet, später als *decumates agri* (Zehntland, Dekumatland) bekannt.

- im Hinterland: *Frisii maiores* – *Chauci* – *Angrivarii* – *Cherusci* – *Hermunduri* – *Marcomanni* – *Vindelicii* – *Raetii*.

Abb. 1. Die Südgermanen und ihre Nachbarstämme (aus: Much, 130).

Dabei handelt es sich nur um die bedeutendsten Stämme und Stammesverbände unter der recht vagen Zeitangabe »im 1. Jahrhundert n. Chr.«
Die oft genannten Sueben werden von Menghin östlich und südlich der Langobarden, bis etwa zum Zusammenfluß von Elbe und Saale lokalisiert.

An geographischen Gegebenheiten sind auf unserer Karte zu erkennen:

- Flüsse: *Rhenus* (Rhein), *Mosa* (Maas), *Mosella* (Mosel), *Matrona* (Marne), *Lupia* (Lippe), *Moenus* (Main), *Nicer* (Neckar), *Amisia* (Ems), *Visurgis* (Weser), *Albis* (Elbe), *Sala* (Saale), *Aenus* (Inn), *Danuvius* (Donau);

- Gebirge und Landschaften: *Vosegus mons* (Vogesen), *Caesia silva* (gegenüber Xanten, nur von Tacitus für das Jahr 14 n. Chr. erwähnt), *Meliboeus mons* (Osning, Wiehen, Sündel, Solling, bis zum Harz), *Taunus mons*, *Semana silva* (Thüringer Wald), *Abnoba mons* (Schwarzwald), *Alba* (Alb). Die *Bacenis silva* ist bei Fulda anzusiedeln, der *Teutoburgiensis saltus* im Raum Osnabrück/Münster; die (zuerst von Aristoteles erwähnte!) *Hercynia silva* bezeichnet summierend alle Waldgebirge nördlich der Donau. Der sehr unbestimmte Begriff ist sicher z. T. für die Auffassung verantwortlich, daß Germanien überhaupt »silvis horrida aut paludibus foeda« sei (Tacitus, *Germania* 5): »mit Entsetzen verbreitenden Wäldern und gefährlichen Sümpfen bedeckt«.

- Ortschaften und Siedlungen: *Gelduba* (Gellep), *Atuatuca* (Tongeren), *Colonia Agrippina* (*Colonia Claudia Ara Agrippinensium*: Köln), *Augusta Treverorum* (Trier), *Divodurum* (Metz), *Tullum* (Toul), *Borbetomagus* (Worms), *Argentoratum* (Straßburg), *Andematunnum* (Langres), *Noviomagus* (Speyer), *Aliso* (Haltern?), *Augusta Vindelicorum* (Augsburg).
  Auf ausführlicheren Karten wären hinzuzufügen: *Vetera* (Xanten), *Novaesium* (Neuss), *Bonna* (Bonn), *Confluentes* (Koblenz), *Ad fines* (Brohl), *Bingium* (Bingen), *Augusta Rauracorum* (Augst), *Vesontio* (Besançon), *Ellelum* (Ehl), *Aventicum* (Avenches), *Vindonissa* (Brugg), *Brigantium* (Bregenz), *Castra Regina* (Regensburg), *Mogontiacum* (Mainz), *Lopodunum* (Ladenburg), *Aquae* (Baden-Baden), *Sumelocenna* (Rottenburg), *Arae Flaviae* (Rottweil), *Cam-*

bodunum (Kempten), *Abodiacum* (Epfach), *Guntia* (Günzburg), *Ponione* (Aislingen), *Summuntorium* (Burghöfe), *Abusina* (Eining), *Bratananium* (Garting), *Pons Aeni* (Rosenheim) und viele andere.

Einheimische *civitates* (politisch organisierte Volksgemeinschaften der römischen Zeit) sind mehrfach aufgrund epigraphischer Unterlagen kartographiert worden;

- in Nordgermanien: die Canninefaten (oder Cannenefaten) um *Forum Hadriani* (Arentsburg-Voorburg), die Bataver um *Noviomagus* (Nijmegen), die Cugerner in Xanten, die Ubier in *Oppidum Ubiorum*, *Ara Ubiorum*, die Tungrer in *Atuatuca* (Tongeren);
- in der *Belgica*: die Treverer um Trier;
- in Obergermanien: die Mattiaker bei Wiesbaden (*Aquae Mattiacae*), die Vangionen um Worms, die *Taunenses* um *Nida* (Heddernheim), die *Aresaces* um Mainz, *Auderenses* um den nicht lokalisierten *vicus V. V.*, die Nemeter um Speyer, die *Alisin(i)enses* bei Bad Wimpfen, die *Port(enses?)* in Pforzheim, die *Aquenses* in Baden-Baden, die Triboker in Brumath, die *Sumelocennenses* in Offenburg.

Es sei ausdrücklich bemerkt, daß viele dieser Schreibungen und Lokalisierungen hypothetischen Charakter haben und sogar epigraphische Zeugnisse beileibe nicht immer endgültige Klarheit schaffen. Daß Orts- und Siedlungsbezeichnungen damals weniger definitiv festgelegt waren, als wir das heute gewöhnt sind, und historischen Entwicklungen unterliegen (wie die Fälle Xanten, Köln und Trier u. a. eindrucksvoll beweisen), braucht hier nicht eigens erläutert zu werden.

Die Unternehmungen der augusteisch-tiberischen Zeit

Selbstverständlich können auch wesentliche Ereignisse der Römerzeit kartiert werden. So kann man die Geschichte der sog. Eroberungskriege (zu Begriff und Gehalt vgl. S. 53 ff.) auf einer Karte festhalten. Für den Angriff im Jahre 12 v. Chr. nimmt man an, daß Truppen in Mainz (gegenüber dem Zusammenfluß von Main und Rhein), in Bonn (gegenüber der Siegmündung), in Neuss, vielleicht in Asberg-Moes (*Asciburgium*, gegenüber der Ruhr), Xanten (*Vetera*, unweit der Lippemündung), Nijmegen und vielleicht Vechten (*Fectio*) zusammengezogen wurden. Alle diese Unternehmungen waren gegen die sog. Rhein-

Abb. 2. Militärlager am niedergermanischen Limes (aus: Bechert, 59).

Weser-Germanen gerichtet, die in der Folge unter beträchtlichen Druck seitens der nördlich und östlich angesiedelten Nord- und Elbgermanen gerieten.
Zur Zeit des Augustus und des frühen Tiberius waren als römische Truppenstandorte am Rhein Velsen, Vechten, Nijmegen, Alt-Kalkar, Xanten, Asberg-Moes, Neuss, Köln und Bonn ausschlaggebend, während entlang der Lippe Holsterhausen, Haltern, Oberaden und Anreppen eine west-östliche Penetrationslinie bilden.
In claudischer Zeit sind die rechtsrheinischen Vorposten aufgegeben. Am Rhein sind jetzt zu verzeichnen: Valkenburg, Utrecht, Wijk bij

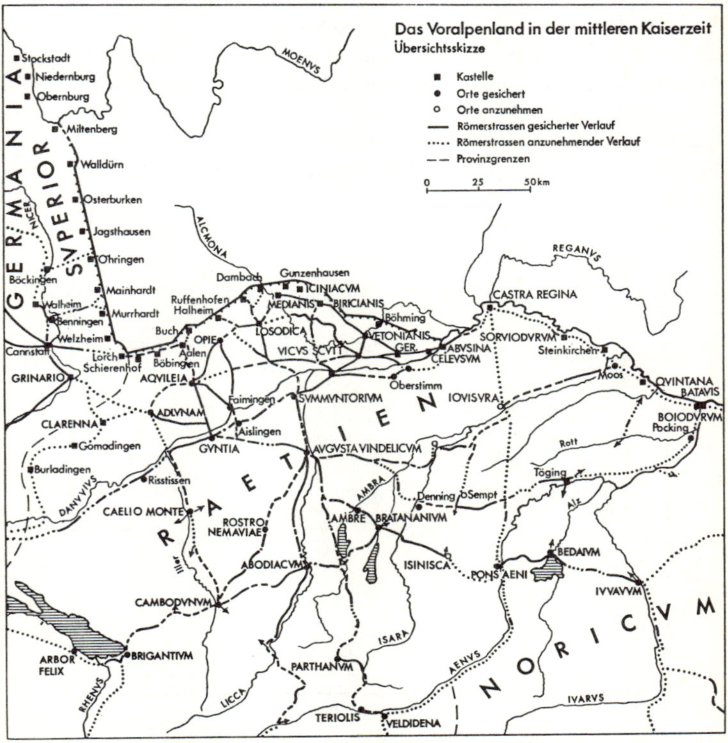

Abb. 3. Das Voralpenland in der mittleren Kaiserzeit (aus: Kellner, 58).

Durstede, Remagen, Mainz-Weisenau, am Main vielleicht Frankfurt-Höchst, sicher Hofheim.
Insgesamt ergibt sich so die Übersichtskarte (nach Bogaers und Rüger) des sog. *niedergermanischen Limes* im ersten nachchristlichen Jahrhundert (Abb. 2). In Süddeutschland sind (nach Kellner) als Kastelle um die Mitte des ersten Jahrhunderts gesichert: Risstissen, *Febiana* an der Illermündung, Aislingen, *Summuntorium* (Burghöfe), Oberstimm; wahrscheinlich: Ennetach, Emerkingen, Neuburg, Weltenburg; als Zivilsiedlungen: Bregenz, Kempten, Epfach, Gauting und Augsburg (Abb. 3).

Straßennetz und römerzeitliche Topographie

Entscheidend ist selbstverständlich das Straßennetz. Über die *Via Claudia Augusta*, dann über Reschen- und Fernpaß (oder über den Brenner) erreichte man Epfach und Augsburg, darüber hinaus via Burghöfe und Eining Regensburg. Splügen und Julier führten an den *Lacus Venetus* (Bodensee), dann nordöstlich nach Kempten und Augsburg oder westlich nach *Vindonissa* (Brugg) und Augst, die auch von Genf und *Octo-*

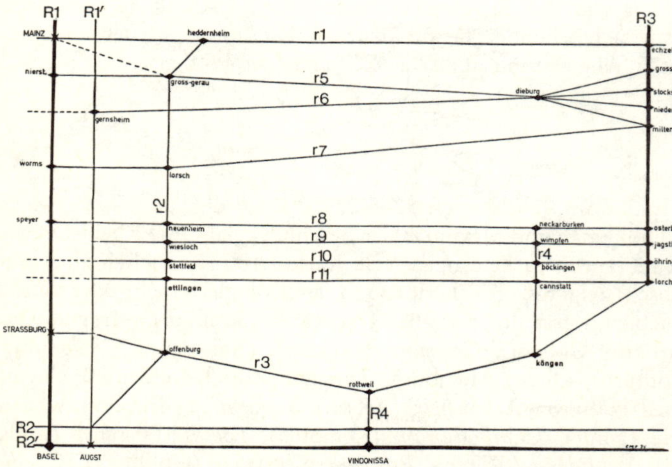

Abb. 4. Schematische Darstellung des Hauptstraßennetzes zwischen Rhein und Limes (aus: Ternes, 60).

durus (Martigny) via Avenches und Solothurn, also im Anschluß von Lyon oder *Augusta Praetoria* (Aosta) erreicht werden konnten.
Nördlich von *Vindonissa* führte eine Straße über *Brigobanne* (Hüfingen), *Arae Flaviae* (Rottweil) und Rottenburg nach *Grinario* (Köngen) und Cannstatt, wo sie dann in die Ost-West-Verbindung Regensburg–Mainz über Aalen, Lorch und Ladenburg einmündete.
Links und rechts des Rheins gab es ein weitgehend symmetrisch und systematisch aufgebautes Straßennetz, dessen Leistungsfähigkeit sich anhand einer Abstraktion gut zeigen läßt (Abb. 4). Sie beruht auf der Ost-West-/Süd-Nord-Anlage (R1/R2) und der strategischen Einrahmung von R3/r2. Im niedergermanischen Bereich konzentriert sich alles auf die Rheintalstraße Bingen–Köln–Nijmegen und die Zubringersysteme, deren ältestes, die sog. Agrippa-Straße, von Metz nach Trier und Köln führte. Derartige Karten täuschen allerdings eine Gleichzeitigkeit vor, die der Wirklichkeit kaum entspricht. Viele Einzelstudien haben erwiesen, daß praktisch nie eine einzige Trasse von einem größeren Ort zum anderen bestand, sondern mehrere, daß vor- und frührömische Wege z. T. übernommen und ausgebaut wurden, Technik und Aufwand dieses Ausbaues wiederum von vielen mehr oder weniger zufälligen Gegebenheiten abhingen. Auch die Straßen sind durchweg jünger als üblicherweise angenommen: mit R. Lantier muß man der Meinung sein, daß die guten gallischen Wege bis weit ins erste nachchristliche Jahrhundert benutzt wurden. Die ältesten Meilensteine sind nicht zufällig erst in claudischer Zeit errichtet worden.

Die Spätzeit

Am Ende des 3. Jahrhunderts (288/289? 292? – jedenfalls vor 294) wurde von Diokletian und Maximian der Beschluß gefaßt, die Rhein-Donau-Grenze erneut zu befestigen. Die Karte (Abb. 5, nach Kellner und Garbsch) zeigt als »gesicherte« (d. h. archäologisch mehr oder minder ausgiebig festgestellte) Kastelle: *Argentorate* (Straßburg), *Argentovaria* (Horbourg-Colmar), *Castrum Rauracense* (Kaiseraugst), *Salodurum* (Solothurn), Olten, Altenburg, *Turicum* (Zürich-Lindenhof), Irgenhausen-Pfäffikon, *Arbor Felix* (Arbon), *Brigantium* (Bregenz), Schaan, *Curia* (Chur), *Cambodunum* (Kempten), *Foetes* (Füssen), *Teriola* (Zirl), *Veldidena* (Wilten), *Rostrum Nemaviae* (Goldberg), *Caelius Mons* (Kellmünz), *Febiana* (Gerlenhofen?), *Guntia* (Günzburg), *Piniana* (Bürgle), *Summuntorium* (Burghöfe), *Parrodunum* (Burg-

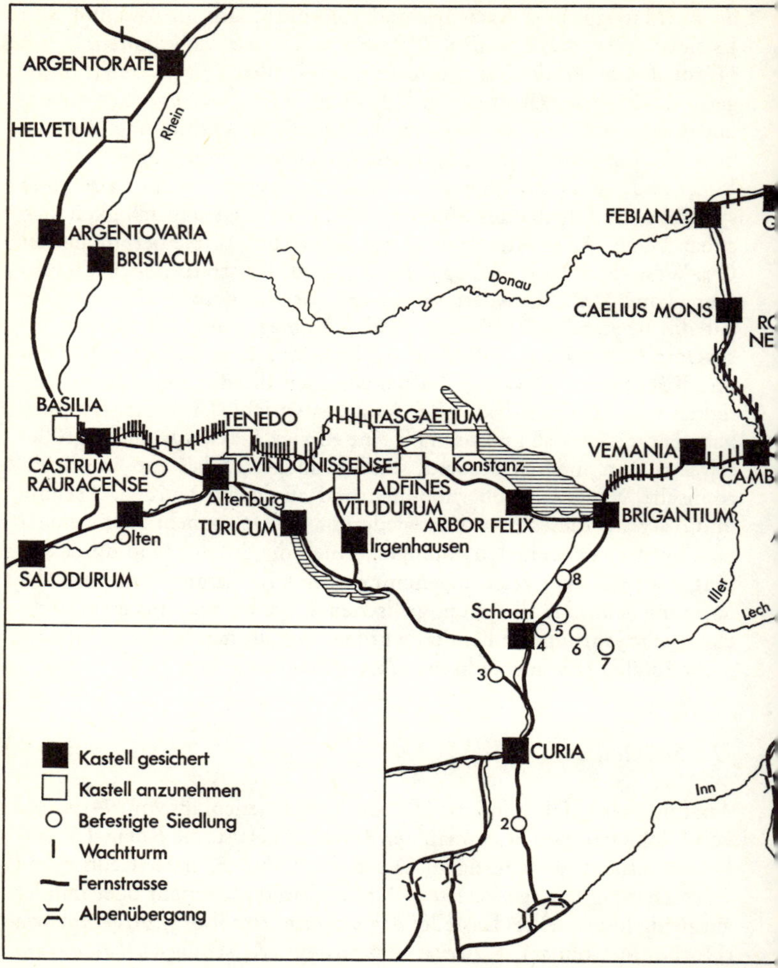

Abb. 5. Der Limes an Rhein und Donau zur Zeit Valentinians I. (aus: Kellner, 58).

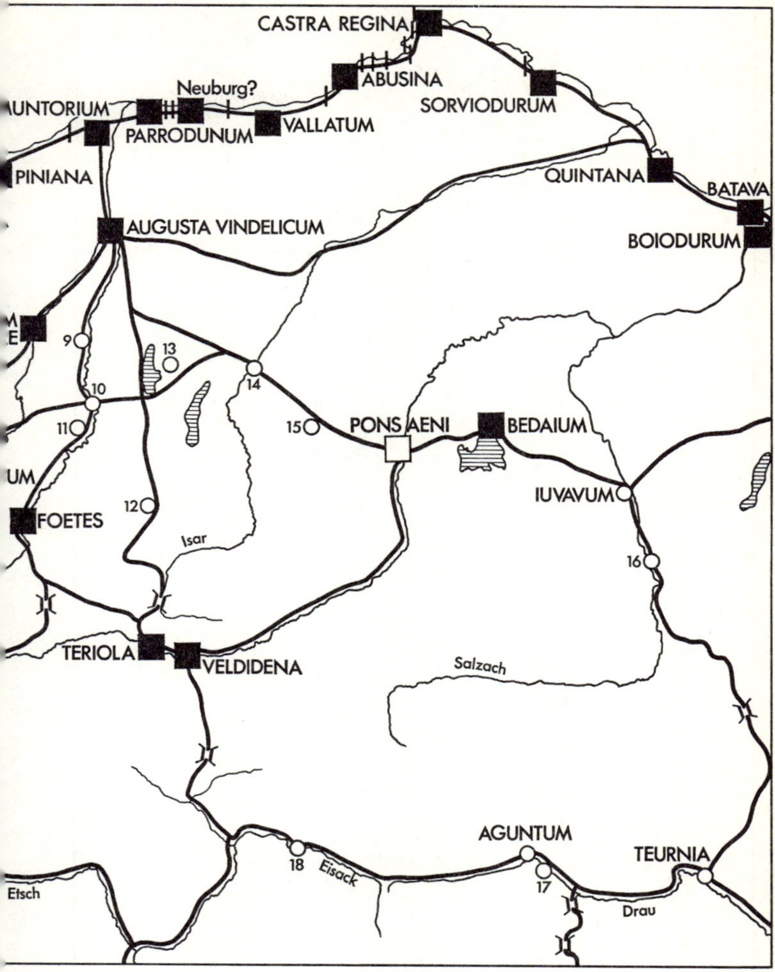
CASTRA REGINA
ABUSINA
Neuburg?
UNTORIUM
PARRODUNUM
VALLATUM
SORVIODURUM
PINIANA
QUINTANA
BATAVA
AUGUSTA VINDELICUM
BOIODURUM
9
13
14
10
11
15
PONS AENI
BEDAIUM
UM
IUVAVUM
12
FOETES
Isar
16
TERIOLA
VELDIDENA
Salzach
AGUNTUM
TEURNIA
18
Eisack
17
Etsch
Drau

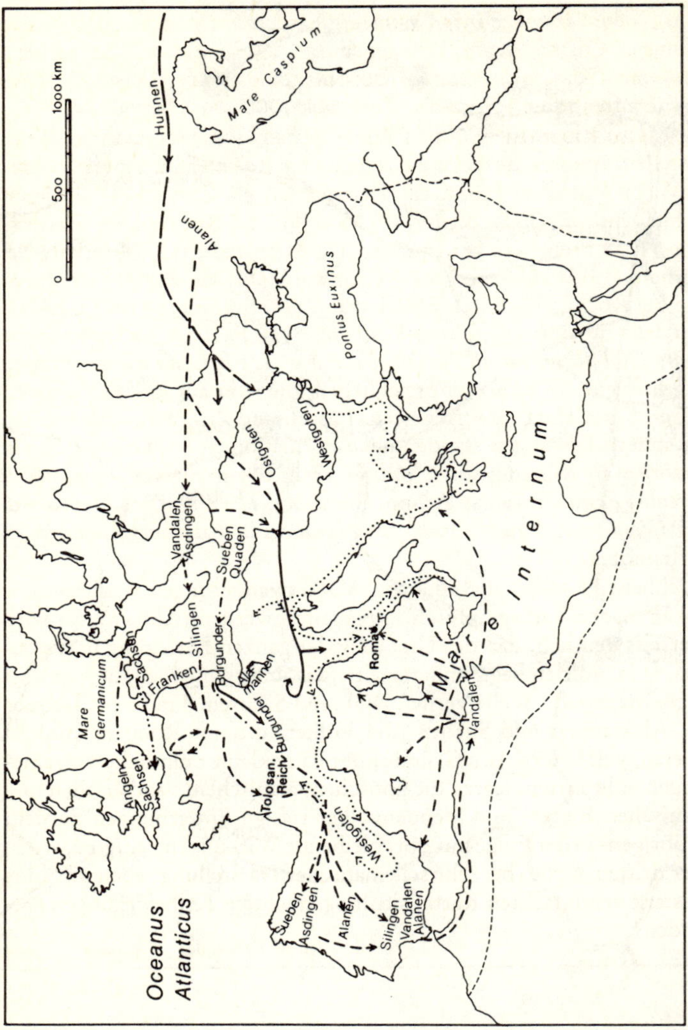

Abb. 6. Bewegungen der Germanen seit dem Ende des 4. Jahrhunderts n. Chr. (aus: *Großer Historischer Weltatlas*, hrsg. vom Bayerischen Schulbuchverlag, Tl. 1: *Vorgeschichte und Altertum*, München ⁶1978, S. 51).

heim), *Venaxamodurum*? (Neuburg), *Vallatum* (Manching), *Abusina* (Eining), *Castra Regina* (Regensburg), *Sorviodurum* (Straubing), *Quintana* (Künzing), *Batava* (Passau), *Boiodurum* (Innstadt), *Pons Aeni* (Pfaffenhofen), *Bedaium* (Seebruck).

Dieser sog. Rhein-Iller-Donau-Limes bestand aber nicht nur aus diesen Kastellen, sondern umfaßte zusätzlich eine Reihe »befestigter Siedlungen«: (1) Wittnauer Horn, (2) Tiefencastel, (3) Castels, (4) Krüppel, (5) Heidenburg, (6) Stellfeder, (7) Montikel, (8) Koblach, (9) Stoffersberg, (10) Lorenzberg bei Epfach, (11) Altenstadt, (12) Moosberg bei Murnau, (13) Widdersberg, (14) Grünwald, (15) Valley, (16) Georgenberg bei Kuchl, (17) Kirchbichl/Lavant, (18) S. Lorenzo am Eisack.

Von den früheren sog. Limes-Einheiten (vgl. S. 163 ff.) waren nur die *cohors IX Batavorum* in Passau, die *cohors III Britannorum* in Eining und die *legio III Italica* übriggeblieben, die jetzt auf fünf Garnisonen (Regensburg, Burghöfe, Kempten, Füssen und Zirl) aufgeteilt war. In den andern Festungen standen neue Formationen, so die *ala I Flavia Raetorum* in Künzing sowie *milites Vindicum* in Speyer, eine *cohors Herculea Pannoniorum* in Arbon, eine *cohors II Valeria Sequanorum* in Isny (*Vemania*), *equites Stablesiani seniores* in Augsburg, *iuniores* in Pfaffenhofen.

Abschließend sollen auch die sog. Völkerwanderungen wenigstens in großen Zügen kartographisch festgehalten werden (Abb. 6). So wird einerseits deutlich, daß der Ursprung der ganzen Bewegung in Osteuropa, ja in Sibirien liegt, andererseits, wie unterschiedlich die von dort ausgelöste zweite Welle verlief. Während Sachsen, Franken, Burgunder, Alamannen und Sueben (die Völker, die mit Rom in Konflikt gerieten; vgl. S. 65 ff.) im Grunde nur relativ kleine räumliche Verschiebungen vollführten, legten die gotischen, alanischen, vandalischen und hunnischen Reiter- und Steppenvölker riesige Entfernungen zurück, die übrigens in der Folge nur dort bleibende Wirkungen zeitigten, wo in einer dritten Welle (bei sehr schematischer Darstellung, eben im Sinne der stark vereinfachten Karte) siedlungsträchtige Teilbewegungen entstanden.

Zweiter Teil
Das Bild der Geschichte

Zeitabschnitt I: Die römische Intervention in Germanien (58 v. Chr. – 98 n. Chr.)

Erstes Kapitel
Gaius Iulius Caesar

Seit Juli 60 v. Chr. war der einundvierzigjährige Gaius Iulius Caesar, mit Pompeius und Crassus einer der »Triumvirn«, der drei Männer, die am Rande der – seit den Zeiten des Marius ziemlich strapazierten – republikanischen Legitimität durch (geheime) Ämterteilung und Begrenzung ihrer künftigen ›Interessensphären‹ Rom zu ›regieren‹ trachteten.

Caesar war damals ohne Zweifel der schwächste der drei ungleichen Partner: ihm wurde (im August 60) das Konsulat für das folgende Jahr wohl hauptsächlich deshalb zugestanden, weil er entscheidend dazu beigetragen hatte, daß das Vorgehen des Pompeius im Orient nachträglich vom Senat gutgeheißen worden war. Im Sommer 59 ging es nun darum, in Anwendung der *lex Sempronia* und *lex Cornelia* die sog. Promagistraturen, d. h. die Amtsbereiche der gewesenen Konsuln, für das folgende Jahr festzulegen. Die Caesar mißgünstig gesonnene Adelsfaktion des Senats schrieb ihm »silvae callesque« zu, zwei ärmliche Landstriche in Süditalien! Für die Anhänger des geschickten Taktikers war dies Anlaß zu einem entrüsteten Vorstoß ›vor dem Volk‹. Der Volkstribun Vatinius schlug vor, Caesar die Prokonsulargewalt in *Gallia Cisalpina* und *Illyricum* auf fünf Jahre zu übertragen, mit dem Recht, selbst seine Legaten (Kommandeure) bestimmen und Kolonien gründen zu dürfen, dazu das Kommando über drei Legionen! Anarchie in *Illyricum* diente als Rechtfertigung für diese besondere, ganz und gar außergewöhnliche militärische Dotation. Da weder Pompeius noch Crassus gegen das Projekt opponierten, wurde das Plebiszit des Vatinius problemlos vom caesarfreundlichen Volk angenommen. Der Senat stand nun vor der Wahl, Cato zu folgen, der Caesar wie immer der schlimmsten Tücken bezichtigte, was gleichbedeutend war mit der Ausrufung der ›patrie en danger‹, oder – klein beizugeben. Er tat weder das eine (dazu reichte sein realer Einfluß nicht mehr aus, und man konnte Caesar nicht gut zukünftige Übergriffe zur Last legen!), noch begnügte er sich mit dem anderen: um einen Schein von Eigeninitiative zu erwecken, verhandelte er die Frage der Promagistraturen erneut, und da der Gouverneur der *Narbonensis* eben verstorben war, fügte man durch Senatsbeschluß (Mitte April 59) zu *Illyricum* und der *Cisalpina* auch die gesamte *Gallia Transalpina* mit einer zusätzlichen vierten Legion hinzu. Da *Illyricum* wenig interessant erschien (hier hätte man weit bis nach Siebenbürgen hinein marschieren müssen), klangen Nachrichten verlockender, in denen es hieß, daß es in verschiedenen Gebieten Galliens rumore und somit Gefahr für die römische Provinz um Narbonne bestehe. So entstand der Plan einer Intervention im Rhônetal, nördlich des späteren Lyon: hier traf man auf die Helvetier, die beschlossen hatten, ihre Wohngebiete am Genfer See (und nördlich davon, am Ostabhang des Jura) aufzugeben und entweder nach Savoyen oder in fernere Gebiete am Atlantik zu ziehen. Caesar widersetzte sich dieser Absicht und schlug die Helvetier im Juni 58; die Überlebenden schickte er in die früheren Siedlungsorte zurück. Dann wandte er sich, auf Betreiben gewisser Häduer, gegen Ariovist, den er im September desselben Jahres zwang, über den Rhein zurückzukehren. Anfangs 57 erhoben sich die germanischen Teile der Belger. Nun verlagerte sich der Schauplatz des Geschehens – bei dem es ja ursprünglich um den Schutz der Provence ging! – weiter nach Norden.

Caesar hob zwei weitere Legionen in Norditalien aus, nahm die ›Unterwerfung‹ der Remer entgegen (Mai 57), zersprengte die Suessionen bei Pommiers und zog dann gegen die Nervier, Atrebaten und Viromanduer, die er im September in der Gegend von Namur besiegte.

Das Jahr 56 führte Caesar und seine Kommandeure an die Kanalküste, zu den Venetern im Morbihan, nach Aquitanien, ins Land der Menapier in Flandern und Südholland. Dort geriet er 55 in Konflikt mit den germanischen Usipetern und Tenkterern, die den Rhein (bei Xanten?) überschritten hatten und im Vormarsch nach Flandern begriffen schienen. Nach einem (wohl wenig rühmlichen) Sieg über diese Germanen beschloß er, selbst den Rhein zu überschreiten.

Noch im gleichen Jahr setzte Caesar nach England über. Ende März 55 hatte eine *lex Pompeia Licinia* seine prokonsularische Vollmacht über Gallien für fünf Jahre verlängert. Zu einer möglicherweise geplanten, friedlicheren Nutzung der bis dahin getätigten Eroberungen kam es allerdings nicht: während sich einerseits die Lage in Italien ungünstig entwickelte (eine Kraftprobe zwischen Caesar und Pompeius schien nun unausweichlich), mußte der Römer in Gallien feststellen, daß er auf die falschen Leute gesetzt hatte. Nichts erwies sich als dauerhaft, die hastigen Züge an den Rhein, nach England, ins Morbihan, ins Rheinmündungsgebiet hatten keineswegs die bewundernde oder zerknirschte Resignation zur Folge, mit der der Eroberer wohl gerechnet hatte. Die Ermordung eines seiner Getreuen durch die Carnuten (in der Gegend von Orléans), der Aufstand der Eburonen unter Ambiorix, die feindseligen Machenschaften des Treverers Indutiomar – all das machte ihm viel zu schaffen und führte (im Frühjahr und Sommer 53) zu harten Repressalien. Zum zweitenmal überquerte Caesar den Rhein, um den dauernden Rückgriff der linksrheinischen Völker auf germanische Söldner zu unterbinden. Das Jahr 52 wird gemeinhin (aber zu Unrecht) als das Jahr des ›allgemeinen Aufstandes‹ in Gallien dargestellt. Vercingetorix setzte sich bei einem Teil seiner Landsleute als Vertreter jener Fürsten durch, die um keinen Preis den römischen Frieden (wie er sich damals noch wohl recht zweideutig darbot) dulden wollten. Die Schlacht bei *Alesia* (Alise Sainte-Reine) bedeutete für diesen reaktionär-traditionalistischen Flügel eine schwere Niederlage, keineswegs aber deren Untergang. Stadtrömische und italische Interessen lenkten Caesar von Gallien ab: die Jahre 52 und 51 blieben ›letzten‹ Aufgaben gewidmet: so wurde z. B. bei den Carnuten dem Unwesen der Druiden ein Ende gesetzt, die jahrelang aus den Wäldern heraus einen blutigen und völlig aussichtslosen Kampf geschürt hatten (in dem es auch und vielleicht vor allem um ihre eigene religiös-politische Macht ging). Am 1. März des Jahres 50 v. Chr. mußte Caesar in Italien sein.

Anschließend sollen nun einige besonders wichtige Begebenheiten näher und kritisch untersucht werden. Das gleiche Prinzip, daß auf knappe Überblicksdarstellungen Ausführungen zu Einzelfragen folgen, wird auch in den übrigen historischen Kapiteln angewandt.

»Er beschloß, den Rhein zu überqueren« ...

In seinen *Berichten über den Krieg in Gallien* erwähnt Caesar den Rhein neunundfünfzigmal.

Neben knappen, fast beiläufigen Erwähnungen stehen längere Abschnitte, in denen der Strom eine wesentliche Rolle spielt. Zeitlich sind die Rhein-Erwähnungen sehr ungleichmäßig über die acht Bücher des Werkes verstreut: für die Jahre 58 und 55 (Buch 1 und 4) ergibt sich schon (bei 18 bzw. 17 Stellen) ein rein quantitativer Hinweis dafür, daß damals der Rhein – »Rhenus pater«, der Vater Rhein, wie ihn eine (spätere) Inschrift aus Straßburg nennt – mehr im Brennpunkt der römischen Unternehmungen stand als etwa 57 und vor allem gegen Ende der Kampagne. Wesentlich sind die Kapitel 4,17–19 und 6,9, in denen die beiden Rheinübergänge motiviert und kurz geschildert werden.

Dem ersten Übergang im Hochsommer des Jahres 55 widmet Caesar einen eigenen Abschnitt (4,16), in dem er gleich mehrere Gründe aufführt, ihrer Überzeugungskraft entsprechend in folgender Reihenfolge: der triftigste Grund war die Unbedenklichkeit, mit der verschiedene Germanenstämme dazu gebracht werden konnten, nach Gallien vorzudringen: sie sollten nun erfahren, daß das römische Heer sehr wohl fähig war, den Rhein zu überschreiten, und dies auch durchaus wagte (»posse et audere«). Hinzu kam, daß solche Volksstämme (genannt werden Usipeter und Tenkterer), die sich gegenüber den römischen Heeren auf dem linken Rheinufer nicht behaupten konnten, allzuleicht wieder aufs rechte hinübersetzten und sich jeder Verfolgung entzogen. Schließlich trugen die Sugambrer vor, daß »der Rhein den Herrschaftsbereich des römischen Volkes begrenze, abschließe«; wenn sie, die Sugambrer, nicht nach Gallien dürften, habe Rom auch kein Recht, militärische und zivile Gewalt auf dem rechten Ufer auszuüben. Sehr gelegen kam in diesem Augenblick ein Hilferuf der Ubier, die allein von den Völkern jenseits des Rheines »Abgesandte zu Caesar geschickt, Freundschaft geschlossen und Geiseln angeboten hatten«. Die Sueben bedrohten sie aufs ärgste; es sollte aber genügen, daß das römische Heer übersetze: sein Renommee würde ausreichen, auch die entferntesten Germanenvölker nachhaltig einzuschüchtern.

Aus der modernen europäischen Kolonialpraxis kennen wir so viele Fälle, in denen es tatsächlich genügte, militärische ›Präsenz‹ gelegentlich zu demonstrieren, um Eingeborene von ausgedehnteren Unternehmungen abzuhalten, daß wir gemeinhin dazu neigen, ein ähnliches Vorgehen auch bei Caesar (später bei Drusus, Varus und Germanicus, ja noch Domitian und Trajan) als gegeben und erwiesen zu betrachten.

Aufschlußreich ist, daß die Sugambrer ohne weiteres von »imperium« und »potestas«, also von ›Interessensphären‹, mehr noch, von ›Herrschaftsbezirken‹ oder ›Machtbereichen‹ sprechen und dabei Rom, wie beiläufig, ein globales *imperium* über das ganze Land diesseits des Rheines zugestehen. Dies zu tun, lag wohl nicht in *ihrer* Befugnis, und es scheint auch kaum glaubhaft, daß Rom im Augenblick der ersten Kontakte schon so ausgeprägte, gesetzlich bindende Ansprüche vortrug. Die Frage bleibt zudem kontrovers, ob es damals ein ›Völkerrecht‹ gab, das pauschal und endgültig die Beziehungen zwischen Rom und Völkern außerhalb seines Machtbereiches regelte. Es darf angenommen werden, daß auf römischer Seite zumindest Tendenzen bestanden, aus der Nachfolgesituation gegenüber den hellenistischen Staaten den generellen Hoheitsanspruch Roms abzuleiten, mit dem Ergebnis, daß ein römischer Mandatsträger *immer* im Recht war, wenn er im Namen des *Senatus Populusque Romanus* eingriff und durch den Eingriff selbst geltendes Recht und bindende Verhältnisse schuf. Aus dieser Perspektive betrachtet, kann man Caesar nicht vorwerfen, er habe sich unrechtmäßiger Aggressionen schuldig gemacht, als er, seinen Auftrag überschreitend, in Gebiete vordrang, in denen praktisch alle Bindungen erst künftig geschaffen oder wenigstens bestätigt werden mußten. Nach einer gegenteiligen Ansicht, die sich wahrscheinlich auch schon damals in Rom artikulierte, konnten Beziehungen zu ›ausländischen‹ Staaten oder Völkern nur in den sakralisierten, traditionellen Formen der Frühzeit stattfinden (wobei sehr zweifelhaft bleibt, ob besagte Formen oft auch wirklich Anwendung fanden): in diesem Fall war Caesar ein Rechtsbrecher, der von 58 v. Chr. an vornehmlich eigene Machtziele verfolgte, die außerhalb jeder Moral und jedes Rechtes lagen. Es braucht wohl kaum erwähnt zu werden, daß Caesars ›Freunde‹ wie ›Feinde‹ sich (damals wie heute!) je nachdem zu dieser oder jener Interpretation bekannten. Die Frage mag auch vielleicht deshalb falsch gestellt sein, weil ›*die* Gallier‹ und ›*die* Germanen‹ eben nicht als Staaten und Völker gültigen Rechtes angesehen wurden und damit auch die möglicherweise bestehenden Vorbehalte schon ausgeräumt waren.

Es dürfte demnach kein Zweifel bestehen, daß Caesar im nachhinein, bei der Monate später erfolgten Reinschrift der eigenen Notizen, unter Zuhilfenahme der Berichte seiner Kommandeure, eine rechtliche Situation durch die Sugambrer als gegeben darstellen ließ, damit der Eindruck entstehe, auch für Germanen sei diese Art der Lagebeurteilung die gängige, sozusagen der Normalfall. Da er nicht eigentlich beabsichtigte, jenseits des Rheins größere Unternehmungen zu starten, genügte ihm dies wohl vollauf.

Andererseits hinderte es ihn auch nicht, über das bereits Erzielte hinaus, gleichsam prospektiv und ›für alle Fälle‹, das zu tun, was bereits zur Zeit der Kämpfe gegen Veji und die Kelten von Rom praktiziert worden war, nämlich aus einer militärischen Überlegenheit heraus rechtliche Ansprüche vorzutragen, die zumindest Akzente setzen und künftige Ansprüche oder Verhandlungen in die Wege leiten konnten: er wies die Behauptung der Sugambrer scharf zurück und betonte die Bereitschaft und Fähigkeit der Römer, das *imperium* auch jenseits des Rheines auszuüben und geltend zu machen. Damit wurde (vorübergehend zwar, da Caesar kurz darauf die Gegend wieder verließ und auf ausgedehntere ›Eroberungen‹ verzichtete) das bereits angedeutete Prinzip ausgesprochen, wonach jeder Römer jederzeit und überall durch sein Auftreten und sein Wirken im Dienste des *Senatus Populusque Romanus* selbst Recht schafft, Besitznahme, Befehls- und Ordnungsgewalt eo ipso und ausschließlich ihm zustehen und obliegen.

Wie zahlreiche andere links- und rechtsrheinische Stämme bestritten die Sugambrer dies nicht eigentlich, sondern versuchten (wohl weil sie in erster Linie davon betroffen waren) auf die Festlegung geographischer Begrenzungslinien hinzuwirken, was – wie anderswo auch – unter einer nominellen römischen Vorherrschaft zu einer recht brauchbaren Autonomie führen konnte. Gerade dies mußte Caesar einleuchten, da er, unter dem starken Einfluß griechischer Geographen, dazu neigte, den Rhein als Trennungslinie zwischen Galliern und Germanen anzuerkennen. Schließlich scheiterte die bekundete Verhandlungsbereitschaft der Sugambrer wohl daran, daß sie zu plötzlich, zu unvorbereitet und wahrscheinlich zu schroff vorgetragen wurde.

Man beobachtet bei Caesar eine progressive Abfolge gewisser vorbereitender Kontaktstadien, die, gleichsam als vertrauensbildende Maßnahmen, schrittweise zur Schaffung eines *consensus* führen, der erst die Tore zu wirklichen Verhandlungen, eventuell zu Abmachungen öffnet. *Legatos mittere*: man schickte Abgesandte an Caesar. Sie waren Mandatsträger (nicht immer eines ganzen Volkes, manchmal nur von Teilen oder Untergruppierungen eines ›Stammes‹ oder einer Völkergruppe), gleichsam Geiseln, denen es oblag, die Bereitschaft zur Initiative kundzutun, Feindseligkeit auszuschließen, Gunst zu erbitten; auch zu informieren: oft wird betont, daß jene Abgesandten Caesar über den ›Stand der Dinge‹ aufklärten, was bei der sehr mäßigen Qualität der geographischen Information über Gallien und Germanien einerseits natürlich recht nützlich sein konnte, andererseits aber durch die Einseitigkeit der Darstellung gelegentlich zu heilloser Verwirrung beitrug. *Amicitiam facere*: man begründete eine aktive Freundschaft. »The joy of soul is doing.« Es galt weniger, gefühlsbetonte Versicherungen und Schwüre abzugeben, als eine Haltung erkennbar werden zu lassen, die eine Zusammenarbeit im gegenseitigen Interesse erhoffen ließ. *Fides*, Vertrauen, war die Grundlage dieser nicht eigentlich militärischen Phase der Kontaktnahme, in der positive Beziehungen wirksam angebahnt wurden. Auf ihnen und den etwas abgewandelten Formen des ältesten Gastrechts (*hospitium*) beruhten ohnehin alle rechtlich-verbalen Abmachungen. *Obsides dare*: unter Fremden und potentiellen Feinden genügten freundliche Haltung und erste Schritte nicht; es mußten Garantien geboten und gegeben werden: außer Geschenken war es Brauch, auch Menschen zu ›überreichen‹, deren Leben für die Erfüllung der Vertragsklauseln stand. Dies alles war immer noch provisorisch, entsprach einem vorläufigen, weiter auszulotenden Rechtsstatus, der erst später, nach Erprobung und Bewährung, zu weiteren, organisch und rechtlich tiefergreifenden Maßnahmen führen konnte, die dann auch eine viel konkretere Gegenseitigkeit erkennen ließen. In dieser ersten Phase ging es nur darum, radikale Feindschaft gegenüber jedweder fremden Einmischung oder generelle Bereitschaft zu einer für beide Seiten nützlichen Rollenverteilung zum Ausdruck zu bringen. In keinem Fall stand damals eine ›Integration in das römische Reich‹ (oder ihre Ablehnung) zur Debatte, da ein solcher Begriff in caesarischer Zeit, am Rhein, sinnlos war. Ein derartiger Schritt konnte (und nur sehr bedingt; vgl. S. 116 ff.) erst erwogen werden, nachdem eine erste ›regelrechte‹ Romanisierung der zwischen Rhône und Rhein liegenden gallischen Gebiete erfolgt war. Zeitlich kommt man damit frühestens in die Jahre der Regierung Neros, als ein letzter Versuch der linksrheinischen Völker, den Rhein von der römischen Herrschaft zu befreien, mißlang und der noch etwas vage Plan gefaßt werden konnte, jenseits des Flusses vorgeschobene aber dauerhafte Stellungen (Militär- und Zivilsiedlungen, nicht einfache Marsch- oder Winterlager) zu schaffen, die dann, zusammen mit den diesseitigen Gebieten, in Form zweier Rhein-Provinzen rechtmäßig organisiert wurden. Die schlechte Erfahrung mit den riesigen Kommandos, die man um die Zeitenwende verschiedenen (sehr unterschiedlich begabten und geeigneten) Generälen übertragen hatte, bedingte jene Zweiteilung aller Mittel, die an den gefährdeten Abschnitten verfügbar gemacht wurden.

Der »König der Germanen«

Der kritische Leser darf die Berichte Caesars nicht einfach in der Reihenfolge lesen und aufnehmen, in der sie, zuerst teilweise, dann wahrscheinlich abschließend und im Ganzen überarbeitet, vorgelegt wurden. Viele wesentliche Probleme werden erst anläßlich der Berichte über die Jahre 55 und 54 v. Chr. faßbar, weil Caesar vier Jahre vorher nicht zugeben konnte, daß er sie nicht gleich erkannt und abgewendet hatte. So wird u. a. die ganze Ariovist-Episode etwas durchsichtiger, nachdem man erfahren hat, daß Caesar sehr früh einsah, daß der Rhein wahrscheinlich *das* erstrebenswerte Ziel sein müsse, aber erst drei Jahre später in die Lage kam, diese Erkenntnis aus dem Treverergebiet heraus zu verwirklichen, den Fluß zu überschreiten, den römischen Anspruch auf Germanien demonstrativ vorzutragen und mit Hilfe einiger belgisch-gallischer Stämme ordnend sowohl in die jenseitigen wie in die diesseitigen Verhältnisse einzugreifen.
Wenn man die Caesarischen Berichte über die römische Einmischung in Gallien etwas genauer untersucht, so wird spätestens im 34. Abschnitt des ersten Buches deutlich, daß nicht Helvetier, Häduer oder Sequaner Caesar interessieren, sondern Ariovist, den der höchst zwielichtige Häduerfürst Diviciacus gezielt als »rex Germanorum« (1,31,10) betitelt und als einen ›richtigen‹ Barbaren hinstellt, grausam, habgierig, eine neue Gefahr für Gallien und Rom! Jener ›Volksfeind‹ war ein Jahr zuvor vom römischen Senat mit dem Titel *rex et amicus*, Herrscher und Freund, geehrt worden. Rom hatte ihn also (unter den zuvor geschilderten Bedingungen) als Anführer der Sueben (oder eines Teiles derselben) bestätigt und den Plan angenommen, schrittweise in rechtlich präzisere und inhaltsreichere Beziehungen mit ihm zu treten. Die Sueben waren insofern interessante Partner, als sie sehr zahlreich waren (aus 1,37 und 4,1 wissen wir, daß hundert *pagi*, ›Gaue‹, sich am Rhein niedergelassen hatten) und infolge ihrer gesellschaftlichen wie wirtschaftlichen Besonderheiten (im absoluten Gegensatz zu den Greuelgeschichten des Häduerfürsten) als vollkommene Vertreter jener Germanen erschienen, vor denen Rom – in Erinnerung an die sog. Kimbern und Teutonen – zwar oft erzitterte, die es aber auch bewunderte als unverdorbene Vertreter der ›äußeren Völker‹, die dem noch lockeren Gefüge des sich immer weiter ausdehnenden Reiches wichtige Dienste leisten und an dessen Rand eine bedeutende Rolle spielen konnten. Immerhin unterschieden sie sich ja z. B. von den besonders ›wilden‹ Nerviern (vgl. 2,15,4 f.) dadurch, daß sie

nicht ›abseits‹ wohnten und Händler aus dem Mittelmeergebiet zuließen.

Als Caesar sich im Jahre 58 v. Chr. vor die Alternative gestellt sah, den (wahrscheinlich noch sehr vagen) Sueben-Plan des Senats aufzugreifen und ihm in Verhandlungen mit Ariovist einen konkreten Inhalt zu geben, oder, im Sinne seiner neuen Ratgeber, das Vordringen der Sueben zum Anlaß zu nehmen, die ›patrie en danger‹ auszurufen, waren wiederum mehr stadtrömische Interessen im Spiel, als man gemeinhin wahrhaben will. Auch der Häduer Diviciacus war in Rom gewesen und hatte den Senat um Hilfe gebeten, war aber »inperfecta re« (4,12,5) – ohne daß es zu einem gültigen Abschluß gekommen war – erbost in seine Heimat zurückgekehrt. War es nun wirklich Zufall, daß wenig später die beiden Männer wieder ins Rampenlicht gerieten, die in der Hauptstadt vorstellig geworden waren, dort entgegengesetzte Absichten vorgetragen und konträre Erfolge verbucht hatten? War nicht der eine, als Begünstigter des Senats, in Ehren, der andere, als Vertreter der ostgallischen Fürsten- und Priesterkaste, hinhaltend empfangen, mit Befremden angehört und unverrichteter Dinge nach Hause geschickt worden? Erkannte Caesar, daß er mit etwas Glück den letzteren gegen den ersten ausspielen und dann beide unter die ›Obhut‹ Roms bringen konnte? Hatte er, trotz anfangs mangelhafter Information, festgestellt, daß er bei sofortigem Vorgehen gegen Ariovist eine Lücke zwischen der Provinz und eben jenen noch fernen Rheingegenden aufreißen würde? Man gewinnt heute immer mehr den Eindruck, daß schon das ganze Unternehmen gegen die Helvetier nicht durch deren innere Zwistigkeiten bedingt war, sondern durch einen (geographisch undeutlich umrissenen) Plan, den Rhein über die Westschweiz zu erreichen; daß erst nachträglich der weitere Weg durch das Elsaß gewählt wurde, daß dieser Entschluß auf das massive Einwirken des Häduers zurückzuführen ist, der Caesars Senatsfeindlichkeit geschickt zu nutzen verstand und im übrigen ein in etwa ›ehrliches‹ Geschäft vorschlug: denn so konnten beide Partner, Caesar und Diviciacus, befriedigt werden, allerdings auf Kosten des »Königs und Freundes« der Römer! Oder wenigstens auf Kosten von dessen ›Drang nach Südwesten‹, da ja auch die Möglichkeit bestand, daß man sich darauf beschränkte, Ariovist über den Rhein zurückzudrängen, dann ein Abkommen über den Status quo ante mit ihm zu schließen und auf diese Weise zusätzlich den Protégé des Senates zufriedenzustellen! Konnte man ihn nicht als Wächter am Rhein einsetzen und gleichzeitig eben aus diesem Vorteil bei den Ostgalliern Kapital schlagen, d. h. als Friedensbringer, Freund und Retter auftreten? Offiziell ließ sich das alles auch noch vor dem Senat als Vorbeugungsmaßnahme gegen die so viel bemühte Germanengefahr rechtfertigen.

Für dieses Erklärungsschema spricht nicht nur dessen psychologische Glaubwürdigkeit; es entspricht auch dem wahrscheinlichen Plan Caesars, mit einem Minimum an Mitteln fast beiläufig die mythische Schranke des Rheines zu erreichen, an das Ende der Welt vorzustoßen, menschliches Leistungsvermögen demonstrativ bis zum Äußersten zu treiben und dann gleichsam mit dem vollen Prestige dieser außerordentlichen Leistung (und mit gefüllten Kassen) in die Italien-Politik einzugreifen. Zudem gibt es viele Hinweise darauf, daß Caesar keineswegs als Revolutionär oder als politischer Neuerer in Gallien und an den Grenzen Galliens auftreten wollte: er verhielt sich zunächst restaurativ und brachte jene Männer wieder auf den Thron, »deren Vorfahren bereits geherrscht hatten«, die aber (wohl im Augenblick des Zusammenbruchs des großen Arvernerreiches) von einer Welle gesellschaftlicher und wirtschaftlich-politischer Unzufriedenheit (Wightman, 205; Ternes, v. a. 62; Lewuillon, 241) davongespült worden waren; wichtig ist ferner, daß Caesar (trotz verbaler Kraftakte, die im nachhinein, in den *Kommentarien*, prophetische Weitsicht und kriegerisches Imponiergehabe vortäuschen sollten) seinem Widerpart Ariovist Gespräche »de re publica«, über Staatsangelegenheiten, vorschlug, bei denen es »de summis rebus utriusque«, für *beide* um allerhöchste Interessen gehen sollte (1,34,1). Was man oft als gezielt unannehmbares Ultimatum darstellt, enthält in Wahrheit Bedingungen, die durchaus noch hätten erfüllt werden können: Ariovist sollte keine weiteren Truppen über den Rhein führen, mußte die Geiseln der Häduer zurückschicken und durfte weder gegen sie noch ihre Verbündeten Krieg führen (1,35,2–4). Ariovist lehnt aber schroff ab: es sei das Gesetz des Krieges, daß der Sieger dem Besiegten seine Bedingungen diktiere; so halte es Rom, und es sei sein gutes Recht, mit den Häduern ebenso zu verfahren. Wir stoßen demnach schon hier auf den Konflikt, der Jahre später etwa zur kämpferischen Auseinandersetzung mit den Sugambrern führte: verschiedene einheimische Fürsten erkennen den unbedingten und apodiktisch vorgetragenen Rechtsanspruch Roms nicht an, insofern dieser nur auf ›Präsenz‹ beruht, hinter der, drohend, Siege über andere Völker oder gültige Abkommen mit anderen Stämmen stehen. Für Rom war dies ein typischer *casus belli*, militärischer Zwang in dieser Situation unumgänglich.

Die überragende Bedeutung dieser und ähnlicher Auseinandersetzungen erkennt man daran, daß später noch mehrfach von seiten romfreundlicher Völker auf das Prinzip des Sieges über Ariovist verwiesen wurde: das römische Heer brauchte nur zu ›erscheinen‹, um etwaige Feinde zum *officium*, zur Pflichterfüllung gegenüber Rom und seinen Freunden und Verbündeten zu zwingen. So wurde das rechtsrheinische Gebiet für Jahrzehnte zum Schauplatz von Machtdemonstrationen, die in fast regelmäßigen Abständen (möglichst bei günstiger Witterung) daran erinnern sollten, daß Rom überall eingreifen konnte und einzugreifen wagte, wenn es dazu Anlaß gab.

Auch seinen ersten Rheinübergang wollte Caesar propagandistisch wirkungsvoll gestalten: er war ja kein fliehender Germanenfürst, und so erbaute er die Pfahljochbrücke. Zehn Tage nach der Besorgung des Bauholzes war das Kunstwerk einsatzbereit und erlaubte es dem Heer, trockenen Fußes den Fluß zu besiegen und gleichsam mit Ruhm bedeckt das rechte Ufer zu erreichen. Achtzehn Tage später kehrte es zurück, überquerte wiederum den Rhein und riß die Brücke ab ... Caesar hatte nie die Absicht, ›Germanien zu erobern‹: dazu gab es auch keinen triftigen Grund. Weder der Senat noch Caesar hatten irgendeinen Welteroberungsplan oder -herrschaftsanspruch; ein solcher blieb noch zur Zeit des Augustus eher ein lyrisches als ein realpolitisches Thema. 55 Jahre zuvor galt es lediglich, Sicherheit zu schaffen, in Ost und West dafür zu sorgen, daß Italien und die Provinzen keinen Schaden erlitten, nachdem man teilweise recht zögernd, meist aber auch ungeschickt und improvisierend ein ›Reich‹ geschaffen hatte, in dem die innenpolitischen Probleme die außenpolitischen Erfolge überwogen. Dabei stellt man fest, daß Rom den kommandierenden Generälen immer sehr große Freiheiten zugestand und wohl kaum im voraus präzise, einschränkende Aufträge erteilte. Zwar hatten sich die grundlegenden Ansprüche in diesem revolutionären letzten Jahrhundert vor unserer Zeitrechnung stark verändert, doch lastete auf jedem Eingreifen außerhalb der eigentlichen Reichsgrenzen das ganze Gewicht der dreihundert Jahre Provinzgeschichte, die man nicht einfach übergehen konnte.

Mit dem Brückenbau erreichte Caesar sein Ziel: viele Völker sandten Botschaften, boten Freundschaft an; die Sugambrer wurden besiegt, so wie Ariovist besiegt worden war, als er Ansprüche erhob, die ihm nicht zustanden. Man darf sich zudem fragen, ob beide Episoden nicht eng zusammenhängen. Es wäre denkbar, daß Caesar, der in den drei Jahren zwischen der Ariovist-Episode und dem ersten Übergang über den

Rhein manches hinzugelernt hatte, auf diese Weise ein Problem zu lösen versuchte, dessen wahre Tragweite er 58 unterschätzt hatte. Das erste Buch der *Kommentarien* endete triumphierend mit der Feststellung, Caesar habe in einem Jahre zwei Kriege beendet (gegen die Helvetier und gegen Ariovist); jetzt, drei Jahre später, wußte er, daß nichts beendet und nichts erreicht war. Vorläufig (bei Caesar blieb alles vorläufig) genügte ihm, daß am Rhein einigermaßen gesittete Verhältnisse herrschten: in Abwesenheit der Sueben, nach dem Sieg über die Sugambrer und im Vertrauen auf die neugeschlossene Allianz mit den Ubiern schien es wichtiger, in weiter Ferne einen (wiederum nicht eingeplanten) Krisenherd auszuschalten: er eilte nach Britannien.

Gallische Neuerer

Auch in Britannien wurde alles überstürzt. Caesar wollte bereits absegeln, als falsche Fahrmanöver dies verhinderten und den Einheimischen den psychologischen Anstoß zu neuen, hartnäckigen Angriffen gaben. Schließlich wurden sie dennoch in die Flucht geschlagen, und Caesar kam diesmal unbehelligt nach Gallien zurück, wo die Moriner bereits die Zeit genutzt hatten, einen ›Aufstand‹ anzuzetteln. Wir dürfen kaum annehmen, daß Caesar im Ernst glaubte, die gallischen, rheinischen, belgischen oder britannischen Regionen erobert oder gar befriedet zu haben. Es ist somit fraglich, ob man von ›Aufständen‹ sprechen kann, wenn gewisse Stämme sich feindselig verhielten, und – wie oben dargelegt – trotz militärischer Schwäche und trotz eventuell bereits angenommener *amicitia* zum Entschluß kamen, mit Rom keine weiteren Bindungen einzugehen. Im allgemeinen werden jene kleineren Unternehmungen *rebellio* genannt; gefährlich, viel gefährlicher ist die Lage, wenn es Leute gibt, die »novis rebus student«, ein radikal neues politisches System fordern, und dessen Verwirklichung betreiben. Der Ausdruck steht schon in *De bello gallico* 1,9,3 und wird, mit Bezug auf den Häduer Dumnorix, durch den Beisatz »cupiditate regni adductus« (»verleitet durch eine unbändige Gier nach Herrschaft«) verurteilt. Man darf getrost annehmen, daß er gerade hier an seinem Platz ist: was der Helvetier Orgetorix tat, wurde (1,2,1) noch als »coniuratio« (»Verschwörung«) hingestellt (mit eben jener Motivierung, die in Rom Schrecken und Abscheu auslösen mußte). Etwas später, eben im Falle des Häduers, merkt Caesar, daß es um mehr geht als ein Bündnis ehrgeiziger Emporkömmlinge. In einem Punkt freilich gleichen sie sich: sie genießen die absolute Gunst der *civitas* oder *plebs*, der Bürgerschaft (im Gegensatz zu den Adligen: *reges*, *principes*, *duces* – Könige, Fürsten, Heerführer), jener Menschen also, von denen Caesar uns beiläufig mitteilt, daß sie fast wie »servi«, wie Sklaven, behandelt wurden (6,13,1). Er fügt noch erläuternd hinzu: »Sie dürfen von sich aus nichts unternehmen, ihre Meinung wird nicht eingeholt.« Ihre Unterlegenheit ist also politischer Art, und dort setzen die Neuerer den Hebel an: Orgetorix bei den Helvetiern, Dumnorix bei den Häduern, später Cingetorix bei den Treverern, Ambiorix bei den Eburonen, der sehr deutlich Wesen und Tragweite seiner Macht beschreibt, wenn er sagen läßt, »er habe nicht aus persönlichem Entschluß noch aus freier Entscheidung gehandelt, sondern gezwungen durch die Bürgerschaft, da seine Befehlsgewalt ja so beschaffen sei, daß das Volk nicht weniger Macht besitze als er selbst« (5,27,3). Hier, bei den Eburonen, im Jahre 54, liegt ein eindeutiges Beispiel einer verfassungsmäßigen Gewaltenteilung vor, die zwar wahrscheinlich nicht nur das Ergebnis der von Caesar seit 58 ausgelösten Entwicklung war, aber ohne Zweifel durch sie beschleunigt wurde.

Anfangs war noch Casticos, der Sequaner, mit im Bunde, der seinen Thron (wie so mancher) verloren hatte und die Verschwörung benutzen wollte, um ihn wiederzugewinnen. Danach ist von ihm nicht mehr die Rede, möglicherweise weil sein Vorhaben gelang, während Orgetorix von seinen Landsleuten und Dumnorix von Caesar ausgeschaltet wurden.

In die Reihe dieser Fürstensöhne à l'ancienne gehört auch Tasgetios, der bei den Carnuten durch Caesar den Thron seiner Vorfahren wiedererlangt hatte, wohl auch der Treverer Indutiomar, von dem zwar nicht ausdrücklich gesagt wird, daß er Caesar seinen Thron verdankte, der aber ganz so agiert und spricht, als ob *er* a priori im Besitz der Legalität sei, im Gegensatz zu der Gruppe um Cingetorix, die nun Gehör bei Caesar finde. Dieser erkennt nun, daß er zuerst (als es nur darum ging, im Rhônetal für Zucht, Ordnung und Steuern zu sorgen) auf die falschen Partner gesetzt hatte, auf Leute (deren berühmtester natürlich der Arverner Vercingetorix ist, der letzte Sproß einer einst überaus einflußreichen Dynastie), denen er eigentlich dazu verholfen hatte, vorrömische (und wohl mit Sicherheit antirömische) Verhältnisse zu etablieren. Später suchte er dann Kontakt zu der anderen Gruppe, die ihm genau das bieten konnte, was seinem Werk in Gallien einige Dauer verleihen konnte: er versicherte sich der Mitarbeit ganzer *civitates* (Stämme), die unter Leitung des aufgeklärteren Teiles der Nobilität bereit waren, schrittweise einen gesellschaftlichen, wirtschaftlichen und politischen Umschwung zu vollziehen.

Am Sabis (57 v. Chr.) verspielten die trevirischen Adelsreiter ihre Chance: als sie die (scheinbar) verzweifelte Lage der römischen Truppen erkannten, waren sie »permoti«, zutiefst erschüttert – und ritten schnell nach Hause. Als dann andere auftraten und wirksamere Hilfe versprachen, war es nur natürlich, daß Caesar mit ihnen eine Art Abkommen traf. Damit war die Frage allerdings nicht beantwortet, wer denn nun wirklich die Macht besitze, teile, ausübe. Als Caesar Gallien auf Nimmerwiedersehen verließ, war alles unfertig, die Lage teilweise unklar, von Romanisierung konnte keine Rede sein. Da, wo am Anfang kein Plan gewesen war, gab es am Ende auch kein Ergebnis. Einzelaktionen hatten zu ›Erfolgen‹ geführt, d. h., in gewissen Kreisen des fortschrittlicheren Teiles der Oberschicht war Rom als eine bedingt mögliche Alternative zu überholten Herrschafts- und Gesellschaftsformen erkannt worden, mehr nicht. Man könnte sogar umgekehrt behaupten, daß Caesar (außer riesigen Schätzen und erstklassigen Auxiliartruppen) auch einige Ideen aus Gallien mit nach Italien nahm, die seine eigene Vorstellung vom ›popularen‹ Herrscher bekräftigen und bereichern mochten. Jedenfalls hatte er dort und am Rhein das berauschende Gefühl kennengelernt, Macht quasi ohne Grenzen ausüben zu dürfen. Dies geschah zwar im Rahmen einer etwas umstrittenen Legalität, aber eben in jenen Grenzbereichen, die niemand genauer zu erforschen wagte und in denen niemand hoffen durfte, entsprechende Mittel zu finden, um Caesar Einhalt zu gebieten. Rom hatte Freunde gewonnen, aber ließ auch Feinde zurück, die noch 120 Jahre später den Untergang ihrer fürstlichen Privilegien zu verhindern suchten.

Caesar hatte zweimal den Rhein überschritten: das zweite Mal im Jahre 53, weil einige Treverer (deren Stammesgebiet sich damals bis an den Rhein, deren Einfluß sich aber auch aufs jenseitige Ufer erstreckte) immer wieder Germanen herüberholten und er die Geister, die er fünf Jahre zuvor (anläßlich der Ariovist-Episode) gerufen hatte, nicht mehr los wurde. Was damals noch ein Vorwand war, drohte nun zusehends zum Alptraum zu werden, und was damals den schnellen Rückzug inspiriert hatte (der Abzug der Sueben), bedingte jetzt ein neues rechtsrheinisches Vorgehen. Weil sich die Sueben aber erneut in die Wälder zurückzogen, folgerte Caesar (sehr zu Unrecht) daraus, daß sie erneut Reißaus nahmen. In Wirklichkeit blieben sie jetzt endgültig Herren der Lage.

Daß sie überhaupt kein ›Volk‹ waren – in dem Sinn, den das Wort im 19. Jahrhundert erhielt –, ist bezeichnend für die Oberflächlichkeit der Beziehungen, die Rom zu ihnen hatte, für das Fehlen wahren Interesses an jenen Menschen, deren Kulturfähigkeit und -willigkeit doch deutlich sichtbar waren. Hieraus wird besonders klar, daß die sog. Exkurse (über die Gallier und die Germanen) in Caesars *Kommentarien* doch eher Kabinettstücke für stadtrömische Salons waren als ernsthaftes Unterlagenmaterial für eine sinnvolle Politik gegenseitigen Gebens und Nehmens. Ursprünglich an der Havel und an der Spree beheimatet, dann an der Elbe, in Sachsen und Thüringen ansässig, hatten die Sueben, um 60 v. Chr., Verbindungen nach Böhmen, anschließend erschienen sie im Maingebiet. Um 30 v. Chr. drangen sie bis nach Gallien vor, zur Zeit der Varusschlacht standen sie auf seiten der Cherusker und Sugambrer (hier werden also die zwanzig Jahre zuvor verpaßten Gelegenheiten als tragische Fehler erkennbar); um 8 v. Chr. werden die Sueben als »Quaden« in Mähren verzeichnet, die in den sog. Markomannen weiterbestanden, von denen ein Teil (die *Suebi Nicretes*, die Neckar-Sueben) im Neckargebiet seßhaft wurden. Nur dieser kleine Bruchteil, mit dem Vorposten *Lopodunum* (Ladenburg), geriet in den Sog der wirklichen Romanisierung. 406 n. Chr. gab es die Sueben immer noch, die sich nun teils den Vandalen anschlossen, teils unter hunnische Vorherrschaft gerieten und im 6. Jahrhundert dem Langobardenreich einverleibt wurden.

Das Beispiel der Sueben zeigt vorzüglich, wie unmittelbar jenseits des Rheins römischer Einfluß außerordentlich gering, sporadisch und wenig wirksam blieb. Antike Feldherren und spätere Geschichtsschreiber wollten dies nicht wahrhaben. Aber Schatz-, Streu- und Lagerfunde ändern nichts an der Tatsache, daß das »Freie Germanien« frei blieb. Mit fortschreitender Entwicklung seiner eigenen politischen und wirtschaftlichen Strukturen waren für Rom Randgebiete und -erscheinungen *als solche* nicht mehr tragbar. Man konnte die Gleichung *orbis terrarum* = *orbis Romanus* (Welt = römische Welt) kaum noch aufrechterhalten, wenn sich in Armenien und jenseits von Rhein und Donau Gebiete auftaten, die man zwar mythisch verklärte, deren quälende Wirklichkeit und Bedrohlichkeit man aber nicht ganz leugnen konnte. Und so erklärt es sich auch, daß in nachcaesarischer Zeit eine Aktion, die jene berühmt-berüchtigten Grenzen überschritt, vornehmlich von der Machtphilosophie des Herrschers und seiner Ratgeber abhing. Je ›moderner‹ sie waren, verglichen mit der klassisch-republikanischen Auffassung eines minimalen Interventionismus, je enger sie sich dem (noch zumindest theoretisch assoziierten) Prinzipat, Dominat und Gottkaisertum verbunden fühlten, desto eher wurde aus dem *imperium* als ›Befehlsgewalt des Oberkommandierenden‹ ein *imperium* als ›zu schützendes Territorium‹, aus weiten Grenzgebieten eine Grenzlinie, aus der Linie eine Kette von Festungs- und Wehranlagen, bis notgedrungen der finanzielle und personelle Aufwand zur Fortführung eines derart schwerfälligen und verkrampften Systems nicht mehr gewährleistet werden konnte. Es mag paradox erscheinen, daß Rom bei der Überwindung der Nachteile, die mit der laxen Vorgehensweise des Iulius Caesar verbunden waren, schließlich in die Ausweglosigkeit eines überzentralisierten, überbürokratisierten, überorganisierten, im Endeffekt ruinösen Riesenstaates geriet. Ob allerdings die Beibehaltung des Caesarischen Stils der ›Eisenfaust im Samthandschuh‹ weitergeführt hätte, ist eine müßige Frage.

Zweites Kapitel
Oktavian Augustus, der Mehrer des Reiches

In die Zeit zwischen dem Abzug des Iulius Caesar nach Italien und dem ›Regierungsantritt‹ dessen, den man (nach 27 v. Chr. zu Recht) »Augustus«, den ›Mehrer‹, nennt, fallen drei Koloniegründungen, die für den Zusammenhalt des Caesarischen Werkes in Gallien von Bedeutung waren: Augst am Rhein bei Basel, Nyon am Genfer See und Lyon am Zusammenfluß von Saône und Rhône. Deren Lage einerseits zeigt, welche Bedeutung Verkehrsknoten- oder -endpunkten beigemessen wurde, andererseits, daß sie jederzeit militärische Funktionen übernehmen und auch durch kulturelle Ausstrahlung auf ihre Umgebung einwirken konnten (und sollten).
Zu weiteren Schritten kam es erst, als in Rom prinzipiell geklärt worden war, wer wo mit welchen rechtlichen und/oder Machtmitteln was unternehmen sollte. Der neunzehnjährige Octavius war laut letztwilliger Verfügung Caesars von diesem adoptiert worden. Der »magische Name« (Kornemann, 10) trug dazu bei, seine eher bescheidene Herkunft zu verdecken, blitzschnelles Handeln in den Wochen nach der Ermordung des ›Vaters‹ setzte entscheidende Akzente: Octavius beschlagnahmte Gelder, die für einen geplanten Partherfeldzug bereitlagen, ließ sich am 9. Mai 44 v. Chr. von einem Volkstribunen als Erbe Caesars proklamieren und bemühte sich darum, daß die testamentarische (rechtlich teilweise umstrittene) Adoption durch ein Gesetz legitimiert wurde.
Während Marcus Antonius, der als Konsul wohl ungeteilte Macht besaß, aber außer verschwenderischem Umgang mit Caesars Geld (das ihm unbedachterweise ausgehändigt worden war) eigentlich nichts vorzuweisen hatte, nach Gallien ging, um seine Macht auf eine reale Basis zu stellen (hier wirkte schon das Caesarische Vorbild!), erreichte Octavianus – wie er wohl nach seiner Adoption genannt wurde –, daß ihm der Senat zu Beginn des Jahres 43 v. Chr., auf Betreiben Ciceros, das proprätorische Imperium bestätigte, welches er sich selbst zuerkannt hatte, die Senatorenwürde verlieh und das Stimmrecht eines Konsularen sowie Privilegien in der Bekleidung der Ämter übertrug. Noch im Sommer desselben Jahres stellte sich heraus, daß Rivalen – Antonius und Lepidus, mit der sicheren Hilfe der gallischen und spanischen Statthal-

ter, auf der einen und Octavianus mit den ihm treu ergebenen ›caesarischen‹ Legionen auf der anderen Seite – wenigstens vorübergehend zu einem Ausgleich kommen mußten: eine *lex Titia* vom 11. November schrieb fest, was in Bologna verabredet worden war: daß Antonius, Lepidus und Oktavian als ›Dreimänner zur Herstellung (nicht *Wieder*herstellung!) des Staates‹ (das sog. zweite Triumvirat) die Macht geteilt ausüben sollten.

Oktavian fielen – durch die *lex Titia* bis zum 31. Dezember 38 v. Chr. befristet – die Provinzen *Africa*, *Sicilia*, *Sardinia* und *Corsica* zu, »die aber erst zu erobern waren« (Kornemann, 10). Am 23. Oktober 42 v. Chr. beging Brutus, der »ehrenwerte Mann«, Selbstmord. Er hatte geglaubt, es genüge, den Tyrannen Caesar auszuschalten, um die »tugendhafte Republik« zu retten. Sein Haupt wurde in Rom vor der Statue Caesars zur Schau gestellt, und jetzt merkte wohl auch der Uneinsichtigste, daß die Bestrafung der Caesar-Mörder die Triumvirn weniger interessierte als die Tatsache, daß sie – wenn auch nur sehr vorübergehend – den hemmungslosen Machtkampf zwischen Antonius und Oktavian hinausgezögert hatte.

In unserem Zusammenhang ist wichtig, daß noch in eben diesem Jahr nicht nur der ganze Osten des Reiches, sondern auch das jenseitige Gallien Antonius zugeschlagen wurden, Oktavian also noch als ›Juniorpartner‹ das Nachsehen hatte. Erst im Winter 41/40 v. Chr. vollzog sich die Wende, die vielleicht weniger durch die Betörungskünste der Kleopatra als durch die Einflußnahme des M. Vipsanius Agrippa zu erklären ist, der sich nun als der »große militärische Helfer« anbot »im schrecklichsten aller römischen Bürgerkriege« (Kornemann, 10), als jener »Zweite«, ohne den Oktavian »sein großes Werk nie hätte vollenden können«. Ihm war es zu verdanken, daß dieser im Oktober des Jahres 40 über vierzig Legionen verfügte und die Welt in Brindisi nun wirklich (zwei)geteilt werden konnte. Jetzt erhielt Oktavian »den Westen«; aber erst die Verlängerung des Triumvirats (durch den Vertrag von Tarent im Frühherbst 37) und die Ausbootung des Lepidus (36), die Oktavian auch *Africa* sicherte, schufen die kompakte Machtbasis, von der aus am 2. September 31 v. Chr. bei Actium die endgültige Entscheidung erzwungen werden konnte.

Durch Dio Cassius (18,49,2) erfahren wir sehr pauschal, daß sich Oktavian 37 um »alles« in Italien und Gallien kümmerte, während Agrippa vorrangig den Flottenbau betrieb. Agrippa hatte gegen »aufständische Gallier« gekämpft, »damals, als er der zweite Römer gewesen war, welcher den Rhein in kriegerischer Absicht« überquert hatte. Aus dieser wenig ergiebigen Nachricht ein »erstes Imperium« des Agrippa und einen ersten Aufenthalt Oktavians in Gallien abzuleiten oder gar tiefgreifende Umsiedlungsmaßnahmen zu postulieren, welche die Ubier vom rechten aufs linke Rheinufer gebracht hätten, ist nicht zulässig. Es ist dagegen anzunehmen, daß Oktavian vor Actium bestenfalls kleinere, dringend notwendige konservierende Maßnahmen an dieser unsicheren Peripherie des Reiches ergriffen hat.

Eine entscheidende Änderung trat erst ein, als der Senat am 16. Januar 27 v. Chr. per Akklamation Oktavian zum *princeps* erhob und, auf Antrag des L. Munatius Plancus, ihm den Beinamen *Augustus* verlieh. Er erhielt auf zehn Jahre das prokonsularische Imperium unter anderem über Gallien, wohin er sich im Sommer desselben Jahres begab, mit der Absicht, nach Britannien zu ziehen (Dio Cassius 53,22,5). »Aber die gallischen Angelegenheiten waren unbereinigt geblieben, da der Bürgerkrieg gleich nach der Unterwerfung des Landes begonnen hatte. Er führte eine Volkszählung [den *census*] durch und ordnete Leben und Gemeinwesen der Einwohner [καὶ τὸν βίον τήν τε πολιτείαν διεκόσμησε]. Dann reiste er weiter nach Spanien.« Während also die Provence befriedet war und Augustus die Konsolidierung Illyriens und Spaniens wichtiger schien als britannische (und germanische) Unternehmungen, kam es zu einer Reihe von ›Aufständen‹, über die wir nur sehr spärliche Informationen besitzen. »Der bedeutendste Krieg, der [...] damals [16 v. Chr.] Rom betraf und *wahrscheinlich* der einzige, der Augustus von Rom fernhielt, war der gegen die Germanen. *Es scheint*, daß Sugambrer, Usipeter und Tencterer [also genau die Völker, gegen die einst Caesar seine improvisierte ›Rheinpolitik‹ betrieben hatte] zuerst einige Römer auf ihrem Gebiet ergriffen, sie dann gekreuzigt, den Rhein überquert und Germanien [sic!] und Gallien geplündert hatten. Als sich römische Kavallerie näherte, überfielen sie diese aus dem Hinterhalt« (Dio Cassius 54,20,4). Sie besiegten auch Marcus Lollius, seit dem Vorjahr Statthalter der ›Provinz‹, und erbeuteten die Adler der 5. Legion. »Als er von alledem erfuhr, eilte Augustus zum Kampf gegen sie, *aber er fand keinen Anlaß zum Kriegführen vor*. Als die Barbaren nämlich gehört hatten, daß Lollius Vorbereitungen treffe und der Kaiser selbst zu Felde ziehe, kehrten sie in ihre Stammesgebiete zurück, schlossen Frieden und übergaben Geiseln.« Damit dürfte objektiv die Bedeutungslosigkeit der ganzen Angelegenheit bewiesen sein. Daß Lollius als »Provinzstatthalter« betitelt wird, erklärt sich zum einen daraus, daß Dio Cassius über zweihundert Jahre später schrieb und ihm in der stark verkürzten Perspektive das Detail belanglos schien, zum anderen daraus, daß Lollius möglicherweise den Auftrag hatte, ein recht allgemein definiertes Gebiet jenseits des Rheines zu ›kontrollieren‹ und dieses nicht genau begrenzte Gebiet eben als *provincia*, d. h. als Anwendungsbereich seiner militärischen Befugnisse zu betrachten war. Das Wort hat also nicht den Sinn, den es in Gebieten hat, deren Verhältnis zum *Senatus Populusque Romanus* durch spezifische Gesetzgebung eindeutig und strikt normativ geregelt ist. In eben diesem Sinne wurde die Situation an Mosel, Rhein und Donau erst durch die Schaffung der beiden germanischen Provinzen (zwischen 85 und 91 n. Chr.) restlos geklärt und geordnet. Bis dahin bestand, wohl in unterschiedlichen Formen, Auslegungen und Ausdehnungen, eine Art Militärbezirk (Kornemann, 10), wie er üblicherweise überall dort bestehen blieb, wo die zivilen Verhältnisse nicht genügend stabilisiert und gesichert waren, um eine Überführung aus der rein militärischen in eine doppelgleisige (militärische und zivile) Macht zu rechtfertigen.

»Augustus brauchte also keine Waffen [gegen die Germanen]«, fährt Dio Cassius fort, »aber die Besorgung anderer Angelegenheiten nahm den Rest des Jahres in Anspruch, ebenso das nächste [. . .].« Die Erklärung, um welche »anderen Angelegenheiten« es sich handelte, folgt dann mit der Licinus-Episode. Dieser besaß zugleich die »Knauserigkeit des Barbaren und die Würde eines Römers« (54,21,6). Er war Gallier, zuerst Sklave, dann Freigelassener Caesars, »und Augustus hatte ihn zum Prokurator in Gallien gemacht.« Als er aber ein Jahr mit vierzehn Monaten einführte, um die monatlich zu zahlenden Steuern entsprechend zu erhöhen, »protestierten die Gallier entrüstet beim Kaiser«, der sie beschwichtigte und doch den Licinus im Endeffekt ziemlich ungeschoren ließ.

Wie zweitrangig Germanien damals in den Augen des Princeps war, geht zudem aus der Tatsache hervor, daß nun Drusus und Tiberius (nach P. Silius Nerva) daran gingen, Angriffe aus dem Alpenraum gegen Norditalien abzuwehren, ehe sie sich gegen die Völker in der heutigen Schweiz und Süddeutschland wendeten. Das Vorhaben war möglicherweise sehr ›caesarisch‹: es kann, wie gesagt, nicht ausgeschlossen werden, daß dem großen Julier ganz zu Anfang ein Plan vorgeschwebt hatte, der die Quellen von Rhein und Donau anvisierte, wodurch er gleichsam aus dieser Position heraus die Anrainer nach Nordwesten und Südosten hin zu beherrschen trachtete.

Ein solches Vorhaben ist allerdings rein hypothetisch; immerhin hat es eine gewisse innere Logik für sich, besonders wenn man die äußerst mangelhafte Information bedenkt, die damals über West-, Ost- und

Nordeuropa zur Verfügung stand! Noch fünfhundert Jahre nach Caesar wußte in Rom niemand, was östlich der Elbe lag!
Die Alpenfeldzüge der Jahre 16 und 15 v. Chr. galten wohl vor allem der Sicherung Norditaliens (Kraft, 119); wo diese im Spiel sein konnte, muß sie immer als vorrangiges Motiv anerkannt werden; es ist zur Genüge erwiesen, daß Rom seit Jahrhunderten in der Angst vor einer Invasion lebte – was gelegentlich (z. B. von Julius Caesar) zu machtpolitischen Zwecken ausgenützt wurde. Das etwa 6 v. Chr. errichtete *Tropaeum Alpium* in La Turbie, ein eindrucksvolles Siegesdenkmal über 45 Alpenvölker, legt auch im Fall der Feldzüge des P. Silius Nerva gegen die *Camuni* und *Trumpilini*, später des Drusus und Tiberius gegen die *Venostes* und *Isarci*, jene komplexe Motivation nahe, der zufolge es darum ging, die Einfälle nach Italien abzuwehren, den Zugang zu den ›äußeren Völkern‹ zu sichern und den Römern gewaltige im Norden errungene Erfolge vorzugaukeln. Ob schon P. Silius Nerva »eine direkte Straße zwischen den Legionen in Oberitalien und denen am Rhein geschaffen« hat (van Berchem, 178; Kellner, 191), über den Splügenpaß »durch Chur an Walen- und Zürichsee vorbei über den Bözberg und Basel ins Elsaß« (Kellner, 58), muß bezweifelt werden; es scheint eher so, daß eine zeitweilige (unter Augustus abgebrochene) Querverbindung Como–Chiavenna–Septimer–Lenzerheide–Chur–Zürich–Augst als »Nebenziel« (Wiedemer, 203) einer größeren Absicherungsaktion gegen eine »Koalition von Alpenstämmen« (Fischer, 230) anzusehen sei.
»Die Alpen befanden sich nun in der Tat gänzlich in römischer Hand. 14 v. Chr. waren Stämme in den Seealpen, z. B. die Ligurer, bezwungen und dieser Teil eingegliedert worden. Das Königreich Noricum östlich des Inn, das ja schon seit dem 2. Jahrhundert v. Chr. einen Bündnisvertrag mit Rom hatte, ging zur Zeit des Alpenfeldzuges friedlich im römischen Reich auf, und etwa 13 v. Chr. besetzten römische Truppen Pannonien und Illyrien« (Kellner, 58). Erst dann konnte wieder im germanischen Bereich an eine Offensive gedacht werden. Erst unter Claudius wurden Rätien, Vindelikien und die *vallis Poenina* zur kaiserlichen Provinz *Raetia* zusammengeschlossen, aus der Befehlskompetenz des obergermanischen Heeres herausgenommen und in die eines ritterlichen *procurator ducenarius* überführt.
Im Jahre 12 v. Chr. erkrankte Agrippa in Pannonien. Er kehrte nach Kampanien zurück, starb aber, ehe Augustus herbeigeeilt war. »Er half Augustus die Monarchie einführen, so als sei er selbst ein ergebener Anhänger einer autoritären Herrschaft; er gewann das Volk durch seine

Wohltaten, so als sei er im höchsten Maße ein Freund volkstümlicher Regierung« (Dio Cassius 54,29,3). Der Tod des Agrippa war nicht nur ein großer Verlust für Augustus, sondern auch für den Staat, und es gab ›Zeichen‹ in solcher Menge, »wie dies nur vor den größten Katastrophen zu geschehen pflegte«. Tiberius wurde nun der ›zweite Mann‹, aber Augustus hegte Bedenken und äußerte offenbar Zweifel daran, daß durch diese Berufung ein gleichwertiger Ersatz für den so geschmeidigen Agrippa gefunden sei. Jedenfalls gab er ihm kein *imperium maius* wie ehedem Agrippa.

In Pannonien errang er »nach sehr schweren, stellenweise mit größter Grausamkeit geführten Kämpfen« (Kornemann, 10) jene Erfolge, die zur Bildung einer großen Provinz *Illyricum* führten. Währenddessen war sein Bruder Drusus (seit 13 v. Chr. Statthalter der Großprovinz *Tres Galliae* und Kommandeur aller Truppen am Rhein) beauftragt worden, den seit 16 nicht aufhörenden ›Unruhen‹ an der Peripherie »ein Ende zu bereiten«. Im Jahre 12 ging er mit der Rheinflotte gegen die Küstenstämme beiderseits der Ems und die Chauken an der Wesermündung vor. Im folgenden Jahr wurden zwei Angriffe vorgetragen, an der Lippe entlang gegen das cheruskische Westfalen und gegen die Chatten in Hessen. Im Jahre 9 v. Chr. wurde (vielleicht mehr oder weniger gleichzeitig mit dem Übergang des Tiberius über die Donau) die hessische Ausgangsbasis zu einem Erkundungsvorstoß bis an die Elbe genützt. Auf dem Rückweg, am 14. September, starb Drusus (noch nicht dreißigjährig) durch einen Unfall. Ihm wurde der Titel eines *Germanicus* verliehen; während die Markomannen des Marbod sich in Böhmen festsetzten, wurde Tiberius mit dem Oberbefehl in Germanien beauftragt (8 v. Chr.). L. Domitius siedelte zuerst die Hermunduren in Thüringen, im früheren Stammland der Markomannen, an, ehe er noch weiter als Drusus nach Osten vorstieß. Zweck dieser Unternehmungen war es, sich eine Übersicht über die Stämme und geopolitischen Zusammenhänge zu verschaffen, die im Hinblick auf die Sicherung der Rheingrenze von Bedeutung werden konnten. Die positive Erfahrung mit dem zivilisierten Marbod rief offenbar den Eindruck hervor, daß zu systematischen ›Eroberungen‹ kein Anlaß bestehe. Dies entsprach auch weitgehend der persönlichen Einstellung des Tiberius, der aus verschiedenen Gründen eher dem *consilium*, der Diplomatie, als der *vis*, der Gewalt, zuneigte. Aber dem Augustus scheint es nicht so recht ins Konzept gepaßt zu haben, weil er anders als Tiberius vielleicht weniger an eine diplomatisch ausgehandelte föderative Organisation des »Freien Germanien« dachte als an eine Provinz, die – allerdings rein theoretisch – bis zu den Punkten reichte, wohin Drusus und Domitius die römischen Feldzeichen vorgetragen hatten. Tiberius wurde entlassen. Seine Rückkehr (im Jahre 4 n. Chr.) ›bezahlte‹ er damit, daß er nach Art des Drusus in großangelegten Kampagnen gegen die Cherusker zog und im Jahre 5 n. Chr. mit der Flotte erneut bis zur Elbgrenze vordrang. Anschließend wurde er an die Donau beordert, und während er nun von *Carnuntum* (Petronell) aus nordwärts operierte, rückte C. Sentius Saturninus von Mainz aus ostwärts vor. Das gemeinsame (politisch sehr unkluge) Ziel war, Marbods Markomannenreich zu unterwerfen, statt es so zu assoziieren, daß es im eigenen Interesse bereit war, die gemeinsame Sicherheit zu verteidigen. Als die römischen Kräfte nun derart gebunden waren, brach in Pannonien ein Aufstand aus, der drei Jahre dauerte (von 6 bis 9 n. Chr.) und die römischen Unternehmungen in Germanien so stark gefährdete, daß schließlich nur das (berechnende) Wohlwollen Marbods ihren Bestand sicherte!

Als der pannonische Aufstand beigelegt war (nach Kornemann, 10, »die letzte wirkliche militärische Großtat für den augusteischen Prinzipat«), zeigte freilich das Massaker im *saltus Teutoburgiensis*, »irgendwo in den Wäldern und Sümpfen zwischen Lippe und Weser« (Bechert, 106), die *clades Variana*, die Niederlage des Varus, daß alle bisherigen Unternehmungen im Grunde nichts gefruchtet hatten und die Methode, durch punktuelle, rein massiv-militärische Interventionen die Annahme einer De-jure-Situation zu erzwingen, ganz und gar ungeeignet war. Hier spürt man wohl am deutlichsten, welche Verwirrung dadurch entstanden war, daß allmählich (vor allem im letzten vorchristlichen Jahrhundert) die alte Prozedur der *deditio*, des Sich-Ergebens, d. h. der »Aufgabe der eigenen *potestas* mit der Ergebung in (und dem Anspruch auf) die römische *fides*« (Timpe, 202) sich verändert und schließlich fast aufgelöst hatte. Zunächst war diese *deditio* die einzige Form völkerrechtlicher Beziehungen gewesen, aber die schnell fortschreitende Personalisierung, d. h. Fixierung auf einen Feldherrn oder Machthaber, ließ dessen eigene, persönliche Eigenschaften (*amicitia*, *clementia*, aber auch *auctoritas*) in den Vordergrund treten und zum normativ-veränderlichen Prinzip der in jedem Fall neu auszuhandelnden Beziehungen werden. Damit waren zwar nicht alle Bezüge zum ›Staat‹ als solchem abgebrochen – de facto war der Barbarenfürst *amicus Senatus Populique Romani*, aber der Begriff war seit Caesar fast gänzlich ausgehöhlt. Von nun an hing die Romanisierung mehr oder weniger von der Qualität der jeweiligen Generäle und Gouverneure ab! Augustus unternahm Kampagnen, umriß ein Reich, kam zwar hin und wieder bis an den Rhein, teilte aber sein *imperium maius* mit Agrippa (wer besaß denn nun eigentlich die Macht?), überließ später Tiberius, dann Drusus, dann wieder Tiberius und Germanicus, schließlich erneut Tiberius die Initiative (aber nicht das *imperium maius*, das immer deutlicher als Basis des Prinzipats erkennbar wurde). Dies verhinderte aber in Germanien fast notgedrungen jene Bindungen, die zum »herkömmlichen Instrumentarium« (Timpe, 202) der Machtübernahme durch Rom gehörten. Der Mißerfolg muß jedenfalls wenigstens teilweise aus diesem inkonsequenten Vorgehen erklärt werden. Erschwerend kam wohl auch die Erkenntnis hinzu, daß Rom sozusagen nichts zu bieten hatte. Worauf sollte dann die römische *fides* angewendet werden? Die Analyse der Caesarischen Texte zeigt z. B., daß das Wort *barbari* entweder polemisch verwendet wird oder, bei realem und rationalem Bezug, nur jene wenigen Stämme bezeichnet, die irgendwie nicht fähig und/oder nicht gewillt waren, mit Rom reguläre Beziehungen aufzunehmen. Alle anderen hatten nämlich z. B. in gesellschaftlicher oder auch wirtschaftlicher Hinsicht Rom manches voraus. Rom mußte erst politisch zu sich selbst finden, ehe es so weit entfernten Kulturvölkern sinnvolle Alternativen bieten konnte. Eine Ergebenheitserklärung konnte nicht als Antwort auf *vis*, brutale Machtanwendung, erwartet werden. Die späte Erkenntnis dieser Tatsache erklärt die »Erregung in Rom auf die Nachricht der [Varus-]Katastrophe« (Dio Cassius 56,24,1). Sie traf wohl vor allem Augustus selbst, der bei der Meldung des Verlustes der Legionen in Panik geraten sein soll. Denn damit wurde allen deutlich, daß seine Rhein- und Donaupolitik völlig gescheitert war. Die letzte Verantwortung dafür lag zweifellos bei Augustus, der nach dem Tode Agrippas und wohl in Abweichung von dessen eher traditionalistischem Konzept (Straßen, Brücken, Handel sorgen für bessere Beziehungen als Feldzüge und Herrschaftsansprüche), die oberste Leitung der Provinzialpolitik übernommen hatte.

In den folgenden Jahren, vor allem ab 13, wurde Germanicus, der Sohn des Drusus, am Rhein eingesetzt, »mehr um die Schande der mit Varus verlorengegangenen Heere wettzumachen, als im entschiedenen Streben nach einer Erweiterung des Reiches« (Tacitus, *Annalen* 1,3,6). Es ging um die Wahrung der Fiktion, daß zwar gewisse Feldherren bedauernswerte Fehler begangen hatten (»Varus, Varus, gib mir meine Legionen wieder!«), Germanien aber fest in römischer Hand war.

Arminius, der Störenfried in Germanien

Es mag enttäuschen, daß eine so viel behandelte und kontrovers kommentierte Episode wie die der Varusschlacht im Jahre 9 n. Chr. in mancher Hinsicht gleichsam wie im leeren Raum dasteht. Fragen drängen sich auf. Was bezweckte Varus? Worin bestand sein Auftrag? Wie ist sein taktisches Verhalten zu beurteilen? Wer war Arminius? Welcher Stellenwert ist seinen Machenschaften beizumessen? Welche nachweisbaren Ursachen und Folgen hatte die Episode im Teutoburger Wald? Zunächst die Fakten, soweit sie aus der nicht sehr ergiebigen Quellenlage erkennbar sind. Aus dem Bericht des Dio Cassius (56,18) gewinnt man den Eindruck, daß erst die Schreckensnachricht – irgendwo weit entfernt von allen bekannten (lies: mediterranen) Gefilden seien drei Legionen plus drei Reiter-Alen und sechs Auxiliarkohorten aufgerieben, die Adler verloren, die Offiziere tot – die Römer dazu veranlaßte, sich mit den oben vorgelegten Fragen eingehend zu befassen. Dio beantwortet sie mit einem kurzen, rückblickenden Exkurs: »Die Katastrophe hatte sich in Germanien, jenseits der gallischen Bezirke zugetragen; dort kontrollierten die Römer einige nicht zusammenhängende Gebiete, so wie sie unterworfen worden waren: deshalb wurde auch von den Schriftstellern nicht viel Aufhebens davon gemacht. In jenen Gebieten hatten die Soldaten ihre Winterlager, und es schlossen sich Gemeinwesen [πόλεις] zusammen; die Barbaren nahmen deren Sitten an, hielten Zusammenkünfte [σύνοδοι] und Märkte [ἀγοραί] ab, als ob Frieden herrsche. In Wirklichkeit hatten sie aber die Vätersitte [πάτριον ἦθος] nicht abgelegt.« Vorab also die für Dio Cassius wesentliche Feststellung: es gab zwar eine römische Präsenz in Winterlagern und Lagerstädten des rechtsrheinischen Germanien; aber das Gebiet selbst war nicht römisch und keineswegs befriedet. Einheimische, die römische Sitten annahmen, taten dies aus Opportunismus, nicht aus Überzeugung. »Als aber Quinctilius Varus die oberste Befehlsgewalt [ἡγημονία] über Germanien annahm und dazu überging, es zu verwalten, strebte er danach, die Einwohner vollends zu gewinnen, damit sie nun gleichsam den Römern unterworfen seien; er gab ihnen allerhand Befehle und forderte von ihnen Tribute wie von Besiegten.« Publius Quin(c)tilius Varus (›der Krummbeinige‹) war um 22 v. Chr. in Achaia *quaestor Augusti*. Man nimmt an, daß er (22–19) Augustus auf seiner Orientreise begleitete. Im Jahre 13 v. Chr. wurde er Konsul, 7 oder 6 v. Chr. Prokonsul in *Africa*, gleich danach kaiserlicher Gouverneur in Syrien, wo er in die etwas undurchsichtige Auseinandersetzung zwischen dem Judenkönig Herodes und dessen Sohn Antipatros geriet. Er teilte später das herodianische Reich zur Hälfte seinem Günstling Archelaos zu, die restlichen Viertel an Antipas und Philippos. Die Angelegenheit (und das barsche Gebaren des Finanzprokurators Sabinus) führte zu lange andauernden Unruhen in Palästina. Es kann somit nicht ausgeschlossen werden, daß Varus im Jahre 7 mehr oder weniger offen strafversetzt wurde. Es kann aber genausogut sein, daß er selbst darum bat, oder daß er, offenbar ein Freund des Kaisers, *wegen* seines rabiat-herrischen Wesens nach Germanien geschickt wurde, wo Finesse nicht gefragt und die Amtsbefugnisse des Legaten (bei den dürftigen Anwendungsmöglichkeiten) ohnehin stark gemindert waren.

Varus verkannte sowohl die wirkliche Lage seines Befehlsbereiches (von einer »Provinz« Germanien konnte damals keine Rede sein, woran auch die Erwähnung eines cheruskischen *sacerdos* in Köln nichts ändert) als wohl auch das Ausmaß seiner Aufgabe. Es sieht ganz so aus, als sei der »römische Verzicht auf eine Okkupation« Germaniens beileibe nicht erst das Ergebnis der Varus-Niederlage gewesen; als ob großräumige Expansionspläne entweder nie bestanden hätten oder im Jahre 9 längst der Vergangenheit angehörten! Es ist sehr zu Recht hervorgehoben worden, daß die Varus-Expedition eine absolute Ausnahme darstellte, eine ›Extratour‹, und keineswegs normalen Bewachungs- und Kontrollgepflogenheiten entsprach. Das römisch-arrogante Gebaren des Varus »ertrugen die Germanen sehr schlecht« (Dio Cassius), und da sie sehr wohl wußten, daß am Rhein und in den angrenzenden Gebieten viele Römer waren, lockten sie ihn möglichst weit ins Innere, bis zur Weser, in das Gebiet der Cherusker. Nun folgt bei Dio Cassius der etwas erstaunliche Satz: »Dort aber blieben sie bei ihm, friedlich und freundschaftlich, und er brachte ihnen volles Vertrauen entgegen [...].«

Der Passus hat zahllose Kommentare hervorgerufen; am interessantesten ist ohne Zweifel die Hypothese, nach der Arminius römischer Offizier, nicht Stammeshäuptling war, und »die Varus-Katastrophe nicht Folge eines germanischen Stammesaufstandes gegen die römische Okkupationsmacht, sondern einer Meuterei der germanischen Auxilien des Rheinheeres wäre« (Timpe, 202). Vieles spricht wirklich für diese Deutung. So die bedauerliche, aber fast ununterbrochene Praxis der Meuterei, die Caesar wie Drusus, Tiberius und Germanicus immer wieder zu schaffen machte. Manch beschämendes Gemetzel diente nur der Ablenkung von korporativen, fast gewerkschaftlich anmutenden Forderungen seitens der römischen Soldaten. Diese Forderungen zu erfüllen war man entweder nicht in der Lage oder nicht gewillt. Zu dieser Deutung paßt auch der gut belegte und oft dramatische Konflikt zwischen den Legionären und den Auxiliartruppen, der leicht zu einer Auseinandersetzung zwischen ›Fremden‹ und ›Einheimischen‹, ›Privilegierten‹ und Zweit- oder Drittrangigen emporstilisiert werden konnte, was häufig auch für moderne Kolonialreiche belegt ist. Der nach allen Richtungen interpretierte Hinweis des Velleius Paterculus (118,2,2), Arminius sei Bürger römischen Rechts und ritterlichen Ranges gewesen, zudem »adsiduus militiae nostrae«, »fortwährender Begleiter unseres (d. h. des römischen) Feldzuges«, charakterisiert ihn wohl endgültig als enttäuschten ›Insider‹, der schließlich die Gelegenheit wahrnahm, dem überheblichen, miserablen Regiment des Varus, vielleicht sogar Roms (wenigstens in diesen entlegenen Gebieten), ein jähes Ende zu bereiten.

Wenn man im nachhinein die Unstimmigkeiten bedenkt, die es ohne Zweifel in den höchsten Diensträngen und Befehlsstellen hinsichtlich der Germanienpolitik fortwährend gegeben hat, so darf Arminius nicht einmal ohne weiteres als ›Verräter‹ abgetan werden: ihn trifft das Schicksal des Vercingetorix, d. h. all jener historischen ›Helden‹, die für kurze Zeit ins Rampenlicht der Aktualität gerieten und diesem oder jenem (engagierten) Historiker Zeitpunkt, -problematik, -dramatik und -charakter exemplarisch darzustellen schienen, so daß er alles um sie herum gruppierte, sich in ihnen widerspiegeln ließ, an ihnen maß. Auf diese Art und Weise wurde Varus zum General ohne Glück, »eigentlich friedfertig, ziemlich faul und geistig wenig rege, eher ein Etappenoffizier als ein Frontkämpfer, keineswegs ein Verächter des Geldes, wie sich in Syrien gezeigt hatte, das reich war, als er arm ankam, arm, als er reich abzog« (Velleius 117,2). Das alles wäre wenig interessant, wenn ›man‹ ihn nicht nach Germanien geschickt hätte, wo er – was sein großes Pech war – glaubte, diese »Menschen, die nur Stimmen und Glieder wie Menschen hatten, aber nicht durch Säbelgewalt gezähmt werden konnten«, ließen sich durch Gesetze »beschwichtigen«. Velleius ist der vollkommene Vertreter jener überheblichen, sehr verbreiteten römischen Einstellung gegenüber ›äußeren Völkern‹ (sie wohnen ja am Rand, am Tellerrand der Erde, fast am Abgrund, der ins Chaos zurückführt), von denen man im Tierbändiger-Jargon spricht. Der Vorwurf an Varus lautet demnach: Statt die Peitsche zu gebrauchen und die Zügel kurz zu halten, versuchte er mit gutem Zureden und Zuckerbrot auszukommen; statt mit dem *gladius* richtete er mit salomonischen Urteilen.

Wie weit er selbst – und aus Überzeugung – die Einstellung teilte und guthieß, die an höchstem Ort gezielt und mehr oder weniger konsequent unterstützt wurde, läßt sich nicht sagen; es sei denn, man wertet eben seine unvorsichtige Freundschaft mit den Offizieren der Auxiliareinheiten als einen persönlichen Versuch, durch *consilium*, im Gespräch mit jenen, die als Vermittler schon halbwegs in Richtung ›Feind‹ standen, das zu erreichen oder vorzubereiten, was dann eben nichtmilitärisch durchgesetzt werden mußte. Es kann sogar nicht ausgeschlossen werden, daß sich Varus auf Händel einließ, die ihm leichte Siege und seinen Kontrahenten materielle Gewinne und De-facto-Freiheit versprachen. Entscheidend ist auch in dieser Episode der Markomannenfürst Marbod: ihm schickte Arminius das Haupt des Varus. Dies bedeutet, daß er, Arminius, beileibe nicht der Anführer einer breiten germanisch-nationalen Einheits- und Freiheitsfront war, sondern eher (wie Indutiomar und Vercingetorix) der Vertreter einer kleinen traditionsgebundenen Führungsschicht, die ins politische Abseits geriet, als sich Alternativen durch soziale und ökonomische Umschichtungen ergaben, die dem Entwicklungsstatus gewisser Teile der Bevölkerung nun besser entsprachen als die hergebrachten Strukturen der kleinräumigen, ›feudalen‹ Fürstentümer. So ist es auch zu verstehen, daß Arminius von Mitgliedern seiner eigenen Familie umgebracht wurde.

Die »Provincia Germania«

»In den Jahren zwischen 16 und 13 v. Chr. wurden die bisher in Innergallien stehenden Truppen für eine Offensive am Rhein bereitgestellt. Diese sollte eine neue Provinz östlich der caesarischen Eroberungen erbringen« (Rüger, 133). Der Sprung vom mehr oder weniger Erwiesenen zum rein Hypothetischen wird hier deutlich: längst war nämlich den Kommentatoren der nach dem 13. Januar 13 n. Chr. abgeschlossenen *Res Gestae Divi Augusti* (eine Art feierlicher Rechenschaftsbericht des Augustus) aufgefallen, daß dort *Germania* nicht als Provinz aufgezählt wird! Hieraus wurde wiederum – klug, aber nicht schlüssig – gefolgert, die Provinz habe möglicherweise zunächst bestanden, sei aber nach der Varus-Schlacht aufgegeben und gleichsam auf einen geographischen Begriff zurückgestuft worden.
Gehen wir von der militärischen Struktur aus: damals war Gallien in zwei Befehlsbezirke eingeteilt, deren einer *Lugdunensis* und *Belgica* umfaßte, der andere *Narbonensis* und *Aquitania*. Daraus zu folgern

(Ritterling, 126), man habe am Rhein auch zwei entsprechende ›Frontabschnitte‹ geschaffen, ist bereits gewagt und nicht erwiesen; sie mit C. Jullian (8) ins Jahr 38 v. Chr. zu datieren, erscheint undenkbar. Nur daß 13 v. Chr. Truppen bereitstanden (Dio Cassius 54,9,1; 21,1) und das ganze Vorhaben als Reaktion auf die Lollius-Niederlage zu verstehen ist, scheint gesichert. Da man heute das (bequeme) Konzept der »Kette von Lagern« (Rüger, 133) aufgegeben hat und eher die Truppenkonzentration an einigen wenigen Schwerpunkten betont, entfällt auch die Vorstellung von einer »flächigen Besetzung«, die im »Rücken [...] Gegenstöße in der Tiefe auffangen und die Verbindung nach Innergallien sichern« sollte. Die »Gebiete zwischen Rhein, Weser und Elbe« *sollten* nie »unter Kontrolle gehalten werden« – und wurden es auch nie. Es sollte ein z. T. fiktiver Hoheitsraum gewonnen werden, der es Augustus erlaubte, mitzuteilen, er habe die ganze Welt befriedet, ganz gleich, welche konkreten Formen dies vor Ort implizieren mochte. Die dort gebrauchte Formulierung »erweckt maximale Vorstellungen, ohne der Wahrheit geradezu ins Gesicht zu schlagen« (Timpe, 202). An Gleichschaltung der aufgeführten Gebiete war sowieso nicht gedacht – und damals bestimmt nicht zu denken! *Imperio populi Romani subicere*, der Befehlsgewalt des römischen Volkes unterwerfen, heißt nicht eine neue Provinz errichten. Es ging darum, zu erreichen, daß es »benachbarte Völker, die sich unserer militärischen Befehlsgewalt entziehen«, nicht mehr gebe (Braunert, 178a). Dies war der ›Plan‹ des Augustus; wenn jene Völker sich dem nicht fügten, wurden sie unterworfen, damit *sie selbst* von nun an die Interessen Roms (d. h. aller) wahrzunehmen bereit seien. Erst wenn dies gesichert und der Übergang vom Militärischen zum Zivilen vollzogen werden konnte, wurde eine Provinz errichtet. Dem gingen (über Jahre, hier über Jahrzehnte) sog. Straffungsmaßnahmen voraus, die nach und nach die wesentlichen, strukturellen Vorbedingungen schufen.

So darf man sich fragen, ob der 12 v. Chr. durchgeführte Zensus (die Schätzung der besteuerungsfähigen Bevölkerung von Nicht-Bürgern) in diese Richtung wirkte und etwa zu einer genaueren Definition der ›Verwaltungsbereiche‹ in Gallien führte. Dies wäre höchst befremdlich vor oder bei Beginn einer Kampagne, die ja eben diese Bereiche entscheidend verändern sollte. Als dies zwar nicht real gelungen war, aber (trotz der Niederlage des Varus und der Abberufung des Germanicus) der Anspruch erhoben wurde, Germanien sei römisch, war es an der Zeit, die Verhältnisse zu ordnen und abschließend (nicht vorbereitend) aus einem einzigen, riesigen Befehlsbezirk – seit 23 v. Chr. in den Händen des Kaisers – zwei Kommandos zu bilden, aus denen zur Zeit Vespasians oder Domitians zwei Provinzen wurden. Die Finanzverwaltung behielt die frühere Kompetenzbemessung bei: der Prokurator für *Belgica* war für beide Germanien zuständig.

Der Begriff *Provincia Germania* entsprach also zwischen 16 v. Chr. und der Zeit der ältesten Belege für einen *exercitus Germaniae Inferioris* und einen *exercitus Germaniae Superioris* einem nicht verwaltungstechnisch genau abgegrenzten ›Germanien‹, das mit militärischen Mitteln unter römische Vorherrschaft zu bringen war. Wie wenig das in Wirklichkeit bedeutete, haben wir dargelegt; eine Provinz (im wahren und vollen Sinn des Wortes) auf diese Weise zu schaffen, versprach wenig Erfolg. Vielstrapazierte Stellen bei Velleius und Florus (dort der schöne Satz: »Es ist schwieriger, Provinzen zu halten als zu gewinnen; letzteres geschieht durch Gewalt, ersteres durch Recht«) ändern daran nichts. Man tut in diesem Falle – mit Wilcken (bei Christ, 180) – sicher am besten daran, zur Definition Theodor Mommsens (11) zurückzufinden, für den der Grundbegriff der *provincia* nichts als »das Kommando und alle Verwaltungs- und Jurisdiktionstätigkeit des Kommandanten« bedeutet, welche als »Nebengeschäft« seines militärischen Auftrags zu betrachten sind.

Das oben erwähnte Florus-Zitat spielt ja gerade auf die Schwierigkeit an, die es beim Übergang vom ›ursprünglichen‹ (lies: militärischen) zum formalrechtlichen (lies: zivilen) Status dort gab, wo wenig Bereitschaft bestand, letzteren auf gleichsam hierarchischem Weg von Rom zu übernehmen. Dies trifft in vollem Maße rechts des Rheines zu; hier verlief also die Prozedur notgedrungen in der umgekehrten Reihenfolge. »Die Intensivierung der römischen Herrschaft vollzog sich selbst unter Varus nur im Bannkreis der römischen Lager. Verankert war sie nach wie vor personell, nicht institutionell« (Christ, 180). Wie ich meine, darf man dies weit über Varus hinaus, etwa bis ins Jahr 70, unverändert gelten lassen und sogar z. T. auf linksrheinische Verhältnisse anwenden. »Germanien war nach seiner politischen, wirtschaftlichen und gesellschaftlichen Struktur längst nicht so homogen wie Gallien. Es gab ein deutliches Kulturgefälle, sowohl nach Norden wie nach Osten. Das von Caesar besetzte Gebiet links des Rheines war schon längere Zeit zuvor wenigstens zum Teil ›keltisiert‹ worden, d. h. keltische Kultur und Zivilisation [...] hatten ältere Lebensformen verdrängt und überlagert. Dieser keltische Einfluß reichte von Süden her bis in das Gebiet der Köln-Jülicher Lößbörde, war jedoch im Niederrheinischen Flachland und im Mündungsgebiet zwischen Rhein und Maas nur noch ganz schwach vertreten. Noch krasser äußerte sich das Zivilisationsgefälle von Westen nach Osten« (Bechert, 59). Es wäre um so verfehlter gewesen, einige (wenig ergiebige) Unternehmungen ungebührend zu feiern und das ganze hauchdünne Gebilde in pompöser Weise stricto sensu »Provinz« zu nennen. Velleius sagte treffend von Drusus, er habe »omnes partes Galliae« siegreich durchzogen. Mehr wurde zu Lebzeiten des Augustus (und insgesamt vor dem Jahr 82) nicht erreicht.

Jedem seine Germanen ...

Nach R. Hachmann (189) hat das Wort *Germanen* fünf verschiedene Bedeutungen. Es bezeichnet

(1) eine nordgallische, linksrheinische Volksgruppe, deren Mitglieder (Belger, Nervier, Treverer) sich selbst als solche bezeichneten;
(2) in römischer Sicht (vom 1. bis ins 3. Jahrhundert n. Chr.): *rechts*rheinische Völker »zwischen« Galliern im Westen und Sarmaten im Osten;
(3) in der Optik der griechischen Ethnographie (bis weit hinein in die sog. byzantinische Zeit): einen Teil der *Keltoi* in Nordwesteuropa; so muß man bei Dio Cassius, um schwerwiegende Mißverständnisse auszuschließen, kontinuierlich »Keltoi« mit »Germanen« übersetzen, wenn es sich um Ereignisse handelt, die eben ›Germanien‹ betreffen!;
(4) für die spätrömischen Schriftsteller: die »Barbaren« jenseits des Rheins, vornehmlich Alamannen und Franken;
(5) im Sinne der heutigen Forschung: eine Volksgruppe aus Nord- und Zentraleuropa, die germanische Sprachen und Dialekte verwendete.

Es ist zum ersten leicht ersichtlich, daß sich all diese Kategorien irgendwo überschneiden; für die Griechen gab es eben nur Kelten und Skythen, die (irgendwann nach 100 v. Chr. zuerst belegten) »Germanen« gehören also zu den Kelten. Für die Römer der (germanischen) Frühzeit sind die Sarmaten ein ebenso ausgedehnter wie unpräziser Begriff; aus Ovid erfahren wir, daß sie »Barbaren« schlechthin sind, d. h. kulturunwillige (weil kulturunfähige), ›wilde‹ Stämme. Die Bestimmung »rechtsrheinisch« entstammt der griechischen Methode scharfer Trennung durch geo-orographische Bezüge. Auch Caesar praktizierte zunächst diese traditionelle Methode, so in dem berühmten ersten Kapitel seines *Gallischen Kriegs*. Bald schon erfuhr er (durch die Treverer), daß es auch diesseits des (damals noch sehr mythischen) Flusses Germanen gab, die aber nicht mit jenen ›Söldnern‹ zu verwechseln seien, die unter Ariovists Führung (der sich vielleicht zu forsch »rex Germanorum«, »Anführer aller Germanen«, nannte) Teile Galliens bedrohten.

Wie in Teil 1, Kap. 2 dargelegt wurde, gibt es große kulturelle Unterschiede zwischen Völkern, die am Rhein (oder schon teilweise diesseits des Rheins) siedelten und (auf welche Art auch immer) starken keltischen Einflüssen ausgesetzt waren, und den nachdrängenden, die nur sehr langsam, gleitend, osmotisch, in den Bann der sich nach und nach abschwächenden Wirkungen der keltischen ›Welt‹ gerieten. So wäre etwa die oft festgestellte Tatsache zu erklären, daß sie, als »Völker zwischen Kelten und Germanen«, manchmal mehr keltische als germanische Spuren hinterlassen haben, während letztere archäologisch, im Bereich der materiellen Hinterlassenschaft, überhaupt nur schwer faßbar sind. Es ist auch daran zu erinnern, daß die linksrheinischen Führungsschichten gallischer Prägung am Anfang des 1. Jahrhunderts v. Chr. noch dem keltischen Modell entsprachen, dann aber (etwa ab 75 v. Chr.) immer stärker unter politischen, gesellschaftlichen und wirtschaftlichen Druck gerieten und somit gegnerischen Kräften (aus dem Innern, aber auch von jenseits des Rheins) mit Sicherheit immer weniger Widerstand boten. So könnte sich eine erste Teilgermanisierung linksrheinischer Gebiete erklären, wie sie in manchen Texten etwa in der Form faßbar wird, daß manchen Völkern (z. B. den Belgern) eine germanische Abstammung zugeschrieben wird.

Damit gewinnt die ganze Diskussion um den ›Aufstand‹ gewisser Fürsten gegen die traditionellen Machthaber in Nordostgallien eine neue Dimension, besonders da ja Caesar sehr oft von den Germanen spricht, die immer wieder über den Rhein herübergerufen und als ›Söldner‹ gedungen wurden. In diesem (von dem Römer vielleicht mißverstandenen) neuen Verhältnis zwischen linksrheinischen Fürsten neuer Prägung und rechtsrheinischen Mannschaften ist vielleicht die Erinnerung erhalten geblieben an jene langsame Unterwanderung, die im letzten vorchristlichen Jahrhundert die Leute von ›drüben‹ bis an Maas und Mosel brachte. Aus der römischen Enttäuschung über das z. T. schwer durchschaubare Verhalten und Gebaren der gallischen Fürsten könnte sich im übrigen eine gewisse Bewunderung für jene Germanen erklären, die sich (noch) nicht mit Politik abgaben und (scheinbar) nur in den naiven Kategorien »Krieg oder Frieden« dachten. Viel später erst erfuhren die Römer, daß man mit solchen Begriffen nicht auskam und sehr sorgfältig zu unterscheiden war zwischen den bereits weit entwickelten Völkern an Rhein und Donau und jenen, die sich im germanischen Hinterland erbitterte Kämpfe um Wohnsitze und Weideland lieferten, ehe sie sich allesamt nach Westen und Süden, rhein- und donauwärts in Bewegung setzten.

Interessant ist, daß sich die Germanen selbst nicht als solche bezeichneten, zum einen, weil das Wort erst sehr spät aufkommt, zum andern, weil es später pejorativ aufgefaßt wurde und vor allem, weil wohl nie zwischen Angrivariern und Sueben irgendein Zusammengehörigkeitsgefühl (wie es das nationalistisch gesinnte 19. Jahrhundert postulierte) bestand. So mag der Begriff »Germanen« aus römischer Sicht viel eher eine Andersheit im Benehmen als eine völkische Verschiedenheit bezeichnet haben und vornehmlich auf Eindringlinge, Angreifer, potentielle Feinde angewendet worden sein, lange Zeit auch auf ›Söldner‹, die links des Rheins intervenierten, wenn sie dazu aufgefordert und/oder dafür bezahlt wurden.

Daß die Archäologie nicht fähig ist, zur völkerkundlichen Frage etwas Eindeutiges beizutragen, wertet sie nicht ab: es müssen eben andere Hilfswissenschaften der Geschichte herangezogen werden, um brauchbare Aussagen zu gewinnen.

Im sog. »Freien Germanien« (*Germania Libera*, *Germania Magna*) unterscheidet man, im ersten und zweiten nachchristlichen Jahrhundert:

(1) die *rhein-wesergermanische Gruppe*, zwischen Main, Rhein und Mittellauf der Weser, südlich von Hannover und in Thüringen. Keramologische Leittypen sind unverzierte Situlen (Eimer), Schüsseln und schalenförmige Standfußbehältnisse; im 1. Jahrhundert erreichen die metallarmen Brandgräber (Urnen-, Brandgruben- und Brandschüttungsgräber) Main und Saale;

(2) die *Nordseegruppe*, in Niedersachsen, zwischen Ems und Weser und in Schleswig-Holstein. Die Keramik wird der vorrömischen Zeit entlehnt; in den sparsam ausgestatteten Gräbern findet man Standfußgefäße, Trichterschalen, Trichternäpfe;

(3) die *elbgermanische Gruppe*, entlang der Elbe, von Norddeutschland bis nach Böhmen. Großnekropolen weisen Tausende von Brandbestattungen auf, in denen Überreste von Waffen, Schmuck, Kleidern und Gefäßen gefunden wurden, die dem Feuer ausgesetzt waren (Hamburg-Marmstorf); aus der vorrömischen Jastorf-Kul-

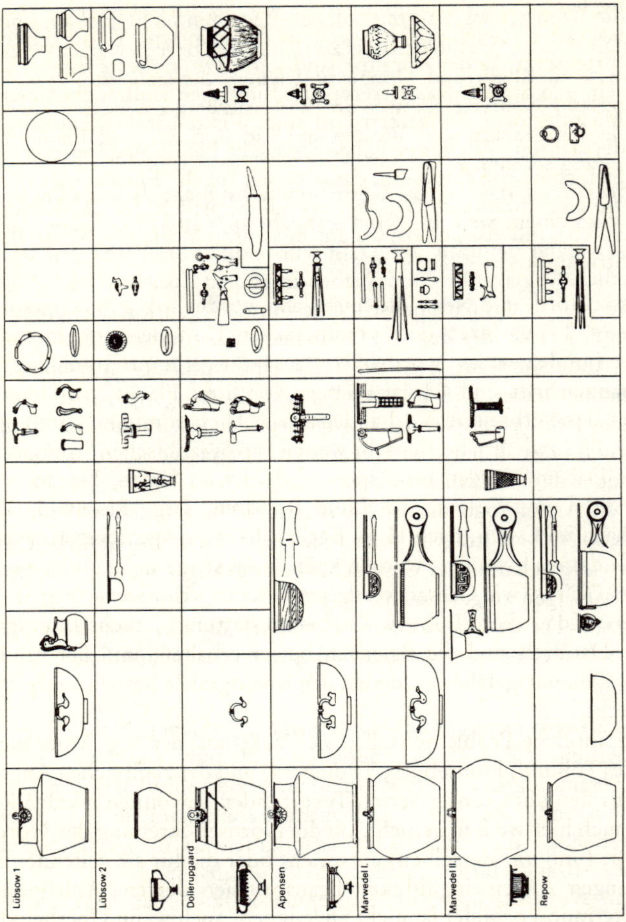

Abb. 7. Tabellarische Darstellung der Beigaben in einigen »Fürstengräbern« der älteren römischen Kaiserzeit. In den Spalten von links: Importierte Silber- und Bronzegefäße. Becher, Eimer (Mischgefäße), Siebe und Kasserollen zum Weingenuß, Bronzebecken und -kannen zur Toilette. Glasbecher, Bronze- und Silberfibeln, Hals- und Armschmuck, Trinkhornbeschläge, Rasiermesser und Scheren, Sporen aus Silber und Bronze sowie einheimische Tonware. (Nach H.-J. Eggers.) (Aus: Menghin, 131.)

tur hat sich im Elbraum (über die sog. Seedorf-Stufe) eine kontinuierliche Entwicklung bis weit in die römische Kaiserzeit hinein fortgesetzt. In der Keramik sind schwarze, polierte Eimer, Schüsseln und Standfußschalen typisch; sie tragen Rollrädchenmuster in Mäanderform, Swastiken und sog. Winkelbänder (Darzan, Niedersachsen). Waffenbeigaben sind sehr häufig und verraten schon früh römische Einflüsse; dasselbe gilt für die Fibeln.

(4) *die ostgermanische Gruppe*, vor allem östlich der Oder (heutiges Polen), mit Ausläufern bis ans Schwarze Meer. Die Keramik trägt Strichmotive.

In ganz Nord- und Nordostdeutschland wurden sog. Fürstengräber des Lübsow-Typus (nach dem pommerschen Dorf benannt, in dem die ersten Funde gemacht wurden) entdeckt, die nicht nur durch ihre Maße gekennzeichnet sind (Holzkammern von 8 m^2 Fläche), sondern auch durch das verbreitete Vorhandensein reichen römischen Importguts (Abb. 7). Inwiefern bei der sehr weiten kartographischen Streuung (von Store-Dal im Norden bis Repow und Zliv im Süden, Hagenow und Marwedel im Westen, die Linie Rondsen, Leg. Piekarski, Debe, Wichalla im Osten; nach H. J. Eggers, 645) ein »gemeingermanischer Adel« daraus postuliert werden kann, muß sehr fraglich bleiben, auch wenn Tacitus (wie Caesar) von germanischen »Königen« spricht. Auffällig ist, daß diese Lübsow-Gräber Bestattungs-, nicht Brandgräber sind. Dadurch sind die Beigaben besser erhalten, und der Eindruck eines Qualitätsgefälles zu denen der Brandgräber besteht vielleicht zu Unrecht.

Ganz ähnliche Probleme stellen sich aufgrund der sog. Moorleichenfunde (Tollund, Hunteburg, Thorsberg) und der zahlreichen Angaben, die aus den dort konservierten Textilfunden gewonnen werden konnten: auch hier weiß man nicht, ob die Nordsee-Streuung der Nordseegruppe (und *nur* derselben) entspricht oder die für sie geltenden Feststellungen Allgemeingültigkeit beanspruchen dürfen. Anlehnung an mediterrane Vorbilder ist nicht zu leugnen, auch wenn Überhemd und Hosen, z. T. auch Mäntel die einheimische Trachtentradition über Jahrhunderte weiterführen. Farbenfrohe, komplizierte Webmuster und reicher Schmuck widersprechen den Taciteischen Klischees von der strengen Schlichtheit der germanischen Kleidung.

Chronologisch teilt man die archäologischen Funde im »Freien Germanien« in zwei größere Perioden ein, »jüngere« und »späte« Kaiserzeit (W. Menghin, 131, u. a.), wobei die Markomannenkriege (vgl. S. 125 ff.)

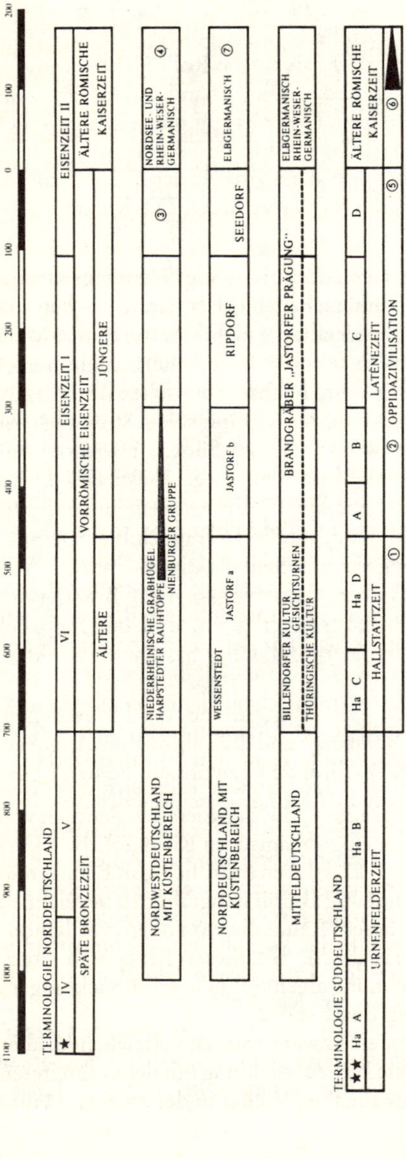

Abb. 8. Periodisierung der germanischen und keltischen Kultur (aus: Menghin, 131).

in der zweiten Hälfte des 2. Jahrhunderts die Zäsur abgeben. Feindatierungen erfolgen aufgrund von römischem Importgut, vor allem Sigillata- und Terra-Nigra-Geschirr. Letzteres bewirkte einheimische Nachahmungen, z. B. die sog. Hemmoorer Eimer, »gegossene Messingeimer mit Standfuß, steiler Wandung und Henkel, die sorgfältig auf der Drehbank nachgearbeitet und zuweilen mit Tierfriesen versehen sind« (Menghin, 131). Natürlich ist es oftmals sehr schwer (selbst im Fundkontext), derart eigenständige Werke zu datieren.
Ein von W. Menghin (nach O. Montelius und P. Reinecke) ausgearbeitetes Schema (Abb. 8) erläutert die Zusammenhänge und zeitlichen Konkordanzen im sog. germanischen (Terminologie Norddeutschland) und keltischen (Terminologie Süddeutschland) Bereich, zwischen der späten Bronzezeit (Montelius IV = Hallstatt A = Urnenfelderzeit, um 1000 v. Chr.) und der Eisenzeit (Montelius II = Latène D und ältere römische Kaiserzeit). Während prinzipiell zwischen einer älteren und einer jüngeren (vorrömischen) Eisenzeit unterschieden wird, die der Artikulierung Hallstatt/Latène entspricht (um 500 v. Chr.), ist der Übergang nuancierter in Nordwestdeutschland (die Harpstedter Töpfe und die sog. Nieburger Gruppe überdauern drei Zeitabschnitte, absolut: von 500 bis 280 v. Chr.) und in Norddeutschland (Jastorf a und b). Die eingekreisten arabischen Ziffern bezeichnen: (1) die südwestdeutschen Fürstengräber, (2) die sog. Keltenwanderung (»Oppida-Zivilisation«), (3) das Auftreten von Römern in Gallien und am Rhein, (4) das Interventionsgebiet der Germanenkriege zur Zeit des Augustus, (5) den rätischen Feldzug unter Drusus und Tiberius (Ende des *oppidum* in Manching?), (6) Anlage des obergermanischen, dann des obergermanisch-rätischen Limes, (7) Zielgebiet der *Germania* des Tacitus – bei eindeutig caesarischen Einflüssen, also z. T. auch in (3) aufzuführen.
In der zweiten Hälfte des 3. Jahrhunderts konkretisiert sich in Mitteldeutschland eine »Skelettgräbergruppe«, die sich ziemlich deutlich von dem bis dahin auch hier gängigen elbgermanischen Ritus abhebt. Hierhin gehören zuerst die Gräber von Hassleben (nördlich von Erfurt) und Leuna (bei Halle), die wieder eindeutig als Fürstengräber zu bezeichnen sind. Nach und nach wurde in diesem Raum die ›von oben‹ vordemonstrierte Körperbestattung gebräuchlich, bis dieser Ritus sich überhaupt – möglicherweise in Anlehnung an eine ähnliche Entwicklung im romanisierten Raum – allgemein durchsetzte.
Es drängt sich natürlich auf, diese sich zwar in Stufen vollziehende, aber insgesamt sehr deutlich profilierte Neuentwicklung mit der verbreiteten ›Angriffslust‹ der rhein- und donaunahen Völker in der zweiten Hälfte

des 3. Jahrhunderts v. Chr. in Verbindung zu bringen. Seit man den früher sehr großzügig gehandhabten Wanderungstheorien (wie sie etwa G. Kossinna vertrat) kritischer gegenübersteht, nimmt man zwar nicht mehr ohne weiteres für jedes archäologische Novum eine Zuwanderung an; hier scheint die Neuerung aber tatsächlich so bedeutsam zu sein, daß man zumindest eine Umschichtung auf der sozial höheren Ebene annehmen darf. Diese soll übrigens nicht auf den thüringischen Raum beschränkt gewesen sein. Überhaupt müßte die Frage offen gestellt und ausführlicher beantwortet werden, ob dem Geschehen im großgermanischen Raum nicht eher gesellschaftliche als ethnische Veränderungen zugrunde lagen. Da mehrfach ›Völker‹ als soziopolitische Splittergruppen anderer, ›jüngerer‹ Völker erkannt worden sind, wäre zu untersuchen, ob nicht weitere, ähnliche Entwicklungen zu verzeichnen sind. So besteht jetzt schon ein erkennbarer Unterschied zwischen den mit recht ungleichen Signaturen belasteten Germanenkarten, wie sie aufgrund neuzeitlicher Forschungsliteratur gefertigt wurden (vgl. Abb. 1) und denen, die aus der erweiterten Quellenlage heraus wirklich Völker oder Völkergruppen greifbar werden lassen. Daß diese Karten (nach v. Uslar, bei Menghin, 131) erstens den Rhein als radikale Trennungslinie wiedergeben (als ob hüben und drüben wesentlich verschiedene ethnische Einheiten oder Teile von Einheiten gesiedelt hätten), zum zweiten das Dekumatland (zwischen Main, Limes, Rhein und Donau) sowie die gesamten Gebiete südlich von Main, Eger und Ober-Elbe ethnisch ›leer‹ darstellen, entspricht zwar z. T. dem Stand der Forschung, aber sicher auch noch ein wenig der früher üblichen Vermengung von archäologisch-germanischem und literarisch-römischem Material. Sollte man sich die Räume nördlich des rätischen Limes und der Donau tatsächlich als ›leer‹, d. h. als wenig bevölkert vorzustellen haben, wäre damit wenigstens einer der Gründe zum späteren ›Vormarsch‹ der nördlicheren und nordwestlicheren Völker zu erkennen. Wie dem auch sei, in einer ersten Phase wirkte sich der germanische Druck (insofern er für uns spürbar wird) eher von Osten nach Westen, also mehr in Richtung Nordsee und Ärmelkanal aus; als diese Bewegung später durch römische Eingriffe gebremst wurde, verlagerte er sich nach Süden.

Ressentiment, Verzicht oder »zähneknirschender Rückzug«?

Die Tatsache, daß die Römer nach der Schlacht im Teutoburger Wald nicht weiter nach Norden vordrangen, wird von jenen, die einen ›großen‹, systematischen augusteischen Eroberungsplan in Germanien (Th. Mommsen) annehmen, als ein ›Aufgeben‹ dieses Plans erklärt. Die einen sehen die Beweggründe dazu unmittelbar in der Panik nach der Niederlage des Varus; die anderen verwerfen – sehr zu Recht – diese Annahme und halten die »persönlichen Eigenschaften und Willensentscheidungen der Hauptakteure« (Neid und Intrige des Tiberius gegen Germanicus nach dem Tode des Augustus) oder die »überlegene Kenntnis der Verhältnisse« durch Tiberius für ausschlaggebend, der »die Aussichtslosigkeit der römischen Anstrengungen« erkannt und »als erfahrener Politiker und Stratege« gegenüber einem »unreifen jungen Mann« – oder als Neider »eines potentiellen Rivalen« (Timpe, 202) – den Verzicht auf ein weiteres Vorrücken befohlen habe.

In Wirklichkeit mögen alle diese Gründe ihre Wirkung gehabt haben; der wichtigste indes ist bislang wohl zu wenig zur Geltung gekommen. »Es gab damals keinen Krieg mehr, außer gegen die Germanen, und dabei ging es mehr um die Tilgung der Schande des Verlustes der Armee des Varus als um einen irgendwie dringenden Wunsch, die römische Befehlsgewalt erneut weiter vorzutragen oder irgendeinen persönlichen Vorteil zu erreichen« (Timpe, 202). Es blieb eine moralische Aufgabe zu erfüllen, die dem »unreifen Jüngling« Ruhm bringen konnte; ja, der Princeps war sogar bereit, ihm einigen Spielraum zu militärischen Übungen zuzugestehen, über deren geringen Wert und schlechte Ausführung er gütig hinwegsehen wollte. Als Germanicus aber außer Rand und Band geriet und, in der dümmsten Manier, größere Kampagnen zu starten trachtete – um seine persönlichen Mißerfolge bei der Truppe zu verheimlichen –, mußte ihm Einhalt geboten werden, und ein *imperium maius* im Orient war ein durchaus faires Angebot.

Da Germanien nie »okküpiert« war, brauchte auch nicht auf seine Okkupation ›verzichtet‹ zu werden. »Keine Quelle verzeichnet einen Verzicht auf Germanien, und die indirekten Zeugnisse sprechen eher für das Gegenteil. Die in den zehn Jahren von 9 bis 20 n. Chr. gesammelten Erfahrungen scheinen gerade bei dem großen Germanienkenner und großen politischen Realisten Tiberius zu der Erkenntnis geführt zu haben, daß es gar nicht mehr nötig sei, den großen Krieg zu führen, weil das Ziel, das die Okkupation hatte erreichen wollen, die Kontrolle des Landes vor dem Rhein und der Donau, im wesentlichen auch ohne

Annexion zu erreichen war« (Timpe, 202). Sieht man davon ab, daß zum einen eine »Besetzung« niemals bezweckt war und zum andern die Kontrolle (wenigstens prinzipiell) weit über Rhein und Donau hinausreichen sollte, ist dem weitestgehend beizupflichten. Die Entscheidung, nicht weiter vorzudringen, war vor allem von politischer Intelligenz bestimmt. Es mußte erst ein anderes Konzept von der römischen Präsenz und/oder Kontrolle ausgearbeitet werden (in flavischer, dann hadrianischer, schließlich diokletianischer Zeit), ehe sich militärischer Interventionismus wieder rechtfertigen ließ.

Zum Ursprung des »Niedergermanischen Limes«

Bis vor etwa 25 Jahren nahm man allgemein an, daß ein Satz bei Florus (2,30,26): »Er [Drusus] errichtete am Rheinufer mehr als 50 Kastelle«, nicht nur ernst, sondern wortwörtlich zu nehmen sei, und man stellte Listen auf, wie, wo, in welchen Abständen die *castella Drusiana* zwischen Nijmegen und Vindonissa zu finden seien. Dann kamen Zweifel auf, zunächst an der Zuverlässigkeit des Florus (Nesselhauf, 197), wenn er ›Fakten‹ aus der Zeit Caesars oder Oktavians erwähnt; dann generell an dem Konzept einer so ausgedehnten Defensivanlage, die nicht dem Geist der Zeit entspricht.

Neuerdings wurde mehrfach versucht, mit archäologisch mehr oder weniger eindeutigen Methoden (z. B. über Sigillata-Funde), eine ›Feinchronologie‹ für die augusteisch-tiberische Zeit zu erstellen. Das Ergebnis wird zumeist kartographisch festgehalten. Als »Lager vor der Drusus-Offensive« gilt Neuss (bestimmt nicht der Titelberg); in die Zeit der Drusus-Offensive gehören Nijmegen, Vetera I, Holsterhausen (fraglich?), Oberaden und Mainz. Legionslager erscheinen erst in tiberischer Zeit: Vetera, Neuss, Köln (bis etwa 30 n. Chr.), Mainz. Die claudische und flavische Zeit bringen vor allem den Ausbau und die Sicherung der Strecke zwischen Vetera und Valkenburg. Eine Gegenüberstellung der archäologischen Datierungen und der chronologischen Anhaltspunkte, die aus anderen Quellengattungen stammen, ergibt (bei Gechter, in Bogaers/Rüger, 132) teils Übereinstimmung (Valkenburg, Nijmegen, Rindern, Vetera, Gellep, Neuss, Köln, Bonn und Remagen), teils Diskrepanzen, deren Tragweite aber nicht überschätzt werden darf: epigraphische Zeugnisse folgen Sigillata-Importen fast notgedrungen einige Jahrzehnte später. So ergibt sich überhaupt die Frage, ob diese ganze Anlage als *limes* bezeichnet werden kann. Üblicherweise bezieht man dieses Wort auf den obergermanisch-rätischen Grenzwall, der, in zwei gut trennbaren Phasen, hundert Jahre später als Produkt einer Politik (Domitians und Trajans) entstand, die den Anspruch auf »ganz Germanien« aufgab und auf kluge Weise Vorkehrungen traf, Ausschreitungen bestimmter Stämme hüben wie drüben abzubremsen und zu verhindern, damit in den kurz zuvor errichteten Provinzen jene *securitas*, Sicherheit, gewährleistet sei, die nun als römische Gegenleistung für *obsequium*, Gefolgschaft, gefordert wurde.

Die Rheinlager der augusteisch-tiberischen Zeit waren einerseits Ausgangsbasis für rechtsrheinische Unternehmungen, andererseits Wartestellungen ›auf Sparflamme‹, die erst zu Defensivstellungen wurden, als sie linksrheinisch von Norden her angegriffen wurden. Es stimmt auch, daß die spätere *Germania Inferior* in mancher Hinsicht eine mehr oder weniger homogene Schicksalsgemeinschaft bildete, die von der geographischen Beschaffenheit vorgezeichnet war und sich unter dem Einfluß verschiedener Völker (voran der Batayer) und bestimmter römischer Unternehmungen weiter ausbildete.

Drittes Kapitel
Die Zeit der julisch-claudischen Kaiser

Tiberius dürfte nie die ›Reichsauffassung‹ oder ›-ideologie‹ des Augustus gebilligt haben. So zögerte er lange, ehe er dessen Nachfolge annahm. Ihm wäre eine spürbarere Rückkehr zur republikanischen Praxis lieber gewesen, einer eher föderativen Assoziierung weitgehend autonomer Regionen, die zwar zum Wohle Roms entscheidend beitrugen – und dafür auch beträchtliche (z. B. wirtschaftliche) Vorteile genossen –, aber nicht auf Kosten der Metropole ausgebaut, organisiert und dann auch noch geschützt und verteidigt werden mußten.

Der Konflikt mit Germanicus, der in den Jahren 15 und 16 sein Unwesen in Germanien trieb und das falsche (augusteische) Konzept des wahllosen militärischen Zwanges ad absurdum (d. h. bis zu Mord und Totschlag) führte, ist in dieser Hinsicht lehrreich: Tiberius versuchte, ihn zur Räson zu bringen, beließ ihn aber am Rhein und entzog ihm sein Kommando erst viel zu spät! Daß auch persönliche Motive mitspielten (wie sie Tacitus breit vorträgt), soll nicht geleugnet werden. Diese nahmen sogar immer größeren Raum ein, bis die ›Politik‹ fast nur noch den Anstößen von Haß oder Zuneigung gehorchte.

Es kommt hinzu, daß nun der Orient wieder eine bedeutendere Rolle spielte – als hätten die Nachfolger des Augustus das in Nordeuropa geleistete (oder wenigstens in den *Res Gestae* und Siegesinschriften vorgetäuschte) Romanisierungswerk als abgeschlossen betrachtet und ihr Interesse wieder Ägypten, Nordafrika und dem Nahen Osten und z. T. internen und familiären Problemen zugewendet.

Daß von einer dauerhaften Romanisierung (auch im sog. Hinterland) keine Rede sein konnte, erkennt man an den Aufständen, die uns für die Jahre 21, 28, 39, 47, 50, 58 und 68 überliefert sind. Zwar sind sie an sich keine absoluten Wertmesser, aber in Ermangelung positiver, schlüssiger Gegenbeweise fordern sie eine strikte Ablehnung jener Form des heutigen Kulturoptimismus, der z. B. in (kaum durchsichtigen) Namensgebungen, Siedlungstitulaturen (die vielleicht nie ganz festgelegt wurden) oder Importwaren und ersten Nachahmungsversuchen handfeste Zeugnisse einer kurzfristigen tiefgreifenden kulturellen Veränderung erkennen will. Verkrampfte Versuche, ›deutsche‹ Städte möglichst früh entstehen zu lassen, haben das Augenmerk geradezu auf den

Mißerfolg gelenkt, zu dem derartige Unternehmungen verurteilt sind. Eine echte Stadtwerdung erfordert das gleichzeitige Wirksamwerden so vieler unverzichtbarer Vorbedingungen, daß es schon rein theoretisch kaum denkbar ist, wie diese im ersten Jahrhundert römischer (z. T. kaum spürbarer) Präsenz hätten erreicht werden können. Beredte Beispiele (Köln, Mainz, Trier) zeigen, daß die Wirklichkeit jene theoretische Übergangsphase oft beträchtlich überschritt. Dies ist wiederum nicht einfach als negative Feststellung, als verzögerndes Moment in einer rein linear empfundenen, progressiven Entwicklung zu werten; denn jene Verlängerung der Initialphasen der Kontaktherstellung, ja sogar die mehrfache Auflehnung gegen sie, hat vielleicht deren Wirkung vertieft und dauerhafter werden lassen. Ich habe vor Jahren den Ausdruck »protorömische Periode« geprägt, um einerseits ganz einfach zur Überwindung der ›schulmäßigen‹ strikten Trennung von Vor-Römischem und Römischem aufzurufen, andererseits aber auch dem Rechnung zu tragen, was die Archäologie nun immer deutlicher nachweist: nämlich den gleitenden Übergang vom *Noch-nicht-Römischen* ins *Schon-Römische*, dann in das *In-der-Auseinandersetzung-mit-dem-Römischen-Erarbeitete*. Dabei kann nur das wirklich feststellbar neu Erarbeitete (nicht die bewußte Nachahmung römisch-mediterraner materieller und geistiger Strukturen) das Maß für den Erfolg der Romanisierung sein.

Auf die Zeit der Julio-Claudier angewandt, bedeutet dies, daß zwei Ursachenstränge zur Auswirkung kommen: der (mehr oder weniger programmatische) Wille Roms über eine lediglich prinzipielle ›Herrschaft‹ hinauszugehen, dann die Existenz einheimischer ›Partner‹ und deren Bereitschaft und Fähigkeit, dieser Planung einen Inhalt zu verleihen, sie auszuweiten und abzustützen. Das etwas genauere Studium der herrschenden römischen Einstellung zur Provinzialisierung auch in julisch-claudischer Zeit zeigt eindringlich, wie wenig ursprüngliche Programmatik dem römischen Vorgehen innewohnte, das meist mehr von einem Hineingeraten als einem gezielten Einstieg in die Kraft-, Sach- und Machtverhältnisse einer bestimmten Region gekennzeichnet war. Dabei spielte die schlechte Informations- und Dokumentationslage ohne Zweifel eine Rolle: das Vorgehen über den Rhein, dann bis an Weser und Elbe, bis an die Rhein- und Donauquellen, die Umseglung der friesischen, dann der nordschottischen Küste – das alles gehört eher (und zunächst) in den geographisch-explorativen, ja erkenntnistheoretischen als in den imperialistisch-politischen Bereich einer »großen Reichskonzeption« (Petrikovits, 56). Soweit es eine solche gab, war sie ohnehin total und implizierte nicht, daß jeder Landstrich in jedem Augenblick von römischen Funktionären ›beherrscht‹ würde. Auf der anderen Seite müßte man nun vor allem jene Studien vorantreiben, die Aufschluß bieten über die ökonomischen und gesellschaftlichen Veränderungen, die in der Endphase der Latènezeit erkennbar werden und im Endeffekt (etwa um 150 n. Chr.) eine archäologisch relativ gut faßbare Gruppe von *homines novi* bürgerlicher Prägung (im nun eindeutig urbanen Milieu) deutlich werden lassen. Neu dabei ist weder das Vorhandensein von Waren noch von Händlern, sondern das massive Auftreten der letzteren sowie der große Maßstab von Produktion und Absatz, wie er durch die Konsolidierung der römischen Sicherungs- und Verteilungsstrukturen z. T. bedingt, jedenfalls spürbar gefördert wird.

Das mag alles recht abstrakt scheinen, doch ist vielleicht gerade diese Abstraktion (als Vorstufe etwa zur Fixierung von Gesetzmäßigkeiten) ein Kennzeichen des Fortschritts, den wir der sehr intensiven Forschungstätigkeit seit dem Zweiten Weltkrieg verdanken. Sie schließt ›Ausnahmen‹ nicht aus, hilft aber, Regelfälle zu erkennen und solche, die aus irgendeinem Grunde nicht direkt typisiert werden können, wenigstens versuchsweise in Modellhypothesen einzureihen, welche Parallelen oder Diskrepanzen besser erkennen lassen.

Ernst Kornemann (10) hat Gaius Caesar Augustus Germanicus, genannt »Caligula« (»Soldatenstiefelchen«), ›Kaiser‹ von 37 bis 41, treffend als das »Ergebnis« einer unheilvollen Verwandtschaft charakterisiert: »durchgeschlagen hat bei ihm das Blut des Antonius«. Darin kommt (in ›erbbiologischer‹ Form) zum Ausdruck, was vielleicht im wesentlichen eine politische und philosophische Grundeinstellung war, die über Jahrzehnte kontrovers blieb: ob sich nämlich ein Herrscher eher in die Nachfolger des ›Neuerers‹ Augustus einreihte und versuchte, mit altrömischer Tugend eine bessere, straffere Form der Republik zu verwirklichen; oder ob er in Anlehnung an orientalisch-griechisch-sizilianische Vorbilder eher eine gottgewollte, charismatische Monarchie anstrebte. Alle, die in die letztere Kategorie passen, werden von Tacitus (aber nicht nur von ihm) als Abschaum der Menschheit dargestellt. Wenn sie Politik treiben, kann diese nur verkehrt sein, und wenn sie etwas in Germanien unternehmen wollen, so muß es sich um bloße Täuschungsmanöver handeln.

»Das Bürschchen Gaius, das wohl nicht sehr gescheit, aber von maßloser Geltungssucht getrieben war« (Petrikovits, 56), ließ Servius Sulpicius Galba (einen der späteren Kaiser, im ›Vierkaiserjahr‹) gegen die

Chatten kämpfen; anscheinend sollte ein größerer Feldzug stattfinden – so, gleichlautend sarkastisch, Dio Cassius, Sueton, Eutropius, Aurelius Victor und Persius –, zu dem (nach Ritterling, 100) eigens zwei neue Legionen bereitgestellt wurden, der dann aber nur teilweise zur Ausführung kam, während P. Gabinius Secundus einige Erfolge gegen die Chauken errang und den letzten der dem Varus abgenommenen Adler wiedergewann (Dio Cassius 60,8,7). Dies genügte vollauf, um das ganze Unternehmen in Rom als Triumph vorzustellen; ansonsten scheint das Vorbild des ersten Juliers kurze kaiserliche Aufenthalte in rechtsrheinischem Gebiet zu erklären. Viel mehr konnte ja auch in der kurzen Regierungszeit Caligulas nicht erreicht werden.
Kaiser Claudius (41–57) griff ebenfalls auf Caesarische Vorbilder zurück, als er das rhodanische Gallien begünstigte, Lyon zur wirklichen Hauptstadt machte und eine regelrechte Eroberung Britanniens betrieb. Vom späten Augustus übernahm er die rheinische Beschränkungspolitik: 47 erhielt Cn. Domitius Corbulo die Order, »ut praesidia in Rhenum referri iuberet« (Tacitus, *Annalen* 11,19): zu veranlassen, daß der Rheinschutz diesseits des Flusses angesiedelt werde. Die ›Gründung‹ der *Colonia Claudia Ara Agrippinensium* (Köln) im Jahre 50 ist mit Bestimmtheit das äußere, sichtbare Zeichen dieser Politik. Plinius d. Ä. diente unter Claudius (nach Riese, 13, von 45 bis 52) in Germanien und schrieb, durch ein Traumgesicht gemahnt, die Geschichte »aller Kriege, die wir je gegen die Germanen hatten« (Plinius d. J., *Epistulae* 3,5). Im Traum war ihm Drusus erschienen, »der umkam, als er, *im weitesten Sinne*, Sieger über Germanien war«. Dieses »latissimo sensu« wird allzuoft mit untertreibenden Wendungen wie »über einen großen Teil Germaniens« übersetzt; es scheint aber eher der Versuch vorzuliegen, dem informierten Leser claudischer Zeit halbwegs explizit mitzuteilen, daß der berühmte Onkel des hohen Beamten und Freundes von Trajan und Tacitus die Germanienpolitik *seiner* Zeit nicht billigte: Träume sind nicht nur ein wichtiger rhetorischer Bestandteil der römischen Literatur; ihre Bedeutung als politisch-programmatische Offenbarung verleiht ihnen quasi normativen Wert. Der Geist des toten Drusus bittet den älteren Plinius, dafür zu sorgen, daß er nicht der »iniuria oblivionis« anheimfalle, einem ungerechtfertigten Vergessen. In Wirklichkeit hat Claudius nie die Anordnung erlassen, daß kein Römer mehr den Rhein überqueren dürfe. Nur sah man von militärischen Großaufgeboten ab, besonders da es Anzeichen gab, daß wiederum mit dem *consilium*, wie es Tiberius gepredigt hatte, Besseres zu erreichen war: die Cherusker baten Rom, den Italicus als ihren König zu proklamie-

ren! Er war der Sohn eines Bruders des Arminius und der Tochter eines Chattenführers, in Italien ausgebildet – daher wohl auch sein (Bei-) Name –, Symbol einer beiderseitigen Bereitschaft, Politik zu machen statt Kriege zu führen. Daß in der Folgezeit der Schwerpunkt der Germanienpolitik sich schrittweise weit nach Süden verlagerte, war nicht nur das Ergebnis der Koloniegründung an der *Ara Ubiorum*, sondern allgemein einer nicht unwirksamen – wenn auch recht repressiven und nicht besonders dauerhaften – Politik am Niederrhein.
Die Entdeckung von Silberminen im Taunus lockte die Chatten ins Gebiet der Mattiaker. Pomponius Secundus drängte sie im Jahre 50 zurück. Später wurden sie von den Hermunduren beim Kampf um eine Salzquelle geschlagen: bedeutsam erscheint sowohl die wirtschaftliche Motivierung ihres Vordringens als auch die Tatsache der ›innergermanischen‹, kriegerischen Auseinandersetzung.
»Rhenus Germaniae modum faciat« – »Möge der Rhein das ›Maß‹ sein für Germanien«, schrieb Seneca zwischen 62 und 65. Voraus geht ein Satz, der die Donau als Trennungslinie (»disterminet«) zwischen »Sarmatischem und Römischem« vorschlägt. »Modus« bedeutet aber weit mehr als ›Begrenzung‹: es meint Gleichgewicht, Ausgewogenheit, Balance. Möge die Donau trennen: noch bei Ausonius werden die Sarmaten als die Barbaren schlechthin dargestellt. Der Rhein soll Besseres leisten, nicht trennen; ein »verus limes« sein, wie das wiederum Ausonius (viel später) ausdrückte – nicht einfach ein Annäherungshindernis!
Die Mainzer Vorstadtkrämer weihten Nero (54–68) die sog. Juppitersäule. Zwar wurde später der Name des (nachträglich) apokalyptisch verabscheuten Kaisers weggehämmert, aber politisch war manches Brauchbare geleistet worden. Das muß sogar Tacitus zugeben, wenn er schreibt: »Bis dahin [etwa ab 50] waren die Dinge friedlich in Germanien; dies war das Verdienst kluger Generäle, die sich [. . .] mehr Ruhm davon versprachen, den Frieden zu wahren« (*Annalen* 13,53,1).
Seit 57 versuchten aber die Friesen, in den direkteren Befehlsbereich des L. Duvius Avitus vorzudringen, anscheinend nicht, um zu plündern, sondern um sich auf »deren leeren Äckern niederzulassen«, die zu keinem militärischen Zweck dienen konnten. »Schon hatten sie Wohnungen hergerichtet, die Felder eingesät, so, als ob sie sich auf dem Boden ihrer Väter befänden« (13,54), als der Gouverneur sie wissen ließ, daß sie entweder in ihre eigenen Gebiete zurückkehren oder Rom, d. h. »den Kaiser um ein neues Siedlungsareal bitten« müßten. Verritus und Mallorix zogen nach Rom, wo man sie, in Erwartung der Audienz beim

Kaiser, mit jenen Lustbarkeiten bedachte, die ja auch heute noch ausländischen Gästen diplomatischen Ranges das Antichambrieren erleichtern sollen. Im Theater des Pompeius sahen sie zu ihrem großen Erstaunen Männer »in fremdländischer Tracht« inmitten der Senatoren. Man teilte ihnen mit, dies sei eine Ehrung für Abgesandte solcher Länder, die sich durch »virtus et amicitia«, unverbrüchliche, aktive Freundschaft gegenüber Rom, hervorgetan hatten. Darauf erklärten unsere Friesen, »im Krieg und in puncto Treue stehe niemand Germanen vor«. Sprachen's und setzten sich mitten unter die Senatoren! Das hohe Publikum duldete das stolze Gebaren wohlwollend, gleichsam als Ausdruck von Traditionsbewußtsein »und gutgemeinter Anpassungsfreudigkeit«. Die Geschichte zeigt eine gewisse Parallele zu der im 11. Buch der *Annalen* (23 f.) berichteten Initiative der *primores*, der Honoratioren der *Gallia Comata*, die in Rom bei Kaiser Claudius vorsprachen, um auch *in urbe* zu Ehren zu kommen und Zugang zu stadtrömischen Karrieren zu erhalten. Die Bronzetafel von Lyon gibt im vollen Wortlaut einen Teil der Rede wieder, die Claudius im Jahre 48 in Lyon selbst gehalten hat, um mitzuteilen, daß er das *ius honorum*, das Recht zur Teilnahme an einer öffentlichen Ämterlaufbahn, in das Statut aller römischen Bürger integriere, womit alle Gallier unter den üblichen Bedingungen Zugang zum Senat erhielten. Unsere Friesenfürsten erhielten die *civitas* erst nach ihrem forschen Zugriff (so stellt es wenigstens Tacitus dar), zusammen allerdings mit dem Befehl, die so stürmisch besetzten Äcker am Niederrhein zu räumen. Dies taten sie nicht, so daß dann mit Auxiliar-Kavallerie gegen sie vorgegangen werden mußte. Die Tafel von Lyon wurde erst unter der Herrschaft des Nero geschrieben und aufgestellt. Sie bekundet damit eine Fortdauer derselben Sorge um gesetzlich geregelte Zusammenarbeit auch in Germanien, wo nun wieder versucht wurde, das Militärisch-Repressive zum Wohle der Verständigung zurückzunehmen.

Kaum waren die Friesen verjagt, als die Amsivarier (von der Ems her), von den Chauken bedrängt, eben dieselben Gebiete besetzten und um *tutum exilium*, Schutz und neues Siedlungsland, baten. In Boiocalus hatten sie einen wertvollen Fürsprecher: von Arminius war er mißhandelt worden, unter Tiberius und Germanicus (als dieser in den Jahren 15 und 16 in Germanien kommandierte) hatte er gedient, und nach fünfzig Jahren treuer Ergebenheit wollte er nun seine Leistungen dadurch abrunden, daß er seine *gens*, seinen Stamm, unter römischen Schutz brachte. Daran erinnerte Boiocalus, dann kam er zur Sache. Es sei unsinnig, Gebiete unbesetzt zu lassen, die den Römern kaum Gewinn brächten, während sie anderen eine menschenwürdige Existenz sichern könnten. »So wie der Himmel den Göttern, sei die Erde den Menschen geschenkt worden, und da, wo sie leer sei, gehöre sie allen« (13,55). Raum für alle hat die Erde . . .

Ähnliche Prinzipien hatte schon Cäsar angewandt (oder vorgegeben), als er daranging, ganze Stämme von einem Ufer des Rheins zum anderen, von einer Region in eine andere zu überführen; noch im 4. Jahrhundert wurden größere Umsiedlungen vorgenommen, um Lücken im Grenzschutz zu füllen und Arbeitskräfte zu gewinnen. Boiocalus dreht also den Spieß um. Auch dies hat Tradition, und es war eine Art Gemeinplatz, daß Kelten und andere Völker an der Peripherie Rom vorwarfen, weite Landstriche selbst nicht zu nutzen, sie aber auch nicht (selbstverständlich nur selektiv und bei ›günstigen Vorzeichen‹) Freunden und Verbündeten zur Verfügung zu stellen. Der Vorwurf war ohne Zweifel berechtigt und gehört in die Reihe der Argumente, die uns heute zu der Annahme veranlassen, daß es einen großen Plan zur Unterwerfung und Nutzbarmachung der ›Provinzen‹ weder zu der Zeit des Krieges gegen Veji noch zu der des ersten makedonischen Krieges, noch auch zu der des Vordringens nach Ostgallien und Germanien gab. Rom erhob einfach (und zwar konsequent über Jahrhunderte hinweg) den Anspruch auf die Vorherrschaft, die es zunächst nach dem Synoikismos in Latium errungen, dann auf Kampanien und Sizilien, schließlich auf Norditalien ganz ›logisch‹ ausgedehnt hatte und der keine Teilung mit Freunden oder Verbündeten zuließ.

So wurden auch dem braven Boiocalus zwar Vorteile zugesichert, aber sein eigentliches Begehren konnte Avitus nur ablehnen: »er müsse das Gesetz der Besseren ertragen, *das* sei der Beschluß der Götter, daß jedwede Entscheidungsgewalt in den Händen der Römer verbleibe [arbitrium penes Romanos maneret]; andere Schiedsrichter gebe es nicht« (13,56). Die Amsivarier versuchten daraufhin, Brukterer und Tenkterer als Verbündete aufzubieten: als Avitus und Mancia aber die beiden Heeresverbände einzusetzen drohten, kam dieser Plan nicht mehr zur Ausführung. Die Amsivarier irrten nun (zuerst als *hospites*, als Gäste, schließlich als *hostes*, als Feinde) in den chattischen und cheruskischen Gebieten umher, ehe sie entweder aufgerieben oder als Beutegut unter Stammesgenossen aufgeteilt wurden. »Die Militärgrenze am Rhein hatte sich bewährt« (Petrikovits, 56).

Tres viri, Treveri, Colonia Treverorum, Treviris, Trier

Die Treverer verdanken Caesar und Cicero ihren Eintritt in die römische Literatur. Am 4. März 53 v. Chr. erlaubte sich Cicero einen Scherz, indem er aus »Treviri« »tres viri« machte (*Ad familiares* 7,13,2). Die Verballhornung ließ jeden Römer an die *tres viri capitales* denken: dem Prätor beigeordnete Justizvollzugsbeamte, die u. a. Hinrichtungen auszuführen hatten. Statt so »bedrohlich« zu sein, scherzte Cicero, sollten sie lieber »aus Gold und Silber sein«, d. h. an jenes andere Dreimännerkollegium erinnern, das für ›Geldbeschaffung‹ zuständig war (*tres viri aere argento auro flando feriundo*)!

Weshalb die Treverer »bedrohlich« wirken konnten, erfahren wir ausführlich (wenn auch nicht immer eindeutig) aus den Berichten, die Caesar über seine Intervention in Gallien verfaßte und die gleichsam ›kapitelweise‹ (wohl als Exzerpte aus mehr technischen Berichten an den Senat) in Rom veröffentlicht wurden. Wesentlich ist dabei die Erkenntnis, daß in jenem Volk, dessen Siedlungsgebiet damals noch von der Maas bis an den Rhein reichte, die gesellschaftlich-politische Spaltung besonders deutlich zutage trat, die auch Caesar zu dem Eingeständnis zwang, daß er drei ganze Jahre hindurch auf die Falschen gesetzt hatte.

Bei den Treverern geschah es nun, daß er den ›Neuerern‹ zuneigte, die sich um Cingetorix scharten und bereit waren (oder glaubhaft vorgaben, bereit zu sein), mit Rom ein Abkommen zu treffen, das ihnen mehr Macht zu sichern vermochte als ein stures Beharren auf Traditionen, die längst auf Ablehnung stießen. Caesar hütete sich damals, ein Übergewicht zu ihren Gunsten herzustellen: inzwischen wußte er nämlich, daß jene Entwicklung lange vor seinem Auftreten eingesetzt hatte und seit dem Zusammenbruch des (nur teilweise) mythischen Arvernerreiches unaufhaltbar war. Nachdem die Kimbern und Teutonen aus Jütland aufgebrochen waren, hatte das Völkergefüge Mittel- und Westeuropas seine Stabilität verloren, die es erst in der Zeit der Karolinger, unter nahezu vollständig veränderten Vorzeichen, wiedergewann. Unverkennbar war, daß eine keltisch geprägte, quasi ›gesamteuropäische‹ Ordnung ins Wanken geriet, ohne daß wir bislang wüßten, woher genau der erste Anstoß kam. Für uns ist hier entscheidend, sich den riesigen zeitlichen und räumlichen Zusammenhang klarzumachen, in den alles, was in diesem Buch behandelt und erwähnt wird, hineingehört, aber auch die Bedeutung jeder einzelnen Tat (oder Unterlassung), die von den unterschiedlichen Akteuren begangen wurde.

Es entspricht sowohl unserer Bildungstradition als auch der europäischen Denkart, daß der ›Vormarsch‹ der germanischen Völker als Katastrophe empfunden, somit alles Späte zum Epigonalen, zum Dekadenten, Barocken, bestenfalls Überfeinerten degradiert wird; nur das Frühe, das Archaische wird als rein und kraftvoll, unverfälscht und würdig empfunden, den ›westlichen Menschen‹ (weniger verbrämt heißt das: unsere Vorfahren) mit geformt und bestimmt zu haben.
Die Anwendung jener konventionellen Kriterien mag (zeitbedingt-modisch) bei ästhetischen Betrachtungsweisen berechtigt sein; werden sie jedoch implizit (aber gerade darum besonders gefühlsbetont) zu einer Wertungsskala für historisches Geschehen umfunktioniert, so kommt es zu zählebigen Fehlurteilen, die ganze Forschungszweige belasten können. Hat sich nicht mancher Lokalhistoriker geschämt, daß sein Heimatort nicht von Augustus selbst gegründet wurde? Gibt es nicht zwischen deutschen Städten einen Wettstreit um die ›Ehre‹, früher entgermanisiert, d. h. romanisiert worden zu sein? Daß schon in den Begriffen Fehler enthalten sind (eine ›deutsche‹ Stadt kann nicht entstanden sein, ehe es ein Deutschland gab), daß in stadtrömischer Perspektive bereits das letzte vorchristliche Jahrzehnt als ›spät‹ und ›verderbt‹ erscheint und das ›Kaisertum‹ wohl vor allem als politisches Provisorium aufgefaßt wurde, wollen viele einfach nicht wahrhaben. Früher wurde das Römische überbewertet: es war ›klassisch‹; im 16. und 17. Jahrhundert erfand man allerhand Märchen, um trojanische, mesopotamische und notfalls griechische ›Helden‹ in die entlegensten Gegenden zu bringen, damit »regia stirpe«, »aus königlichem Geschlecht« – wobei »königlich« soviel heißt wie »fremd, aber heroisch und nachahmenswert«! – große Völker gezeugt würden. Dabei nahm man es naturgemäß mit der Historie nicht so genau. Wer diese beflügelten Träume, die bekanntlich besonders gern für bare Münze genommen werden, zu interpretieren oder gar zu zerstören sich erkühnt, darf mit strenger Kritik und beträchtlichem Unverständnis rechnen. Dies haben z. B. jene erfahren, die an trierischen Träumen herumgedeutet und Zweifel daran erhoben haben, daß die Stadt von den Babyloniern (durch Ninos, den Sohn der Semiramis!) oder von Augustus gegründet worden sei. Trotzdem (oder gerade deswegen) muß die erweiterte Perspektive beibehalten werden. Kein dendrochronologischer Befund, keine Brücke, kein Denkmal können etwas Wesentliches an der Gesamtgeschichte Germaniens ändern; und diese ist beileibe nicht nur das Ergebnis irgendeines römischen Machtwillens, der bebende (oder mutig sich aufbäumende) Feinde in die Knie zwang. Gerade im Hinter-

land, wo das Wirtschaftliche, das Residenzmäßige, das bürgerlich Behäbige, aber auch das tolerant Gastliche dem Militärischen entgegentraten, sind diese altmodischen Kriterien unzulässig. Allerdings auch die allzu modernen, die durch ihre übertriebene Gegenwartsbezogenheit anachronistisch sind. So ist es völlig unsinnig, Indutiomar als Widerstandskämpfer zu feiern, Cingetorix als Kollaborateur zu beschimpfen oder Ariovist als bösen Eindringling, Arminius als Nationalhelden zu loben, den das 19. Jahrhundert, in seiner noch ungetrübten Freude an bronzenen Kolossalstatuen, hoch über deutsche Wälder und Mittelgebirge erhoben hat.

Nimmt man nun von Märchen und Mythen Abstand, was bleibt dann von der frühen Geschichte Triers übrig? Unerwartet viel, das man etwa so zusammenfassen kann: Um die Zeitenwende gab es irgendwo in der Trierer Talmulde ein Denkmal (man spricht jetzt sehr schüchtern, nach bekannten südfranzösischen Vorbildern, von einem Tempel), das eine gewaltige Inschrift für Lucius Caesar, den *princeps iuventutis* (»Führer der Ritterjugend«), trug.[1] Im ganzen Reich waren für ihn und seinen Bruder Gaius aufwendige Bauwerke errichtet worden, seit sie beide, Söhne des Agrippa und der Iulia, von Augustus adoptiert und zu seinen Erben erkoren worden waren. Wer ihnen ein Denkmal errichtete, huldigte der neuen Zeit, die feierlich vom 1. bis 3. Juni 17 v. Chr. durch sog. Säkularspiele ›eröffnet‹ worden war. Die Inschrift wurde viel später angefertigt, wahrscheinlich zur Erinnerung an den 2 n. Chr. in Marseille Verstorbenen, während der ersten Jahre der Regierung des Tiberius, der zum Erben und Nachfolger des Augustus bestimmt worden war (also nach 14 n. Chr.). Die sehr kultivierte, wenn auch ein wenig unregelmäßige Inschrift (vgl. Abb. 53) – man nimmt neuerdings an, daß auch des Gaius gedacht wurde – legt die Vermutung nahe, daß es in den ersten zwanzig Jahren des ersten nachchristlichen Jahrhunderts in der Trierer Talmulde eine Siedlung von einiger Bedeutung gab. Man kann sich das so vorstellen, daß am Fuße von Eifel und Hunsrück mehrere *vici* (einheimische Dorfsiedlungen), deren Namen z. T. epigraphisch belegt sind, in loser Verbindung einige Funktionen, vor allem wohl religiöser und wirtschaftlicher Art, gemeinsam ausübten.
Solange der Anspruch aufrechterhalten wurde, auch das »Freie Germanien« regelrecht zu beherrschen, war der Rhein selbst Hinterland, ›Trier‹ nur ferner Etappenort. 1904 erhob ihn v. Domaszewski (94a) zum Standort einer *ala*, 1906 postulierte E. Ritterling (103) eine *ala*

1 *Corpus Inscriptionum Latinarum* (181; im folgenden zit. als: CIL), Bd. 13, Nr. 3671.

Hispanorum. Als Beweis bemühte ersterer die Reiterstele des Titus Lucretius,[2] der zwar Reiter war, dessen Truppenzugehörigkeit aber nur vermutet werden kann; letzterer bezog sich auf die Stele des Urbanus,[3] der zwar Reiter war, aber erst zu Neros Zeiten, und in einer nicht weiter bekannten Einheit diente! So bleibt von der militärischen Frühzeit Triers nur ein bescheidener Grabstein[4] – der ebensogut um oder nach 100 datiert werden kann.

Nicht ergiebiger war das Forschen nach einem Militärlager. Immer wieder wurde dieser oder jener Ort (vor allem auf den Anhöhen bei Trier) recht ungestüm ins Gespräch gebracht, aber umsonst; auch hier wurden Holzfunde ungebührlich strapaziert, bemühte man sich wahrscheinlich um untaugliche Objekte. Militär stand in Trier erst in späterer Zeit, zunächst noch eher vorübergehend als regelrecht kaserniert (mit Ausnahme einer Palastgarde, deren Kaserne man kürzlich bei den Ausschachtungsarbeiten östlich der Palastaula gefunden zu haben glaubt).

Die Funktion Triers hat Ausonius treffend beschrieben; in seinem »Panorama der bedeutenden Städte« (*Ordo urbium nobilium*) steht Trier an fünfter Stelle, als erste der neuen Städte, die die Nachfolge der großen historischen Orte (Karthago, Alexandria, Antiochia und Rom) angetreten haben, vor Mailand, Arles, Athen, Toulouse und Narbonne. Hier wird Trier zwar »waffengewaltig« genannt, aber aus dem Zusammenhang (Vers 31 ist eindeutig) geht hervor, daß die Waffenschmieden gemeint sind, ebenso wie die Spinnereien und die Getreidespeicher, dank deren es »imperii vires«, die Kräfte des Reiches, »kleidet, nährt und bewaffnet«. In diesen friedlichen Kontext gehören auch die ›Weinschiffe‹: Kriegsschiffe, die Friedensgüter befördern – Mars im Dienste des Lyaios! Es sieht so aus, als ob Trier immer diese fast ausschließlich zivile Funktion ausgeübt hätte. Hieraus dürfte sich manches erklären lassen, so z. B. die besonders ›lange‹ Chronologie, da gerade beim Fehlen militärischer Einrichtungen auch das gleichzeitige zivile Siedlungselement (in Form etwa der *canabae*, der Lagervorsiedlungen) wegfällt.

Es erstaunt daher nicht, daß das Trier, das aus einem ursprünglichen Synoikismos hervorging, geometrisch angelegt wurde, wie es etwa in claudischer Zeit erkennbar wird; dies bedeutet nicht, daß jenes projektierte, relativ großzügige Areal sofort ganz bewohnt oder genutzt

2 Ebd., Nr. 11317.
3 Ebd., Nr. 3686.
4 Schindler (67), Nr. 67.

wurde. Die Gemeinden, die sich damals zusammentaten, um die Umrisse ihrer zukünftigen Stadt zu fixieren, kannten sehr wohl den klassischen Städtebau, wie er um 50 n. Chr. auch andernorts praktiziert wurde. Nach Ausonius war Trier (er nennt es bewußt »*urbs* Treverica«, »die trevirische *Großstadt*«) »proxima Rheno«, »rheinnahe«. Dies entspricht zwar nicht der geographischen und reisetechnischen Wirklichkeit, aber psychologischen, wirtschaftlichen und politisch-historischen Gegebenheiten. Trier lag zwischen Gallien und dem Rhein, fungierte als ziviler Angelpunkt zwischen den zwei ›Welten‹, deren Konfrontation und dramatische Auseinandersetzung hier geschildert wird. Darin liegt seine Bedeutung, seine Größe, z. T. sogar seine Einzigartigkeit. Diese wiederum mag dazu beitragen, daß gewisse alte Probleme immer noch einer Lösung harren. So die Frage nach dem Rechtsstatus dieser *colonia*, die sich wohl selbst diesen Ehrentitel verlieh (kurz nach 50?), lange nachdem sie sich zur ›Augustusstadt‹ erklärt hatte. Der Argumente wurden nicht wenige ins Feld geführt; aus den klügsten Darstellungen geht einstweilen nur hervor, daß Trier (wie praktisch alle Kolonien in unseren Gegenden) einen eigenen Status hatte.

Die Entfaltung der frührömischen *vici* (des Voclannius, Senia usw.) setzte die Entwicklung der tragenden Gesellschaftsschicht voraus. Es wird das Verdienst von Edith Mary Wightman bleiben, dies nicht nur nahegelegt, sondern über weite Strecken hin bewiesen zu haben (205). Aus den *cives* (d. h. im Sprachgebrauch Caesars: den Mitgliedern der Volksgemeinschaften, *civitates*), die sich mit den progressiven Fürsten zusammentaten, die bereit waren, das römische ›Joch‹ anzunehmen, entwickelte sich im Laufe des ersten nachchristlichen Jahrhunderts eine ›vorbürgerliche‹, wohl noch uneinheitliche, d. h. nicht sehr straff organisierte Schicht, die am Rande der Ereignisse auf jenen Wegen Handel trieb, die seit Jahrhunderten von Böhmen zur Bretagne und von Jütland nach Triest, Marseille und Spanien führten. Da sie sich im großen und ganzen nicht in Denkmälern selbst darstellte, entzieht sie sich dem Zugriff über die Ikonographie; da sie andererseits, schon rang- und bildungsbewußt, das Römisch-Mediterrane dem Einheimischen vorzog, konnte – nach den Goeblinger Gräbern, vor allem nach Grab B zu urteilen – eine Fundzone entstehen, in der, hauptsächlich nach italischen oder provençalischen Chronologien, sog. Importware datiert und registriert wird. Dagegen erkennt man noch in der frühesten eigenständigen Reliefkunst am Ende des ersten nachchristlichen Jahrhunderts eindeutig einheimische Züge. Dies darf nun wieder nicht als ›Widerstand‹ gegen die Romanisierung gedeutet werden; im Gegenteil:

erst wenn die anfänglichen Spannungen abgebaut sind (also nach 70), kann sich aus dem Konsens (nicht aus der Ablehnung oder aus dem ›Untergrund‹) eine ›neue‹ Denkmalskunst herausbilden, die einerseits kein reiner Abklatsch oberitalienischer Werke ist, andererseits noch nicht genügend Eigenart besitzt, um geistig und formell unabhängige Werke zu schaffen. Auch in dieser Hinsicht bietet die Lage am Rhein krasse Verschiedenheiten: entweder setzen sich dort ›Ausländer‹ Denkmäler nach der Sitte oder Mode ihrer Heimat; oder Einheimische befleißigen sich einer übertrieben und aggressiv fremdländischen oder aber (z. B. in der religiösen Holzskulptur) einheimisch-urwüchsigen Manier. In beiden Fällen entzieht sich uns die Mittel- und Normalschicht, die unter Verzicht auf scharf trennende Prinzipien vorsichtig-konziliant auf ein unmittelbares Verständnis zielende Werke schafft oder schaffen läßt.

Kaum erforscht ist die schwierige Problematik der zeitlichen Verzögerung, welche die Verpflanzung eines figürlichen oder ornamentalen Themas etwa von Sarsina oder Aquileia nach Bonn, Köln und Trier begleitete. Auch die Arbeit eines ganzen Ateliers kann Modeschöpfung sein, und gerade in der Provinz hat die Mode eine Tendenz zum Archaisieren. Solange wir die Zeitspanne nicht messen können, die zwischen dem datierten (nicht bloß vermuteten) Auftreten einer klar erkennbaren Form in Italien, Arles, Nîmes oder Bordeaux und dem datierten (nicht ex se ipso postulierten), hinreichend bezeugten Erscheinen der Form in Neumagen, Bingen, Mainz, Nickenich oder Hausen an der Zaber liegt, wird auf allen vergleichenden Datierungsversuchen der Fluch des allzu Spekulativen lasten. In Trier, wo kaum Anlaß bestand, irgend etwas zu überstürzen, werden einheimische Themen mit religiös-allgemeingültigen verknüpft, wird fast immer ein Stil gefunden, der nirgends sonst genau ebenso praktiziert wurde. Die Landbezirke folgten den Impulsen aus dem städtischen Milieu – wohl eher rasch, wenn es eben die Städter waren, die in Konz, Wittlich, Nennig, Mersch und Echternach Land- und Sommerresidenzen anlegten, bedeutend langsamer, wenn Ortsansässige, Pächter, Kolonen, freie ›Bauern‹ künstlerische Aufträge vergaben. Dazwischen gibt es dann wohl zahlreiche Schattierungen, die von Fall zu Fall diskutiert werden müssen.

Es ist längst bekannt, daß die sog. Neumagener Denkmäler eine »Sonderstellung innerhalb der provinzialrömischen Plastik« (Hahl, 314) einnehmen. Dies bestätigt das Gesagte. Man sieht nicht ein, weshalb die Trierer Grabplastik nicht gallische Lebensbejahung ausdrücken und keltisches Formengut weiter benutzen sollte: beides ist offenkundig.

Beides wurde allerdings erst recht spät künstlerisch ›einsatz- und ausdrucksreif‹, so daß man bei der Neumagener Gruppe, die nicht unbedingt aus Trier verschleppt sein muß – vielleicht sollte man Vers 11 der *Mosella* nicht nur zitieren, sondern auch ernstnehmen –, wohl zu Recht eine chronologisch-stilistische Dreiteilung durchführt (Baltzer, 177, nach v. Massow, 319). Diese wirkt, vom sog. Negotiatorpfeiler[5] bis zur Igeler Säule[6], relativ glaubhaft, weil sie in den Gesamtkontext der aus zahlreichen anderen Quellen bekannten und zeitlich festlegbaren bürgerlichen Blütezeit Triers und seiner direkteren Umgebung paßt. In den ländlichen Bezirken (Luxemburg, Arlon) liegen die Dinge weitgehend anders. Man könnte die Beispiele vermehren, die eine chronologische Verschiebung erforderlich machen. Diese würde, unter Aufgabe der Träumereien von augusto-tiberischen Gründungen, eine städtische Geburt Triers an die Wende vom 1. zum 2. Jahrhundert verlegen, ›die große Zeit der großen Stadt‹, zwischen 150 und 250, ihre kaiserliche ›Renaissance‹ von 280 bis 380, und ihren ›Untergang‹ (als römische Metropole) ins 5. Jahrhundert datieren. Wesentlich scheint mir die Einrichtung der Stadtmauer um 200. Sie ist Ausdruck und Symbol der Stadtwerdung!

Aufstände am laufenden Band

Schon 29 v. Chr. »standen die Treverer in Waffen. Sie hatten [nach dem mehrfachen Vorbild des Indutiomar] Germanen zu Hilfe gerufen [...]; sie wurden schließlich [...] von Nonius Gallus besiegt. Aber es gab auch anderswo zahlreiche Unruhen. [...] Im großen und ganzen geschah nicht sehr viel, und Rom betrachtete sich damals nicht als im Kriege [mit diesen Völkern]« (Dio Cassius 51,20,5).
Im selben Jahr feiert Augustus einen Triumph über Pannonier und Dalmatier, Japuden und ihre Nachbarn, die Germanen und Gallier (Κελτῶν τε καὶ Γαλάτων). »Denn Gaius Carrinas hatte die Moriner unterworfen und andere, die sich erhoben hatten, zudem hatte er die Sueben zurückgedrängt, die den Rhein in kriegerischer Absicht überquert hatten« (51,21,6). Carrinas erhielt dafür einen Triumph, der am ersten Tage der Feiern in Rom stattfand; danach erst wurden der Seesieg bei Actium und die Unterwerfung Ägyptens gewürdigt. Dio Cassius berichtet über Kämpfe zwischen Sueben und Dakern; er teilt mit, die

5 v. Massow (319), Nr. 165; Baltzer (177), Nr. 175–180.
6 v. Massow (319), Nr. 215; Baltzer (177), Nr. 245.

Sueben seien Germanen und wohnten jenseits des Rheins: »das füge ich der Genauigkeit halber hinzu, denn zahlreiche andere legen sich den suebischen Namen zu« (51,22,6).
Vier Jahre später »verfolgt M. Vinicius verschiedene Germanen, die römische Kaufleute, welche in ihre Gebiete vorgedrungen waren [s. S. 9 f.] gefangengenommen und umgebracht hatten. Auch so wurde die imperatorische Gewalt des Augustus bestätigt« (53,56,4). Sofort danach wurde der Janustempel geschlossen.
In das Jahr 16 v. Chr. fällt die bereits S. 55 f. dargestellte *clades Lolliana*, über die Sueton urteilte, diese habe mehr Schmach, die Niederlage des Varus hingegen mehr Schaden gebracht (*Divus Augustus* 23). Beide waren »graves«: schwerwiegend, sehr ernst. Von Lollius zeichnet Velleius Paterculus ein ziemlich ungünstiges Bild: »in allem war er mehr darauf bedacht, zu Geld zu kommen als recht zu handeln, und geradezu genial im Vertuschen seiner außerordentlichen Laster« (2,97,1). Besiegte Feldherren sind oft »lasterhaft«, aber Velleius war fast noch Zeitgenosse dieser Ereignisse, und seine Information kann im Kern die Erinnerung an damals bekannt gewordene Verfehlungen bergen. Die Niederlage war jedenfalls ein schwerer Schlag für das imperiale Prestige des Augustus, der zum Tatort eilte, um für Rom die Initiative zurückzugewinnen; dies gelang nicht, da der Feind sich der Auseinandersetzung entzog und einen (Schein-)Frieden einging. Augustus mag dies in der Ansicht bestätigt haben, derartige Demonstrationen genügten auch in Zukunft, um hier für »law and order« zu sorgen. Schmachvoll war das ganze wohl vor allem deshalb, weil die Fehler und Verfehlungen des Lollius nun offenkundig wurden, folgenschwer, weil Augustus nicht merkte, daß Germanen nicht mit Germanen (nicht einmal Sueben mit Sueben!) gleichzusetzen waren. Auf die Gallier angewandt, hätte dies schon eine der Lehren sein können, die – mutatis mutandis – aus den Erfahrungen Iulius Caesars zu gewinnen waren.
So kam es zu einem häufig wiederholten Mißverständnis: Die Einheimischen erkennen in Rom nur einen repressiven Militärapparat zum Zweck der Behauptung eines für sie grotesken, weil absoluten und durch nichts Greifbares ›ausgefüllten‹ Machtanspruches; für die Römer bleiben die Germanen (sehr im Unterschied zu den Galliern) vor allem Barbaren im Caesarischen Sinn des Wortes, d. h. Leute, die – aus welchen Gründen auch immer – nicht gewillt sind, sich auf gesittete und geregelte Beziehungen mit Rom einzulassen. Einstweilen bleibt alles in der Schwebe. Dies wiederum bedeutet keineswegs einen ›Abbruch der gegenseitigen Beziehungen‹. Die Händler handeln, die Wächter

wachen, die Bauern bestellen ihre Felder, aber der Vertrag, der all dies besiegeln müßte, bleibt eine Fiktion. Allerdings liegt sie oft zum Greifen nahe, und der geringste Anstoß mochte genügen, um sie in ihrer vollen Tragweite wirksam werden zu lassen.

›Aufstände‹ sind also (sofern es sich nicht eindeutig um Vormärsche handelt) vom Grundsatz her Versuche, diesem Schwebezustand ein Ende zu bereiten, teilweise mit der Absicht, eine vollkommen andere Rechtsgrundlage zu schaffen oder zu behaupten. Rom konnte diese nicht anerkennen: von dem Augenblick an, wo die geographisch-mythischen Begriffe zu geographisch-ethnologischen Wirklichkeiten wurden, mußten sie in der zunehmend monolithisch sich verfestigenden römischen Welt einen sinnvollen Platz erhalten. Durch die praktische Erfahrung, daß weder Gallier noch Germanen eine kompakte, mythisch-unbestimmbare Masse bildeten, sondern ein lockeres Konglomerat von Völkergruppen, Völkern, Stämmen und ›Clans‹, fühlten sich die Römer auch aufgefordert, hier ›Ordnung zu schaffen‹. »Breve id gaudium!« ruft Florus (2,30) aus: die Germanen waren besiegt, nicht gezähmt! Sie nahmen tatsächlich »mores nostros«, römische Sitten an – und beurteilten nun die Römer nach römischen Maßstäben! Jetzt erst wurden *saevitia*, *libido* und *superbia*, wilde Grausamkeit, unbeherrschte Sinnlichkeit und Arroganz, erkennbar und unerträglich. Es mag wohl an der frühen, sozusagen augusteischen Art der ›Romanisierung‹ gelegen haben, die in manchen Fällen so wenig Verständnis für das Römische erweckte, daß es – im Gegenteil – hassens- und bekämpfenswert erschien. Roms Schwächen, etwa das, was Tacitus mit Understatement »diversitas animorum«, »Auseinanderklaffen der Überzeugungen« nennt (*Historien* 1,55,2), entgingen seinen Gegnern jedenfalls nicht; ihre eigenen Handlungen bewirkten freilich, daß sich alles sehr langsam entwickelte, und daß ›Germanien‹ auf lange Zeit nur das Etikett für eine bunte Vielfalt blieb.

»In eben jenem Jahre [21 n. Chr.] begannen gallische Volksgemeinschaften [civitates] einen Aufstand, weil sie von der riesigen Last ihrer Schulden erdrückt wurden; angestachelt wurden sie, mit verbissenem Eifer, bei den Treverern von Iulius Florus, bei den Häduern von Iulius Sacrovir. Ihre Zugehörigkeit zum Adel und die Leistungen ihrer Vorfahren hatten ihnen die römische Bürgerschaft eingebracht, als dies noch selten und ausschließlich Preis der Treue war« (Tacitus, *Annalen* 3,40). Es handelt sich diesmal weder um streunende Suebenscharen noch um meuternde Soldaten, sondern um jene Treverer und Häduer, die ja eigentlich seit Caesars Zeiten befriedet sein sollten! Nicht zufällig trugen Florus und Sacrovir Caesars Namen! Kein Zweifel: 71 Jahre nach des großen Eroberers Abzug aus Gallien sah es fast so aus wie zur Zeit seiner Intervention gegen den gallischen Nordosten (58–54 v. Chr.)! Zugleich liegt hier auch einer der Beweise dafür, daß jene trevirische Nobilität, »deren Vorfahren bereits gute Leistungen vollbracht hatten«, nicht kurzerhand durch den Schiedsspruch des Sommers 54 (vgl. Caesar, *De bello Gallico* 5,4,3) entmachtet worden war und/oder sich mit der oben beschriebenen gesellschaftlichen, wirtschaftlichen und politischen Umschichtung abgefunden hatte. So wenig hatten sich die Verhältnisse im trevirischen Osten (der damals bis an den Rhein reichte) verändert, daß Tacitus im Jahre 106 n. Chr. praktisch Wort für Wort dieselben Motivationen und Charakterisierungen verwenden konnte wie Iulius Caesar. Auch der Hinweis auf die Schuldenlast hat einen sozio-politischen Hintergrund: sie scheint vor allem die Nobilität getroffen zu haben, die ihre stolze »Bürgerschaft« nun bereute. Nicht nur schieden sich die Geister, sondern jene, die zunächst (wohl oder übel) das Neue mitgetragen hatten, begannen zu ahnen, daß sie davon betroffen, ja sogar in ihrer Existenz bedroht wurden. Die ›Last‹ der römischen ›Freundschaft‹ würde eines Tages nicht mehr von einer zahlenmäßig kleinen Gruppe getragen werden können, deren Privilegien zudem von der produzierenden Basis der Volksgemeinschaft nicht mehr anerkannt wurden.

Wen rufen Florus und Sacrovir zu Hilfe? Treverer und Häduer? Keineswegs: zuerst die Ärmsten, jene Desperados, die immer bereit sind, für etwas Geld gegen irgendwen zu kämpfen; dann jene, die wegen ihrer Schandtaten am meisten zu befürchten hatten: Indutiomar hatte zum Schluß »exules et damnati«, Vertriebene und Verurteilte, aufgeboten, auch Belger (der Ausdruck muß hier »Nicht-Treverer« bedeuten) und »benachbarte Gallier«. Von einem trevirisch-häduischen Aufgebot kann also nicht die Rede sein, im Gegenteil: hier kann man nachweisen, daß sich ›*die* Treverer‹ und ›*die* Häduer‹ an diesem Adelskomplott nicht beteiligten. An Treffpunkten (*conciliabula*) und bei Zusammenkünften (Märkten) wurde mit den üblichen, psychologisch stets wirksamen Mitteln gegen Rom agitiert. Man ließ die Katze aus dem Sack, als man – nach dem etwas geheimnisumwitterten Tode des Germanicus – als Argument für eine sofortige Erhebung den eigenen Reichtum (»ipsi florentes«) der Armut Italiens (»inops Italia«) gegenüberstellte. Noch war man (d. h. die *nobilitas*) stark genug, gegen Italien vorzugehen, bald würde dies nicht mehr möglich sein. Dann würden Treverer und Häduer (die *civitas*, die Bürger der Volksgemeinden, darunter dann

auch römische Bürger) ein Abkommen mit Rom schließen und darauf eine vollkommen neue Gesellschaft gründen.
»Resumendae libertati tempus«, die Zeit, die Freiheit wiederzugewinnen, sei gekommen! Bald wollte niemand mehr von dieser »libertas« etwas wissen! Iulius Florus gelang es, einige trevirische Kavalleristen zu gewinnen, Leute seinesgleichen. Aber Tacitus bemerkt, daß die meisten »in officio« blieben und ihre Pflicht gegenüber Rom taten, nicht gegenüber den Rebellen. Florus beging Selbstmord. Tiberius nahm das Ganze nicht sehr ernst; Tacitus nennt das »dubitatio«, und die Tacitus genehme traditionalistische Senatsfraktion setzte nun alles daran, mit systematischer Propaganda in Rom den Eindruck zu erwecken, »daß alle 64 *civitates* in Gallien« in vollem Aufruhr seien. Nicht anders hatte Caesar taktiert, wenn er den Senat einschüchtern wollte und neue Truppen oder ausgedehntere Vollmachten wünschte! Das Ziel der Senatoren war die *lex de maiestate*, in der man (wohl zu Recht) ein Instrument konsequenter und blutgieriger Willkür sah; würde sie nun auch in den Provinzen gegen »die Besten« angewandt, oder würden *diese* Besten ihre Stammesverwandten in Rom retten müssen? Die Losung dieser Adelspartei lautete: Krieg ist besser als ein trister Frieden (»misera pax«), ein Frieden, der »Unheil stiftet«. So dachte man sicherlich in Nordostgallien, wo ja offiziell Frieden herrschte; aber eben ein Frieden, der neben, ja abseits der Wirklichkeit existierte; dort gab es Dörfer, keine Adelssitze; dort herrschten Gewerbe und Handwerk, nicht feudale Hörigkeit; dort hatte man es mit Angeboten und Wünschen, Vorschlägen und Plänen zu tun, die abgewiesen oder sogar bestraft wurden. Tacitus beweist immer wieder seine Größe, wenn er auch das, was seinen Thesen widerspricht, wenigstens durchblicken läßt. So findet sich an dieser Stelle, nach dem Hinweis auf das Desinteresse des Tiberius, die abschließende Frage: »Oder war das ganze im Grunde unbedeutend und in der Öffentlichkeit aufgebauscht?«
Gerade diesen Eindruck bestätigt der Historiker etwas später: Tiberius habe den Senat von der Angelegenheit in Kenntnis gesetzt, als sie abgeschlossen war. In diesem Brief verwahrte der Kaiser sich gegen die Vorwürfe jener, die von ihm erwarteten, daß er – wie einst Augustus – jedesmal nach Gallien und Germanien eilen werde, wenn »die eine oder andere Völkerschaft« den Frieden störe. »Nun, da sein Entschluß nicht durch irgendwelche Befürchtungen [über Aufruhr in Rom, versteht sich!] diktiert werde, wolle er hingehen, sich die Sache ansehen und Maßnahmen ergreifen.« Tiberius hatte also sehr wohl die stadtrömische Stoßrichtung durchschaut und erkannt, daß diejenigen ihren propagan-

distischen Nutzen daraus zogen, die ihn lieber an Saône und Mosel gesehen hätten als an den Ufern des Tiber. Die kühle, selbstbewußte Ruhe, die der zweite Princeps hier demonstriert, zeigt auch, daß die Unternehmungen jener Fürsten, die lieber die früheren, für sie günstigen Zustände wiederhergestellt hätten, als sich der neuen Lage anzupassen, in Rom nunmehr nicht weiter tragisch genommen wurden. Die Besonnenheit ist zweifellos Tiberius' hervorstechende Tugend. Er wußte genau, daß wirklich bedeutsame Aufstände so nicht mehr entstehen konnten. »Mox deficiente belli materia« – »bald fehlte jeder Anlaß zum Krieg« (Sueton, *Gaius* 45) . . .

Die Chauken (Καῦχοι, daher oft »Cauchi«) siedelten zwischen Ems und Elbe; im Jahre 5 n. Chr. gerieten sie (wie viele andere) unter römische Oberhoheit, wurden aber nie den Römern ›botmäßig‹. Im Jahre 41 gelang es – wie bereits erwähnt – P. Gabinius, ihnen den letzten der Adler des Varus abzunehmen. Sechs Jahre später griffen sie Niedergermanien an, »nulla dissensione domi«, »ohne daß es in ihren eigenen Reihen Streit gegeben hätte« (Tacitus, *Annalen* 11,18). Tacitus legt Wert darauf, festzustellen, daß diesmal nicht die übliche Ursache für solche Übergriffe vorlag. Anlaß und Antrieb war ein gewisser Gannascus, ein Canninefate, der in römischen Auxilien gedient hatte, desertiert und zum Piraten an der friesischen Küste geworden war.
Wiederum also ein nichtiger Anlaß! Rom zieht ein Großunternehmen auf: Corbulo erscheint mit der ganzen Flotte in allen Rhein- und Maas-Armen und überrennt Gannascus, dessen leichte Boote den römischen Triremen nicht gewachsen sind. Doch Corbulo ist das noch nicht genug – es wäre ja schade, nach dem schönen schnellen Erfolg sofort in die Lager zurückzukehren. Er muß freilich seine Mannen erst richtig ›einsatzfreudig‹ machen. Wir erfahren, daß die Legionäre faul und verdrossen sind, sie plündern, statt zu kämpfen, legen die Wehrgehänge ab, wenn sie Schanzarbeiten durchführen, entfernen sich von ihrer Truppe. Corbulo wird der »asperitas« beschuldigt, als Schleifer verschrien, aber jeder muß zugeben, daß nur so in dieser besonders gefährdeten Gegend ein Minimum an Sicherheit und Disziplin gewahrt werden kann.
Da sandten die Friesen Geiseln, kamen also klug einem zweiten Schlag zuvor, der sie vernichtet hätte. Sie baten untertänig, man möge ihnen doch Gebiete zuweisen. Corbulo zeigte sich nun als wahrhaft großer Feldherr: er gab »ihnen einen Senat, einen Magistrat und Gesetze, errichtete bei ihnen eine Wehranlage [praesidium]«, während er zu den

Chauci Maiores schickte, damit auch sie sich unterwerfen und dazu beitragen sollten, daß Gannascus endgültig ausgeschaltet werde. Dies war ein grober Fehler; denn die Chauken, wohl darüber erbost, daß den Friesen Land zugewiesen worden war, weigerten sich entschieden, an den »degeneres insidiae«, dem menschenunwürdigen Hinterhalt, mitzuwirken, in dem Gannascus umkam. Wiederum hatten Unkenntnis und Mißachtung der lokalen Verhältnisse, gepaart mit voreiligen und unangemessenen ›Verwaltungsmethoden‹, zum Mißerfolg geführt; zudem waren schwere Mängel der Truppe zutage getreten. Wiederum war es ein ehemals ›römischer‹ Soldat, der als Anführer und Aufrührer Erfolge gegen seine früheren Ausbilder errungen hatte. Dieser Feldzug des Corbulo veranlaßte Kaiser Claudius, jede Gewaltanwendung in Germanien zu verbieten und Wehranlagen *cis Rhenum*, diesseits des Rheins, bauen zu lassen.

Überblickt man diese ›Aktionen gegen Rom‹, die zwischen 16 v. Chr. und 47 n. Chr. unternommen wurden, so erkennt man zwei wesentliche Merkmale. Zum einen: In keinem Fall waren Rom oder sein Herrschaftsanspruch über Germanien und Gallien wirklich in Gefahr; von einem ›Aufstand der Provinzen‹ kann nicht die Rede sein. Zum zweiten: Sofern nicht allein grobes Fehlverhalten römischer Offiziere die Ursache ist, sind es Zwistigkeiten im einheimischen Lager, die das Vordringen der Ärmeren oder der zahlenmäßig Schwächeren bedingen, oder die – bei den stärkeren Gruppierungen (Sueben, Chauken, Chatten, Cherusker) – den wiederholten Versuch erklären, »neue Wohnsitze« zu beziehen, mit oder ohne Einverständnis der Römer.

In beiden Fällen ist der Anstoß weder politisch noch moralisch (d. h. ›patriotisch-national‹ im Sinne des 19. Jahrhunderts), sondern ethnologisch und geographisch begründet. Im Rücken der Völker, die für uns durch irgendwelche Quellen erkennbar werden, spielten sich damals dramatische, großräumige Vorgänge ab, deren periphere Auswirkungen eben jene Vorstöße und Wanderungen waren, welche einigen Römern, vor allem aber den zwischen Elbe und Rhein siedelnden Stammesverwandten, zu schaffen machten.

Wesentlich ist schließlich auch, daß insgesamt kein ernsthafter römischer Versuch unternommen wurde, Germanien zu zivilisieren, entweder weil die Kontaktvölker kein Bedürfnis danach äußerten, oder weil dies eben nicht in der römischen Absicht lag. Dies wäre im übrigen auch erstaunlich gewesen, da ja die gesamte bisherige römische Provinzialisierungspolitik und -praxis darin bestand, Eigen- und Bodenständiges hinzunehmen, ja teilweise zu fördern und zu verbessern. Römischer

Interventionismus, mit dem Ziel einer tiefergreifenden Veränderung der gegebenen Zustände, konnte nur durch eine größere politische Gefahr für Rom selbst gerechtfertigt werden, nicht durch ›Widerstand‹ oder Unmutsäußerungen der Randvölker.
Im Falle der uns hier interessierenden Gegenden kam es zu einem solchen Interventionismus zum erstenmal in den Jahren 69 und 70 n. Chr., nach dem Tode des anfangs so beliebten ›Sonnenkönigs‹ Nero. Ich habe bereits ausgeführt, daß im Grunde genommen die ›Eroberung‹ Galliens Rom ebenso sehr verändert hat wie Gallien; jetzt, als Nero starb, sah es einen Augenblick so aus, als schicke sich Germanien an, römische Politik zu machen!

Der Bataveraufstand

Eine »kleine Meuterei«?

»In jenen Tagen erreichte Rom die mehrfach bestätigte Nachricht einer Niederlage in Germanien; aber dies betrübte die Römer nicht. Daß von aufgeriebenen Heeren, von eingenommenen Winterlagern der Legionen die Rede war, von einem Abfall Galliens, wurde nicht als größeres Übel betrachtet« (Tacitus, *Historien* 4,12,1).
Auf eine derartige Einstellung sind wir inzwischen wohl vorbereitet. Aus einer nun schon hundertjährigen Erfahrung mit Ereignissen im fernen Germanien hatte man gelernt, derartige Nachrichten entweder als maßlos übertrieben oder als Produkt stadtrömischer Polit-Intrigen abzutun.
Was war geschehen, als Mitte 69 jene Nachrichten immer häufiger nach Rom gelangten? Die Bataver, ein Teil der hessischen Chatten, waren – wie so manche vor ihnen – von Stammesgenossen vertrieben worden und hatten sich in der »im Norden von Kromme und Oude Rijn, im Süden von Waal, Unterlauf der Maas, Merwede und Oude Maas umflossenen *insula Batavorum*« (Heubner, 200) niedergelassen. In Kapitel 29 der *Germania* stellt sie Tacitus als »pars imperii Romani« vor, und schon im Jahre 16 werden Bataverkohorten im Heer des Germanicus erwähnt. Anscheinend gab es damals bereits ein Abkommen mit ihnen, das sie von Tributen befreite. Sie stellen Waffen und Soldaten, so im Jahre 41, als Claudius Britannien erobern ließ (Dio Cassius 60,8,7); auch im Jahre 61 kamen acht batavische Auxiliarkohorten dort zum Einsatz, wodurch sich die Bemerkung des Tacitus erklärt, nach der

sich in Britannien ihr Ruhm (»mox«, »sehr früh«, also wohl schon 43) vermehrte.

Wichtig ist auch die Feststellung, daß besagte Kohorten von den »nobilissimi« befehligt wurden, wie das eine »alte Vorschrift« erforderte (4,12,3). Moderne Forscher (Wenskus, 204, nach Gutenbrunner, 187a; allgemein jetzt auch Urban, 258a) haben die Vermutung geäußert, bei der von Tacitus erwähnten (und anderwärts ebenso vollzogenen) »seditio« (4,12,2) handle es sich um die Vertreibung einer königlichen Sippe, die Bataver seien also im Vergleich zu den Chatten eine politisch und sozial relativ homogene Gruppe, die im Zuge eines internen Entwicklungsprozesses von der Mehrheit isoliert und ausgestoßen worden sei. Die mutmaßlichen Anführer der nun einsetzenden ›Erhebung‹, Iulius Paulus und Iulius Civilis, sind »regia stirpe«, aus königlichem Geschlecht, und »stehen weit über allen andern« (4,13,1). Ob man dies nun als Adelssezession oder umgekehrt als »demokratischen Revolutionsprozeß« bezeichnen will, ist vielleicht weniger entscheidend als die Feststellung, daß wir uns auch hier in einem bekannten Kontext befinden: die Namen der beiden Königssöhne weisen bis in caesarische Zeit zurück, und ihre Väter mögen auch in diesem Fall der ersten, restaurativen (noch nicht eigentlich interventionistischen) Phase der römischen Politik in den Jahren 58 bis 54 v. Chr. die (zweifelhafte) Ehre eines Führungsauftrages verdankt haben!

Die Zeiten hatten sich aber sehr verändert; Rom erhob generell den Anspruch, überall dort zu herrschen, wo jemals ein römischer Offizier gewesen war, und auf Zusammenarbeit wurde weit weniger Wert gelegt als auf Lieferung von Truppen und Sachgütern. Diese »misera pax« erschien wohl vielen ehrgeizigen Männern tatsächlich unerträglicher als ein Krieg, der an dieser Lage vielleicht etwas zu ändern vermochte. Den Ausschlag gaben eher persönliche Gründe. Iulius Paulus wurde verdächtigt, die Erhebung des C. Iulius Vindex (Anfang 68) begünstigt zu haben (Heubner, 200; Brunt, 179 und 221), der den Servius Sulpicius Galba als Kaiser gegen Nero vorschlug. Galba war zwar damals Statthalter in Spanien, früher aber Oberbefehlshaber des obergermanischen Heeres gewesen. Dieses war über den Plan so aufgebracht, daß es unter Führung des Verginius Rufus gegen Vindex zog, ihn bei Besançon schlug und zum Selbstmord trieb. Als die Nachricht vom Tode Neros die Heere erreichte, wurde aber Galba von den Prätorianern zum Kaiser ausgerufen. Er enthob Rufus seines Kommandos und unternahm nichts, als der Befehlshaber der *Germania Inferior*, Fonteius Capito, ermordet wurde.

Erst nach längerem Zuwarten sandte er Aulus Vitellius nach Köln. In den ersten Januartagen 69 wurde dieser dann von den beiden Rheinarmeen zum Kaiser ausgerufen. Treverer und Lingonen, dann auch Gallien(?), Rätien, Spanien und Britannien sanktionierten diese Wahl. Mitte Januar ließ der nun von den Prätorianern unterstützte Otho den Galba umbringen. Die Donaulegionen, Asia und Africa nahmen für Otho Partei. Am 19. April wurde Vitellius, nach seinem Sieg bei Cremona, vom Senat zum *princeps* gekürt, aber schon am 1. Juli Titus Flavius Vespasianus von den Heeren in Palästina, Ägypten und an der Donau zum Kaiser ausgerufen. Seit dem Winter 68/69 standen große Teile der Oberen Rheinarmee in Italien, der Unteren in Gallien (in lingonischem Gebiet), wohin sie von Galba unter Fabius Valens aus Bonn abkommandiert worden waren. Zu diesem Aufgebot gehörten acht Bataverkohorten, möglicherweise jene, die schon 43 und 61 in Britannien ruhmreich gekämpft hatten. Sie fühlten sich Vitellius in keiner Weise verpflichtet und zogen zurück nach Germanien.

Was hatte sich dort in der Zwischenzeit zugetragen? Iulius Paulus war auf Befehl des Fonteius Capito hingerichtet worden. »Falso crimine«: es stellte sich heraus, daß die Beschuldigung (am Komplott des Vindex beteiligt gewesen zu sein) falsch war. Bei Tacitus heißt es daher auch »interfecit«: Paulus wurde nicht hingerichtet, er wurde umgebracht. Iulius Civilis wurde festgenommen, von Galba freigesprochen, dann wieder von Vitellius beschuldigt, »dessen Heer seine Hinrichtung forderte« (4,13,1). Der Verdacht einer vindexfreundlichen, antineronischen und antivitellianischen Einstellung bei Civilis wird dadurch erhärtet. Wie äußert sie sich? Durch Zorn (»irae«) über das an Paulus begangene Unrecht; durch (nach dem 1. Juli 69) auffällig zur Schau getragene Sympathie für Vespasian; durch »novae res«, neue Pläne, in Wirklichkeit rein verbale Kraftakte: man tue gut, die Gelegenheit zu nutzen, solange die Lager leer und die Legionen in Italien seien (4,14,4).

Civilis hatte seine Brandrede unter dem Vorwand eines religiösen Gelages (»epulae sacrae«) in einem heiligen Hain vor den Anführern seiner Sippe gehalten, und Tacitus unterstellt ihm, nicht nur Geschichte, sondern römische Geschichte machen zu wollen – oder dies wenigstens vorzutäuschen! Das Rom, das nun über Germania ›herrscht‹, ist verachtenswert. »Von einem Bündnis [societas] könne nicht mehr die Rede sein wie früher, man werde wie rechtslos behandelt. Wann zeige sich noch der Gouverneur? Sein arrogantes Gefolge würde man hinnehmen, wenn man nur die Spur einer römischen Amtsgewalt erkennte! Statt

dessen werde man Präfekten und niederen Rängen überantwortet; wenn diese sich an Raub und Blut genug gesättigt hätten, würden sie ausgewechselt, und man suche nach andern Taschen und neuen Ausdrücken für den Raub!« (4,14,3.)
Böse Worte, die Tacitus gezielt an die Adresse all derer richtet, die er schon in seiner Abhandlung über Germanien als Möchtegern-Sieger schonungslos entlarvt hatte – wahrheitsgetreu, mochte Civilis auch anders gesprochen haben. Jedenfalls war in diesem kritischen Moment bei den nördlichen Völkern die Erkenntnis verbreitet, daß Rom hier so gut wie nichts erreicht hatte, daß Bindungen an römisches Schicksal nicht bestanden. Nun galt es, die Gunst des Augenblicks zu nutzen. Würden sich doch schließlich sogar die Römer freuen, wenn dadurch Vespasian zum Siege verholfen würde! Die Tischrede des Civilis wurde günstig aufgenommen, und man beschloß, sofort militant und aggressiv vorzugehen. Dies wurde dadurch erleichtert, daß in der Zwischenzeit die berühmten acht Kohorten in Mainz eingetroffen waren und sich auf ein Zeichen des Civilis diesem zur Verfügung stellten. Im Vergleich zu den Meutereien der pannonischen Legionen zur Zeit des Tiberius war dies alles nicht sehr bedeutend – sofern es auf Germanien, ja sogar auf Gallien beschränkt blieb. Neu und deshalb riskant war die direkte Verwicklung in stadtrömische Tagespolitik. Latent war die Frage gestellt, ob nun nicht doch die Provinzen das Sagen hätten. Auf lange Sicht traf gerade dies zu.

Ein »gewöhnlicher Raubzug«?

Es wurde der Verdacht geäußert, Tacitus habe einen ganz gewöhnlichen Raubzug der Nordvölker (oder einer ihrer üblichen internen Konflikte) zu einem *bellum externum* aufgebauscht, um dadurch den Ruhm des flavischen Kaiserhauses zu vermehren. Ein solches Verdachtsmoment mag durchaus für die Zeit vor dem Juli 69 seine Berechtigung haben. Aber danach ereigneten sich Dinge, die den lokalen Rahmen sprengten und – mindestens in der Deutung des Tacitus – das Prinzip der römischen Präsenz in weiten Teilen Germaniens in Frage zu stellen schienen.
Brinno, der Canninefate, wie Paulus und Civilis ein Fürstensohn, war ein rauher Bursche. Kaum war er von Civilis eingeladen worden, sich an den laufenden Besprechungen (»novae res«) zu beteiligen, ließ er sich auf den Schild heben und »zum Anführer bestimmen«. Er »ruft die Friesen herbei« (4,15,2) – enthält die extrem verkürzte Formulierung

einen Hinweis auf irgendeine Abhängigkeit der Friesen gegenüber dem canninefatischen Adelsclan? – und greift ein nahe dem Ozean gelegenes Winterlager zweier Kohorten (Valkenburg? Katwijk?) an.
Mit Räuberei oder rein innergermanischen Stammeskonflikten hat dies so gut wie nichts mehr gemein. Klärend wird übrigens die Bemerkung vorausgeschickt, daß Brinnos Ruf auch darauf beruhte, daß sich schon sein Vater manche Extratour geleistet hatte und sich ganz einfach weigerte, Caligula Truppen zur Verfügung zu stellen (Heubner, 200); das Unternehmen hatte also seine eigene romfeindliche Logik. Daran ändert wohl auch die Tatsache nichts, daß man anschließend ahnungslose Marketender und Händler überfiel: aus den Caesarischen Berichten (etwa 7,3,1) wissen wir, daß gerade dies von den Römern als Casus belli angesehen wird. Tacitus betont zudem, daß sie ihren Geschäften »pacis modo« nachgingen (4,15,3), wie man im Frieden handelt, im vollen Gefühl der Sicherheit. Darin hatten sie sich getäuscht. Es stellte sich heraus, daß man dem Angriff des Brinno so gut wie nichts entgegenzusetzen hatte, da alle brauchbaren (auch benachbarten) Truppen von Vitellius nach Italien beordert worden waren. Die übrigen liefen beim ersten Gefecht zum Feind über. Die Meuterei der batavischen Ruderer brachte Civilis 24 Kriegsschiffe ein und so viel Prestige, daß sie »in Gallien und Germanien als Neugründer der Freiheit« gefeiert wurden (4,17,1). Dies mag zutreffen und könnte Civilis überhaupt erst auf den Gedanken gebracht haben, seinen Einflußbereich so weit auszudehnen. »Was wäre *nicht* möglich, wenn Gallien das Joch abschüttelte!« ruft Civilis aus (4,17,2). *Auch* Gallien, denn – so läßt Tacitus ihn weiterreden – Germanien war ja schon durch den Sieg über Varus aus der Sklaverei entkommen! Deutlicher kann wohl die stets konträre Interpretation der Situation in Germanien nicht zum Ausdruck gebracht werden: hier römischer Herrschaftsanspruch, dort Wahrung und Verteidigung der Unabhängigkeit. Soweit Rom de facto ›anerkannt‹ wurde, geschah dies immer noch allein aufgrund militärischer Überlegenheit, genauer: der Überlegenheit der Legionen, da ja spätestens in diesem Sommer 69 klar wurde, daß das Auxilienheer in Krisenzeiten eher einen Schwäche- und Unruhefaktor darstellte, als daß es zur Verstärkung beigetragen hätte.
Der Vortrag des Civilis endete mit einem rhetorischen Höhepunkt: die Liebe zur Freiheit sei sogar den Tieren gegeben; Manneskraft und -treue (»virtus«) sei das höchste Gut des Menschen; die Götter stünden auf der Seite der Erfolgreicheren, und daher müsse man die erschlafften Römer *jetzt* angreifen (4,17,5).

Die Freiheit, die Tacitus meint und die er den Civilis ›beschreiben‹ läßt, ist das mutige Ergreifen der Initiative zur Erringung ›gottgewollter‹ Siege über Kulturvölker, die, von inneren Wirren ›abgelenkt‹, ihre Führungsrolle nicht (mehr) spielen. In Wirklichkeit waren die Berechnungen des Civilis prosaischer: Man sollte gemeinsam die Gelegenheit wahrnehmen und die Römer nach Italien zurückdrängen.
Der entscheidende Augenblick kam für ihn Ende Dezember 69. Am 20. wurde in Rom Vitellius umgebracht; Vespasian, auf den Civilis bislang seine Mannen eingeschworen hatte, war Alleinherrscher. Nun galt es, sich zu den gegebenen – angenommenen oder wirklichen – Verpflichtungen zu bekennen. Tacitus hat aber längst alles verraten: schon am Anfang wird Civilis als »entschlossen zum Abfall« (von Rom) vorgestellt (4,14,1) und sein gesamtes Handeln in diesem Jahr 69 als schamloser Betrug hingestellt. Wem das nicht einleuchtet, der wird endgültig eines Besseren belehrt durch die Formulierung: »regno validissimarum ditissimarumque nationum imminebat« – »er war dabei, sich zum Herrscher über die tapfersten und reichsten Völker zu erheben« (4,17,6) – wie weiland Arminius, für den dieselben Worte gebraucht werden. Und wem man in Rom vorwerfen konnte, er strebe nach *regnum*, der war bekanntlich des Todes!
Sachliche Hinweise auf ein solches Streben gibt es nicht; die Persönlichkeit des Civilis scheint sogar eher zweitrangig, und wenn man z. B. Hordeonius Flaccus, Vitellius und anderen Zögern vorwirft, ließe sich auch bei dem Anführer des Bataveraufstands eine gute Dosis Unentschlossenheit feststellen. Wurde er nicht vielmehr von einer Welle z. T. sehr opportunistischer – über Monate verteilter – Beschlüsse getragen, die Roms offenkundige Schwächen bloßlegten und dann erst auszunutzen suchten? Besonders die Intervention der Gallier, die Verwicklung Galliens in einen von Nijmegen oder Gellep her geplanten Generalaufstand stimmt bedenklich. Aufschlußreich ist, wie so oft, das Verhalten der Treverer.

»Treverer und andere Sklavenseelen«

In die Geschichte traten ›*die* Treverer‹ (vgl. S. 85 ff.) als eher romfreundliche Informanten Caesars ein. Sie ließen mitteilen, daß die Sueben dabei seien, über den Rhein zu setzen; die Botschaft gab Caesar den willkommenen Anlaß, ein allgemeines Vordringen der »Germanen« durch eine aggressive Auseinandersetzung mit Ariovist zu verhindern.

Wir nehmen an, daß Indutiomar hinter dieser Haltung stand, sei es, daß er von Caesar schon in seiner Funktion als König/Fürst/Anführer der Treverer bestätigt worden war, sei es, daß er dies eben zu erwirken suchte. Jedenfalls fand es Caesar ganz normal, die trevirische Kavallerie zur Hilfe zu rufen, als die Nervier seine Truppen am Sabis hart bedrängten. Sie kam, sah und kehrte um. Wie immer man dieses Verhalten beurteilen mag, es vermittelte Caesar nicht den Eindruck, daß er sich auf diese Leute (die unter Galliern den höchsten, ja einen einmaligen Ruf genossen!) verlassen konnte.

Als Indutiomar die Maske des Römerfreundes fallen ließ, spitzte sich die Lage derart zu, daß Caesar sich gezwungen sah, sein Unternehmen auf eine systematische, viel breitere Basis zu stellen. Daher die Vorstöße des Galba in die Alpengebiete, des Q. Velianus und des T. Sillius zu den Venetern der südlichen Bretagne, des P. Crassus nach Aquitanien. Dann ging er dazu über, sich die Treverer selbst vorzunehmen, da er einsah, daß sie (geographisch und psychologisch) den Angelpunkt seiner Politik bilden mußten: in Belgien, an der Kanalküste und in Britannien ebenso wie am Rhein lief nichts, wenn an der Mosel konspiriert wurde. Dies erklärt teilweise, weshalb die Treverer, wie an anderer Stelle die Sueben oder Nervier (d. h. Feinde), in den höchsten Tönen gerühmt werden (*De bello Gallico* 5,3): sonst dürfte man sich nicht so lange und so eingehend mit ihnen beschäftigen! Bedeutsam ist, daß man nicht mehr von ›*den* Treverern‹ sprechen darf, sondern unterscheiden muß zwischen denen, die sich mit Indutiomar in die tiefen Wälder der Ardennen zurückgezogen haben, und denen, die »zu Caesar kamen«, mit Cingetorix als Fürsprecher.

Der Riß geht mitten durch den Reiteradel, ja sogar mitten durch dessen vornehmste Familien. Caesar hatte es (wieder einmal) sehr eilig, da er nach England ziehen wollte. So begnügte er sich damit, Indutiomar zu sich zu beordern und ihm wohlmeinende Vorhaltungen zu machen, dann aber vereidigte er alle auf Cingetorix. Eine klare Entscheidung war damit nicht getroffen. Labienus mußte schließlich gegen Indutiomar vorgehen, der für den Aufstand der Eburonen mit verantwortlich war und ständig jenseits des Rheins agitierte.

Dem Aufruf des Vercingetorix gehorchten die Treverer nicht, aber Hirtius berichtet noch für das Jahr 51 v. Chr., daß ihre Annäherung an rechtsrheinische Germanen sie in ihrem Benehmen als Fast-Germanen erscheinen ließ. Befehle führten sie nur aus, wenn man sie dazu mit militärischen Mitteln zwang. Hierher gehört ein Reitergefecht (8,45), in dem zahlreiche Treverer umkamen, »und Germanen«; auch hier liegt eindeutig der Kontext vor, der (indirekt) schon in 2,4,2 erkennbar wird. In den Augen Caesars waren Völker, die in Kontakt mit dem Rheinufer standen und mit den jenseits des Rheins Wohnenden Beziehungen pflegten, in gewisser Weise auch Germanen. Schließlich wurde 50 v. Chr. irgendwo in der Nähe des Treverergebietes der große Zapfenstreich abgehalten, mit dem Caesar Abschied von Gallien nahm. An allen späteren Aufständen waren trevirische Adlige beteiligt (vgl. S. 91 ff.), so daß es nicht verwundert, daß sie auch in der Bataver-Episode auftreten, mitmischen und am Ende gar den Batavern und Civilis die Schau stehlen.

Im Juli 69 befiehlt Hordeonius Flaccus, Befehlshaber im »oberen« Germanien (zeitweise auch ›stellvertretender Oberkommandierender‹ am Niederrhein), Munius Lupercus, dem Legionskommandanten in Vetera, Truppen zusammenzuziehen, um den Ausschreitungen gegen römische Händler und Kastelle (vgl. S. 92) ein Ende zu bereiten. Mit den Legionären, die ihm verblieben (die besseren waren in Italien), ferner mit Ubiern und der ›benachbarten‹ trevirischen Reiterei, schließlich einer batavischen Kavallerieeinheit zieht er los, wird aber von Civilis mit psychologischen Tricks rasch matt gesetzt. Die Bataver laufen zu ihren Landsleuten über, Ubier und Treverer zerstreuen sich »foeda fuga«, in schnöder Flucht, und werden noch zusätzlich von Germanen überfallen und ausgeraubt. Damit nicht genug: Civilis gibt den Befehl, sie (und die Ubier) zu bekämpfen und ihre Gebiete zu plündern. Er beschimpft sie als Sklavenseelen, »servientium animae« (Tacitus, *Historien* 4,32,2), weil sie nichts wagen um der »gemeinsamen« Freiheit willen.
Ende 69 konnte Civilis zwar auf die im Herbst errungenen Erfolge zurückblicken: er hatte Vetera belagert, Gelduba besetzt, bei Novaesium gesiegt, aber der Tod des Vitellius (vgl. S. 100) brachte einige Verwirrung. Die Belger blieben Vitellius treu, wohl auch die Treverer, die ihr gesamtes (?) Gebiet mit einem Wall abriegelten und die Germanen in blutigen Kämpfen abwiesen.
Im selben Augenblick ließen sich drei Legionen (die 1., 4. und 18.) auf Vespasian vereidigen und zogen mit C. Dillius Vocula nach Mainz, das von der Besetzung durch Chatten, Usipeter und Mattiaker befreit werden mußte. Den Treverern wurde wiederum Verrat vorgeworfen, diesmal aus römischer Perspektive (4,37,3): »Nun verdarben sie die außerordentlichen Verdienste, die sie sich um die römische Sache erworben hatten«, dadurch, daß sie Vitellius treu blieben und von den Ereignissen

am Rhein nichts wissen wollten. Dies erschwert die Annahme der längst von E. Kornemann (191a) vorgetragenen Hypothese, daß Trier Vitellius den Titel einer Honorarkolonie verdanke; es hätte ihn wohl kaum beibehalten dürfen, nachdem Vespasian die Macht wirklich in Händen hielt. So oder so, die einen wie die anderen galten als ›Verräter‹ – wohl vor allem dem Tacitus, der ja auch seinen Mitbürgern immer wieder vorhielt, sie verfolgten eine falsche Freiheit und stürzten damit in *servitudo*, Versklavung! Eben hier erkennt man, warum sich der römische Schriftsteller überhaupt mit diesen Fragen befaßte: weder aus wissenschaftlichem Streben nach Wahrheit noch aus Interesse an dem, was in Germanien geschehen war, sondern um dort Erklärungen zu finden, welche die Gründe für die Entwicklung Roms von Augustus bis Trajan aufhellen helfen sollten. An *libertas* im Sinne uneingeschränkter, wilder, kompromißloser, romantischer Freiheit war längst niemand mehr interessiert; da aber das Paradox (Rom feiert Siege, die keinen Erfolgen entsprechen) und der Anachronismus (Germanen wollen hemmungs- und bedingungslose Freiheit) doch irgendwie zusammenzuhängen schienen, war es Aufgabe des Römers, die Hintergründe der Geschichte, die Anamnese beider Begriffe (Abneigung gegen Rom, Verlangen nach uneingeschränkter Freiheit) zu analysieren und darzulegen. Dabei ergab es sich, daß alle, auf die sich beide Begriffe bezogen, eben ›Germanen‹ waren, d. h. letzten Endes Zeugen einer geistigen Haltung, die Rom längst überwunden hatte. Je mehr sie also zu ›Helden‹ hochstilisiert werden, um so deutlicher werden sie vom römischen Leser als Relikte einer fernen Zeit erkannt, der man mit Nostalgie begegnen kann, deren Rückkehr aber niemand ernsthaft wünschen würde. So müßte man sich folgerichtig fragen, ob die häufig vertretene These einer moralisierenden Tendenz bei Tacitus in der Sache wirklich fundiert ist. Es ging ihm möglicherweise darum, *neue* Werte zu loben, indem er die (aus der Zeit des Augustus stammenden) älteren überspitzt als unzeitgemäß abstempelte. Demnach hätten alle von Tacitus verwendeten moralischen Begriffe (etwa Treue, Verrat, Pflicht, Ungehorsam, Unterwerfung, Widerstand usw.) auch eine konträre Bedeutung. Daß dies von der Sache her ziemlich genau dem entspricht, was Caesar etwa 55 und 54 v. Chr. empfand und praktizierte, erklärt nicht nur, weshalb Tacitus Caesar so genau, oft wortwörtlich ›folgt‹, sondern auch, weshalb teilweise gerade Augustus sehr kritisch bewertet wird und jene Herrscher, »die noch schlimmer als Augustus waren«, allen voran Tiberius und Domitian, verdammt werden. Somit wäre die gesamte julisch-claudische Zeit, einschließlich der Zeit von der Ermordung Caesars bis zur Machtergreifung durch Oktavian, als eine Art Parenthese in der römischen Geschichte auszuklammern, und erst nach Überwindung dieser politisch wie moralisch negativen Periode wäre die Entwicklung dort wieder aufzunehmen, wo sie der große Julier abrupt unterbrochen hatte.

›Zwischen‹ diesen Zeiten ist das Bataver-Geschehen anzusiedeln, bewegen sich die Hauptdarsteller des Psychodramas, das im Jahre 70 zu Ende ging: Iulius Classicus, Präfekt einer trevirischen Kavallerieeinheit, Iulius Tutor, ein ›Treverer‹, und Iulius Sabinus, ein Lingone, der von Vitellius zum *praefectus ripae Rheni* gemacht worden war. Die Auskünfte, die uns Tacitus gibt, passen sehr gut zum bekannten Bild: »An Adel und Reichtum übertraf Classicus alle. Er stammte aus königlichem Geschlecht, das, in Frieden und Krieg ruhmvoll, allerdings mehr Feinde als Freunde Roms aufweisen konnte« (*Historien* 4,55,1). Letzteres dürfte wohl einer Propagandarede entstammen, mit der sich Classicus damals auszuweisen suchte. Sabinus hatte am meisten zu ›bieten‹: seine Urgroßmutter soll Iulius Caesar »bellanti corpore«, »widerstrebend«, untertan gewesen sein und mit ihm ein ehebrecherisches Verhältnis gehabt haben!

Die ›Verschwörer‹ trafen sich in Köln – heimlich, da derartige Machenschaften dort nicht gern gesehen wurden. Wiederum heißt es: Auf nach Gallien! Auf nach Rom! Dorthin führen bekanntlich alle Wege, auch wenn sie sich zuerst gen Norden wenden. Es ging zuerst darum, Vocula zu betrügen und ihm seine Truppen abspenstig zu machen. Vor Novaesium kam es zunächst nur zu ziemlich halbherzigen Einsätzen. Der Vergleich mit dem Aufstand des Sacrovir (vgl. S. 94 f.) ist so offenkundig, daß Tacitus ihn in die Rede des Vocula einbezieht, der die Verschwörer von ihrem (noch sehr schüchtern vorgetragenen) Vorhaben abzuhalten versucht, indem er daran erinnert, daß es immer noch verläßliche Provinzen gebe, siegreiche römische Heere, das Wohlergehen des Reiches (»fortuna imperii«) – und Rachegötter! Classicus und Tutor weigerten sich jedoch, ›Verstand anzunehmen‹. Vocula hielt dann eine schöne Rede, in der sie als schäbige Barbaren ausgiebig beschimpft und die ihnen ehedem erwiesenen Ehren als totale Perversion aller bekannten Vorbilder dargestellt werden. Jetzt ist die Rede vom »imperium Galliarum« (4,58,1).

Der gemeine Wunsch des Barbaren

Gemäß der dissoziierenden Methode, die Caesar schon höchst effektvoll in seinen *Berichten über den Krieg in Gallien* angewendet hatte, trennt Tacitus Abschnitte über die Ereignisse am Rhein durch solche, die stadtrömische Angelegenheiten schildern. Auf diese Weise wird die eine Reihe durch die andere ergänzt, vorbereitet und abgerundet, aber es verlangsamt sich auch der Rhythmus des Geschehens in Germanien: zunächst wird erklärt, daß Civilis nur nach Verrat und Tücke trachtet, doch bis ihm mehr als ein ›barbarisches‹ Imponiergehabe, dann Drohgebaren vorgeworfen und nachgewiesen werden kann, vergehen viele Monate. Dann aber gerät alles plötzlich in Bewegung: Civilis färbt seine langen Haare rot, dann »legt er sie ab« (4,61,1). Beides stempelt ihn äußerlich sichtbar zum Barbaren. Mit dem von den Trevererfürsten geplanten großgallischen Reich will er zunächst nichts zu tun haben. Er verläßt sich nur auf Germanen und wägt schon das Kräfteverhältnis zwischen diesen und den Galliern ab. Ziemlich abrupt folgt die Feststellung, daß die brukterische Wahrsagerin Veleda sich zunehmender Beliebtheit erfreue, seitdem sie ununterbrochen germanische Siege vorhersage.

Ende Januar, Anfang Februar 70 wurden (außer Mainz und Vindonissa) die Alen- und Legionslager erstürmt und niedergebrannt. Den Resten der 16. und der 1. Legion (in Bonn bzw. Neuss) wurde befohlen, nach Trier (»in coloniam Trevirorum«) zu ziehen (4,62,1). Auf wessen Konto die Erstürmung der Lager und die Verlegung der Legionen geht, ist aus dem Text des Tacitus nicht ersichtlich. Erst im nachfolgenden Kapitel (4,64) werden Civilis und Classicus zum erstenmal in einem Atemzug genannt, woraus wohl zu schließen ist, daß beide Ereignisse das erste Ergebnis ihrer nunmehrigen Zusammenarbeit sind. Die Zerstörungen am Rhein und die Verlegung der Truppen nach Trier berechtigen aber zu der Annahme, daß die Trevererfürsten weiterhin tonangebend bleiben.

Köln blieb die einzige Stadt am Rhein, die an dem Aufstand nicht teilnahm. Dadurch ruinierte sie die Pläne der Verschwörer: Civilis konnte seine ›Vollgermanisierung‹ nicht durchführen, wenn dort eine Kolonie bestand, deren Bevölkerung Rom treu blieb und genug Eigenständigkeit besaß, sich der Rückkehr in überwundene Zeiten zu widersetzen; Classicus konnte nicht an ein »imperium Galliarum« denken, wenn er die Stadt im Rücken behielt. Man sah davon ab, sie zu zerstören, um das Odium der gewaltsamen Einnahme (die auch sehr schwierig

geworden wäre) zu vermeiden. Rechtsrheinischen Tenkterern wird schnöde Gier nach den Reichtümern der Stadt nachgesagt; Sprecher der Agrippinenser betonen, daß sie keine Belehrungen in puncto Patriotismus anzunehmen gesonnen seien. »Haec est patria«: die Stadt sei ihre Heimat, die Römer in ihren Mauern seien die Kolonen aus dem Jahr 50, keine fremden Eroberer! (4,65,2.) Man beschließt, den Schiedsspruch der Veleda und des – Civilis anzurufen. Damit war eine klare Aussage gegen die Treverer gemacht, auch wenn der Ausdruck »societas« (4,64,2) keinerlei »Separatbündnis« bedeuten kann. Civilis hatte persönliche Bindungen zu der Stadt. Den Spruch der Veleda teilt Tacitus uns nicht mit. Sie geriet später in römische Gefangenschaft, die aber manchmal als Schutzhaft oder Asylgewährung interpretiert wird.
Es gab erneute Unstimmigkeiten an der Spitze der Aufständischen. Das ersieht man auch daraus, daß wenig später, unter der Führung eines Claudius Labeo, Baetasier aus Niedergermanen, Tungrer und Nervier aus Belgien gegen Civilis marschierten. Dieser versuchte, die Feinde zu spalten – mit dem Argument: es sei *nicht* die Absicht der Bataver und Treverer, »die Völker zu beherrschen« (4,66,2). Der Verdacht bestand aber sehr wohl. Das Vorgehen des Labeo war möglicherweise ein Versuch der bis dahin nicht beteiligten Völker, dem Kesseltreiben in Köln und Trier ein Ende zu bereiten. Sabinus wurde bei den Sequanern geschlagen: damit endete der Traum vom gallischen Sonderreich. Die seit jeher romfreundlichen Remer riefen zur Beratung darüber auf, ob man »libertas an pax«, »Freiheit oder Frieden«, wünsche.
Alle kamen, alle wünschten Frieden – mit Ausnahme des Iulius Valentinus, eines Treverers, dessen »wahnsinnige Formulierungen bei vielen Treverern Gefallen fanden« (4,68,5). Auspex, der Remer, wies darauf hin, Krieg zu stiften sei Sache der Feiglinge. Meinte er damit Civilis, Classicus und Tutor? Den Treverern schadete, daß sie zwei Jahre vorher auf seiten des Verginius Rufus gestanden hatten, also beileibe nicht immer so revolutionär gewesen waren, wie sie es später vorgaben. Man forderte sie auf, die Waffen niederzulegen. Von einem »imperium Galliarum« war längst nicht mehr die Rede.

Das Schicksal des Verginius Rufus

Das Schicksal des Verginius Rufus ist charakteristisch für jene Zeit. Die Bedeutung des Mannes wird schon daraus ersichtlich, daß Tacitus ihm die Grabrede hielt und der jüngere Plinius dem Besuch an seinem Grab in Alsium einen ganzen Brief widmete und uns die Inschrift überliefert,

die es nach dem Wunsch des Verstorbenen hätte schmücken sollen (*Epistulae* 6,10): »Hic situs est Rufus, pulso qui Vindice quondam / imperium adseruit non sibi, sed patriae.« (»Hier liegt Rufus. Er verjagte ehedem den Vindex, übernahm dann den Befehl, nicht aber für sich, sondern für seine Heimat.«) In Wirklichkeit war Rufus schnell vergessen worden. Unmut und Trauer übermannten den Schriftsteller.
Rufus, 14 n. Chr. in der Gegend von Como in eine Familie ritterlichen Ranges geboren, wurde 63 Konsul und 68 als Kommandant des Obergermanischen Heeres gegen den aufständischen Statthalter der *Gallia Lugdunensis*, C. Iulius Vindex, geschickt. Die öffentliche Darstellung der Ereignisse entsprach der geplanten, aber nicht ausgeführten Grabinschrift. Dio Cassius weiß zu berichten, daß Rufus in Wirklichkeit dem (befreundeten) Vindex freien Abzug zusicherte, dann aber dessen zurückgebliebene Truppen niedermetzeln ließ. Daraufhin habe Vindex Selbstmord begangen, was den Rufus sehr betrübt haben soll. Der Gewissenskonflikt, den viele römische Offiziere damals erlebten, als es schwer wurde, zu wissen, wer rechtmäßige Macht besaß und ausübte, wem zu gehorchen war und bis zu welchem Punkte, wird in der Person dieses Rufus deutlich.
Sein Verhalten rief Kritik hervor, er wurde am Rhein durch Hordeonius Flaccus abgelöst und nach Rom zurückbeordert. Dort unterstützte er Otho gegen Vitellius. Nach Othos Tod (am 16. April 69) zog er sich auf seine Güter in der Toskana zurück und widmete sich dem »otium ignobile«, einer stillen Liebhaberei, dem Studium der Literatur. 83 Jahre alt, ließ er sich im Jahre 97 noch einmal dazu bewegen, zusammen mit Kaiser Nerva das Konsulat zu bekleiden. Bei einem Unfall brach er sich das Hüftgelenk und starb wohl in den ersten Tagen des Januar 98, wenig vor Nerva. Ihm wurde ein Staatsbegräbnis ausgerichtet (was es seit langem nicht mehr gegeben hatte), und sein Mündel, der Schriftsteller und Staatsmann Plinius der Jüngere, rechnet es ihm als Verdienst an, daß er »den Caesaren entkam, denen er verdächtig und mißliebig war« (*Epistulae* 2,1). Daß Rufus »felix«, »glücklich«, genannt wird, bezieht sich wohl eben darauf, daß er sich im rechten Augenblick aus dem Tagesgeschehen zurückgezogen hat. Rufus hatte im Jahre 68 (als Nero noch Kaiser war) die Legalität verkörpert. Vindex mag ihm deren Nachteile erläutert und die ›Notwendigkeit‹ der Verschwörung erklärt haben. Rufus blieb trotzdem loyal und geriet deshalb in die Schußlinie des Galba, den ja Vindex als Kaiser vorgeschlagen hatte! Als Nero tot war und Galba (sehr vorübergehend) herrschte, nahm er die Gelegenheit wahr, Rufus seines Amtes zu entheben. Dieser schlug sich auf

Othos Seite und stand damit erneut auf der falschen, als Vitellius am 19. April *princeps* wurde!
Anscheinend haben die Treverer im Jahre 68 noch nicht an Aufruhr gedacht: sonst wäre ihnen zwei Jahre später nicht vorgeworfen worden, mit Verginius Rufus paktiert zu haben. Erst als Vitellius zum Kommandeur in Köln ernannt, dann Kaiser wurde, stellten sie sich auf die Seite, die gegen Galba, dann gegen Vespasian kämpfte – und somit in den Augen der Clique um Plinius und Tacitus keine Gnade finden konnte. Auch dies ist nicht unwesentlich, wenn man die Quellen zum letzten Aufstand der trevirischen Nobilität einigermaßen richtig beurteilen will.

Ein gallisches Cannae

»Während der Rhein noch im Nebel lag, hatte ich die schnell fließende Nahe überquert, die neuen Mauern bestaunt, die dem alten Bingen angefügt wurden: hier stellte sich Gallien ehedem Rom nach Cannae ebenbürtig zur Seite, und die unbeweinten Truppenabteilungen liegen jetzt noch hilflos in den Gefilden herum.«
Von Ausonius, dem Autor dieser Zeilen, wird später eingehender die Rede sein; zur Zeit Valentinians I. schrieb er sein Gedicht *Mosella*, das mit einigen sehr eindrucksvollen Bildern vom Reiseweg zwischen Bingen und Neumagen (über den Hunsrück) beginnt. Gleich in den ersten Versen wird an die Schlacht erinnert, die im Jahre 70 hier geschlagen wurde. Die Anführer des batavischen, dann vor allem trevirischen Aufstandes hatten sich dem Wahn hingegeben, sie seien Herren der Lage. Inzwischen hatte aber Vespasian (bzw. C. Licinius Mucianus) Rom fest in der Hand, und zwei neue Männer wurden beauftragt, in Germanien und Gallien nach dem Rechten zu sehen: App. Annius Gallius in Mainz, Q. Petillius Cerialis in Köln. Noch vor Eintreffen der neuen Kommandeure wurde Tutor von Sextilius Felix an der Nahe besiegt. Warum der Vergleich mit der Schlacht bei Cannae im Jahre 216 v. Chr.? Als Hannibal damals Rom besiegte, erlebte dieses den absoluten Tiefpunkt seiner Geschichte: als Felix die Treverer schlug, war die letzte Hoffnung auf ein gallisches Sonderreich verblaßt.
Doch so wie Rom nicht unterging, verschwand auch die Idee eines rheinisch-trevirischen Machtbezirks nicht. Gallien schien geknechtet, aber bald »besiegte es seinen grausamen Sieger«. Bekanntlich werden in den letzten Wochen und Tagen eines Krieges sinnlose Helden- und Greueltaten immer häufiger. Valentinus und Tutor töteten weiter. Civi-

lis und Classicus mahnten sie zur Vorsicht. Cerialis nutzte dieses Zögern und schlug Valentinus bei *Rigodulum* (Riol) und marschierte dann geradewegs auf Trier, das er problemlos besetzen konnte. Dort wurde der Nichtsahnende im Bett vom Angriff der Aufständischen überrascht, die die (eben erbaute) Moselbrücke kontrollierten, während die Römer in blinder Panik alles aufzugeben schienen. Die 21. Legion aber hielt stand. Dies genügte für den Wechsel des Kriegsglücks: abends war Cerialis Sieger, »der durch seine Nachlässigkeit fast alles verspielt hatte, es dann aber durch seinen Einsatz wieder wettmachte« (Tacitus, *Historien* 4,78,2).

Noch war Köln nicht gerettet: in Zülpich scharte Civilis neue Kräfte um sich. Zwar kapitulierten Tungrer und Nervier, zwar näherte sich die römische Flotte aus Britannien, aber es gab Rückschläge: dank der Hilfe der Canninefaten wurde die Flotte versenkt, die Nervier vertrieben, und Classicus gelang es, bei Novaesium die Reitervorhut des Cerialis zu besiegen. Die Schlacht bei Vetera, im Juli 70, brachte die Wende zugunsten Roms. Civilis zog ab nach Norden, Cerialis besetzte alle Gebiete südlich des Waal. Im Oktober kam es zu einer Zusammenkunft zwischen ihm und Civilis in der Nieder-Betuwe. Es wurde – ganz nach der Art des Cerialis – ein ›Gentlemen's Agreement‹ geschlossen. Die Bataver bezahlten keinen Tribut (stellten aber Truppen); Civilis machte nie mehr von sich reden. Valentinus war in die Hände der Römer gefallen. Noch unter der Folter verfluchte er die Römer und sagte, nur der Tod könne ihn über die Unterjochung der Heimat hinwegtrösten.

Damit war der ›gallisch-germanische Aufstand‹ vorbei. Hatte er Rom gefährdet? Man wird wohl eher mit Tacitus den Standpunkt einnehmen, daß der objektive Stellenwert der Ereignisse in Vetera, Neuss, Gellep, Bonn, Bingen, Mainz und Trier nicht allzuhoch einzuschätzen ist. Ausschlaggebend war in diesen Monaten, was in Italien und im Orient geschah. Dadurch wird die Bedeutung der germanisch-peripheren Ereignisse nicht gemindert, aber »schicksalhafte Bedeutung« wurde ihnen offenbar erst hinterher von Tacitus – aus den dargelegten Gründen – beigemessen. Tacitus versucht aber auch sorgfältig, die wirklichen innerrömischen Ursachen für das Geschehen im sog. Vierkaiserjahr zu kaschieren. Sie werden freilich trotzdem erkennbar: schon in den Kapiteln des 4. Buches der *Historien*, die die Ereignisse des Jahres 70 schildern, ist die Rede von Domitian, jenem Sohn des Vespasian, den es im Gegensatz zu Vater und Bruder (Titus, »das Entzücken der Menschheit«) zu entlarven und zu entehren galt.

Bedeutsam ist da schon jenes Kapitel 4,85, in dem Mucian, Vespasians Vertrauensmann, Domitian davon abhält, gegen Civilis zu intervenieren, unter dem Vorwand, dies sei eines Kaisersohnes nicht würdig. »Wenn der Bestand des Reiches oder das Wohlergehen Galliens auf dem Spiel gestanden hätten, dann wäre es Caesars Pflicht gewesen, in vorderster Front zu stehen.« So wird also demselben Domitian, dem Tacitus später vorwirft, auch in Germanien versagt zu haben, von Vespasians Vertrauten eben jene falsche (oder doch sehr schematische) Einschätzung der germanischen Dinge aufgezwungen, die ihn angeblich dreizehn Jahre später daran hindert, in Germanien angemessen zu agieren. Es könnte sein, daß alle Ereignisse des Jahres 70 aus dieser Sicht – sowohl von Tacitus als auch von Vespasian, Mucian und nicht zuletzt von Domitian her – neu interpretiert werden müssen. Den Schlüssel dazu liefert jedenfalls eine genaue Kenntnis der Lage Roms beim Regierungsantritt Trajans.

Die Charta des Römischen Friedens

Die *pax Romana* wird häufig zu mehr oder weniger akademisch-rhetorischen Zwecken bemüht. Sie entspricht aber einer meß- und spürbaren Wirklichkeit, die zu den Ursachen einer kulturellen Hochblüte gehört, welche die ›betroffenen‹ Gegenden, also vor allem die germanischen und gallischen Provinzen, für immer gekennzeichnet und bis heute beeinflußt hat. Über weite Strecken sind wir bislang der Taciteischen Kritik der ersten 150 Jahre römisch-germanischer Beziehungen gefolgt. Doch die ganze Wahrheit ist dies nicht. Tacitus hat sehr wohl gesehen (und mitgeteilt), daß es Leute gab, welche die Mittel kannten, mit denen wahrer Friede erworben und gesichert werden konnte; daß er Tiberius nicht mochte, hinderte ihn nicht daran, Germanicus so darzustellen, daß der objektive Leser sich sein eigenes Urteil darüber bilden konnte, weshalb er abberufen wurde. Wir haben in den vorausgehenden Abschnitten mehrere Beispiele dafür angeführt, daß die Taciteische Geschichtsschreibung zwar bestimmte Tendenzen verfolgt, aber auch das mitteilt, was zu kontroversen Stellungnahmen Anstoß geben kann.
Besonders aufschlußreich für die enthusiastisch-konstruktive Seite der Taciteischen Geschichtsschreibung ist jene programmatische Rede, die er Petillius Cerialis im Jahre 70 in Trier vor den versammelten Treverern und Lingonen halten läßt (*Historien* 4,72 ff.). Dieser hat am Vortage die Stadt eingenommen; seine Legionäre fordern deren strenge Bestrafung, als Heimat der führenden Rebellen. Etwas brennendes Stroh sollte

genügen, um die damals noch hölzerne Siedlung in Schutt und Asche zu legen! Das wäre aber »licentia saevitiaque«, »hemmungslose, wilde Grausamkeit«. Der Römer würde sich schämen, solche Sippenhaft zu praktizieren. Eine Antwort bleibt dem General erspart: der Einzug der vordem abtrünnigen Legionen bringt solche Spannung und Verwirrung der Gefühle hervor, daß aus den Racheforderungen gegenüber Trier die Bitte um Milde für die reuigen Kameraden gleichsam spontan erblüht! Diese opernhafte Stimmungslage weiß Cerialis klug auszunützen, um über den Frieden zu sprechen.

Erste Feststellung: Römisches Militär hat gallischen Boden nur auf den ausdrücklichen Wunsch der Altvorderen betreten, nicht aus Habgier, sondern weil die Germanengefahr (damals wie heute) drohte und die Gallier sich in endlose innere Streitigkeiten verstrickt hatten, die sie zu leichter Beute für eben jene Germanen werden ließen. »Wir besetzen den Rhein, nicht um Italien zu schützen, sondern damit nicht ein neuer Ariovist die Macht in Gallien ergreife.«

Zweite Feststellung: Das germanische Vordringen (Cerialis betont immer wieder, wie aktuell diese Fragen bleiben) hat immer dieselben Motive: »libido« (Hemmungslosigkeit), »avaritia« (Gier nach fremdem Besitz), »mutandae sedis amor« (Unrast, Drang nach Standortwechsel, quasi noch nomadisierende Halb-Seßhaftigkeit).

Dies sind die wahren Gründe. Vorgeschützt wird »libertas«, der unbändige Drang nach schrankenloser Freiheit. »Niemand hat je nach Unterjochung und Herrschaft getrachtet, ohne eben dieses Wort zu mißbrauchen.«

Was bietet Rom? Römisches Recht. Vorher gab es »regna et bella«: Könige, also Kriege. Das gallische Königtum wird als Ursache der andauernden kriegerischen Auseinandersetzungen dargestellt. Römisches Recht ist »ius victoriae« – Recht, das aus dem römischen Sieg hervorgeht und nur ein Ziel hat: den Frieden zu sichern! Frieden bedeutet Schutz, Schutz heißt Heer, das Heer kostet Geld, also müssen Tribute gezahlt werden. Sonst nichts.

Rom bietet eine Schicksalsgemeinschaft. »In communi sita sunt«: alles (außer der Tributzahlung) ist Rom und den Galliern gemeinsam – sogar die schlechten Kaiser. Aber alle Ämter stehen auch den Galliern offen, sie kommandieren Legionen und regieren Provinzen. ›Commonwealth of Nations‹. »Nun liebet und heget den Frieden, den wir gemeinsam besitzen. Die Zeugnisse guter und schlechter Schicksale mahnen: zieht nicht Verstocktheit und Verderben der Gefolgschaft und der Sicherheit vor!«

Diesen wenig kommentierten Passus interpretiert man meist dahingehend, daß Polit-Generale und Tyrannenknechte nun einmal gern heuchlerisch-zynische Reden halten, in denen sie Invasion und Invitation, Unterdrückung und Gefolgschaft, Herrschaft und ›Commonwealth‹ gegeneinander austauschen. Eroberer lieben es, ihre An- und Eingriffe als Hilfeleistung auszugeben: sie finden ja auch immer welche, die sie rufen! Dies alles ist auch für die Cerialis-Rede nicht ganz von der Hand zu weisen. Dennoch möge besonders der heutige Leser nicht vergessen, daß Lügen an der Wahrheit nichts ändern; die Tatsache, daß z. B. Menschenrechte mißachtet werden, ändert nichts daran, daß es sie gibt und daß es sich lohnt, sich dafür einzusetzen.
Wenn wir bisher alle Fehler der Römer in Ostgallien und am Rhein aufgedeckt haben, so darf uns dies nicht daran hindern, diesen Text ernstzunehmen. Fast 130 Jahre nach dem Auftreten der ersten Römer (auch dies ist bereits Kritik) versucht er, Gegenseitigkeit zu definieren und zum Gesetz künftigen Handelns im beiderseitigen Interesse zu erheben. Wäre dies früher geschehen, hätte die Romanisierung längst zur Praxis werden können. Erst nach dieser Rede, die wohl den Tenor der flavischen Provinzpolitik wiedergibt, begann jene (relative) Blütezeit, die hinter dem so zu Unrecht verteufelten Limes vor allem in den archäologischen Funden deutlich wird.

Zeitabschnitt II: Die Ära des Römischen Friedens (98–275/276)

Viertes Kapitel

Die Flavier

Frieden beginnt nicht auf Kommando, zur bestellten Stunde: zwischen der Zeit, die mit dem sog. Vierkaiserjahr zu Ende ging, und jener, die wir hier als die des römischen Friedens bezeichnen, liegt eine Übergangsperiode, in der die ersten Flavier schrittweise ein Regime aufbauten, das mehr Originalität aufweist als z. B. das des Augustus oder Tiberius.

Am 22. Dezember 69 erkannten Senat und Volk von Rom den am 1. Juli vom Ostheer gekürten Vespasian (Titus Flavius Vespasianus, geboren am 17. November 9 n. Chr. in Reate) als ›Kaiser‹ an und verliehen ihm den Titel »Augustus« und »Vater des Vaterlandes« sowie eine Reihe von Sonderrechten.

Der Gegensatz zu den Vorgängern war augenfällig: Vespasian stammte aus niederem italischen Munizipaladel. »Nach den Extravaganzen Neros« ist »auf der ganzen Linie ein Zurückgreifen auf die Grundsätze des Augustus« festzustellen (Kornemann, 10). Neben dem Forum des Augustus wurde ein Tempel des Friedens errichtet. Für diesen Frieden mußte man zahlen: Vespasian reorganisierte das Steuerwesen (sein Vater war Steuereinnehmer gewesen) so gründlich, daß noch bei Ausonius die Erinnerung an seine kleinbürgerliche Pfennigfuchserei wachgeblieben ist.

In Germanien wurde von aufwendigen militärischen Unternehmungen abgesehen. Nachdem mit den Batavern ein Abkommen getroffen und die Trevererfürsten besiegt worden waren, mußte man eine Phase des Aufbaus, der Konsolidierung, der Befriedung einleiten. Vespasian, in dieser Hinsicht Tiberius viel ähnlicher als Augustus, gab sich »mit kleinen Erfolgen zufrieden«.

Der angriffslustigere Domitian nahm dann die Gelegenheit wahr, in das Gebiet der Chatten vorzudringen und rechts des Rheins wieder römische Militärpräsenz zu verankern. Diese war nunmehr ein Zwischending: weder Aggression nach Art des Drusus, Tiberius und Germanicus noch Zuwarten und Stagnation wie bei dem späten Augustus, bei Caligula und z. T. Claudius, und sie rief Befremden hervor, da man nicht recht einsah, wie derart bescheidene Vorposten effektiv zur Reichsverteidigung beitragen konnten. Das war auch nicht ihr Zweck. Der Limes sollte das schaffen, was viele frühere Autoren als Absicht unterstellten: eine Pufferzone, in der germanische Beutezüge abgefangen oder wenigstens abgebremst werden konnten; notfalls konnte Verstärkung aus den großen rückwärtigen Lagern gebracht werden.

Wie unangebracht umfassendere Pläne gewesen wären, zeigt die Erhebung des Mainzer Legionskommandeurs L. Antonius Saturninus im Winter 88/89. Nun wurden die Zweilegionenlager aufgelöst und wenig später das gesamte Gebiet, das real unter römischer Herrschaft stand, in zwei Provinzen umgewandelt: in die *Provincia Germania Inferior* (Hauptort Köln), nördlich des Vinxtbaches bei Andernach, und, südlich davon, die *Provincia Germania Superior* (Hauptort Mainz). »Das Endergebnis all dieser Veränderungen auf dem Boden des heutigen Deutschland aber war eine gewisse Stillegung der einst so umkämpften Rheinposition. [...] Die Donau wurde an Stelle des Rheines [...] die gefährlichere Reichsgrenze« (Kornemann, 10). (Abb. 9.)

Die »Germania« des Tacitus – »ein Stück Tagesliteratur höherer Art«

Im Jahre 98 schrieb Tacitus ein kleines Werk, das er Kaiser Trajan als eine Art ›Sittenkunde der Germanen‹ an die Hand gab – modern gesprochen: ein Weißbuch.[1]

Als Trajan die Nachricht vom Ableben des Nerva (am 27. Januar 98) erhielt, war er am Rhein »damit beschäftigt, die Reichsgrenzen gegen etwaige Einfälle der Germanen zu befestigen und die unter Domitian etwas verwahrloste Manneszucht der rheinischen Legionen wiederherzustellen« (Gudeman, 286a).

Aus Caesar, Livius und Plinius, aber auch aus der gesamten früheren ethnographischen Literatur hat Tacitus (ein Vertrauter des Kaisers ebenso wie des jüngeren Plinius) Material zusammengetragen und so

1 Wie schon von F. Passow (1843), F. Haase (1855), J. Asbach (1881) und besonders entschieden und durchaus überzeugend von F. Zernial und K. Müllenhoff nachgewiesen.

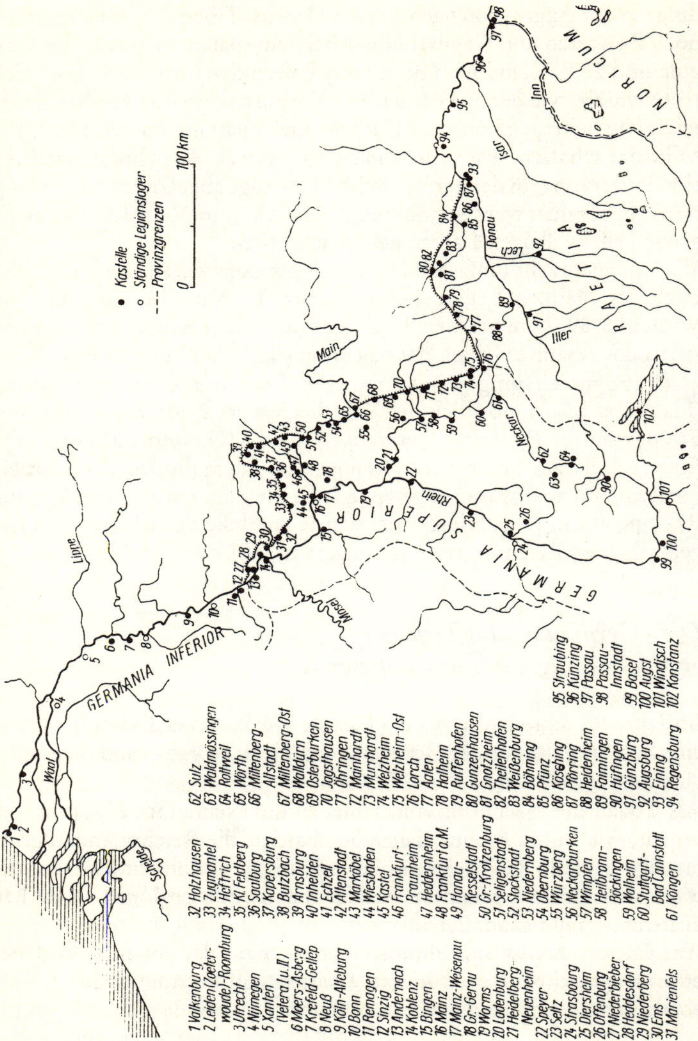

Abb. 9. Die römische Grenze an Rhein und Donau und der obergermanisch-rätische Limes (aus: Günther/Köpstein, 234).

angeordnet, daß es den Anschein eines Sachbuchs erweckt. Als solches ist es denn auch bis in unsere Gegenwart zumeist betrachtet worden.

Als die Unzulänglichkeiten, Widersprüche, Lücken, Wiederholungen des Büchleins, vor allem die Verwendung von seit Homer und Herodot allenthalben wiederholten Klischees, immer deutlicher zutage traten, stellten moderne Forscher (G. Wissowa, E. Norden, A. Schroeder) die These auf, daß die *Germania* nichts anderes als ein Flickwerk sei, zusammengeschustert aus Reminiszenzen, Zitaten, Gemeinplätzen und sog. Wandermotiven, die mit geringfügigen Modifikationen für Skythen, Kelten, Germanen, aber auch für die Parther gelten können und gegolten haben. Wie so oft mag die ›Wahrheit‹ irgendwo in der Mitte liegen: tatsächlich fallen jedem aufmerksamen Leser Ungereimtheiten und Klischees auf, andererseits haben die markante Persönlichkeit des Schriftstellers und sein starkes politisches Engagement der vorliegenden Dokumentation ihr Siegel aufgedrückt.

Es hieße Tacitus verkennen, wenn man annähme, er wollte Themen von höchster aktueller Brisanz wirklich »sine ira et studio«, ohne Zorn und ohne (Wert-)Urteil behandeln. Gleichviel, ob man die These der bloßen *rectractatio* vertritt (d. h. das Übernehmen fertig vorliegender, allgemeingültiger Aussagen und ihre Anwendung auf die Germanen) oder die einer weiterreichenden persönlichen Arbeit, die Frage nach der Absicht darf nicht unbeantwortet bleiben. Die kleine Abhandlung mußte auf jeden Fall einen konkreten Zweck verfolgen, der irgendwie mit Trajan und der Lage an Rhein und Donau – seit Vespasian war der Winkel zwischen den beiden Flüssen direkter und effektiver in die römische Politik einbezogen worden – zusammenhing.

Bei aller belehrenden Absicht darf man sich die *Germania* nun nicht als eine Art völkerkundlich-politisches Hand- und Rezeptbuch vorstellen, in dem Thesen systematisch vorgetragen und abgehandelt werden. Dieses Werk war schon prosaisch genug, sachlich – und damit fast einzigartig. Vergil und Ausonius befleißigten sich hoher Lyrik, um Augustus und Gratian ihre Lehren vom besten Staat, vom besten Fürsten, vom Glück und Wohlergehen der Menschheit darzulegen! Sein Talent hatte Tacitus wenige Monate früher erprobt (und damit wohl auch einigen Erfolg geerntet), als er in einer Biographie des Cn. Iulius Agricola (seines verstorbenen Schwiegervaters) den Beweis antrat, mit Nerva und Trajan sei ein goldenes Zeitalter angebrochen, und es gelte dies vor allem durch eine systematische Kritik der Vergangenheit, und zwar bis zurück ins zweite vorchristliche Jahrhundert, zu untermauern. »Das Wesen der menschlichen Schwäche bedingt, daß die Heilmittel langsamer wirken als die Krankheitserreger« (*Agricola* 3,1).

Agricola hatte in Britannien gedient, dann in Chester die *legio XX Valeria Victrix* (»die Siegreiche«) kommandiert. Somit stand er mitten in dem Problemkreis, in dem wir auch Domitian und Mucian als Hauptfiguren (und Gegenspieler) erkennen (vgl. S. 121). Agricola war von Mucian eingesetzt, aber die 20. Legion hatte lange gezögert, den Eid auf Vespasian abzulegen: ihr voriger Kommandant wurde nun als Aufwiegler hingestellt. Auch hier schon wird Domitian als zu jugendlich eingestuft (*Agricola* 7,2). Er war aber immerhin 19 Jahre alt und scheint mehrfach eine bedeutendere Position beansprucht zu haben als die, welche ihm Mucian, der Vertreter seines Vaters, zugestand.
Auch Agricola geriet so in die Schußlinie des späteren Kaisers, der ihn im Jahre 83 zwang, sein Amt als Gouverneur in Britannien niederzulegen, wodurch er sich den wütenden Zorn der Senatspartei zuzog – der Tacitus angehörte und als deren Sprachrohr er fast zwanzig Jahre lang auftrat. Auch in der Lobrede auf Agricola wird der Beschreibung des geographischen Rahmens und der historischen Ereignisse ziemlich breiter Platz eingeräumt; die wahre Absicht macht jedoch auch dieses Buch zum politischen Pamphlet. Die römische Germanienpolitik wird dort auf Anhieb negativ bewertet: als typische Episode (weil sie im Zusammenhang mit Britannien stand) wird der Plan des Caligula (vgl. S. 80 f.) erwähnt. »Ingentes conatus«, gewaltige Versuche – die zu nichts führten. Noch in der allerjüngsten Vergangenheit blieb Germanien (mit Mösien, Dakien und Pannonien) eine so aufdringliche Bedrohung Roms, daß niemand sich Zeit nahm, die Erfolge Agricolas in Britannien zu würdigen (41,2). »Temeritas« (Waghalsigkeit) oder »ignavia« (Kleinmut) der Generale waren schuld an allem.
Die *Germania* wird noch deutlicher: »In diesen Zeiten wird über die Germanen viel triumphiert, weniger gesiegt« (37,6). Das vielzitierte Kapitel nennt Daten und Namen: seit rund 210 Jahren »wird Germanien ›besiegt‹«. »Weder Samniter noch Punier, nicht Spanier noch Gallier und Parther haben uns solche Denkzettel verpaßt: germanische Freiheit ist unüberwindlicher als König Arsaces.« Knapper kann man die ›Außenpolitik‹ Roms nicht zusammenfassen, seit es beschloß (besser: sich dazu verleiten ließ), über Latium hinaus zu intervenieren, bis hin zu dem Tag, als es, durch das augusteische Orbis-Konzept gebunden, verpflichtet war, die Welt zumindest im Prinzip zu beherrschen. Dabei wären doch gerade diese Germanen es wert, romanisiert zu werden! An Trajan war es nun, diese mehrfach hundertjährigen Erwartungen zu erfüllen!

Der ›Fall‹ Domitian

Über Titus Flavius Domitian, Kaiser vom 14. September 81 bis zum 18. September 96, wurde nur schlecht oder übertrieben lobend berichtet. In Judäa wurde er ›kaiserlicher Jugendführer‹, 69 zog er mit Mucian nach Italien. Sein Vater Vespasian war von den Legionen zum Kaiser ausgerufen worden, konnte oder wollte aber nicht gleich nach Rom gehen. Nach der Ermordung des Vitellius am 21. Dezember 69 wurde Domitian von den Prätorianern sogar als Caesar begrüßt.

Auf die zweideutige Haltung Mucians haben wir mehrfach hingewiesen: es kann nicht ausgeschlossen werden, daß er zugleich für sich selber und für Vespasian fürchtete, der Dauphin möchte selbst, sofort und allein regieren. Besonders bedenklich mußte der ausgeprägte Wunsch nach Betätigung in Gallien, Germanien und Britannien erscheinen, wo tatsächlich Lorbeeren zu ernten waren und eben der Beweis erbracht worden war, daß diese Gebiete insgesamt (vielleicht sogar einzeln) eine Machtbasis darstellen konnten. Mucian hielt Domitian davon ab, der nun ganz in den Schatten des Vaters (bis 79), dann des vielgerühmten Bruders Titus (bis 81) geriet. Im ersten Jahr seines Regnums fanden die Agrippa-Feldzüge in Britannien statt, das nun »ruhig und gesichert« (»quieta tutaque«) war (*Agricola* 40,3).

Die Chatten wohnten ursprünglich zwischen Fulda und Eder. Nach dem Abzug der Ubier (also wohl in den letzten zwanzig Jahren des 1. Jahrhunderts n. Chr.) besetzten sie auch deren Gebiet. Traditionsgemäß römerfeindlich, waren sie auch in Konflikte mit anderen Germanenstämmen, so 58 n. Chr. mit den Hermunduren, verwickelt. Körperlich, aber auch geistig leistungsfähig (*Germania* 30), waren sie prinzipiell achtbare Gegner, des römischen Interesses würdig. Da sie aber keineswegs die einzigen waren, die einen solchen Ruf genossen, müssen wir nach besseren Gründen forschen, die den im Sommer 83 vorgetragenen Angriff erklären können. Das »sponte« bei Sueton (*Domitianus* 6) darf man nicht als ›ohne Grund‹, ›wahllos‹ oder ›übermütig‹ interpretieren. Sofern es der Wirklichkeit entspricht, muß es aus dem Kontrast zu »necessarius« verstanden werden: Es gab Kriege, die dem Kaiser durch die Lage aufgezwungen wurden, und es gab solche, die auf seine Initiative hin geplant und durchgeführt wurden. Wir haben zuvor (S. 112 f.) nachgewiesen, daß Domitian schon im Jahre 70 eigene Ideen hatte, Pläne, die Mucian unterband, für die aber Vespasian in gewisser Hinsicht dann – im Jahre 74 – bessere Voraussetzungen schuf, als er eine strategisch wichtige Heerstraße von Straßburg bis an die Donau führen und durch C. Rutilius Gallus im Jahre 77 die Brukterer bekämpfen und befreien ließ.

Somit war, im Süden wie im Norden abgesichert, ein Raum definiert (die Wetterau), der, geographisch kohärent, eine Möglichkeit zu bieten schien, jenseits des Rheines Fuß zu fassen, ohne wieder in jene unbegrenzte Leere vorzustoßen, in der sich Drusus und Tiberius zu Tode gesiegt hatten.

Da die Chatten stammesmäßig den Batavern nahestanden und auch die Brukterer emsig Ränke gegen Rom geschmiedet hatten, besaß das ganze Unternehmen zudem jene innere Logik, aufgrund deren Domitian schon im Jahre 70 ein solches Vorgehen für möglich und wünschenswert hielt. Frontin sagt uns deutlich (*Strategemata* 1,3,10), daß die Germanen wiederholt »aus des Waldes finstern Gründen« hervorbrachen, die Römer und ihre Verbündeten bekämpften und dann praktisch unbehelligt im Taunus und Odenwald Zuflucht suchten. Den Passus zitiert man immer wieder zur Motivierung der sog. ersten Limes-Anlagen. Diese hatten aber keinen Sinn, wenn das Limes-Hinterland nicht von Rom kontrolliert wurde. Ob nun Frontins Feststellung, daß die Germanen »in Waffen standen« (1,1,8), dieselben Razzien betrifft, oder ob es Anzeichen für größer angelegte Vorhaben gab, kann wohl nicht geklärt werden.

Nach Dio Cassius kam es nicht zu eigentlichen Kampfhandlungen, vielleicht weil der Feind (nach gängiger Praxis) das Gebiet verließ und sich nicht zum Gefecht stellte (67,4,1). Nach Frontin gab es zwar einige Kämpfe, aber es ist durchaus möglich, daß auch sie nicht von überragender, ›historischer‹ Bedeutung waren. Auch dies ist an sich nichts Besonderes, da ja seit Tiberius und Claudius wenig Wert auf größere Waffengänge gelegt wurde. Der Bataveraufstand war schließlich auch mehr durch *consilium* als durch *vis* beendet worden.

Der antidomitianischen Propaganda bot dies natürlich den billigen und willkommenen Vorwand zur gehässigen Betonung der (scheinbaren) Lücke, die zwischen einem gottkaiserlichen Anspruch auf Weltherrschaft und so unbedeutenden Taten klaffte. Verfehlt war wohl die Selbstverleihung des germanischen Triumphes: hierdurch wurde die stadtrömische Freude an Spott und Klatsch maßlos gefördert.

Die Chattengefahr war aber auf 80 Jahre gebannt. Als sich Ende 88 L. Antonius Saturninus, der Kommandant der Mainzer Legionen, zum Kaiser ausrufen ließ, waren die Chatten nicht dazu zu bringen, diesen undurchsichtigen Plan zu unterstützen.

Schon 84 wurde Chariomer, König der Cherusker, wegen seiner »ami-

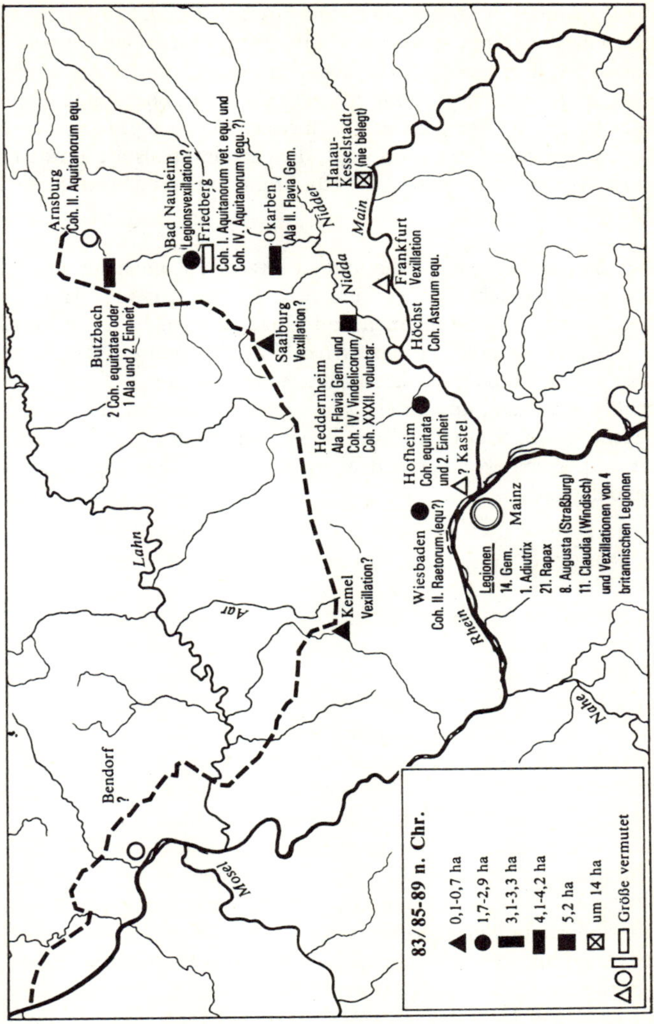

Abb. 10. Die im oder unmittelbar nach dem Chattenkrieg errichteten Auxiliarkastelle nördlich des Rheins und ihre möglichen Besatzungen (aus: Oldenstein-Pferdehirt [122], Tl. 1).

citia« gegenüber Rom erwähnt (Dio Cassius 67,5,1) – und von den Chatten hart bedrängt –, und man dürfte ruhig Martial zustimmen, dem zufolge »aller Lorbeer« (»tota laurea«) aus der Chattenaffäre Domitian zuzuschreiben sei (*Epigramme* 2,2,6; Beck, 177a). Dies um so mehr, als aus der Besetzung der Wetterau auch Konsequenzen gezogen wurden: man errichtete nun jene Vorposten, die gemeinhin als die älteste Form des Limes gedeutet werden (Abb. 10). Immerhin herrschte nun, bis 162, Ruhe am Rhein.

In der Zwischenzeit hatte die nun einsetzende Romanisierung solche Fortschritte gemacht, daß erneute Angriffe der Chatten, dann Chauken, schließlich Markomannen und Quaden sie nicht mehr aufhalten konnten, im Gegenteil, sie in mancher Hinsicht vorantrieben. Rom war nun als sicherer Bezugspunkt so gut wie unumstritten und erste Heimat aller, die ihm Rang und Titel, Wohlergehen, Besitz und Frieden verdankten. So wurde aus dem Konflikt doch noch eine Schicksalsgemeinschaft, deren spätere Züge und Wirrnisse in den folgenden Kapiteln zu behandeln sind.

Fünftes Kapitel

Der Ansturm der Germanen

Die Markomannenkriege

Die *Marcomanni* gehörten zu der großen Völkergruppe der Sueben. Anfangs wohnten sie vielleicht an der mittleren Elbe; sie wurden dann zur Zeit des Aufbruchs der Kimbern und Teutonen in das Gebiet des oberen und mittleren Mains abgedrängt. Ab 72 v. Chr. verbündeten sie sich mit den Sequanern gegen die Häduer, etwa 60 v. Chr. mit den Dakern gegen die Boier. Im Herbst 58 v. Chr. kämpften sie mit Ariovist im Elsaß gegen Caesar.

Von Drusus 9 v. Chr. besiegt, sahen sie von ihrem eindeutigen Plan eines Vordringens ins linksrheinische Gallien ab und zogen unter Marbod nach Böhmen. Dort entgingen sie dem Zugriff des C. Sentius Saturninus, als Rom durch den pannonischen Aufstand gezwungen wurde, seinen Vormarsch auf Jahre hinaus abzubrechen.

Marbod schloß Frieden mit den Römern. Im Jahre 17 n. Chr. erscheint er als Anführer der eher mitteleuropäischen Völkergruppe, die sich der norddeutschen des Arminius widersetzte und so irgendwie in noch näheren Kontakt mit den Römern kam. Nachdem Marbod von Catualda verdrängt worden war, errichtete Drusus im Jahre 19 einen Klientelstaat in Böhmen und Mähren mit dem Quaden Vannius als König (*Vannianum regnum*, nach Plinius bis 49). Trotz römischer Zuwendungen steuerte dieser in der Folgezeit einen unzuverlässigen Kurs. Domitian intervenierte im Jahre 89, Nerva mußte 97 den Klientelstaat mit militärischen Mitteln wiederherstellen.

Als der gotische Druck im Osten immer stärker wurde und Mark Aurel fast alle Truppen gegen die Parther einsetzte, drangen Germanen, darunter Markomannen unter Ballomarius, im Jahre 166 über die Donau. Schon 162 waren Chatten in Obergermanien und Rätien eingefallen. C. Aufidius Victorinus hatte sie besiegt; als aber die aus dem Orient zurückkehrenden Truppen die Beulenpest mitbrachten und diese auf die Zivilbevölkerung übergriff, so daß ganze Gebiete entvölkert wurden und akute Hungersnot ausbrach, konnte nichts mehr Markomannen und Quaden an einem raschen Vordringen bis nach Italien hindern, wo sie Aquileia belagerten und *Opitergium* (Oderzo) zerstörten. Unter Q. Antistius Adventus mußte die *praetentura Italiae et Alpium*, ein

Sonderkommando zum Schutze Italiens und des Alpenraumes, gebildet werden. Da im selben Augenblick Griechenland, Mauretanien und Britannien akut gefährdet waren, befand sich das Reich in schwerster Bedrängnis. Trotzdem gelang es, im Voralpenland unter Pertinax (172/173) und Caerillius Priscus die Lage zu stabilisieren.

Durch den Grabstein des Aelius Septimus aus Brigetio wissen wir, daß es einen Feldzug gegen die Naristen gab, die schon hundert Jahre früher als Nachbarn der Markomannen galten.

Um 175 wurden Rätien und *Noricum* zu prätorischen (von einem Prätor regierten) Provinzen erhoben; Zerstörungsschichten (in Regensburg-Kumpfmühl, Eining, Pfünz usw.) zeigen aber, daß es trotzdem zu weiteren germanischen Angriffen kam. Auch von einer »expeditio Burica« (die Buren waren nördlich der Markomannen in der Nordslowakei angesiedelt!) wissen wir nur durch einen Grabstein: Flavius Vetulenus war Zenturio (Kommandeur einer Hundertschaft) der speziell für den Kampf gegen die Germanen gegründeten *legio III Italica*. Diese bezog wenig später ihr Lager in Regensburg (*Castra Regina*): aus den Bruchstücken der Bauinschrift, die 179/180 über einem der Tore des 25 ha umfassenden Standlagers angebracht wurde, erfahren wir, daß sich Marcus Aurelius und Lucius Commodus »Sieger über die Germanen und Sarmaten« nennen ließen.

Am 17. März 180 starb Mark Aurel in Wien an der Pest. Commodus war sehr darauf bedacht, einen möglichst umfassenden Frieden abzuschließen.

Der Alamannensturm

Durch die Mainzer Inschrift CIL XIII 6800 wissen wir, daß die *legio XXII Primigenia* im Jahre 197 Trier von Belagerern befreien mußte, von denen man nicht weiß, ob es Parteigänger des Gegenkaisers Albinus waren oder Germanen, die aus den üblichen Gründen über den Hunsrück und die Eifel nach Gallien drängten. Ob der in der Inschrift gebrauchte Ausdruck »in obsidione« eine richtiggehende Belagerung meint (dann darf man annehmen, daß Porta Nigra und Stadtmauer bestanden) oder lediglich eine ›schwere Bedrängnis‹ im Zuge der »innenpolitischen Unruhen jener Zeit, [...] ist nach den bisher bekannten Quellen nicht zu entscheiden« (Petrikovits, 56). Tatsächlich gibt es am Ende des 2. Jahrhunderts »drohende Vorzeichen« (Kornemann, 10). Als im Jahre 180 Commodus, der Sohn des Mark Aurel, auf den Thron gelangte, sah es so aus, als werde sich der fünfmal erfolgreich praktizierte Brauch der Adoption definitiv einbürgern. Commodus jedoch, der sich in allem von seinem Vater unterscheiden wollte, brachte fast alle gegen sich auf; und so verfiel man wieder in die Praxis der Jahre 68 und 69: Prätorianer und Grenzlegionen riefen ihre eigenen Kaiser aus.

Septimius Severus, ein Afrikaner, Kandidat der Donauheere, setzte sich schließlich durch, mußte aber 205 erst einmal Überreste des Heeres seines letzten (britannischen) Rivalen Clodius Albinus verfolgen. Die Rheinarmeen (vielleicht unter Virius Lupus und C. Memmius Fidus) hatten sich früh zu Severus bekannt, und so blieb das Grenzgebiet bis 213 relativ ruhig.

Im Jahre 212 veröffentlichte Caracalla in der sog. *constitutio Antoniniana* einen Reichserlaß, der allen Reichsangehörigen römisches Bürgerrecht verlieh – eine ›Gleichmacherei‹, die »sicher nicht ohne fiskalischen Hintergrund« war (Kornemann, 10). Vor allem aber: jetzt erst werden jene, die nicht »im Reich sind«, als Barbaren abgestempelt und abgewiesen. Zugleich wird nach innen der Antrieb abgebaut, der die Provinzler dazu angespornt hatte, durch Verdienste zu ›Römern‹ zu werden, und nach außen den Frustrationen derer Vorschub geleistet, denen dies nicht gelungen war. Wer nun ›draußen vor der Tür‹ stand, war mehr denn je dem Druck der eigenen Genossen ausgesetzt oder gar praktisch gezwungen, irgendwann mit ihnen die Flucht nach vorn anzutreten. Diesen Druck verkörpern die im Jahre 213 auftretenden Alamannen. Weil die Langobarden, Burgunden und Wenden nach Westen zur Donau vordringen wollten, gerieten Teile der Sueben, die *Alamanni* (vielleicht die *Semnones* des Tacitus) an den Limes, wo sie die Hermunduren ›überlagerten‹ und ›in sich aufgehen ließen‹.

Über einen Feldzug Caracallas in Rätien bestand schon bei den antiken Schriftstellern keine eindeutige Kunde. Dio Cassius wirft dem verhaßten Kaiser vor, er habe unsinnige Kastell- und Stadtgründungen vorgenommen, Aurelius Victor läßt ihn einen Sieg am Main erringen, Spartian »unfern der rätischen Grenze«.

Wie dem auch sei, Caracalla hat an der Donau und am Rhein so nachdrücklich für Ordnung gesorgt, daß selbst Dio Cassius zugibt, ein großer Teil der Germanen (bis zur Elbe!) habe sich damals unterworfen.

Am 6. Oktober 215 dankten die *Arvales Fratres* (ein mit dem Kaiserkult beauftragtes Zwölfmänner-Kollegium) Caracalla für seinen Sieg »über die Germanen«. Auf Münzen wird er schon seit dem Vorjahr »Germanicus Maximus« genannt. Inschriften feiern seine Siege und Wohltaten:

in Baden-Baden, das zur *civitas Aurelia* promoviert, in Gnotzheim, Weißenburg, Eining und Meimsheim. Am gesamten rätischen Limes wurden (vielleicht unter Leitung des C. Octavius Appius Saetrius Sabinus) große Bau- und Instandsetzungsmaßnahmen durchgeführt (Abb. 11), die insgesamt den Eindruck erwecken, daß der Kaiser sich der trennenden Wirkung seiner Politik bewußt war. Schon unter Septimius Severus war das Straßennetz zwischen Augsburg, Bregenz, Vipiteno und *Iuvavum* (Salzburg) systematisch ausgebessert worden, und man nimmt an (Kellner, 117), daß damals Bregenz, Epfach und Kempten römisches Stadtrecht erhielten. So wurden Vorkehrungen getroffen, die ›Front‹ abzuriegeln, das Hinterland zu festigen und gute Möglichkeiten zu schaffen, Nachschub schnell nach vorn bringen zu können. Nun stand vom Rhein bis zur Donau eine 550 Kilometer lange ›Mauer‹ (vgl. S. 118), die bei allen nachfolgenden, größeren Angriffen eingeund überrannt wurde.

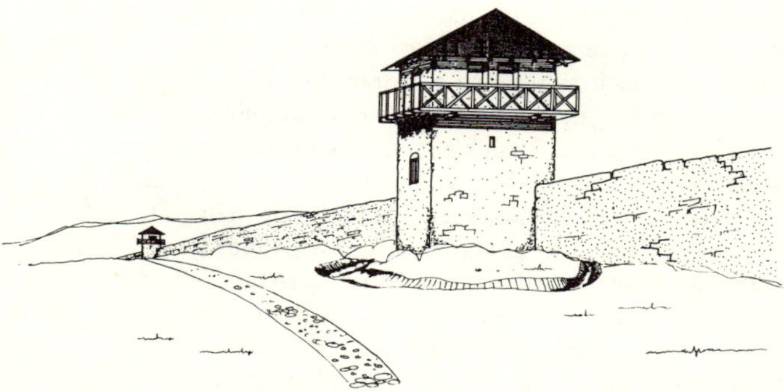

Abb. 11. Der rätische Limes. Letzte Ausbauphase mit Mauer und Steintürmen (aus: Beck/Planck, 74).

Die Aufgabe des unter Domitian noch sehr elastischen Verteidigungsprinzips rächte sich jetzt bitter, als die Rieseneinrichtung (auch bei knapper, wohlüberlegter Bemannung) mitsamt der dazugehörigen Infrastruktur in zweiter und dritter Reihe große Mengen von Soldaten erforderte und wirtschaftliche Mittel band, die dann möglicherweise selbst wieder Anreiz zu neuen Angriffen boten. Insofern das schon zu

Caesars Zeiten behauptete Motiv der Verführung durch ›westlichen‹ Reichtum tatsächlich zutrifft, barg die fortschreitende Romanisierung ohnehin die Gefahr in sich, daß die ›äußeren Völker‹ nur noch ungeduldiger wurden, je mehr sich quasi vor ihren Augen die schöne Welt der Zivilisation auftat. Daß sie das Ergebnis langwieriger, mühevoller Arbeit auf seiten der so beneideten ›Besitzenden‹ war, davon lassen sich bekanntlich Barbaren nicht überzeugen.

Die Wachen am Tor des Kastells Pfünz wurden im Jahre 233 so überrascht, daß sie ihre Schilde fallen ließen und wegrannten. Die Ausgrabungen haben sie an derselben Stelle zutage gefördert, als beredte Zeugen der Wirkung, die der zweite alamannische Vorstoß hervorrief. Eine Brandschicht schließt in Pfünz die archäologischen Schichten nach oben ab: das Kastell hörte auf zu bestehen.

Zahlreiche Münzschätze, die in aller Eile vergraben wurden, zeigen (wie etwa in Welzheim), auf wie breiter Front der Angreifer vorging; die Linie, die freilich nicht lückenlos geschlossen ist, reicht bis nach Regensburg, wo das Legionslager starke Schäden erlitt. Wahrscheinlich gehören auch der Bronze-Depotfund von Dambach und der große Schatzfund von Straubing in den Zusammenhang der Überrumpelung des Jahres 233.

Die Streuung der kartierten Funde (Abb. 12) zeigt eine gewisse Verdichtung im Bereich von Kempten und dem Allgäu, die Alpen scheinen damals verschont geblieben zu sein, ebenso der Osten an Isar und Inn sowie Augsburg. Ein Vorstoß in Richtung Welzheim, Benningen, Güglingen, eventuell in Richtung Straßburg wurde scheinbar weniger entschieden vorgetragen als die Angriffe an der Iller und dem oberen Lech.

Am 8. April 217 war Caracalla meuchlings ermordet worden. Opellius Macrinus – sein Mörder – regierte nur bis zum 8. Juni 218. Schon am 16. Mai war Varius Avitus Bassianus infolge einer Intrige seiner Mutter Iulia Soaemias und seiner Großmutter Iulia Moesa (»So hatte Rom wieder ein Frauenregiment« – Kornemann, 10) unter dem Namen M. Aurelius Antoninus proklamiert worden. Aus Bewunderung für den Baal aus Emesa nahm er selbst den Namen Elagabal an, benahm sich aber so schockierend fremdartig, daß schließlich die Großmutter ihn dazu brachte, seinen Vetter zu adoptieren, den Sohn der Iulia Mamaea, der unter dem Namen Aurelius Alexander Caesar zuerst Mitregent, dann, nach der Ermordung Elagabals im Jahre 222, vierzehnjährig Augustus wurde (bis 235) und den Namen Severus Alexander annahm. Er war beides nicht.

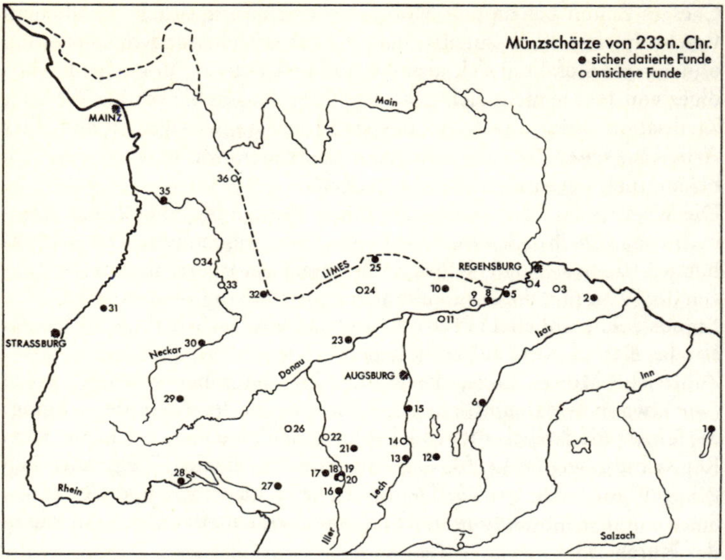

Abb. 12. Münzschätze aus dem Katastrophenjahr 233 n. Chr. (aus: Kellner, 58).

In Rom waren sich damals alle darüber einig, daß die größere Gefahr für das Reich von den persischen Arsakiden drohte. Ihnen galten deshalb Aufmerksamkeit und Pläne, während sich freilich in Europa die Zeichen der nahenden Krise in allen Bereichen mehrten.

Der alamannische Angriff im Jahre 233 wäre in einer anderen weltpolitischen Lage nicht erfolgt. Jedenfalls hätte er sich dann nicht so verheerend ausdehnen können. Um ihn zu bekämpfen, mußte der Kaiser zuerst aus dem Orient zurückkehren; es mußten Truppen in Pannonien ausgehoben werden, die dann unter Maximinus Thrax unter Heranziehung einer italischen und einer spanischen Legion sowie orientalischer Bogenschützen nach Mainz (statt nach Regensburg) gebracht wurden, wo sich Severus Alexander nur kurze Zeit aufhielt. Nach einem Streit – es ging wohl um wesentlichere Dinge als die Soldkürzungen, von denen unsere Quellen berichten – wurde er von seinen (oder des Maximinus) meuternden Truppen umgebracht, Maximinus sofort zum Kaiser ausgerufen. Dieser zog an die Donau, trug bald den Namen »Germanicus

Maximus« und residierte im Herbst 235 schon in Sirmium. Somit kann vermutlich von einer germanischen ›Invasion‹ nicht die Rede sein, andererseits dürften an der Kampfkraft der römischen Truppen Zweifel nicht angebracht sein.

Maximinus selbst war »ein tüchtiger Haudegen, der Typus des neuen severischen, gänzlich barbarisierten Soldatentums« (Kornemann, 10). Gegen dieses legte sich aber in Rom ein starker senatorischer Widerstand ins Zeug, der vermittels einer Zwanzigmänner-Kommission »zum Schutze des Staates« Maximinus ächten ließ und aus seinen Reihen mit Pupienus und Balbinus eine Art Doppelkaisertum schuf, das republikanische Erinnerungen (und Tugenden) wachrufen sollte.

Maximinus wurde zwar am 10. Mai 238 von seinen Truppen umgebracht, aber auch die beiden Kaiser von Senats Gnaden fielen der Mißgunst der Palastgarde zum Opfer. »Nach diesem letzten Eingreifen in eine Kaiserbestellung, das so kläglich endete, ist die hohe Körperschaft nach einer fünfhundertjährigen ruhmreichen Geschichte von der Weltbühne abgetreten. Ihre Zeit war vollendet« (Kornemann, 10). Man mag dieses Urteil nicht ganz teilen, Tatsache ist aber, daß das Schwinden eines wie auch immer gearteten Gegengewichts zu der steigenden Macht der Kaiser oder gewisser Truppenteile von Übel war. Dabei war die Lage lange Zeit keineswegs aussichtslos: energische Widerstandsversuche waren in der Mitte dieses dritten Jahrhunderts noch allemal erfolgreich! Der kaum angetastete Wohlstand der Provinzen reduzierte die an den ›Staat‹ gerichteten Forderungen auf Sicherheit und Aufrechterhaltung jener minimalen Reichsstrukturen, die man zudem durch immer aufwendigere Steuern mitfinanzierte. Auf allen Seiten lebte man in den Tag hinein, zehrte seine Kraft- und Prestigereserven auf, lieferte sich an Heerführer aus, die längst (wie die Kaiser) keine ›Römer‹ mehr waren und offensichtlich keinen Sinn für jene ideologisch begründeten Interessen hatten, die im ersten und zweiten nachchristlichen Jahrhundert die Welt geeint hatten! Ein Konsens jener Art bedingt Hemmungen, Verzichte, Opfer. Schwindet jener, fallen diese weg. Es darf nicht verwundern, daß die Völker, die jetzt immer weniger auf ›römische‹ Gegenwehr stießen, stets aufs neue ihr Glück versuchten.

Dies taten die Alamannen schon 242 (Kellner, 58): im Chiemgau bricht die Reihe der Weihinschriften ab. Während Gordian III. im Orient weilte, wurde diesmal vor allem Ostbayern getroffen. Die Order erging an die Grenz-*civitates*, Vorräte anzulegen, da Belagerungen immer häufiger wurden und Hilfe nicht schnell genug geleistet werden konnte. Es war tatsächlich eine »merkwürdige Schicksalsfügung«, daß 248 ein (unbedeutender) Kaiser arabischen Ursprungs, Philippus Arabs, die Jahrtausendfeier Roms festlich beging. Die Symbolik dieses Festes mögen die zeitgenössischen Teilnehmer kaum in ihrer vollen Tragweite begriffen haben, fehlte ihnen doch der globale und zeitliche Überblick, den sich der Historiker verschaffen kann.

248 griffen die Goten an der Donau an. Im Frühling 254, als Valerian und Gallienus zusammen herrschten, gab es die ersten Anzeichen dafür, daß ein germanisches Vordringen bislang ungeahnten Ausmaßes bevorstand: am Ober- wie am Niederrhein drangen Alamannen und Franken ins Reich ein. Auch diese Einfälle hatten nichts Systematisches, ganze Landstriche blieben verschont, andere wurden (bis tief nach Frankreich, ja nach Spanien hinein) verwüstet, vor allem ländliche Gegenden, da sich die Städte im allgemeinen besser zu schützen wußten.

Im Jahre 258 gab es eine kurze Verschnaufpause. 259 gründete Postumus in Köln ein ›gallisches Sonderreich‹. Von Gallienus mit der Verteidigung Galliens und dem Rheingrenzschutz beauftragt – auch die Ausdehnung derartiger Kommandos bekundet die Not der Zeit –, besiegte er die Franken, ließ sich zum Kaiser ausrufen, ermordete den Sohn des Gallienus, nahm die Huldigung der gallischen, spanischen und britannischen Provinzen entgegen, prägte Goldmünzen, schuf einen Senat, Konsuln und Prätorianer (in Köln), sicherte allerdings auch die Reichsgrenze – und regierte zehn Jahre lang! Nicht unbehelligt freilich, woraus ersichtlich wird, wie verworren die Situation war: Der legitime Kaiser kämpfte gegen den Usurpator, wobei dieser legitime Kampf weder im eigenen Interesse noch in dem des Reiches letztlich zu rechtfertigen war. Die ganze Episode ist deshalb von historischer Bedeutung, weil sie in vieler Hinsicht den Weg vorzeichnet, den das Reich wenig später offiziell einschlug. Eine Macht, die über lange Jahre und gleichzeitig am Euphrat, in Mauretanien, Rumänien, am Rhein und in Spanien nicht nur militärische Präsenz, sondern strategische Effizienz demonstrieren mußte, ohne politischen Rückhalt oder gut funktionierende zentrale Institutionen zu besitzen, konnte sich nur verteilen, sich zahlenmäßig (aber nicht effektiv) vermehren, ihre Wirkung war zentrifugal, nicht zentralistisch. Umgekehrt bewiesen Gallienus und Postumus, daß nach wie vor persönliches Format und Widerstandskraft zwar das Rad der Geschichte nicht stillstehen lassen oder zurückdrehen konnten, aber doch erfolgreiche Mittel zur Sicherung des Bestandes bereitzustellen vermochten. Daß sich dabei das Entscheidungszentrum von Italien nach Osten verlagerte, war das Ergebnis einer Bewegung, die in den letzten dreißig Jahren des 2. Jahrhunderts eingesetzt hatte.

Dem Kaiser Aurelian mangelte es nicht an guten Vorsätzen, aber sein Konzept einer neuen Einigung des Reiches scheiterte an zahlreichen widrigen Umständen. 270 wurde er von den Alamannen in Oberitalien besiegt. Daß das gallische Sonderreich in Verzweiflung und Verrat unterging, war nicht sein Verdienst, ließ ihn aber 274 als »restitutor orbis«, als Wiederhersteller des Erdkreises erscheinen.
Ein Jahr später wurde er irgendwo auf dem Balkan ermordet. Vandalen, Lugier und Burgunden gesellten sich 276 zu Franken und Alamannen, die allesamt ein Jahr lang plündernd (aber wenig zielstrebig) durch Gallien zogen. Kaiser Probus kam aus dem Orient an die Donau und den Rhein, verwandte zwar seine Kraft und Zeit zunächst darauf, in Proculus und Bonosus zwei von den örtlichen Truppen gekürte ›gallische‹ Kaiser auszuschalten, errang dann aber (bis 281) einige Erfolge, die von »harten Gegenschlägen im Feindesland bis zu Verträgen« (Petrikovits, 56) gekennzeichnet waren. Notgedrungen wurden Germanen ins römische Heer aufgenommen und auf Wunsch im Reichsgebiet angesiedelt.

Germanen und Römer

Wie die ›Wanderungstheorie‹ (»immer neue Völker dringen bis an den Rhein vor«) aufgegeben werden mußte und auch die ›Wellentheorie‹ nur noch in einigen wenigen Fällen Anwendung findet, so hat sich die von den antiken Schriftstellern verbreitete Auffassung, daß praktisch immer Krieg war zwischen Rom und ›den Germanen‹ als unhaltbar erwiesen. Über längere Zeiträume hinweg gab es keine Kampfhandlungen oder höchstens örtlich begrenzte Gefechte. In keinem Fall kam es vor Ende des 4. Jahrhunderts zu unabwendbaren Invasionen. Diese resultierten zumindest ebensosehr aus den germanischen Rivalitäten wie aus dem Nachlassen des römischen Widerstandes oder aus römischer ›Dekadenz‹, wie dies vor allem seit dem 18. Jahrhundert moralisierend gelehrt und bis ins 20. hinein teilweise geglaubt wurde.
Man muß sich klarmachen, daß im letzten Viertel des ersten nachchristlichen Jahrhunderts auch rechtsrheinische Gebiete, die Wetterau, das Dekumatenland und die Gegenden zwischen dem rätischen Limes und der Donau, in den römischen Macht- und Verwaltungsbereich einbezogen wurden und dort friedliches Zusammenleben die Regel war. Dies ist wichtig im Hinblick auf die immer wieder aufgefrischte Kontroverse über das Anfangsdatum der sog. Spätantike. Uns scheint, daß mit

den Markomannenkriegen unter der Regierung des Mark Aurel eine ›andere‹ Zeit begonnen hat. Darin liegt auch ein gewisser Symbolwert, denn gerade an den Markomannen läßt sich, wie wir gesehen haben, jene verfehlte römische Außenpolitik demonstrieren, der es nicht gelang, den eindeutig bewiesenen guten Willen bedeutender Völker zu ermutigen, konsequent zu unterstützen und als beständige Ausstrahlung gegenüber den Nachbarn wirken zu lassen. In den Jahren 6/7 n. Chr. hielt Marbod das Schicksal Roms in seinen Händen. Hätte er mit den Pannoniern paktiert oder nur die Gelegenheit wahrgenommen, größere Gebiete zu besetzen, Tiberius und Augustus hätten ihn bestimmt nicht daran zu hindern vermocht!

Aber hier spielt auch wieder die Geographie eine Rolle: Zwischen Böhmen und Mähren (worauf Rom nach wie vor einen theoretischen Anspruch erhob) und den direkten Interventionsgebieten, auf die sich, vor allem nach der Varus-Katastrophe, die römische Macht konzentrierte, lagen viele Tagemärsche (durch den sagenumwobenen Hercynischen Wald), die zurückzulegen lange Zeit niemand bereit noch fähig war. Am Ende des 2. Jahrhunderts gerieten die Markomannen unter ›fremden Einfluß‹. Wiederum drängt sich die Frage nach den fremden Königen auf. Tacitus spricht eigentlich nur von einem Wechsel der Könige, allerdings sollen diese »ex auctoritate Romana« sein (*Germania* 42,2) – was nicht unbedingt positiv zu werten ist. Hatte nicht Domitian schon versucht, das römische Einflußgebiet bis hierhin auszudehnen? Oder wenigstens dauerhafte, brauchbare Verbindungswege zu schaffen?

Die Alamannen, »Vorboten böser Zeiten« (Menghin, 131), werden erstmals 213 erwähnt. Caracalla war kein Neuerer, als er einen ›Sieg‹ über sie mit klingender Münze erkaufte. Die Wirkung hielt zwanzig Jahre an, dann häuften sich die Überfälle bis zu den größeren Angriffen der Jahre 260 und 275, die bis weit nach Gallien hineinreichten. Probus wurde 281 in einer Augsburger Inschrift als »weitblickender Wiederhersteller der Provinzen und öffentlichen Bauten« gefeiert, weil er sechs Jahre lang gekämpft hatte, um Franken und Alamannen, aber auch Burgunden, Vandalen und Goten bis an die Rhein- und Donaulinie zurückzudrängen.

Von den »Francorum gentes« ist zum ersten Mal die Rede in dem Aurelius Victor zugeschriebenen *Buch über die Cäsaren* (33,3). Gallienus wird vorgeworfen, nach einigen Siegen über »die Germanen« habe er sich den Freuden des Lebens zugewandt, während die Goten durch Thrakien zogen, Makedonien, Griechenland und Kleinasien besetzten, die Parther Mesopotamien einnahmen und jene »fränkischen Völker«, die Gallien geplündert hatten, Spanien besetzten und Tarragona belagerten. »Auch die Länder jenseits der Donau gingen verloren.« Aurelius schrieb zwischen 358 und 360. Sein ›Breviarium‹ enthält (wie alle ähnlichen Werke) viele Irrtümer, vor allem, wenn es um die älteren Episoden der römischen Geschichte geht. Bei zunehmender Aktualität wird der Informationsfluß ergiebiger, so daß man annehmen darf, daß die übermittelten Auskünfte entsprechend zuverlässiger sind. Bei der kurzgefaßten Darstellung dürften im übrigen auch nur besonders markante Tatsachen berücksichtigt worden sein.

Der Stammesname *Franci* bedeutet zunächst ›mutig, kühn, ungestüm, frech‹, dann ›frei‹. Aus einem ›Zusammenwirken‹ der kleinen Istwäonengruppen entstand der *Stammesbund* (nach Zöllner, 207, streng zu unterscheiden von einem »politisch und ethnisch von Anfang an einheitlich organisierten Stammesverband«), zu dem Chamaven, Chattuarier, Brukterer und Am(p)sivarier, später die Salier gehörten, aber wahrscheinlich auch Usipeter, Tubanten und Chasuarier, die allesamt (vor der Einführung des fränkischen Königtums am Ende des 5. Jahrhunderts) ihre Stammesnamen beibehielten, Ausdruck ihrer Autonomie innerhalb der locker zusammengeschlossenen Gruppe.

Dann wird von fränkischen Siedlern berichtet, die in der Umgebung von Trier und bei den Nerviern untergebracht wurden. Von den Laeten (um Amiens, Beauvais und Langres) wird noch die Rede sein (vgl. S. 141). Ihre Ansiedlung geschah so dauerhaft, daß noch in mittelalterlichen Gaubezeichnungen (etwa »pagus [Ch]amavorum«) ursprünglich Fränkisches zu erkennen ist. Vielleicht beteiligten sie sich auch am Schutz von Nachschublinien wie der Chaussée Brunehaut (manchmal fälschlich als »limes Belgicus« bezeichnet), Teil der Verbindung Bavai – Köln.

Konstantin griff die Brukterer an und nutzte (nunmehr bekannte) rechtsrheinische Gegebenheiten gegen die zurückflutenden Germanen. Eine Verstärkung der Rheinflotte war notwendig geworden, da »Franken« und »Sachsen« immer stärker über die Flußmündungen in den Ärmelkanal gelangten und die Verbindung mit Britannien behinderten.

313 eilte Konstantin aus Italien herbei, um gegen die Franken zu kämpfen. Die vielen Gefangenen wurden später in der Arena den wilden Tieren (»beluae«) vorgeworfen. 321 feierte er einen Triumph über Feinde aus »ultima barbaria« (*Panegyrici Latini* 12,25) aus den entferntesten Barbarengebieten, also wahrscheinlich aus dem ehemals batavi-

schen oder canninefatischen Küstengebiet. Konstantin nahm viele Germanen ins römische Heer auf, darunter ganze fränkische Einheiten (*cohors VII Francorum, ala I Francorum, ala VIII Francorum, laeti Franci, numerus Ampsivariorum, numerus Bructerorum, cohors XI Chamavorum* usw.). Gleichzeitig setzte sich mit Sicherheit gerade in den friedlicheren Jahrzehnten die sog. Infiltration fort, die nach und nach, unabhängig von allen Siedlungsprogrammen und -maßnahmen, immer mehr siedlungs- und wehrwillige Germanen in die römischen Provinzgebiete brachte.

Auch in die Sphären der höheren Reichspolitik drangen Franken vor: Silvanus war *magister peditum*, Kommandeur der Infanterie; zuerst sehr romtreu, suchte er – durch Intrigen verunsichert – Kontakt mit den rechtsrheinischen Stammesgenossen, schließlich ließ er sich zum Kaiser proklamieren – und wurde vier Wochen später umgebracht.

Die Gewissens- und Interessenkonflikte häuften sich bei gemeinen Soldaten ebenso wie bei verantwortlichen Offizieren: die Anziehungskraft Roms blieb stark: vielleicht war sie für Germanen nie stärker als in der ersten Hälfte des 4. Jahrhunderts. »Romam colo« – »ich liebe und verehre Rom«, schrieb Ausonius, der Vivisker aus Bordeaux, im Jahre 390 (*Ordo urbium nobilium* 134); »civis in hac sum« – »dort bin ich Bürger«, dort sind meine Rechte verankert und verbrieft. Ähnlich mögen viele Germanen empfunden haben, die römische Lebensweise und Art, Denken und Handeln als *das* Mittel ansahen, dem Barbarentum zu entkommen. Dem Wort ist kein moralisierender Sinn eigen: es bezeichnet jene geistige Begrenzung, die den Weg zu einem gemeinnützigen Kollektiv versperrte, das im Austausch mit andern und in der Förderung und Wahrung legitimer eigener Interessen die Balance erreicht, die zur friedlichen Integration und Koexistenz in breiteren Verbänden befähigt. Diese Integration symbolisierte Rom bis ins 5. Jahrhundert hinein.

Tragisch ist, daß Rom aus politischen, wirtschaftlichen, ja sogar weltanschaulichen Gründen schließlich nicht mehr die Kraft besaß, bereitwillige Neuankömmlinge zum beiderseitigen Nutzen an den *fata imperii*, am Schicksal des Reiches, dauerhaft teilhaben zu lassen. Das häufige Zögern der Römer (z. B. Valentinians I. gegenüber Markomer und Sunno, den *regales Francorum*) und ihre brutalen Versuche, mit bloßer Gewalt zu erreichen, was sie nicht mehr geduldig und klug auszuhandeln vermochten, beweisen, daß das von Tacitus verurteilte Prinzip der Triumphe ohne (wahre, friedbringende) Siege bis zuallerletzt in Geltung war.

Dreihundert Jahre nach Augustus, Drusus und Germanicus geht der Mißerfolg am Rhein wiederum vor allem auf das Konto der Römer. Daß es trotz dieser widrigen Umstände zu einer Romanisierung kam, deren Auswirkungen im 3. Teil dieses Buches dargestellt werden, muß das Bedauern darüber noch verstärken. An der Tatsache freilich ist nicht zu rütteln.

Rom wurde nun bald aus dem Entscheidungsprozeß ausgeschlossen. Bereits Ausonius hatte seinem zuvor zitierten Satz (»civis in hac sum«) hinzugefügt: »aber meine Heimat ist Bordeaux«. Spätestens seit dem 4. Jahrhundert war die wirkliche Macht auf die größeren Provinzstädte übergegangen. 150 Jahre später war es bereits Sache der Franken, zu entscheiden, ob man Attila bekämpfen oder begrüßen sollte. Ähnlich war es Häduern, Sequanern, Remern, Treverern zu Caesars Zeiten ergangen; die Angelegenheit war jetzt zugunsten der Germanen entschieden.

Zeitabschnitt III: Fortdauer und Untergang (286–401)

Sechstes Kapitel
Die Tetrarchie

Im Jahre 286 zog C. Aurelius Valerius Diocletianus – als Gardekommandeur hieß er schlichter Diocles – die richtigen Konsequenzen aus der Lage des römischen Weltreiches. Er ›teilte‹ die Herrschaft mit Maximian, ab 1. März 293 stellte man diesem in Mailand Constantius den Blassen (»Chlorus«), Diokletian den Galerius als »Caesaren« zur Seite. Schicksalhaft war wohl vor allem die geographische Teilung der Gewalten: Diokletian und Galerius herrschten im Osten, Constantius und Maximian im Westen, die Residenzen waren Trier und Mailand.
Seit 286 hatten sich die ersten Saxonen den fränkischen Freibeutern zugesellt. Man beauftragte den Menapier Carausius mit dem Kampf an der Nordsee und am Ärmelkanal. Er benutzte diese Gelegenheit, um sich in England als M. Aurelius Mausaeus Valerius zum Kaiser ausrufen zu lassen. Erst als er 293 von seinem Vertrauten Allectus ermordet wurde, konnte *Gesoriacum* (Boulogne) wieder als Ausgangsbasis für eine Wiedereroberung Großbritanniens gewonnen werden. Constantius mußte aber zuerst auch das frühere Gebiet der Bataver wiedererringen, in dem sich Franken und Chamaven aufhielten. 296 wurde endlich Allectus bei Silchester besiegt, Britannien war zurückgewonnen.
Schon 288/289 mußte Diokletian in Rätien intervenieren, das wiederum von Alamannen überrannt worden war. Vom Bodensee zog er zu den Donauquellen, blieb dann in Rätien, ehe er 289/290 über Augsburg und Epfach nach Pannonien marschierte. Von dem rätischen Statthalter Septimius Valentio wurde er in einer Inschrift (etwas voreilig) als »Begründer eines ewigen Friedens« gefeiert. 292 oder 293 beschloß man in Mailand, nach dem Verlust des Dekumatlandes die Grenzverteidigung neu zu gestalten.
Es wird angenommen, daß der sog. Donau-Iller-Limes, von *Boiodorum* (Innstadt) und *Batava* (Passau), über *Quintana* (Künzing), *Sorviodurum* (Straubing), Regensburg, Eining, Manching, Neuburg/Burg-

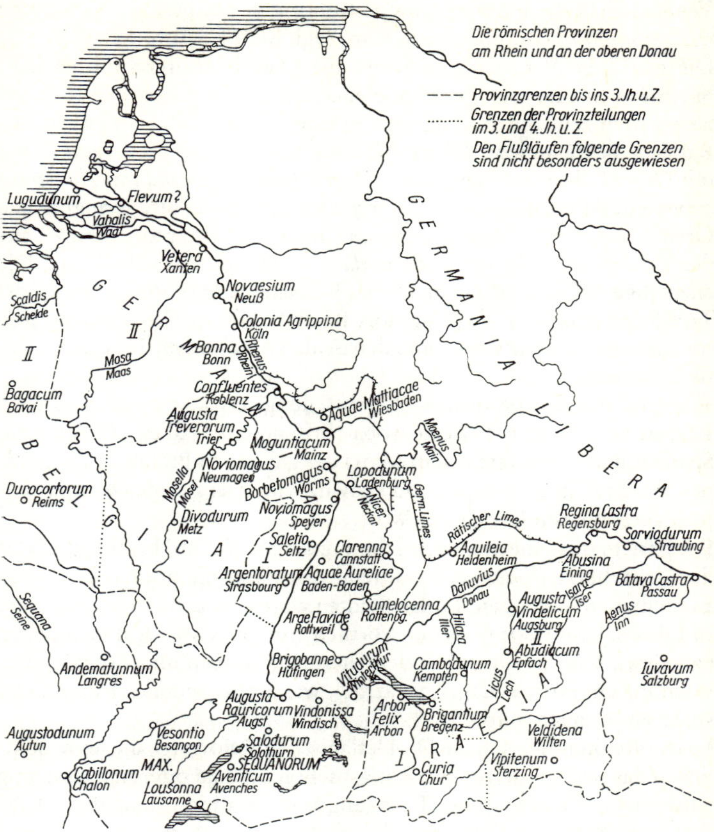

Abb. 13. Die römischen Provinzen am Rhein und an der oberen Donau (aus: Günther/Köpstein, 234).

heim, Burghöfe, *Pinianis* (Bürgle), *Guntia* (Günzburg), *Febiana* und Kallmünz nach Kempten und Bregenz (vgl. Garbsch bei Filtzinger, 57) nach 260 begonnen wurde und mit Anschluß an die nordschweizerischen Kastelle – eine Bauinschrift datiert *Vitudurum* (Oberwinterthur) und *Tasgaetium* (Eschenz) ins Jahr 294 – die neue Grenzlinie ergab, für die eigene, neue Einheiten aufgestellt wurden: eine *ala Sequanorum* in

Vemania (Isny), eine pannonische Kohorte in Kallmünz, eine rätische in *Parrodunum* (Burgheim), u. a. m. (vgl. S. 32 f., Abb. 5).
Die gewaltige Verwaltungsreform, die Diokletian durchführen ließ, brachte auch eine grundlegende Neueinteilung des Reiches in 101 kleinere Provinzen, die zu mehreren je eine Diözese bildeten (Abb. 13). Rätien gehörte nun zur Diözese *Italia* und wurde in eine *Raetia Prima* mit *Curia* (Chur) als Hauptort und eine *Raetia Secunda* mit Augsburg eingeteilt. Aus der *Germania Superior* wurde – bei relativ geringfügigen Grenzkorrekturen – eine *Germania Prima* (mit Hauptort Mainz), aus der *Inferior* die *Germania Secunda* (der Hauptort blieb Köln). Die ehemalige *Belgica* zerfiel nun ebenfalls in eine *Belgica Prima* (Hauptort Trier) und eine *Secunda* (Hauptort Reims). Alle vier Provinzen waren (mit den zwei *Lugdunenses* und den beiden *Aquitaniae*) Teile der *diocesis Galliarum*.
Während die *partitio imperii* (Reichsteilung) etwa von Albanien nach Libyen verlief, wurde Westeuropa (Britannien, Gallien, Germanien, Spanien und der Westen Marokkos) der gallischen Präfektur zugeordnet. Für Präfektur, Diözese und Provinz war Trier Residenzort, prinzipiell auch für den Caesar des Westreiches.
Die *praesides* (so die neue Bezeichnung der Statthalter) befehligten jetzt die Grenzheere (*limitanei*), während den *duces* die größeren mobilen Einheiten unterstanden. In den Städten waren die *curiales* (Ratsherren, Mitglieder der *curia*) verantwortlich für gewisse Aufwendungen (*munera*), so z. B. Unterhalt der Thermen, Straßen und Brücken, Bewachung der *horrea* (Lagermagazine), was als besonders schwere Belastung empfunden wurde.
Es ist offenkundig, daß die Diokletianischen Reformen, die im wesentlichen das sanktionierten, was längst schon bestand oder sich eindeutig aufdrängte, Erleichterung, Festigung und Straffung brachten. Dabei darf man aber nicht übersehen, daß all diese Vorteile das Ergebnis einer schnell fortschreitenden Bürokratisierung, Zentralisierung und Übermonarchisierung der kaiserlichen Gewalt waren, die auf Zwang statt auf frei geförderten ›Commonwealth‹-Vorstellungen beruhte. Auch dies ist letzten Endes ein Eingeständnis des Mißerfolges, daß sich ›Rom‹ nun für (allzu) viele als Feindbild, nicht mehr als *imago salutis* darbietet.
Am 1. April 305 dankten Diokletian und Maximian (letzterer widerstrebend) ab: der Eindruck sollte bestätigt werden, daß die Herrscher nur Agenten des göttlichen Willens, Stellvertreter des Juppiter und des Herkules waren, zeitlich und örtlich beschränkte Emanation der ›Höheren‹.

Siebtes Kapitel

»Der Zeitraum mit dem Januskopf«

Das 4. Jahrhundert wird oft als »Übergangszeit vom Altertum zum Mittelalter« (Kornemann, 10) beschrieben. Es ist hier nicht der Ort, diese Diskussion zu führen, die vor allem gründliche Begriffsbestimmungen erfordert und insofern wenig ergiebig ist, als diese großen Periodisierungen zu Schulzwecken, nicht aber zur Unterscheidung und Trennung wirklich und wesentlich verschiedener Realitäten dienen. Dasselbe gilt für die Begriffe »früh-« und »spätrömisch«; Chronologie und Terminologie des ›Bas-Empire‹ sind umstritten. Uns scheint in diesem Zusammenhang eher das Verbindende bedeutsam, und es kann kein Zweifel daran bestehen, daß – läßt man eine christlich-apokalyptisch orientierte Minorität beiseite – kaum der Eindruck vorherrschte, die Welt gehe nun zu Ende. Es gehört zum Wesen des Menschen, daß er gleitende Übergänge nicht wahrnimmt und nur ex eventu wirksam und glaubwürdig prophezeit. Damals konnte man sehr wohl behaupten, das Reich sei gerettet, und als Konstantin auch noch bereit war, das Christentum zu dulden, mußte es so scheinen, als ob einer neuen Ära des Glücks nichts mehr im Wege stünde.

Sieht man allerdings etwas genauer hin, so erkennt man, daß gerade Konstantin schon 306 das diokletianische System ins Wanken gebracht hatte: am 25. Juli wurde er von seinen Soldaten in York zum Nachfolger seines dort verstorbenen Vaters (Constantius Chlorus) bestimmt und proklamiert. »Die Folge war der Krieg aller gegen alle an Stelle eines auf die Dauer geordneten Staatswesens, wovon Diokletian geträumt hatte« (Kornemann, 10). Erst 324 wurde die ›Ordnung‹ hergestellt – zum Vorteil einer absoluten Alleinherrschaft Konstantins!

Schon 302 waren die Alamannen wieder durch Obergermanien gezogen, dann vor Vindonissa aufgetaucht. 303 oder 304 war der Rhein zugefroren, das Überqueren wurde erleichtert, bis überraschend Tauwetter einsetzte und einige Truppenteile auf Inseln festsaßen!

Allgemein wurde die Methode der Ansiedlung fremder Eindringlinge immer häufiger praktiziert. Seit der Mitte des 3. Jahrhunderts gab es in der *Belgica* sog. Laeten (*laeti*: das nicht erklärte Wort scheint germanischer Abkunft zu sein), ursprünglich Franken, denen man Land zur Verfügung stellte, damit sie es bebauten und verteidigten. 295 siedelte

Maximian große Mengen von Franken, die er bei seiner Rückeroberung der Batavergebiete gefangengenommen hatte, bei Amiens, Beauvais, Troyes und Langres an. Das führte selbstverständlich zur Germanisierung, die eines der Hauptmerkmale des sog. Mittelalters ist. Wäre sie 200 Jahre früher mit Bedacht und Konsequenz praktiziert worden, hätte sie höchstwahrscheinlich bessere Früchte gezeitigt. Jetzt war sie eine Art Kapitulation vor dem, was gleichzeitige »militärische Gegenschläge mit weitflächigen Verwüstungen feindlichen Landes« (Petrikovits, 56) nicht abwenden konnten. Da diese Laeten-Praxis zudem den demographischen und ökonomischen Zusammenbruch an Mosel, Rhein und Donau zum Ausdruck bringt, ist es nicht verwunderlich, daß sie oft negativ beurteilt wird: als verspätete, halbherzige Maßnahme, die siedlungswillige, friedlichere Germanen immer wieder der Habgier nachdrängender, unkultivierterer Stammesvettern preisgab.
In mancher Hinsicht erinnern die Kämpfe, die nach dem Tode Konstantins (337) ausbrachen, an das Vierkaiserjahr 68/69. Zwar waren die Provinzen betroffen, ja in das Geschehen einbezogen, doch ging es eigentlich um die Macht als solche, nicht um ihre geographische Fixierung.
352 nutzten die Franken und Alamannen die Wirren, um auf ziemlich breiter Front den Rhein zu überqueren. Das Elsaß und die Nordschweiz gingen endgültig verloren. 355/356 zogen Constantius II. vom Bodensee aus und Julian (seit 355 Caesar und Mitregent) weiter nördlich gegen die ›Sueben‹. Julian errang 357 einen Sieg bei Straßburg, den uns Ammianus Marcellinus sehr eindrucksvoll geschildert hat. Während all dieser Jahrzehnte wurden verschiedenartige Maßnahmen mit ungleichem Erfolg meist gleichzeitig angewandt. Sie genügten, um Zeit zu gewinnen, d. h. einerseits den Fortbestand des Reiches vorzutäuschen, andererseits, durch ein Gemisch von Terror und Nachgiebigkeit, den frontalen Zusammenstoß zu verzögern, der seit der nachdiokletianischen Zeit dem Reich und dem Kaisertum jederzeit ein schnelles, unrühmliches Ende bereiten konnte. – Da trat ein ›neuer Augustus‹ auf!

Am 26. Februar 364 wurde Flavius Valentinianus zum Kaiser gewählt. Er war 321 in Cibalae in Slavonien geboren; es kann nicht ausgeschlossen werden, daß er aus den Reihen jener germanischen Siedler stammte, von denen eben die Rede war und die seit dem 3. Jahrhundert an den Grenzgebieten angesiedelt wurden.
Blond, blauäugig, von hohem Wuchs (Ammianus), war er streng erzo-

gen worden. Nach einer ersten militärischen Ausbildung in Afrika nahm er an dem zuvor erwähnten Feldzug Julians gegen die Alamannen teil. Nach einer etwas undurchsichtigen Episode in Gallien wurde Valentinian beschuldigt, eine Order des Constantius nicht ausgeführt zu haben. Er zog sich daraufhin nach Pannonien ins Privatleben zurück, ließ aber möglicherweise beim Kaiser intervenieren, um seine Unschuld zu beweisen.

359, im Geburtsjahr seines ersten Sohnes Gratian, rief ihn der Kaiser aus dem Exil zurück, vertraute ihm aber einen unbedeutenden Posten im fernen Mesopotamien an. Als Julian Kaiser wurde, diente Valentinian in dessen Garde, wurde aber bald nach Antiochia geschickt, dann »in ein ägyptisches Wüstenkastell«. Mehrere Quellen (Sozomenos, Theodoret, Rufinus, Philostorgius) führen diese ungnädige Behandlung auf seinen christlichen Bekennermut zurück.

363 prüfte ihn Jovian, indem er ihm den riskanten Auftrag gab, den gallischen Heeren den Tod des beliebten Julian mitzuteilen. Seine Gefährten wurden tatsächlich in Reims umgebracht, er selbst mußte sich vor der Wut der Soldaten verstecken. Schließlich durfte er in den Orient zurückkehren, wo er in den letzten Monaten Jovians zu einigen Ehren kam. Als dieser am 17. Februar 364 starb, führte die starke Polarisierung zwischen christlichen Heeren (seinerzeit Constantius II. verpflichtet) und heidnischen (Julians gallisches Heer) zu längeren Verhandlungen. Schließlich kam es zu einem Kompromiß, in dem sich Valentinian profilierte, der ja von beiden Kaisern gleich schlecht behandelt worden war.

Entscheidend waren die Interventionen von Dagalaifus – im Namen der heidnischen Julian-Heere – und Arintheus, dem Anführer des eher toleranten Flügels der christlichen Legionen. Das ganze weitere Wirken Valentinians wurde durch die Notwendigkeit bestimmt, zwischen den beiden rivalisierenden Flügeln des Heeres zu vermitteln.

Am 25. Februar erfolgte die Proklamation in Nizäa in Kleinasien. Nach germanischem Muster wurde Valentinian auf den Schild gehoben und in die Stadt getragen. Am 28. März erhob er – trotz lautstarker Opposition seitens der Heiden – vor den Toren von Konstantinopel seinen Bruder Valens zum Augustus, »um seine diokletianische Auffassung vom Kaisertum zu bekunden« (Liebenam, bei Nagl, 196a). Allerdings forderte er für den Augustus des Westens eine deutliche Vorrangstellung. Durch Ammianus (26,4,5) wissen wir, wie kritisch hier die Lage war. »Es war keine Zeit zu verlieren, um *überall* Abwehr zu schaffen« (Nagl, 196a).

Ende 364 empfing Valentinian in Mailand eine Delegation der Alamannen und versuchte es mit gebieterischer Härte. Dies konnte niemanden beeindrucken, woraufhin im Winter 364/365 der Rhein von großen Germanenscharen überquert wurde, die auf Paris zumarschierten. Charietto, *comes per utramque Germaniam* – Heerführer in beiden Germanien (mit Residenz in Trier) –, fiel bei Chalon-sur-Marne im Januar 365 an der Spitze von batavischen, herulischen, tungrischen und divitensischen Söldnern. Darauf ernannte Valentinian den Dagalaifus, dann den Iovinus zum Kommandanten der Einsätze gegen die Alamannen, die erneut auf Paris und Reims vorrückten. Bei *Scarponna* (Dieulouard) besiegte er eine der drei Kolonnen, bei Metz die zweite, bei Chalon die dritte. Die Alamannen machten kehrt. Der schwer erkrankte Valentinian blieb längere Zeit in Reims. Die sofort in Umlauf gebrachte Legende von seinem Ableben ermutigte heidnisch-gallische Konspiratoren, die den christlichen Einfluß um den Infanteriekommandeur Severus zu schwächen versuchten. Als Valentinian genas, ernannte er seinen neunjährigen Sohn Gratian zum Mitkaiser, sehr zum Leidwesen einer stark antidynastischen Gruppierung, die ja schon die Verleihung der Kaiserwürde (im Osten) an den Bruder als schwere Demütigung und zynische Herausforderung empfunden hatte. Dann zog er gegen Sachsen und Franken, die das heutige Nordfrankreich und Belgien brandschatzten und plünderten.

Ostern 368 überfiel der Alamannenfürst Rando die Stadt Mainz. Withikap, Sohn des Wadomar, versuchte im Breisgau größere Kontingente aufzubieten. Valentinian bereitete seit dem Vorjahr einen größeren Feldzug gegen sie vor. Zu diesem Zweck verbrachte er den Winter 367/368 in Trier. Im April/Mai des Jahres 368 überquerte er den Rhein (begleitet von Gratian, Ausonius und Symmachus) in der Gegend von Worms, zog dann bis *Solicinium* (Sülchen bei Rottenburg). Dort wurden Ende Juni die Alamannen von zwei Seiten angegriffen, die Entscheidung allerdings wahrscheinlich erst durch ein sehr gewagtes Manöver unter der persönlichen Leitung des Kaisers herbeigeführt. Er konnte jetzt bis zu den Donauquellen vordringen.

Symmachus: »Alle berühmten Dichter [...] haben den Neckar verschwiegen. Jetzt, zum ersten Mal, wird dieser entfernteste Fluß durch Deine Siege bekannt!« (*Orationes* 2,24.) Ausonius: »Herrscher über die illyrischen Gewässer, nur Dir, o Nil, stehe ich nach, ich, die Donau, erhebe mein üppiges Haupt aus meinen Quellen. Ich lasse die beiden Kaiser grüßen, den Sohn und den Vater, die ich im waffenreichen Pannonien genährt. Nun möcht' ich Bote sein und zum Pontos Euxeinos eilen, damit Valens wisse, der zweite in der Achtung der Götter: die Sueben sind unter unseren Schlägen zerstört, auf der Flucht, in den Flammen. Der Rhein ist für Gallien kein Limes mehr! Und wenn ich meinen Strom gegen das Gesetz der Wasser aufwärts treiben könnte, würde er von dort [vom Schwarzen Meer] die Nachricht bringen, daß die Goten besiegt sind« (*Epigramme* 4,1). Und: »Ich bin die Donau: ich verstecke mein Haupt in den entferntesten Regionen, aber ich fließe jetzt ganz unter eurem Befehl! Dort, wo meine Quellen entspringen, inmitten der Sueben, dort, wo ich Pannonien, reich an Kaisern, durchquere und dort, wo ich überreich an Wassern in das skythische Meer münde, dort überall bringe ich meine Fluten unter euer Joch. Aber dem Augustus Valens wird die nächste Palme gehören: er wird nun auch noch die Quellen des Nil entdecken« (*Epigramme* 4,2).

Nennen wir es lyrisches Overstatement: so weltbewegend waren die Siege in Sülchen und Ladenburg nicht! Sie paßten aber in ein politisches Programm, dessen Formulierung – vielleicht sogar der Gedanke selbst – auf Ausonius zurückgeht: daß man mit Flüssen wie Neckar und Mosel dem so arg mitgenommenen Limes einen neuen, besseren Sinn verleihen konnte. In der *Mosella* des Ausonius lesen wir: »Dein [der Mosel] Geschenk [an den Rhein] besteht nicht nur in der Menge deiner Fluten, sondern auch darin, daß du aus der Augustusstadt [Trier] kommst und des Vaters und des Sohnes gleichzeitige Triumphe sahst, nachdem die Feinde vertrieben waren, am Neckar und bei Ladenburg, an den Quellen der Donau, die bislang römischen Historikern (so gut wie) unbekannt waren.« Und, gleichsam abschließend und abrundend: »Dann erst wirst du [der Rhein] als ein wirklicher Limes gelten!« (V. 435) – nämlich erst, wenn vom Neckar die Siegeskunde kommt und sogar am Unterlauf des Rheins Franken und Chamaven in die Schranken gewiesen werden, kurzum alle Germanen vor der Macht und dem Ruhme Roms erzittern!

Wie ehedem soll also militärische Macht demonstriert werden, aber nicht allein die Breite des Flusses, nein, seine Bedeutung, seine Rolle als das Ziel der Flüsse, an denen Romanisierung erfolgreich war, sollen ihm neuen, wahren Wert verleihen. Es dürfte kein Zweifel daran bestehen, daß diese kulturelle Deutung und Dimension des Werkes Valentinians auf den Einfluß des hochgebildeten Prinzenerziehers Ausonius zurückgeht.

Schon im September desselben Jahres 368 war Valentinian nach Niedergermanien aufgebrochen. Wollte man den Wunsch des Dichters, daß Franken und Chamaven erzittern sollten, wörtlich nehmen, also als noch unerfüllt betrachten, so müßte dieser Passus des Moselgedichts im Sommer, vor dem 30. September geschrieben worden sein. Die oben wiedergegebenen Epigramme sind ihm vorausgegangen und enthalten in ovo die politische Grundthematik, die in den Versen 391–437 besonders eindringlich vorgetragen wird: was man bei den Belgern erreicht hat (damals wird der Name *Treveri* nur noch für die Stadt, längst nicht mehr für den Volksstamm gebraucht), läßt sich unter den genannten Bedingungen am Rhein wiederholen. Hier erhalten wir einen (mosel-) klaren Einblick in das, was man 368 als Summe von vierhundert Jahren Romanisierung erkannte, aber auch in das, was für die Zukunft als unverzichtbar angesehen wurde: Reinheit der Sitten (Ausonius war Christ – und Römer); friedliche Arbeit, vornehmlich Ackerbau; gesellschaftlich-rechtlicher Schutz: redegewaltige Kenner des Gesetzes schützen Angeklagte vor unrechtmäßigen Angriffen; Aggression wird als solche weder geduldet noch gelobt; die alte *securitas*-Thematik aus der Cerialis-Rede besteht weiter; *curia*, die politische Versammlung (im Rahmen der *municipia*), bietet den Einheimischen die Gelegenheit, einen »eigenen Senat« – wie in Rom – zu bilden; *ludus*, die Schule, bildet junge Nachwuchskräfte aus, die an die größten Vorbilder heranreichen werden; schon im Architekten-Exkurs (V. 298–348) wird Wert auf diese Niveauangleichung gelegt: die bedeutendsten Provinzstädte sollen, jede für sich, »altera Roma«, ein neues Rom, sein; Gerechtigkeit soll ohne Blutvergießen herrschen. Ausonius liegt viel an der klassischrömischen *clementia*, die Ordnung nicht mit Angst und Schrecken, Repression und Bestrafung gleichsetzt; er ist für Teilhabe an der allerhöchsten Gewalt, allerdings zunächst »in zweiter Reihe«, dann erst (und wahrscheinlich ausnahmsweise) »ranggleich mit den allerersten«. Unter diesen Vorbedingungen, in denen von militärischer Gewaltanwendung nicht die Rede ist, kann der Rhein auch 369 noch zum »verus limes« werden. Gesiegt wurde genug, nun müßte endlich die Konsequenz aus diesen Siegen gezogen werden!

Es kann nicht ausgeschlossen werden, daß Valentinian anderer Meinung war: im April 369 begann er mit dem Ausbau und der Erneuerung der Befestigungen am Rhein, die in den ersten (also wohl späteren) Versen der *Mosella* am Beispiel Bingen exemplarisch gerühmt werden. Ammianus zufolge war eine Befestigung von Rätien bis zum Kanal geplant, ein »großes, wahrhaft nützliches Werk«. Schon 370 (Nagl, 196a) lobt Symmachus erste Verwirklichungen. Der Kaiser war an der Planung wie an der Ausführung dieses Bollwerks sehr interessiert und verweilte oft im direkten Umkreis der umfangreichen Arbeiten: viel-

leicht Anzeichen dafür, daß dies alles aber nicht rein defensiv sein sollte, sondern – im Sinne des Ausonius – flankierend zu tiefergreifenden Maßnahmen, wie sie auch Symmachus forderte: »Ich rate, schrieb er, dem Senat und dem Volk von Rom: schickt die Rutenbündel [die Träger der *zivilen* Macht] in die neuen Provinzen, entsendet Richter *jenseits* des Rheins ...« (*Orationes* 2,12). Dort soll man nicht nur militärische Wimpel (d. h. die Abzeichen vorübergehender, rein militärischer Unternehmungen), sondern auch »nova oppida«, neue, feste Niederlassungen erkennen!
Zwischen der Begeisterung des Prinzenerziehers Ausonius und den kategorischen Forderungen des heidnischen Senators Symmachus einerseits und der Realität an Rhein, Donau und Neckar andererseits klaffte eine große Lücke. In diese stießen die politischen Feinde der Kaiserberater wie Ambrosius und germanische Aufwiegler so tief hinein, daß von den Plänen »augusteischer Prägung« (Kornemann, 10) – oder wenigstens Dimension – nichts übrig blieb. Valentinian I. wollte zeitweise ein Augustus sein, dessen persönliches Format erreichte er nie; zum Vergleich betrachte man die Kolossalstatue in Barletta und den *princeps* von Prima Porta im Braccio Nuovo der Vatikanischen Museen. Gute Ansätze in der Siedlungspolitik, in der Gesetzgebung, im persönlichen Engagement gegenüber Truppen und Siedlern verloren sich unter Äußerungen barbarischer Ungeduld und Doppelzüngigkeit. Der gebürtige Pannonier, ein Kaiser zwischen den Zeiten und Welten, hinterließ nicht viel mehr als einige Befestigungsanlagen.

Die »Mosella« des Decimus Magnus Ausonius

Ein Blick auf gut vierhundert Jahre Ausonius-Forschung zeigt, daß davon dreihundert als beiläufig eingestuft werden können. Ausonius wurde zusammen mit anderen Lyrikern, Epigrammatikern, ja Erotikern und Amateurphilosophen ediert und studiert, als Kuriosum und aus Liebhaberei. Es wird das Verdienst von Friedrich Marx bleiben, im Werk des Ausonius, vor allem in der *Mosella*, mehr als elegante postvergilianische Bukolik erkannt zu haben. »Das Gedicht ist in nächster Nähe des Herrn der Welt, des Kaisers Valentinian I., entstanden«, schrieb Marx 1932, »es ist darum ein geschichtliches Denkmal allerersten Ranges. Trotz achtenswerter Leistungen auf dem Gebiet der Erklärung sind wir noch weit von dessen vollem Verständnis entfernt [...]. [So] bedarf die Frage nach Ziel und Absicht dieses *durch und durch politischen und höfischen Schriftwerkes* [...] der Klärung« (196).

Studium der Zeitumstände, Überlegungen zu Form und Inhalt des Gedichtes sollten diese Klärung anbahnen. Vorbedingung und Ausgangspunkt für die gesamte neuere Ausonius-Forschung war die 1883 von Carl Schenkl vorgelegte Gesamtausgabe, die auch gegenüber den unterschiedlichsten neuen Editionsversuchen richtungweisend bleibt. Was den interpretierenden Kommentar betrifft, so hatten schon Marquard Freher, dann Eduard Böcking (1828) erkannt, daß die *Mosella* einen direkten Bezug zu »den westlichen Gegenden Teutschlands« hatte (vgl. Ternes, 201). In einer Zeit, da jedes Lob der deutschen Eigenart willkommen war, bot dies Anlaß zur Beschäftigung mit jenem ›Vorläufer‹ enthusiastischer Landschaftslyrik, in dem Arbeit und Spiel, Götter und Menschen, Natur und Kunst, Traum und Wirklichkeit kunstvoll verschmolzen. Später bedurfte es geduldiger Arbeit, um zu einer nüchternen, nach allen Seiten gerechten Einstellung zurückzufinden.

Ausonius hat kein Handbuch für Moselreisende geschrieben, aber auch nicht einfach Vergil, Ovid, Horaz und Catull nachgeahmt. Die Aufgabe der gegenwärtigen Forschung ist es, sich zwischen diesen beiden extremen Interpretationsansätzen zu bewegen. Jede isolierende Betrachtungsweise des Gedichts ist zu vermeiden. Die *Mosella* wird erst dann richtig verständlich, wenn sie im Rahmen des Gesamtwerkes vorgestellt und besprochen wird.

So läßt sich erkennen, daß die historischen Epigramme 4,1 und 4,2 (vgl. S. 144 f.) über das Vordringen Valentinians bis zu den Donauquellen den Keim jener 40 Verse des Moselgedichtes bilden, die expressis verbis zu politischen Tagesfragen Stellung nehmen. Nur so wird deutlich, daß Ausonius mehrfach sehr früh verfaßte Verse zwanzig Jahre später wieder hervorholte, sie vielleicht etwas aufpolierte (er nennt es »entstauben«) und mit einer frischen Widmung verschickte oder überreichte. Daß der Exkurs über die Moselfische und jener über berühmte Architekten, zwei Kabinettstücke, erst später in die *Mosella* eingefügt wurden, hat man längst bemerkt; aber es wurde nicht hinreichend klar, daß sie auch deutlich älteren Datums sind. Der Architekten-Passus ist augusteisch geprägt und paßt besser in die frühe Zeit der Berufung an den Trierer Hof als z. B. der Belger-Abschnitt mit seiner *clementia-lenitas*-Thematik, welcher der profilierten Ideologie Gratians entschieden näher steht. In dem Fische-Kapitel trägt Ausonius weltanschaulich-religiös-magische Ansichten vor, zu deren Deutung auf seine *Sapientia-*

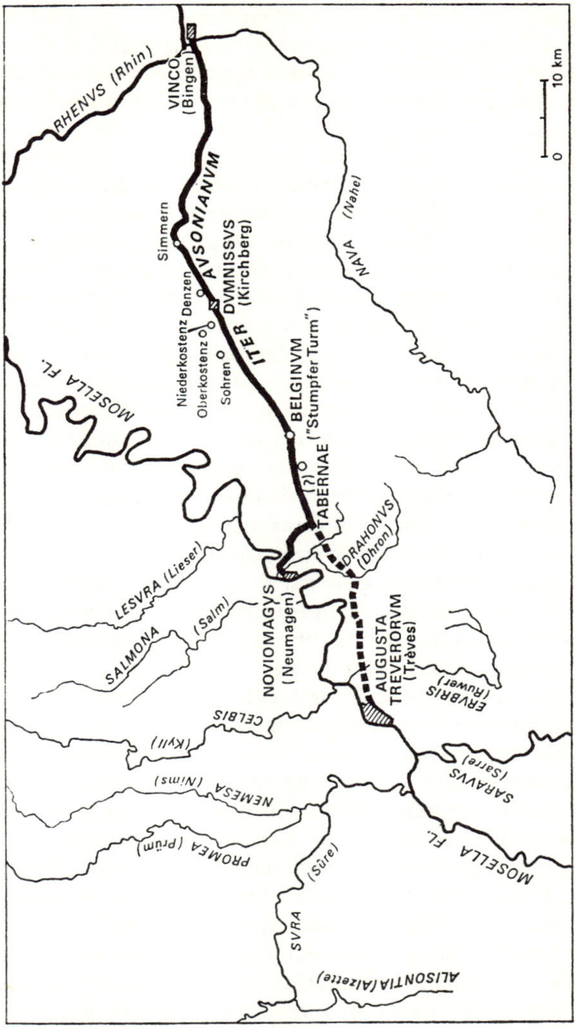

Abb. 14. Landschaften zwischen Mosel und Rhein. Geographie in der *Mosella* des Ausonius. (Aus: Ausone, *La Moselle*, hrsg., übers. und erl. von Ch.-M. Ternes, Paris 1972.)

lia (z. B. 6,2 und 6,5) zurückgegriffen werden muß. Die Ikonologie reicht ebenfalls weit über Spiegel-Szene und Musenmedaillons in der *Mosella* hinaus, bis hin zu den *Signa* , deren Meisterstück »Der gekreuzigte Cupido« zu den meistkommentierten Werken des Dichters gehört.

Die *Mosella* beginnt mit einer kontrastreichen Schilderung der verschiedenen Landschaftserlebnisse, die der Reisende erfährt, wenn er aus dem nebeldurchzogenen Tal des Rheines, durch die ›Urwälder‹ des Hunsrück, dürre Plateaulandschaften und von Quellen berieselte Siedlungsgebiete nach Neumagen gelangt – dorthin, wo die Sonne Apolls den Sieg erringt über die Schleier der Nacht, wo das Andenken Konstantins die Ankündigung trevirischen Glücks in sich birgt. Das Läuterungs-Itinerar – vom Nebel zum Licht, aus dem grünen Dunkel angsteinflößender Haine zum weißleuchtenden Glanz des sonnenbeschienenen Flußtales, vom gefährdeten Rhein zur befriedeten Mosel – enthielt in knappen 24 Einleitungsversen für den damaligen gebildeten, höfisch verfeinerten Leser deutliche Hinweise darauf, daß die vorausgeschickte Verwandlungsthematik (als Vorstufe zur Einweihung in die so beliebten Mysterienkulte) den Schlüssel des Werkes (oder doch großer Teile) in sich barg. Man könnte eine lange Reihe von Textstellen benennen, die den unsicheren Status dieser oder jener Lebewesen, ja der ganzen Natur (Spiegel-Thema) zum Ausdruck bringen, wobei nur Göttern erlaubt ist, die Verbindung zwischen den Welten herzustellen.
Diese Götter sind fast immer die ›niederen‹, jene Faune, Satyrn, Najaden und Nereiden, die einerseits zu den ältesten, anfangs sehr wenig differenzierten sog. Naturgottheiten und Dämonen gerechnet werden, die andererseits aber – nicht nur bei den Dichtern – wegen ihres ›schnippchenschlagenden‹ Witzes besonders beliebt waren. Nicht umsonst wurden sie von den christlichen Eiferern betont haßerfüllt bekämpft; sie ließen sich eben nicht ohne weiteres zu Engeln oder Teufeln umfunktionieren! Sie teilen das moselländische Dorado mit jenen lebenslustigen Winzern und Schiffern, die noch bei Carl Zuckmayer derb und gefühlvoll, humorvoll und fleißig bemüht sind, dem widrigen Boden das Beste zu entlocken. Die Thematik der Metamorphose (auch im Sprachlichen nachweisbar, etwa im Wortfeld *species*) reicht bis ins Politische hinein: ich habe auf die Verse hingewiesen, die erst ganz zum Schluß den Rhein zum »verus limes« werden lassen (vgl. S. 82): die dramatische Spannung des ganzen Gedichts führt auf diesen Punkt hin und gibt ihm damit einen besonderen Stellenwert.

Der Mosel verdanken die Belger – so bezeichnet Ausonius sachlich richtig die Nachfahren der Treverer – »Männer, würdig, das *imperium* zu beherbergen«. Im allgemeinen bezieht man diesen Vers 24 direkt auf die Kaiser, die ab 293 vorübergehend in Trier residierten. Es kann aber auch die Macht gemeint sein, die ab etwa 200 Schutz in den Mauern der Städte suchte und fand.

Der Strom ist dem Meer gleich: in gewagten, geradezu barocken Bildern wird dies ›bewiesen‹, werden seine (bescheidenen) Eigenschaften durch Analogien und Ellipsen erhöht, bis sie, auf Reichsebene gültig und historisch entscheidend, das Moselland zum Leitbild allen (vergangenen, gegenwärtigen und vor allem künftigen) römischen Trachtens erheben.

Viele haben an den in diesen Versen (27–44, 287–348) vorgetragenen ›Übertreibungen‹ Anstoß genommen. Zu Unrecht, da ja nicht Glaubwürdigkeit (in bezug auf die Mosel) angestrebt wird, sondern durch das Mittel der Übersteigerung der Fortschritt vom Mikrokosmos zum Makrokosmos erzwungen werden soll. Leuchtet dieser Übergang schließlich ein, wird also ersichtlich, daß irgendeine Landschaft unter gegebenen Umständen das Schicksal Roms verkörpern und folglich beeinflussen kann, sind auch schon die Mittel vergessen, die diesen Effekt ermöglicht haben. Vor den Würdenträgern des Trierer Hofes hätte eine historische Abhandlung, ein didaktisches Traktat oder ein polemisches Pamphlet Langeweile, Geringschätzung oder sogar Mißtrauen erregt, während ein Gedicht nach der Art des Vergil Aufmerksamkeit, Neugier hervorrief, pikierte. Es hat demnach heute wenig Sinn, Zitate, *loci similes*, Nachahmungen, Nachempfindungen, *retractationes* nachzuweisen, um Ausonius Epigonentum vorzuwerfen; diese Mittel werden bewußt zu dem Zweck eingesetzt, beim Hörer oder Leser jenes Gefühl der Vertrautheit zu wecken, das ihn gewinnt und, ohne daß er sich dessen bewußt wird, aufnahmebereit macht. Zusätzlich werden dann durch die kluge Auswahl dieser Referenzen thematisch wichtige Akzente gesetzt.

Die *Mosella* ist ein vielschichtiges Werk, das Sach- und Ortskenntnis bezeugt: die Alzette-Landschaft liegt unverändert vor unseren Augen; das »von der Natur angelegte Amphitheater« ist mehrfach zwischen Schengen und Wasserbillig auf dem linken Moselufer zu erkennen; die Hydrographie des Sauer-Flußsystems ist perfekt, der Fischkatalog unumstritten. Es beschränkt sich aber nicht darauf, Gelehrsamkeit zu verbreiten, sondern benutzt sie, um ein besseres Verständnis des rational Erkennbaren zu vermitteln.

Trier wird in der *Mosella* nicht erwähnt. Sie beschreibt *rus*, die Landbezirke, jenes Gegengewicht zur klassisch-römischen Urbanität, die ja gemeinhin als Inbegriff der Kultur gepriesen wird. Nun dürfte es kein Zufall sein, daß dieses Hohelied auf die ländlich-harmonische Zusammenarbeit zwischen Göttern und Menschen gerade damals am Hofe Valentinians (oder/und Gratians) vorgetragen wurde. Unverkennbar ist die programmatische Ausrichtung auf die Rhein- und Donaugebiete, in denen es ohnehin nur wenige Städte gab und wo es höchstes politisches Gebot war, Dörfer und Streusiedlungen, Gehöfte und Straßen-*vici* zu fördern, mithin gerade hier das Gefühl von Sicherheit und Geborgenheit und das Positive einer komfortablen, lebensfreundlichen Atmosphäre hervorzuheben. Ausonius hat nie Verzicht und wildromantische Rückkehr zur Natur gepredigt: elegante Villen und reiche Ernten belohnen schwere und emsige Arbeit. Diese wird aber nicht als Fluch, sondern als normale Betätigung dargestellt, wie sie seit Jahrhunderten an Mosel, Rhein, Donau und Isar trotz allem erfolgreich praktiziert worden war.

Man hat sich darüber gewundert, daß bei Ausonius keine *fin du monde*-Stimmung erkennbar ist, kein Bewußtsein vom nahen Ende, kein Sinn für tiefschürfende Dekadenz-Problematik. Das waren damals keine literarischen Themen, und aus dem zuvor Gesagten geht hervor, daß man wohl kaum den Eindruck hatte, daß bald ›alles vorüber‹ sei. Dem war ja auch nicht so.

Achtes Kapitel

Der letzte Kaiser am Rhein

Gratian war in Trier, als er Ende 375 die Nachricht erhielt, sein Vater sei in *Brigetio* (Szöny-Komáron) einem Schlaganfall erlegen. Seit 367 war Gratian Mitregent, und seit er (mit dem Vater, mehr als der Vater) in Trier residierte, war er Schüler des Ausonius, den Valentinian dafür eigens aus Bordeaux herbeigeholt hatte. Noch im Jahr der beginnenden Alleinherrschaft Gratians wurde Ausonius *comes* und 376 *quaestor sacri palatii*; als ›Berater zur besonderen Verwendung‹ und ›Oberster Gerichtsherr‹ war er die graue Eminenz des Trierer Hofes, ausgestattet mit umfassenden, vom Kaiser ad hominem definierten Kompetenzen. Bald wurde er *praefectus praetorio Galliarum*, Vorsteher des römischen Westens, von Marokko bis Schottland, 378 – mit seinem Sohn Hesperius zusammen – auch von *Italia* und *Africa*, schließlich 379 Konsul.
Wie R. Etienne (184) eindringlich gezeigt hat, gab es selten eine so mächtige Lobby wie die um den Mosel-Lyriker; außer dem Sohn Hesperius gehörten zur ›Dynastie‹: Thalassius, der Stiefsohn, als *vicarius* von Macedonia, dann Prokonsul von Africa, und Magnus Arborius, der Neffe, der 379 *comes sacrarum largitionum* (›Finanzminister‹), 380 Präfekt der Stadt Rom wurde. Auf den nebenamtlichen Hofpoeten paßt also die Bemerkung (in Vers 410 der *Mosella*) über wichtige Leute, die zwar nicht herrschen, aber von der zweiten Position aus alle Fäden der Macht in Händen halten!
Gratian, der eher »zu einem gebildeten Leben neigte« (Petrikovits, 56), ließ Ausonius bis etwa 380 freie Hand und zeigte sich gegenüber seinen Plänen willfährig. Der »neue Kurs« (Etienne, 184) begann am 1. Januar 376 mit einer Adresse an den Senat, dem wieder Mitsprache und Mitwirkung zugesagt wurden: *libertas*; nach dem finster-autoritären Regime des wenig kultivierten Valentinian: *felicitas*; in der Rechtsprechung: *lenitas*, Milde. Opposition gab es trotzdem: schon im Februar 364 hatte die forsche Ernennung des Valens die christliche und die heidnische Faktion am Hof Valentinians erneut miteinander verfeindet. Die Erhebung Gratians (in Reims und Amiens 366/367) hatte eine gallische Gruppe um Rusticus Iulianus, den *magister memoriae*, den Verwaltungskanzler, geschart, auf deren Konto Unruhen in Teilen des Heeres gingen.

Als Valentinian I. starb, atmete sogar Ausonius auf; fünf Jahre später wagte er es auszusprechen: der Palast war zu Valentinians Zeiten »terribile«, furchteinflößend (*Politica* 2,2). Die Politik Gratians wurde zunehmend von einer Gruppe um Theodosius (der am 16. Januar 379 Augustus im Osten wurde) und Ambrosius kritisiert, deren Vertrauensleute ab 380 den Ausonius-Clan ablösten. Von Ungnade will Etienne nichts wissen; Mißerfolg muß man zugeben: als Gratian noch Ende 380 Trier verließ, begann der Anfang vom Ende, allerdings nicht so sehr für Ausonius, der sich wenig später in seine Heimat zurückzog und noch manches Werk schrieb (oder neu schrieb), ehe er 394 starb.
Als die Westgoten 378 in Thrakien eingefallen waren, ließ sich Gratian dazu bewegen, nicht nur seine besten Generale dorthin abzustellen, sondern selbst nach Osten zu ziehen. Die *Lentienses*, alamannische Germanen um Linz, benutzten die Gelegenheit, mit etwa 30000 Mann den Rhein bei Breisach zu überqueren. Nannienus und Mallobaudes gelang es, sie bei *Argentovaria* (Horbourg) zu schlagen; Gratian zog eigens heran, um die Überlebenden im Schwarzwald aufzuspüren und aufzureiben.
Unterdessen wurde Valens (am 9. August) bei Adrianopel von den Westgoten verheerend geschlagen. Anfang 383 riefen britannische Truppen den Anführer der spanischen Faktion, Magnus Maximus – den Ausonius »Rutupinus latro«, einen britannischen Wegelagerer, schilt (*Politica* 4,3,72) – zum Kaiser aus. Nicht weit von Paris trafen die Heere aufeinander: die Truppen Gratians liefen zu Maximus über. In Lyon wurde Gratian am 25. August von einem Sonderkommando eingeholt und umgebracht.
Theodosius traf ein Abkommen mit Maximus, der zuließ, daß im Westen nun der zwölfjährige Valentinian II., ein Halbbruder Gratians, als Kaiser betrachtet wurde. Ambrosius nahm ihn in Schutz, reiste zweimal zu Maximus, um zwischen den Höfen in Mailand und Trier zu vermitteln. Schließlich wurde Maximus, den nun auch Spanien anerkannte, als Mitregent zugelassen. Er leistete gute Dienste, bis man ihm Gelegenheit gab, nach Italien zu ziehen. Dort benahm er sich als arroganter Tyrann, so daß Theodosius gegen ihn ins Feld ziehen mußte. Schließlich wurde Maximus in Aquileia von den eigenen Soldaten umgebracht.
Inzwischen waren Genobaudes, Marcomeres und Sunno mit ihren Frankenscharen plündernd durch die niedergermanische Provinz gezogen. Als Köln um Hilfe flehte, zogen Nannienus und Quintinus von Trier aus gegen die Feinde, die aber bereits größtenteils, mit reicher

Beute beladen, den Rhein wieder überquert hatten. Quintinus beschloß, ihnen von Neuss aus nachzuziehen: seine Truppen gerieten (irgendwo an der Ruhr) in einen Hinterhalt und wurden hingemetzelt.

389 versuchte Arbogast, der (fränkische) Oberbefehlshaber Valentinians II., mit den Frankenfürsten ein Abkommen zustande zu bringen. Sunno und Marcomeres gaben die Beute des Vorjahres zurück und stellten Geiseln. Da Arbogast aber sehr herrisch auftrat, kam es laufend zu Spannungen mit Valentinian II., der inzwischen auf das engste mit Ambrosius zusammenarbeitete. In Vienne gab es 392 eine stürmische Auseinandersetzung, weil Valentinian gegen den Willen des Heerführers nach Italien ziehen und sich von Ambrosius taufen lassen wollte. Am 15. Mai 392 fand man den jungen Kaiser in seinem Palast erhängt. »Die Schuldfrage wurde nie geklärt« (Kornemann, 10).

Am Ende des 4. Jahrhunderts war die Lage des Westreiches insofern paradox, als die eigentliche Gefährdung nicht so sehr von den Germanen an Rhein und Donau ausging: sie waren längst zu Bestandteilen des Reiches geworden, und gelegentliche Beutezüge gehörten schließlich schon seit Jahrhunderten zum Alltag in diesen Grenzgebieten. Noch 396 konnte der Feldherr Stilicho (ursprünglich ein Vandale), ohne eigentliches Heer von Rätien an den Niederrhein ziehen, um »Präsenz Roms am Rhein vor Augen zu führen« (Petrikovits, 56). Hier und dort handelte er einzelne Abkommen aus, während sich die Geschicke Roms im Osten entschieden.

Als Alarich 401 nach Italien zog, freute man sich in Konstantinopel, daß auf diese Weise die neiderregende Macht Stilichos gemindert würde. Um Mailand gegen Alarich verteidigen zu können, mußte dieser Vandalen und Alanen bewaffnen, die er im Vorjahre besiegt, dann in Rätien und *Noricum* als *foederati* angesiedelt hatte. 402 zogen noch größere Scharen von Alanen, Quaden, Sueben »und allerhand anderes Volk« in Richtung Gallien: jetzt setzen sich dort schon die Franken gegen die Neuankömmlinge zur Wehr! Diese fluteten dann zurück bis nach Mainz, überquerten dort (auf der Römerbrücke) den Rhein und fielen im Jahre 406 über die Rheinsiedlungen und das Hinterland her. 407 folgten die Burgunden. 409 machten sich Britannien und Teile Nordwestgalliens unabhängig. Zwischen 425 und 455 (also während der Regierungszeit Valentinians III.) vermochte Aëtius Goten und Sueben mehrfach zu bezwingen, konnte aber nicht verhindern, daß die Burgunden von den Hunnen überfallen wurden, die mit der Taktik wilder Reitervölker schnelle, verheerende Raubzüge durch Europa unternahmen.

Das frühe Christentum

Trotz beträchtlicher Erfolge und bei Wahrung eines ansehnlichen Prestiges der kaiserlich-römischen Zentralgewalt mehrten sich seit dem Ende des 3. Jahrhunderts die Anzeichen, daß die gesellschaftlichen und wirtschaftlichen Errungenschaften der beiden vorausgehenden Jahrhunderte gefährdet waren. Die mehr oder weniger erzwungene Ansiedlung von Germanen glich die Entvölkerung der besonders oft heimgesuchten rheinischen Gebiete nicht aus; viele der im Jahre 275 zerstörten Villen wurden nicht wiederhergestellt, in manchen zufällig erhaltenen Wirtschaftsgebäuden richtete man mehr oder weniger provisorische Wohnstätten ein.

Man darf wohl davon ausgehen, daß die Städte gegen kleinere Angriffe besser gerüstet waren als die Gehöfte und Dörfer auf dem Land. Den bestehenden Listen – bei Ammianus (um 390), in der *Notitia Galliarum* (um 400), in der *Notitia Dignitatum*, auf der *Tabula Peutingeri*, beim Geographus Ravennas – kann nur ein beschränkter Wert zugebilligt werden, da man in keinem Fall weiß, für welche Zeit genau sie gültig sind. Allerdings ist für einige Städte (z. B. Köln und Trier) bezeugt, daß die innerhalb der Städte wirklich genutzte Siedlungsfläche stark abnahm; wenn sich z. B. die gesamte Bevölkerung Triers im Amphitheater verschanzen konnte, so läßt das darauf schließen, daß die Stadt am Anfang des 5. Jahrhunderts noch ein Drittel ihrer Bevölkerung aus der Residenzzeit hatte. Auf diese Weise blieben die Städte zwar noch längere Zeit bestehen, sie übten aber ihre ehemaligen Funktionen nicht mehr (oder nur teilweise) aus.

Villen und Villengruppen abseits der üblichen Einfallswege konnten hingegen den Raum- und Eroberungszügen entgehen. Es bildeten sich (in unwegsamen sog. Remanenzgebieten) ganze Sprengel, die erst viel später im Rahmen der Landmissionen von der Christianisierung erfaßt wurden. Schließlich hat ja das Wort *pagani* – Bewohner der *pagi*, der Landgaue – das lateinische, französische und englische Wort für »Heiden« geliefert. Für einige dauerten heidnische Zustände (im religiösen wie im alltäglichen Brauchtum) bis ins 16. und 17. Jahrhundert an. Erst nach dem Konzil von Trient wurden ganze Landstriche (mehr oder weniger endgültig) vom Götzen- und Zauberglauben befreit.

Es ist demnach vorläufig wegen unzureichender Unterlagen nicht möglich, zu entscheiden, ob die Stadt oder das Land ein sozio-psychologisch günstigeres Milieu für die Ausbreitung des Christentums abgab. Überall wurde wohl jene bürgerliche Gesellschaftsschicht getroffen, die von den römischen, regionalen und überregionalen Zubringer- und Verteilersystemen profitierte, sowie naturgemäß fast alle, die als *familia* und *clientela* von diesen abhingen. Wenn die Märkte an Rhein und Donau nun nicht mehr funktionierten, brauchten die Tuchhändler keinen Fuhrpark mehr, keine Pferdegestüte, keine Schiffe und keine Schiffer, keine Kontore und keine Kontoristen, Inspekteure, vor allem keine Weber, Hirten, Schafe . . .

Wie Neuankömmlinge (die »Sarmaten« des Ausonius) unter diesen Bedingungen eine Existenz hätten aufbauen können, ist nicht ersichtlich. Wenn nun ehedem heilige Denkmäler und Grabsteine in Stadtmauern eingebaut werden, so ist daran vielleicht weniger ein religiöser als ein allgemein gesellschaftlich-ökonomischer Umschwung zu erkennen. Sigillata wird jetzt über Jahrzehnte aufbewahrt, statt Bronzegeschirr kauft man tönerne Nachahmungen. Gröberes Mayener Geschirr findet Absatz bis nach Britannien. Galoppierende Inflation läßt den Geldumlauf zunehmen, den Gehalt an Edelmetall aber schnell absinken. Zeitweise werden ›Fälschungen‹ zumindest regional geduldet. Aquädukte werden nicht mehr unterhalten, Reservoirs in Kellerräumen angelegt, Brunnen aus- oder nachgegraben; die aufwendigen Hypokaustheizungen werden durch sog. Kanalheizungen ersetzt, in denen die Hitze rechts und links von einer zentralen Rinne abgeleitet wurde. Die Straßen außerhalb und innerhalb der Ortschaften werden in der Regel schlecht gepflegt, Brücken verfallen, Thermen und Kurien sind zweckentfremdet. Wegelagerer und regelrechte Räubergruppen verunsichern die Landbezirke, wobei es wohl – wie auch später – keine klare Trennung zwischen den barbarischen ›Milizen‹ und diesen ›Grandes compagnies‹ gab.

Im großen und ganzen erkennt man recht deutlich, daß die Zeichen eines Rückgangs im 3. und 4. Jahrhundert sich mehren und in den Ausgrabungen greif- und meßbar werden. Alle politischen Unternehmungen waren also durch einen demographischen, ökonomischen und psychologischen Verfall behindert.

Es gehört zum Wesen des Römischen, daß es undoktrinär, unprogrammatisch, unideologisch war. Weder Schule noch Beruf, weder Medien noch Verordnungen impften dem Römer normative Verhaltens- und Glaubensmuster in dem Maße ein, wie wir es heute gewöhnt sind. Im Religiösen lagen die Dinge ähnlich. Mit den Staatsgöttern bestand ein Schutz- und Trutzbündnis; sie hatten sich bewährt, man mußte ihnen danken und huldigen. Die Art, wie dies zu geschehen hatte, war peinlich genau vorgeschrieben, das Rituelle erschien im allgemeinen wichtiger als das strikt Religiöse, das Gespräch mit Gott. Man sprach nicht mit Juppiter, der sich selbst nur durch Merkur äußerte – und durch Donner. Er wurde verehrt als *Optimus Maximus*, als der sehr Große, der sehr Gute, aber alle wußten, daß damit eigentlich mehr der Kaiser als der Gott gemeint war, ebenso wie ja die *domus divina* (unter ägyptischen Einwirkungen?) das ›Kaiserhaus‹, die kaiserliche Familie bezeichnete und nicht den Wohnsitz der Götter.

Übrigens gewann Merkur zusehends an Bedeutung: seine theologische Vielseitigkeit – als *Mercurius Augustus* war auch er Verkörperung des Kaisers; als Gott aller *negotia* schenkte er Handel und Handwerk Erfolg und Reichtum; als Gott der ›Technik‹, vor allem im keltischen Bereich, förderte er Intelligenz, Erfindergeist, Geschicklichkeit – sicherte ihm den Zugang zu den breiten Volksschichten. Da er außerdem seit alters Verbindungen zu kosmologisch-physikalischen und magisch-metaphysisch-mystischen Riten, Mythen und Praktiken ägyptisch-syrisch-mesopotamischer Provenienz besaß, die generell schon im 2. Jahrhundert an Beliebtheit zunahmen, wurde er gelegentlich zum führenden Vertreter jener Götterwelt, die jetzt immer mehr synkretistisch aufgefaßt und in den sog. Juppitersäulen bildlich dargestellt wurde.

Die große Göttermutter (*Magna deum Mater*, die Kybele aus Kleinasien), Isis, Mithras, Bacchus – sie alle hatten gemeinsam, daß sie irrationalen Bedürfnissen nach Läuterung, Besserung, Geborgenheit, Teilnahme am Geheimnis der Gottheit entgegenkamen, die gerade in unsicheren Zeiten stark empfunden wurden. Längst hatte man aus gelehrter Meditation oder intuitiver ›Anschauung‹ erfahren, daß es in Wirklichkeit nicht viele und wesenhaft verschiedene Götter gab, sondern eine Gottheit, die sich in vielen Formen äußerte, unter vielen Namen, überall.

Diese Entwicklung im religiösen, aber auch im wirtschaftlichen, im gesellschaftlichen wie im politischen Bereich hat mit Sicherheit den Weg für die Ausbreitung des Christentums geebnet. Es ist allerdings nicht leicht, sich der apologetisch-kämpferischen Diktion der sog. Kirchenväter zu entziehen, die dazu neigen, alle Geschichte als Gang und Hinwendung zu Gott, als Streben zu Ihm hin, als Kampf für Ihn darzustellen. Sie hätten nicht geduldet, daß man die Christianisierung der römischen Kulturwelt zumindest über zwei Jahrhunderte hin nur als eine Erscheinung unter vielen anderen darstellte, die sich in demselben Rahmen, teilweise unter denselben Vorzeichen, oft auch mit denselben Problemen behaftet zeigt wie viele andere Geistesrichtungen dieser Zeit. Das liegt wiederum an der toleranten Grundeinstellung der

Römer, die immer darauf bedacht waren, ›sicherheitshalber‹ eher möglichst viele Götter in Rom anzusiedeln als irgendwelche abzuweisen.
Am Ende des 2. Jahrhunderts gab es wohl schon christliche Gemeinden in Germanien. Historisch greifbare Spuren haben sie aber offenbar vor der Mitte des 3. Jahrhunderts nicht hinterlassen (Petrikovits, 250). Dies ist nicht weiter erstaunlich. Denn solange die Γερμανίας ἐκκλησίαι sich durch nichts hervortaten, was sie hätte historiographisch aktenkundig werden lassen, fielen sie nicht aus dem religiösen Rahmen, den wir für die römische Periode geben können. Weder Kreuz noch Fisch noch Abendmahl, weder Glaube noch Glaubenspraxis waren so atypisch, daß sie Anlaß boten zu Äußerungen von der Art, die heute für uns Quellenwert haben. Erst in der Polemik, in der Auseinandersetzung um religiöse und staatspolitisch exklusive Ansprüche kam es zu Konflikten, die so ungewohnt waren, daß das heidnische Rom sich zu (Panik-)Reaktionen hinreißen ließ, die freilich das Gegenteil von dem erreichten, was beabsichtigt war. Splittergruppen brauchen Märtyrer, Blutzeugen; Rom zwang sie den Christen fast auf, während Trajan noch so klug gewesen war, nur objektiv feststellbare, gleichsam öffentliche, ›skandalöse‹ Renitenz unter Strafe zu stellen. Märtyrerkulte sind in den Rheinlanden nicht vor dem 4. Jahrhundert zu belegen; das Martyrium selbst – vielleicht das von »christlichen Jungfrauen« im Sinne der Clematius-Inschrift von St. Ursula (CIL XIII 1313) – hat wohl vor den Toleranzerklärungen Konstantins stattgefunden. »Daß Clematius eine Basilika wiederhergestellt habe [restituit], [heißt,] daß also auch schon vor ihm hier eine Kirche gestanden habe« (Petrikovits, 250, nach Levison). Es mag sich um eine Grabkirche gehandelt haben, die inmitten einer seit dem ersten nachchristlichen Jahrhundert kontinuierlich benutzten Nekropole stand. In dieselbe Zeit gehört die früheste *cella memoriae* in Bonn, wo seit 691/692 die Heiligen Cassius und Florentius (und ihre Mitstreiter der Thebäischen Legion) als Patrone in Erscheinung treten, ohne daß hieraus ein echter Bezug zu den Märtyrern postuliert werden darf. Zudem ist eine *legio Thebaea* erst nach 395 belegt (*Notitia Dignitatum Occidentis* 7,29), und Kenntnisse über frühe Blutzeugen werden Theodulus, dem Bischof von Martigny, zugeschrieben, der 381 am Konzil von Aquileia teilnahm. Die Legende selbst scheint starke Einwirkungen orientalischer Geschehnisse zu verarbeiten.
In der Zeit des ersten Konzils von Arles (314) wird nur ein Bischof in Köln und Besançon erwähnt. Im Laufe des Jahrhunderts kommen Tongern, Mainz, Worms, Speyer, Straßburg und Kaiseraugst hinzu, vielleicht wurden damals alle *civitas*-Hauptorte Sitz eines Bischofs. In Köln

ist Maternus ab 313 als erster Bischof belegt; ungewiß bleibt, ob er mit den in Tongern und Trier bekannten Namensvettern identisch ist. In Mainz ist Martinus zwar schon für das Jahr 346 ›belegt‹, aber in einem urkundlich unzuverlässigen Quellenkontext; in Mainz ist eine Christengemeinde für das Jahr 368 durch Ammianus gesichert (27,10,1 ff.); für Bischof Aureus ist aber wohl erst das Jahr 436 wahrscheinlich (Duchesne, 182; Ewig, 185); in der *Germania Prima* war er Metropolit, in der *Secunda* der Bischof von Köln. Das hinderte den Bischof von Trier (hier wurde das Bistum wohl schon in der Mitte des 3. Jahrhunderts gegründet) nicht, einen wie auch immer gearteten »Einfluß auf die beiden Germanien zu nehmen« (Petrikovits, 250). *Presbyteri* spielten eine um so bedeutendere Rolle, als die Organisation der Bistümer langsam fortschritt und sehr großräumig blieb (Abb. 15). Als Diakone sind Ferrutius in Besançon, Macrinus in Köln, Deodatus in *Gondruba* (Gondorf) belegt.

In den gallischen und germanischen Grenzbezirken neigte man kaum zu theologischen Spitzfindigkeiten, und man hatte zuerst nur wenig Sinn für abstrakte Glaubenspolemik. Ausonius war Christ, treuer Anhänger des Bekenntnisses von Nizäa und trotzdem (und wahrscheinlich gleichzeitig) treuer Verehrer der früheren Götter, die er in zahlreichen Werken – auch in der *Mosella* – besang. Christ sein und an Satyrn, Pane und Nymphen glauben war kein unvereinbarer Gegensatz.
Erst als die Fragen über Wesensgleichheit (*homo-usia*) oder Wesensähnlichkeit (*homoi-usia*) zwischen Gott-Vater und Gott-Sohn (und, ab 362, zusätzlich dem Heiligen Geist) zu prinzipiellen, durch massive Interventionen Constantius' II. radikalisierten Auseinandersetzungen führten, kam es zu Polarisierungen, deren komplexe Motivierung hier nicht dargelegt werden kann. Der Zufall wollte es, daß Konstantin den nizänischen Athanasius, den führenden Gegner des Arius, nach Trier verbannte (335 und 376). Maximinus, ein Schüler, dann der Nachfolger des dritten Trierer Bischofs Agroecius, wurde dort zu seinem eifrigsten Mitstreiter, welcher als erster die Beschlüsse von Serdica (342) unterschrieb, die in strikter nizänischer Orthodoxie den Kaiser aufforderten, seine Bannsprüche zu widerrufen.
Zahlreiche innerkirchliche Auseinandersetzungen (so z. B. um die asketische Lehre des Spaniers Priscillianus, der unter anderem der Magie beschuldigt wurde) trugen zwar im nachhinein wesentlich zu einer Straffung und Klärung der kanonischen Orthodoxie bei, führten aber zunächst zu peinlichen Ausschreitungen, die die weltliche Macht

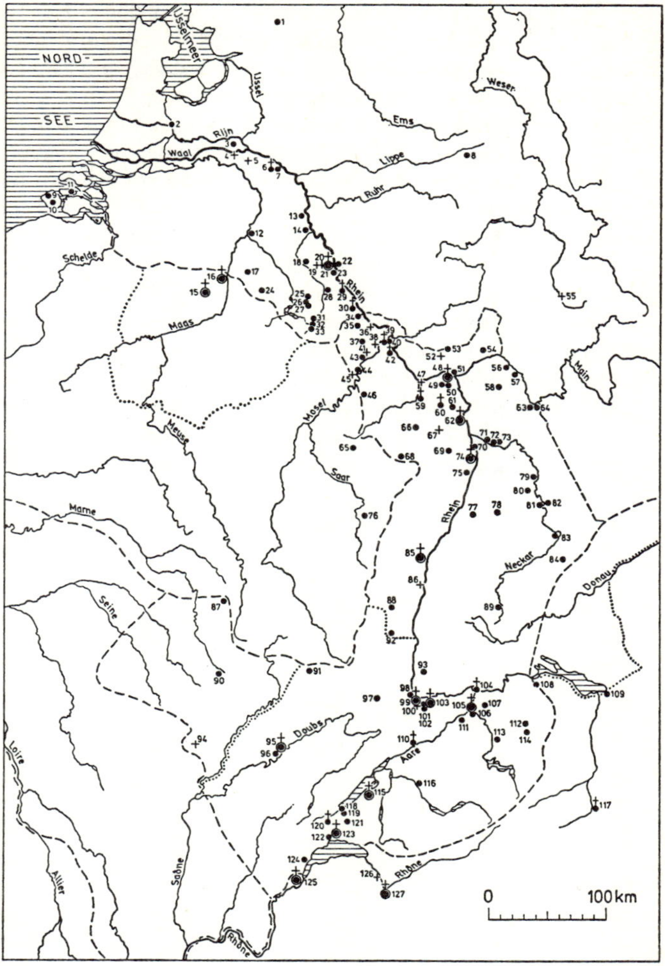

Abb. 15. Christliche Funde in den spätrömischen Rheinprovinzen (aus: v. Petrikovits, 250).

Bischofssitz. Kirche. + Christlicher Fundort. —— Provinzgrenzen der Prinzipatzeit. ····· Provinzgrenzen der spätrömischen Zeit.

dazu verleiteten, ein Protektorat auszuüben, das gewöhnlich allerseits mißbilligt wurde und keiner der beiden Mächte Vorteile einbrachte. Laktanz (ab 317), Athanasius, Hieronymus, aber auch Symmachus, der letzte Heide, weilten am Trierer Kaiserhof, wo man (trotz persönlichem Engagement und gelegentlichen, schwerfälligen Eingriffen) letztlich doch keine Bindungen allgemein verpflichtender Art einging. So erklärt es sich, daß der Ausbau der im 4. Jahrhundert noch sehr oberflächlichen ekklesiastischen Strukturen im Rheinland erst im 5. Jahrhundert erfolgte. Allerdings darf man nicht an einen Siegeszug denken, der, getragen von den Wogen eschatologischer Vorstellungen, die Bevölkerung schnell und tief ›bekehrt‹ hätte. Das Christentum, »die größte Errungenschaft, die sich nach vielen Leiden und Opfern im 3. und 4. Jahrhundert durchsetzte, [. . .] brachte den von Leid und Unfreiheit bedrückten Menschen am Rhein neuen Lebensmut« (Petrikovits, 250). So war jenes Jahrhundert, das man in klassisch-traditioneller Sichtweise als das des Untergangs darstellt, in Wirklichkeit von einer Erneuerung geprägt, die in gleitendem Übergang eine neue Zeit herbeiführte.

Dritter Teil
Menschen und ihre Götter

Erstes Kapitel
Marcus Caelius aus Bologna. Fremdes Militär an der Grenze des Reiches

> »Dem Marcus Caelius, dem Sohn des Titus, zum Stimmkörper ›Lemonia‹ gehörig, aus Bononia, Zenturio ersten Ranges [oder: der ersten Kohorte] der 18. Legion, 53 ½ Jahre alt.
> Er fiel im Krieg des Varus.
> Die Gebeine [...] dürfen [in diesem Grab] bestattet werden.
> Der Bruder Publius Caelius, Sohn des Titus, zum Stimmkörper ›Lemonia‹ gehörig, hat [das Grabmal] herstellen lassen.«

So lautet (nach H. von Petrikovits, 321) die Übersetzung der Inschrift CIL XIII 8648, auf dem Grabstein Espérandieu (312) 6581.[1]
Der Verstorbene ist schon an der *vitis* (Rebstockgerte) in der linken Hand als Offizier erkennbar. Der *centurio* befehligte eine der sechs Hundertschaften, die eine Kohorte ausmachten, den zehnten Teil einer Legion. Wenn er die erste *centuria* der ersten Kohorte – oder die erste Kohorte – befehligte, war er einer jener wenigen Offiziere der niederen Ränge, die an den Beratungen des Legionsstabes teilnahmen. Die höheren Dienstränge waren den *tribuni* (*laticlavii*, wenn sie aus senatorischem Adel, *angusticlavii*, wenn sie aus dem Ritterstand stammten) vorbehalten. Legionskommandeure hießen *legati legionis*, Armeekommandeure *legati Augusti pro praetore*.
Marcus Caelius trägt den Offiziers-Brustpanzer (einen sog. Muskelpanzer, aus Stahl) über einer (am Ärmel erkennbaren) *tunica*. Am Bauch und an den Armen schützen Lederlaschen vor unangenehmem Einschneiden oder Abquetschen durch das Metall. Um den Hals erkennen wir das »eingerollte Halstuch« (*focale*), über den Schultern das

1 Aufbewahrt im Rheinischen Landesmuseum Bonn.

sagum, den Wollmantel, den der Offizier an einem Zipfel mit der linken Hand festhält. An diesen Mantel sind (auf beiden Schultern) Ringe eingezogen (*torques*?), die vielleicht Auszeichnungen darstellen, so wie die scheibenförmigen *phalerae* (von unheilabwehrendem Charakter) auf der Brust und die *armillae* (Armringe) an beiden Armgelenken. Auf dem Kopf trägt Marcus die *corona civica*, die für besondere Leistungen im Dienste der *cives*, d. h. der römischen Bürgerschaft, verliehen wurde. Rechts und links von Marcus Caelius sind die Porträts seiner Freigelassenen Thiaminus und Privatus dargestellt, gleichsam als Begleiter und Zeugen. 1965 hat v. Petrikovits vorgeschlagen, die Lücke am Anfang von Zeile 4 der Inschrift mit LIB (für »libertorum«) aufzufüllen; es hätte demnach eine testamentarische Bestimmung gegeben, derzufolge die Gebeine der Freigelassenen neben denen ihres Wohltäters beigesetzt werden durften. Die Angabe in Zeile 3: »bello Variano«, kann nicht speziell auf die Varusschlacht im Teutoburger Wald bezogen werden, sie gilt allgemein für den Feldzug des Jahres 9.

»Der Typus der Stele, den der Caelius vertritt, ist uns aus Oberitalien durch zahlreiche Beispiele geläufig. Dieser fundamentale Zusammenhang findet sich in der einschlägigen Literatur erstaunlicherweise noch nicht ausgesprochen.« H. Gabelmann (82) hat eben diese Zusammenhänge nicht nur ausgesprochen, sondern nachgewiesen: an dem Vergleich zwischen den profilgerahmten Stelen des M. Paccius Orinus in Modena, des *suarius* (Schweinezüchters) von Bologna und denjenigen der Adbogius in Mannheim, Iucundus und L. Naevius in Mainz ist nicht zu zweifeln (Abb. 16). Auch nicht daran, daß das Caelius-Denkmal eine Stele ist, nicht etwa nur eine Art Wandskulptur oder Teil eines größeren Ganzen. Mit Mansuelli ist der Ursprung der *aedicula*, ob sie nun als Nische, flach oder perspektivisch vertieft auftritt oder als regelrechtes Architekturelement (Glanum, Poblicius), im *naiskos* (Nischentempel) griechischer Herkunft zu suchen. Will man sich auf die Sammlungen des Nationalmuseums in Athen beschränken, so ist dort die Entwicklung von der Aristion-Stele (Ende des 6. Jahrhunderts v. Chr.)[2] über diejenige des Ekkedamos (440 v. Chr.)[3] und Amphotto (440 v. Chr.)[4] bis zum *naiskos* des Prokleides (4. Jahrhundert v. Chr.)[5] bezeichnend. Die fast vollplastische *aedicula* des Aristonautes (aus dem Kerameikos)[6] dürfte, trotz deutlicher Unterschiede, wo nicht in der Sache, so doch im Geiste eine Art Archetyp für unseren Caelius-Stein

2 Inv.-Nr. 4477; auch 3071.
3 Inv.-Nr. 734.
4 Inv.-Nr. 739.
5 Inv.-Nr. 79; auch 3505.
6 Inv.-Nr. 738.

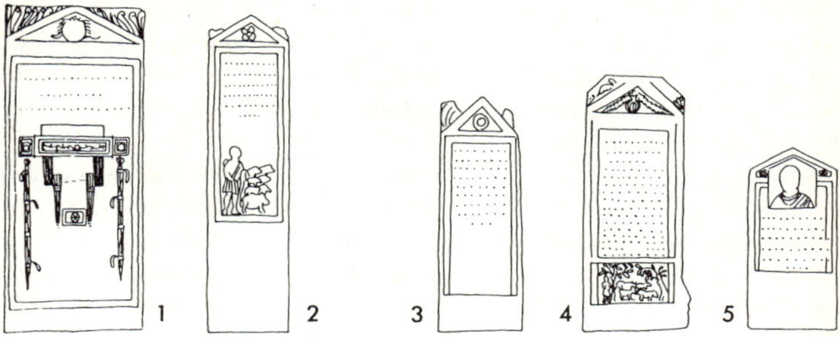

Abb. 16. Typologischer Vergleich zwischen »profilgerahmten« Stelen aus Modena (1) und Bologna (2) und Stelen aus Mannheim (3) und Mainz (4, 5) (aus: Gabelmann, 82).

darstellen. Der Bildhauer war so kühn, zu versuchen, auf engstem Raum, ja über diesen hinausgehend, soviel wie möglich von Marcus Caelius darzustellen, und die überstehende *vitis* genau wie der über die obere Randleiste hinausragende, bekrönte Kopf sind Versuche, an Plastizität zu gewinnen, was an Physiologie und Dynamik nicht erreicht werden konnte. Gabelmann stellt den Caelius-Stein in eine Reihe mit den Monumenten des Q. Labienus Mollio in Pula, des C. Largennius in Straßburg, des Monimus in Mainz, des Vellaunus in Bonn. Die »repräsentative Frontalität« besteht auch im zivilen Bereich: in Torcello, Aquileia, Este, aber auch in Köln (Stele der Bella, des C. Aiacius) und Bonn (Stele des P. Clodius); bei großzügigerem Umgang mit dem Material und veränderten italischen Einwirkungen gelangte man später zu den En-pied-Figuren, wie sie mit dem Namen des Ti. Claudius Halotus (Präfekt einer dalmatischen Kohorte) in Köln, des Annaius in Bad Kreuznach, mit den Ingelheimer Vollplastiken, dem Denkmal aus Nickenich, dem des Asper und der Restituta in Neumagen recht anschaulich verbunden sind. In die Reihe der sog. Totenmahl-Darstellungen gehören u. a. die Stele des Iulius Ingenuus in Mainz, des M. Valerius Celerinus und T. Manlius Genialis in Köln, auch sie (wie die Familien-Totenmahlszenen unserer Provinzen) ferne Nachkommen hellenistischer Reliefvorbilder des sog. pathetischen Stils.[7] In ihnen

7 Im Athener Nationalmuseum etwa Inv.-Nr. 870 (Abschiedsszene); auch 737; vielleicht auch 3369 aus dem Amphiareion, mit Heilungsthematik.

wird der historisch wesentliche Übergang von der (relativen) militärischen Dominanz zur bürgerlich-zivilen deutlich.

Abgesehen von allen typologischen und chronologischen Problemen, geben die Soldatengrabmäler einmalige Einblicke in die Ausstattung und – durch die Inschriften – in Herkunft, Volkszugehörigkeit und Karrieren der Verstorbenen.

Pintaius, Sohn des Pedilicus,[8] stammte aus einem (unbekannten) *castellum Intercatia* in Asturien »hinter dem Gebirge« (Petrikovits, 78); er war *signifer*, Standartenträger einer spanischen Infanteriekohorte; über dem Helm trägt er einen Bärenschädel mit hochgeklapptem Maul, ein Bärenfell über die Schultern, die Pranken vor der Brust gekreuzt. Am Doppelkoppel (*cingulum*) hängt links ein *gladius*, dessen Scheide er mit der linken Hand festhält, während er das Schwert mit der rechten zückt. Auf dem Relief hält die rechte Hand das *signum*, eine Lanze mit einem kurzen Querholz oben, an dem ein Kranz befestigt ist, darunter eine *phalera*, oberhalb der Hand ein auffliegender Adler mit dem Blitz des Juppiter, darunter ein Knauf und eine Quaste, tiefer noch ein abschließender Ring.

Ebenfalls in Bonn: die Grabstele des Q. Petilius Secundus aus Mailand,[9] Soldat der *legio XV Primigenia*, die um 43 bis 70 in *Castra Vetera* (Xanten), vorher, um 40 bis 43, in Mainz-Weisenau stand. Er hält in der rechten Hand eine Wurflanze (*pilum*), am *cingulum* trägt er außer dem Schwert einen Dolch (*pugio*), in der linken Hand vielleicht eine Rolle, die seine Bürgerschaft belegte.

Vonatorix, Sohn des Duco,[10] war Reiter in einer *ala Longiniana* (viele Truppeneinheiten trugen die Namen des jeweils ersten oder eines berühmten Anführers); seine Schultern sind durch besondere Metallplatten geschützt; an zwei Riemen am Koppel trägt er das längere Kavallerieschwert (*spatha*). Vonatorix galoppiert vorbei, mit erhobener Lanze. Über einen ›Steinblock‹ unter dem Vorderteil des Pferdes hat man gerätselt; aus dem Vergleich (z. B. mit dem in Wiesbaden gefundenen Stein des Doianus oder mit dem des Reburrus in Bonn, eines Unbekannten im Grafschafts-Museum in Moers usw.) ist möglicherweise zu schließen, daß hier die Figur eines niedergestreckten Gegners vorgesehen war, aber nicht zur Ausführung kam. Es kann allerdings auch nicht ausgeschlossen werden, daß – wie im Falle des

8 CIL XIII, Nr. 8092; Espérandieu (312), Nr. 6255.

9 CIL XIII, Nr. 8079; Espérandieu (312), Nr. 6253.

10 Rheinisches Landesmuseum Bonn, Inv.-Nr. 10391; CIL XIII, Nr. 8095; Espérandieu (312), Nr. 6292.

Flavius Bassus in Köln – ein Schild an den Block angelehnt werden sollte.

Auch M. Aemilius Durises[11] war Kavallerist, in der *ala Sulpicia*, im Zuge des Nepos. Er ließ sich (zwischen 75 und 100) auf der Kline, in der Pose des Tafelnden darstellen, am ›ewigwährenden Mahl‹ teilnehmend. Auf einem dreibeinigen Rundtischchen stehen die Becher (*scyphi*), aus denen er Wein oder Ambrosia trinkt, Ewigkeitstrunk. Ein kleiner Sklave steht zu seinen Füßen, die Weinkelle (*simpulum*) in der Hand. Die Inschrift trennt hier zwei Bildfelder: auf dem unteren führt ein Pferdeknecht (*calo*) das Lieblingspferd des Durises im Paradeschritt vorbei. An der linken (dem Zuschauer abgekehrten) Seite hängt ein ovaler Schild (*parma*) am Sattel, der mit einer Decke überzogen ist. Hier vollzieht sich der oben beschriebene Übergang vom Militärischen, das nur noch andeutungsweise bildhaft zum Ausdruck kommt, zum Zivilen, das jetzt als normaler Status erkannt wird.

Caesar war 58 v. Chr. mit sechs Legionen an den Rhein gekommen. Es waren römische Bürger oder »solche Provinzialen, denen man nach militärischer Bewährung das römische Bürgerrecht verlieh« (Petrikovits, 56). Bis zur Zeit von Aktium (31 v. Chr.) wurde die gesamte Zahl der Legionen (zeitweise) auf 45 angehoben, dann von Oktavian schnell auf 27 oder 28 gesenkt. Die entlassenen Soldaten erhielten Geld und Land als Abfindung.

Wie schon gesagt, blieb in den Provinzen die höchste militärische Gewalt in der Hand der Statthalter, der *legati pro praetore*, z. T. mit prokonsularischem Imperium über Gallien und Germanien. Wir kennen u. a. Q. Salvidienus Rufus (40/39), M. Vipsanius Agrippa[12], C. Carrinas (um 29)[13]; M. Nonius Gallus (um 29), M. Vinicius (25), M. Lollius (17/16)[14];Tiberius (16/15; 9/7), Calpurnius Piso (Frugi?)[15]; Cn. Pullius Pollio (?), Drusus (13/10), C. Sentius Saturninus (6/1?), L. Domitius Ahenobarbus (seit 6). Später, als zwei Heereskommandos (im »unteren« sowie im »oberen« Germanien) bestanden (bis zur Zeit der *clades Variana* gab es fünf Legionen in Germanien: die *XIV Gemina* und die *XVI Gallica* in Mainz, die *XVII* in Neuss – oder Köln –, die *XVIII* und *XIX* in *Vetera*; im Teutoburger Wald wurden die drei letz-

11 Römisch-Germanisches Museum Köln; CIL XIII, Nr. 8311; Espérandieu (312), Nr. 6463.

12 Eutropius, *Breviarium* 7,5; vgl. Dio Cassius 48,49,3.

13 Vgl. Dio Cassius 51,21,5.

14 Vgl. Velleius Paterculus 2,97,1; Dio Cassius 54,20,4–6.

15 Vgl. Orosius 6,21.

teren mit drei Reiter-Alen und sechs Auxiliarkohorten aufgerieben!), unterschied man *legati Augusti pro praetore Germaniae Superioris* oder *Inferioris*. In Mainz sind etwa fünfzig Kommandeure bekannt, darunter C. Silius Caecina Largus, C. Livius Ocella, Ser. Sulpicius Galba (39–41/42 n. Chr.), C. Antonius Saturninus (88/89)[16], C. Octavius Tidius Tossianus, L. Iavolenus Priscus (90)[17], M. Ulpius Traianus (87), Q. Aiacius Modestus Crescentianus (208–211)[18], Q. Iunius Quintianus (213)[19], Clementinus Priscillianus (231)[20].

Die Legionslegaten hat G. Alföldy (92) zusammengestellt. Nennen wir beispielsweise: C. Caetronius aus Norditalien (*legio I*, im Jahre 14 n. Chr. in Köln), Cethegus Labeo (28 in Vetera, *V Alaudae*), T. Flavius Vespasianus (42/43–47 in Mainz und Britannien, *II Augusta*), C. Vibius Viscus Macrinus (Bonn, *I*), C. Cornelius Annius Messalla (68?, Novaesium), Q. Cornelius Aquinus (*V Alaudae?*, 68), A. Caecina Alienus (*IV Macedonica*, Ende 68 in Mainz), C. Dillius Vocula (*XXII Primigenia*, 69/70 in Mainz), Munius Lupercus (*XV Primigenia*, 68–69/70 in Xanten), L. Licinius Sura (*I Minervia*, Bonn, um 89), später Statthalter in *Belgica*, dann in Niedergermanien[21] und dreimal Konsul (98, 102 und 107), Hadrian (*I Minervia*, 105–106), M. Pompeius Macrinus Neos Theophanes (*VI Victrix*, 109 in Vetera), dessen Laufbahn Alföldy (92) folgendermaßen sieht: *quattuorvir viarum curandarum – quaestor provinciae Ponti et Bithyniae – praetor urbanus – curator viae Latinae – legatus legionis VI Victricis – legatus Augusti pro praetore provinciae Ciliciae – proconsul provinciae Siciliae – consul – proconsul provinciae Africae* (um 130); M. Didius Severus Iulianus (Legat der *XXII Primigenia* in Mainz, 170/171, vorher unter dem Kommando des C. Victorinus, später – ab 172 – Statthalter in der *Belgica*, 175 Konsul, 193 Nachfolger des Pertinax); Q. Aurelius Polus Terentianus (*XXII Primigenia*, 185/186 in Mainz, wohl Daker); Domitius Antigonus (in Mainz, um 220, aus Makedonien); Q. Petronius Melior (*VIII Augusta* in Straßburg, 236–238, dann *XXX Ulpia* in Xanten, 238–240; aus Etrurien). Auswahl (und Gesamtlisten) zeigen, daß diese Kommandeure oft aus ferneren Provinzen kamen, nur kurze Zeit blie-

16 Vgl. Sueton, *Domitianus* 6,2; Dio Cassius 67,11,1.

17 CIL III, Nr. 9960, aus Dalmatien.

18 CIL XIII, Nr. 7417, aus Groß-Krotzenburg, und Nr. 7441, aus Kapersburg.

19 Vgl. ebd., Nr. 6754, in Mainz.

20 Vgl. ebd., Nr. 11758, in Öhringen; Nr. 6749, in Mainz; Nr. 7212, in Gonsenheim; Nr. 6608, in Miltenberg.

21 Vgl. H. Finke, »Neue Inschriften (Nachtrag zu CIL XIII)«, in: *Berichte der Römisch-Germanischen Kommission* 17 (1927), Nr. 251, aus dem Brohltal.

ben, meistens *homines novi* waren, auf dem Weg zur Statthalterschaft, manchmal zum Konsulat, das noch im 4. Jahrhundert als triumphaler Abschluß einer ehrbaren Karriere sehr hoch im Kurs stand.

Für die Geschichte der Heere in Germanien war der Beschluß des Claudius entscheidend, Köln aufzulassen und die beiden dort kasernierten Legionen nach Bonn und Neuss zu verlegen, während der ganze untere Rheinabschnitt von fremden Auxiliareinheiten verteidigt wurde. Solche Einheiten gab es damals im obergermanischen Bereich in Bingen und Bingerbrück (*cohors IV Delmatarum*, *I Pannoniorum*, *I Sagittariorum*), Mainz-Weisenau (*Ala Indiana Gallorum*, *Hispanorum*, *Noricorum*, *Parthorum et Araborum*, *Rusonis*, *Sebosiana*, *Asturum et Callaecorum*, *cohors I Asturum*, *I* und *II Ituraeorum*, *I Lucensium Hispanorum*, *IV* und *VI Thracum*, *I Noricorum*, *XXIV voluntariorum*) und Worms (*ala Agrippiana*, *Hispanorum*, *Indiana Gallorum*, *Sebosiana*, *cohors I Thracum*, *VII Breucorum*, *Raetorum et Vindelicorum*; nach Oldenstein-Pferdehirt, 122).

Abb. 17 zeigt sehr deutlich, was der Begriff »Fremde« in unserem Zusammenhang bedeutet. Sie straft Petillius Cerialis z. T. Lügen, da zu keinem entscheidenden Zeitpunkt wirklich »Einheimische« Schlüsselposten besetzten. Dies bedeutet nicht, daß das Prinzip der tatsächlichen Auswahl eo ipso schlecht war, man fragt sich aber, ob nicht dadurch die lange Zeit feststellbare Oberflächlichkeit der Romanisierung zumindest im Bereich des Militärischen zu erklären ist. Allerdings trug auch die spätrömische Praxis der Bauernmilizen kaum bessere Früchte. Es ist ganz gewiß eher auf strategische Fehler als auf Reibereien unter den Völkern zurückzuführen, daß das gesamte römische Aufgebot mehrmals aus dem Gleichgewicht geriet; es war falsch, nördlich von Xanten (und von Vindonissa) keine Legionen oder so wenige Legionen einzusetzen (und die Xantener 68/69 obendrein nach Italien abzuziehen), den wenigen und wenig zuverlässigen Auxiliareinheiten gerade das Gebiet zum Schutze anzuvertrauen, das – seit der Zeit der doch so gefürchteten Kimbern und Teutonen – Feindeinwirkungen ausgesetzt war. Vespasian wirkte dem entgegen, indem er eine Legion (zuerst die *II Adiutrix*, dann die *X Gemina*) nach Nijmegen verlegte, die *XXII Primigenia* nach Vetera, die *VI Victrix* nach Neuss, die *XXI Rapax* nach Bonn; in Mainz blieben (bis nach dem Aufstand des Saturninus) zwei Legionen (*I Adiutrix* und *XIV Gemina*); die Auxiliareinheiten wurden fast alle durch frische Truppen ersetzt, ihre Zahl auf 32 erhöht, eigene Lager für sie eingerichtet (Dormagen, Krefeld-Gellep, Maurik), zerstörte (Wiesbaden, Hofheim) wiederhergerichtet, auch im Mainzer Bereich Neuanla-

gen – z. B. *Nida* (Heddernheim) – geschaffen, ehe Domitian diese von Vespasian schwerpunktmäßig initiierte Ausrichtung weiterführte, die zur Zeit Hadrians dann (nach mehreren Zwischen- und Ausbauphasen) als der sog. Limes bereitstand.
Dessen Zweck hatte nie darin bestanden, größere Feindunternehmungen abzuweisen; als die germanischen Angriffe an Zahl und Umfang zunahmen, schwand seine Bedeutung schnell. Die militärisch-strategische Antwort darauf lautete: Schaffung sehr beweglicher Heere, die schnell und präzise gegen die Aggressoren eingesetzt werden konnten; erst als auch diese Maßnahme, mit der auch taktische und waffentechnische Veränderungen verbunden waren, keine wesentliche Erleichterung brachte (es gab zwischen der Auffassung Diokletians und derjenigen Konstantins über Stationierung und Verwendung der Heere tiefgehende Differenzen), kam man zu der Überzeugung, die z. B. Valentinian I. vertrat: daß wieder Bauwerke, *castella*, *moenia*, *burgi* Träger jeder (aktiven oder passiven) Aktion sein müßten: *Divitia* (Köln-

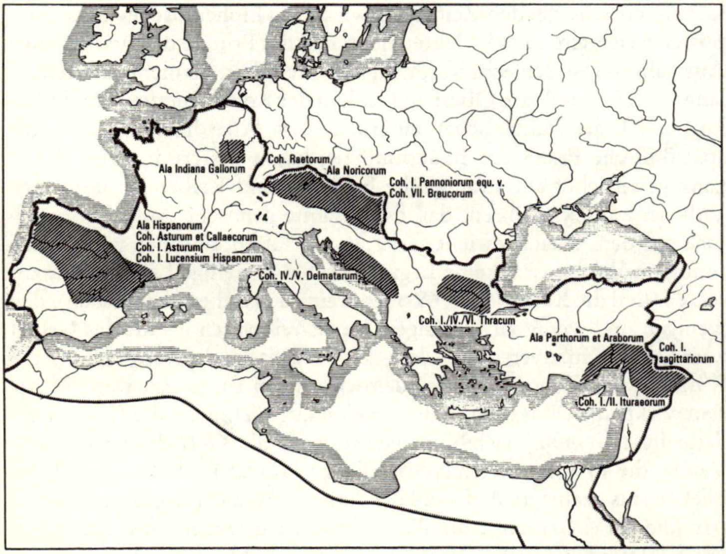

Abb. 17. Erstrekrutierungsgebiete der julisch-claudischen Auxilien um Mainz (aus: Oldenstein-Pferdehirt [122], Tl. 1).

Deutz), *Boudobriga* (Boppard), *Noviomagus* (Neumagen), *Beda* (Bitburg), *Icorigium* (Jünkerath), Pachten, Tongeren, *Antunnacum* (Andernach), *Bingium* (Bingen) wurden teils aufgebaut, teils zu diesem Zwecke hergerichtet. Das äußerte sich besonders in der Verstärkung der Wehrmauern (Altrip, Alzey), die immer öfter Artillerieangriffen ausgesetzt waren. Die seit der Zeit der Laeten-Ansiedlung mehr oder weniger konsequent (d. h. notgedrungen) betriebene Ansiedlungspolitik germanischer (oder »sarmatischer«) Volksgruppen führte dazu, daß schon relativ früh Germanen dazu bewogen wurden, gegen andere, nachdrängende Germanen zu kämpfen. Es war aber vorauszusehen, daß gerade der Zweck jener Kämpfe, die Erreichung und Errichtung eines dauerhaften Friedens in diesen Gegenden, auf Kosten Roms erfolgen würde.

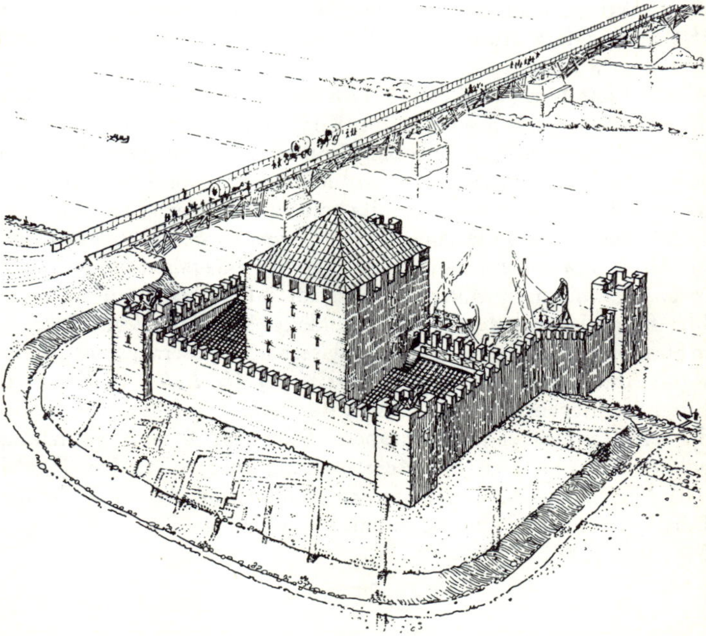

Abb. 18. Ladenburg am Neckar. Rekonstruktion eines spätrömischen *burgus* mit gesichertem Schiffsanlegeplatz. (Aus: Bechert, 59).

Im obergermanischen Bereich hängt die Geschichte der Truppeneinheiten eng mit der Geschichte des Limes zusammen. Da dieser so eingerichtet war, daß die größeren Legionsgarnisonen in den Rückzugsgebieten lagen (Mainz, Straßburg, Brugg), befanden sich zahlreiche Auxiliarverbände in vorderster Linie: eine *cohors I Hispanorum equitata* in Bad Wimpfen, eine *cohors I Asturum equitata* in Walheim, *V Dalmatorum* in Heilbronn-Böckingen, die *XXIV cohors voluntariorum civium Romanorum* in Heidelberg-Neuenheim, in Rottweil, an der Wende vom 1. zum 2. Jahrhundert: *cohors I Biturigum, II Aquitanorum equitata civium Romanorum, I Flavia, III Dalmatarum pia fidelis*. Auch in Rätien stammen die (zuerst in einem Militärdiplom aus Weissenburg im Jahre 107 genannten) Auxiliartruppen »aus den verschiedensten europäischen Provinzen des Reiches« (Kellner, 117): neben einer *cohors I* und einer *II Raetorum* gab es Spanier, Thraker, Gallier, Pannonier, Briten, Bataver, später Tungrer. Nach den Markomannenkriegen kam dann die *legio III Italica* nach Regensburg, wo 179/180 Kaiser Mark Aurel eine recht großspurige Dedikationsinschrift gewidmet wurde.

Als die Limeslinie (wohl um 150) ostwärts vorgeschoben wurde, kam die *cohors quingenaria equitata* aus Köngen nach Lorch, die *ala I Scubulorum* (wahrscheinlich) aus Bad Cannstatt nach Welzheim-West, die *cohors XXIV voluntariorum civium Romanorum* von Benningen nach Murrhardt, die *I Asturum equitata* von Walheim nach Mainhardt, die *I Helvetiorum* nach Oehringen, die *I Germanorum* nach Jagsthausen, die *III Aquitanorum* nach Osterburken, die *I Sequanorum et Rauracorum equitata* nach Miltenberg-Altstadt. Als Diokletian den Donau-Iller-Rhein-Limes befestigen ließ, standen in Worms die *legio II Flavia*, in Straßburg, Horbourg/Colmar, Breisach und Kaiseraugst möglicherweise Abteilungen der *legio I Martia*, der *III Italica* in Kempten, Burghöfe, Regensburg und Füssen, sog. *milites* (Infanterie) in Altrip, Speyer, Germersheim, Rheinzabern, Seltz (*Saletio*) und Günzburg, *equites* in Pfaffenhofen (*Pons Aeni*) und Augsburg, Alen in Isny (*Vemania*), Manching, Künzing (*Quintana*), Kohorten in Arbon, Kellmünz, Bürgle, Burgheim, Neuburg, Eining, Straubing und Passau (Filtzinger, 57). (Vgl. S. 32 f., Abb. 5.)

Zweites Kapitel

Blussus und Menimane. Bürger an Rhein und Main

Blussus war Sohn des Atusirus; seine Gattin hieß Menimane, Tochter des Brigio.[1] Er war *nauta*, er hatte ›Schiffe auf dem Rhein‹. Er erreichte das stolze Alter von 75 Jahren und ließ sich mit Gattin und Sohn porträtieren (Taf. 15): sitzend, frontal, hieratisch, zugleich stolz und bescheiden, fast thronend. Stämmig und breitschultrig, im Loden-Überwurf nach lokaler Manier (aber sehr mediterran fältelnd, im Schoße geschürzt) schaut Blussus geradeaus, die Augen genau auf derselben Höhe und in derselben Ausrichtung wie die des hinter ihm stehenden Sohnes und wie die Menimanes. Würde man nur die Frau, ohne Inschrift (Abb. 19) und Umgebung, anschauen, so könnte man sie für eine thronende Göttin halten: den Oberkörper steif aufgerichtet, in den Händen »Wollknäuel und Spindel« (Schoppa, 326) und einen kleinen Hund (so könnten u. a. Fortuna, Abundantia, Felicitas, aber auch manche Muttergottheit symbolhaft ausgestattet werden), in eindeutig mediterraner Kleidung, langem, faltenreichen Chiton, darüber einen Überwurf, den der Künstler so angelegt hat, daß eine mehr oder weniger gerade Linie vertikal von der rechten Schulter bis fast zum rechten Fuß führt. Stark betont wird der Halsschmuck, aus einer doppelten Halskette, die obere mit (Bernstein-)Perlen, die untere ringartig, darunter ein Gehänge, das hauptsächlich aus der Darstellung einer großen Blume besteht.

Verwandt ist ein Weisenauer Stein, der ein Ehepaar darstellt; der Gatte sitzend, etwas gelockerter, die Frau stehend, mit ähnlichem (aber weniger überdimensioniertem) Halsschmuck; der Faltenwurf ihres Mantels erinnert an den der Frau in der Mittelnische des Nickenicher Grabmales (im Landesmuseum in Bonn), aber auch an die stehenden Figuren aus Ingelheim (in der »Sammlung Nassauischer Altertümer« im Museum in Wiesbaden), allesamt unter starkem Einfluss aus Oberitalien. Sie dürften demgemäß insgesamt noch dem ersten nachchristlichen Jahrhundert zuzurechnen sein. Wie schon gesagt, bleibt die etwas starre Frontalität aber auch in späteren Denkmälern (vor allem im Hinterland) erhalten: die Figuren der *aedicula* des Publiciuspfeilers in Köln, der Donatusstein in Regensburg, mehrere Ehepaardarstellungen in Augsburg und Egern-

1 CIL XIII, Nr. 7067.

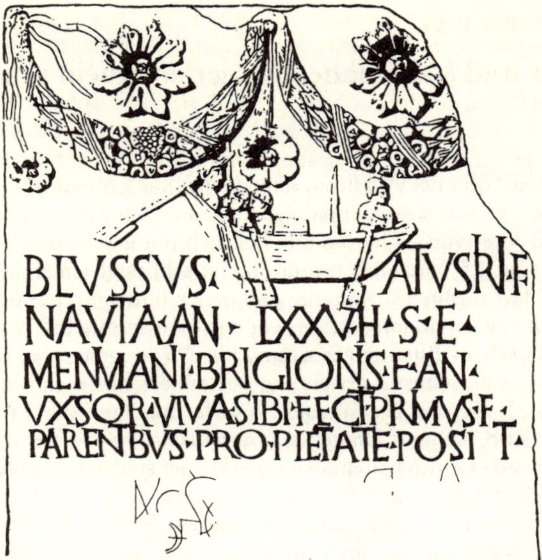

Abb. 19. Grabinschrift des Flußschiffers Blussus aus Mainz (aus: T. Bechert, *Steindenkmäler und Gefäßinschriften*, Duisburg 1976).

dach, ja noch die vier Jünglinge des Pastor-Bonus-Sarkophags in Trier (4. Jahrhundert) stehen hierin in deutlichem Kontrast zu den Genrebildern, die auf diesen und zahlreichen anderen Grabdenkmälern beigegeben werden. Man strebt eine Wertung der frontalen Figuren an, deren Heroisierung dadurch intensiviert wird. Gedanke und Technik stammen aus Oberitalien, vor allem aus dem Raum Este, Venedig (*Altinum*), Aquileia. Sie sind nicht auf die Darstellung des Bürgerlichen beschränkt; auch die frühen Soldatenstelen (M. Caelius, Caius Aiacius, Annaius, Pintaius) entsprechen dem Typus, sind vielleicht sogar für ihn bestimmend und richtungweisend. Es gibt ja auch im Bereich der religiösen Darstellungen eine starr-hieratische Gattung (die möglicherweise etwas voreilig und schematisch als »früh« datiert wird), wie sie etwa in einer Fortuna[2] oder Juno (aus dem Jahre 246!)[3] vorliegt. Dage-

2 Schoppa (326), Taf. 12.

3 Ebd., Taf. 20.

gen findet sich z. B. auf der großen Juppitersäule in Mainz recht früh eine kunstvollere, aus griechischen Vorbildern abgeleitete, wenn man so will, ›lockerere‹ Haltung.

Durch technischen Zwang bedingt, muß das Tier auf Reliefs seitlich dargestellt werden, so daß z. B. bei Militärstelen (etwa des Oclatius in Neuss) der Verstorbene zwar annähernd frontal wiedergegeben wird, der *calo* aber mit dem Lieblingspferd im unteren Register lateral. Dabei wird im Falle des Oclatius (parallel auch auf dem Stein des Durises in Bonn) das Pferd im kurzen, sog. Paradeschritt noch durchaus so dargestellt wie bei den reitenden Göttinnen, vor allem Epona (aus Mainz;[4] ebenso in Nassenfels und Sulz, weniger in Königsbach), während sonst, am Grabstein der *equites* Saluda und Regrentus (in Bad Cannstatt), des Romanius (in Mainz), Vellaunus, Vonatorix, Rectugnus, Niger, Marius, Reburrus (in Bonn), das Pferd ›belebt‹ erscheint, zuerst (Romanius) noch in der Dreiergruppe, bestehend aus dem Reiter (mit Speer und Schwert), dem niedergerittenen Feind und einem Zuschauer (Gehilfe, Pferdeknecht, ›Ordonnanz‹), später allein, galoppierend (Vonatorix, Niger).

Blussus war *nauta*: Binnenschiffer, ›Reeder‹. Wir kennen einen C. Novellius Ianuarius, *nauta Araricus* in Lyon, im Jahre 216,[5] ebenso einen zweimal belegten C. Apronius, ursprünglich Treverer,[6] später Stadtrat in Lyon, auch Saône-Schiffer; in Marbach ehrt C. Iulius Urbicus einen *genius nautarum*,[7] in Avenches und *Lousonna* (Lausanne) gibt es Aare- und Genfer-See-Schiffer. Bei Metz wird ein Freigelassener der Moselschiffer u. a. zum *sevir Augustalis*,[8] gelangt also zu städtischen Ehren. In Vechten widmen tungrische Bürger und Schiffer, »qui Fectione consistunt«: die dort eine öffentliche Niederlassung haben, der Viradecthis eine Inschrift.[9] Die zahlreichen Schiffsfunde (im belgischen Pommeroeul; im niederländischen Zwammerdam, Kapel Avezaath, Denten, Vechten und Voerden; dann in der Schweiz: Bevaix, Avenches, Yverdon; im französischen Straßburg, in London, schließlich in Mainz) haben zu wertvollen Erkenntnissen über Bautechnik und Verwendung der Flußschiffe geführt (Abb. 20), nebenbei zu einer neuen Bewertung der einschlägigen Darstellungen auf meist sehr bekannten Reliefs oder Grabskulpturen. Diese können erst bei maßstabgerechter Wiedergabe der dargestellten Themen wirklich als Beitrag zur Kenntnis des ›täglichen Lebens‹ gewürdigt werden.

4 Ebd., Taf. 21.
5 CIL XIII, Nr. 2020.
6 Ebd., Nr. 1911; Krier (193), Nr. 7 und 8.
7 CIL XIII, Nr. 6450.
8 Ebd., Nr. 4335.
9 Ebd., Nr. 8815.

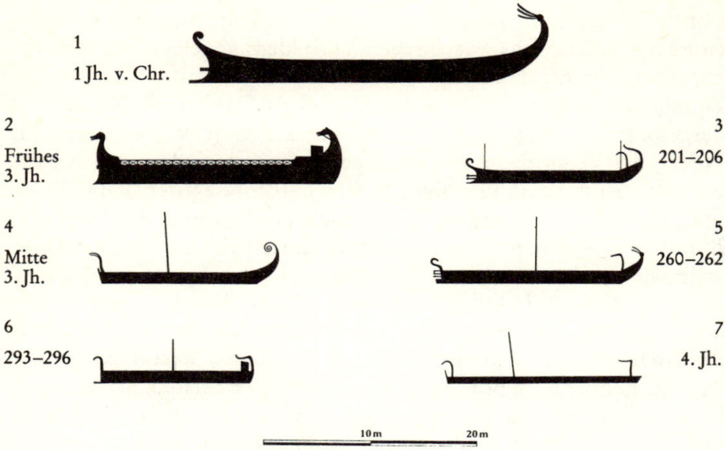

Abb. 20. Entwicklung der Rumpfformen kaiserzeitlicher Ruderschiffe. 2: das größere Neumagener »Weinschiff«; 7: Schiff 9 aus Mainz. (Aus: Höckmann, 441.)

Der Versuch einer graphischen Rekonstruktion des größeren der Neumagener »Weinschiffe« (bei Höckmann, 441) ist nicht nur sehr lehrreich in bezug auf die beachtlichen Ausmaße dieses vorübergehend zweckentfremdeten Kriegsschiffes, sondern auch auf die ästhetische Verkürzung, der man den Vorrang gab vor der realistischen Wiedergabe des Objekts (Abb. 21). In dieser Hinsicht ist ein ähnlicher Versuch aufschlußreich, den v. Massow 1932 für das sog. Zirkusdenkmal aus Neumagen vorschlug (319). Um reine Lastschiffe kann es sich nicht handeln, sie sehen bauchiger aus.

»Der Rumpfquerschnitt ist gerundet. Die Steven gehen in gleichmäßiger Kurve aus dem Kiel hervor, der selbst nicht dargestellt ist. Sie ragen relativ hoch und steil empor, und die relativ hohen Bordwände sind an den Enden hochgezogen« (Höckmann, 441; Abb. 22). Auch Treidelkähne vom Typ Cerveau (Bronzemodell im Musée Archéologique in Dijon) mit sichelförmigem Grundriß haben mit den Mainzer (und Trierer) Schiffen nichts gemeinsam. Letztere sind »auf Spant«, in »Skelettbauweise« gebaut, wodurch die Hypothese aufkam, es gebe hier ›keltische‹ Einflüsse, die frühe, mediterrane Einflüsse (im sog. Schalenbau)

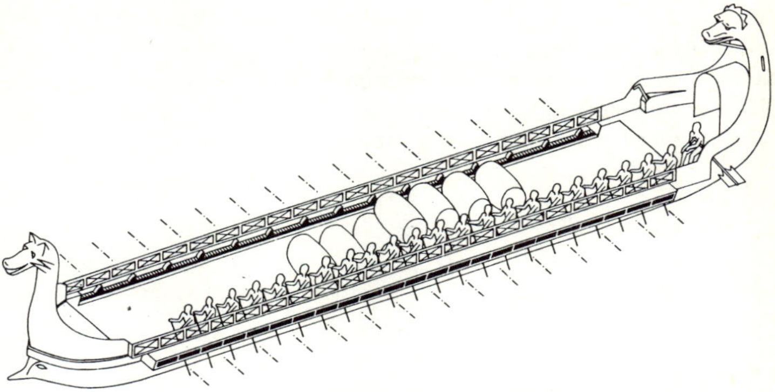

Abb. 21. Zeichnerischer Rekonstruktionsvorschlag für das größere der Neumagener »Weinschiffe« (aus: Höckmann, 441).

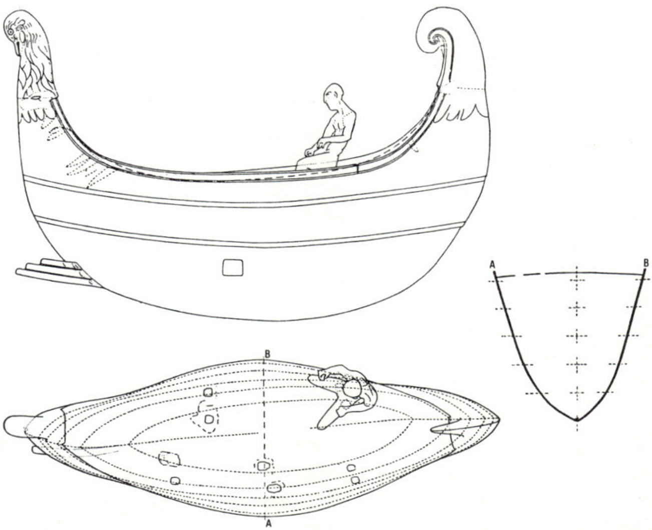

Abb. 22. Schiffsmodell (Votivbronze) aus Blessey (Frankreich, Côte d'Or) (aus: Höckmann, 441).

überlagert hätten. Höckmann versucht jetzt das Problem so zu lösen, daß er beide Techniken zu verbinden vorschlägt (s. Abb. 23), um einen Rekonstruktionsvorschlag zu erarbeiten, der zugleich – bei allen Gemeinsamkeiten – die beträchtlichen Unterschiede gegenüber dem Neumagener Typ deutlich macht. Mediterran sind hier die hochgezoge-

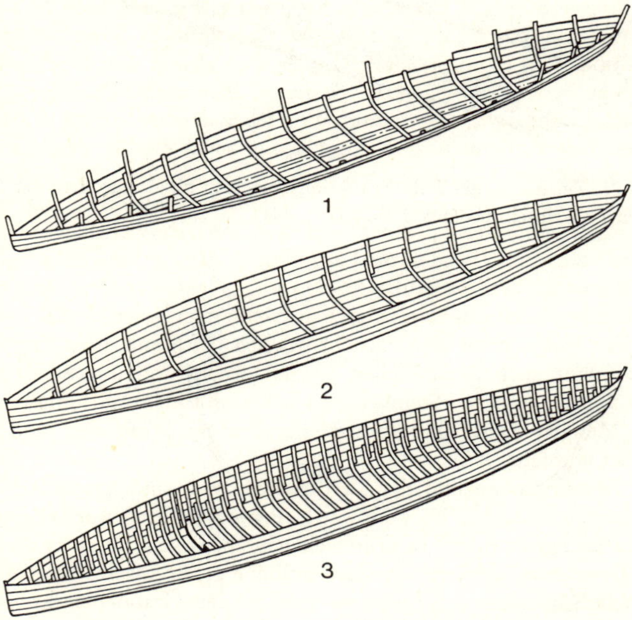

Abb. 23. Vermutlicher Vorgang beim Bau der Mainzer Schiffe (aus: Höckmann, 441).

nen tiergestaltigen Steven, eher einheimisch die Anordnung und Ausrichtung der Ruderer mit ihren Stechpaddeln. Allerdings faßt Höckmann (m. E. sehr zu Recht) die Möglichkeit ins Auge, daß auch die Mainzer Schiffe bei Frachtbeförderung in dieser Art angetrieben werden konnten.

Relativ zahlreich sind die *negotiatores*, die Kaufleute, die z. T. auf bestimmte Warengattungen spezialisiert sind: so ein *negotiator artis cretariae* (Händler mit Tongeschirr) Vitalinus Felix,[10] der zwar *Lugdunensis* war, aber mit der *legio I Minervia* in Bonn gedient hatte; ein Unbekannter in Finthen oder Lorch; M. Messius Fortunatus in Rottenburg,[11] im Jahre 225; Secund(i)us Agricola in Wiesbaden;[12] M. Secundinius Severus in Köln – St. Gereon;[13] Ende des 3. Jahrhunderts; ein Trierer Bürger,[14] der zugleich zu den Geschirren auch den Wein lieferte (Ende des 2. Jahrhunderts); M. Secund(inius) Silvanus,[15] der in Doomburg auf Export nach Britannien spezialisiert war. Über größere Strecken lieferte ein *negotiator cisalpinus et transalpinus*, der zugleich *patronus nautarum Comensium*, Vorsteher der Seeschiffer in Como, war.[16] Der Britannienhandel (mit Wein, nicht mit ›Bodenschätzen‹) interessierte (im 3. Jahrhundert) auch den L. Solimarius Secundinus.[17] In Köln war Ti. Mainonius Victor[18] *lanio*, d. h. Fleischer, und *negotiator*, also wohl Besitzer einer Großfleischerei, die vielleicht Heer und Flotte belieferte; Desideratus Curmillus[19] war ein Freigelassener des Soiio und der Verecundinia Placida und *negotiator artis lapidariae*, wohl ein recht einträgliches Geschäft, wenn man bedenkt, daß von der zweiten Hälfte des ersten nachchristlichen Jahrhunderts an im städtischen, dann auch im ländlichen Bereich alles in Stein um- oder neugebaut wurde. Aus den Steinbrüchen (etwa im Odenwald) mußten riesige Mengen Material beschafft, hergerichtet, bearbeitet und verschickt werden.

Die Textilindustrie und der Textilgroßvertrieb sind ebenfalls in den Inschriften belegt: in Stockum war L. Primigenius Ingenuus *negotiator vestiarius importator*;[20] in Köln vielleicht ebenso ein Verehrer der *Matres Germanae Suebae*;[21] in diese Branche gehören selbstverständlich auch die Secundinier aus Igel; zwar wird auf dem Grabpfeiler ihre Tätigkeit nicht erwähnt, aber der ikonographische Kontext (»Tuchprobe«,

10 Ebd., Nr. 1906.
11 Ebd., Nr. 6366.
12 Ebd., Nr. 7588.
13 Ebd., Nr. 8350; Galsterer (313), Nr. 323.
14 CIL XIII, Nr. 2033; Krier (193), Nr. 17.
15 CIL XIII, Nr. 8793.
16 CIL V, Nr. 5911, aus Mailand.
17 CIL XIII, Nr. 634, in Bordeaux; Krier (193), Nr. 4.
18 CIL XIII, Nr. 8351; Galsterer (313), Nr. 324.
19 CIL XIII, Nr. 8352; Galsterer (313), Nr. 325.
20 CIL XIII, Nr. 8568.
21 Später in Krefeld; CIL XIII, Nr. 8224; abweichend Galsterer (313), Nr. 100.

Ladenszene, Kontorszene, Auszahlung an Hersteller, Transport und Verschiffung) ist hier eindeutig. Man unterhielt wohl über die Alpen hinweg Verbindungen nach Norditalien. Von dort (etwa von Aquileia) importierte man auch den religiösen Orientalismus, der in vielen Darstellungen auf diesem Denkmal zum Ausdruck kommt.
Zu Lande benutzte man Wagen, die z. T. keltisch-gallischen Ursprungs waren. Weinfässer werden darauf transportiert (Augsburg und Trier); auf Leiterwagen befördert man große, verschnürte Ballen. Menschen reisen auf zweirädrigen, schnellen Zweispännern oder, langsamer (und wohl billiger), auf großen Wagen mit mehreren Bankreihen. In Köln

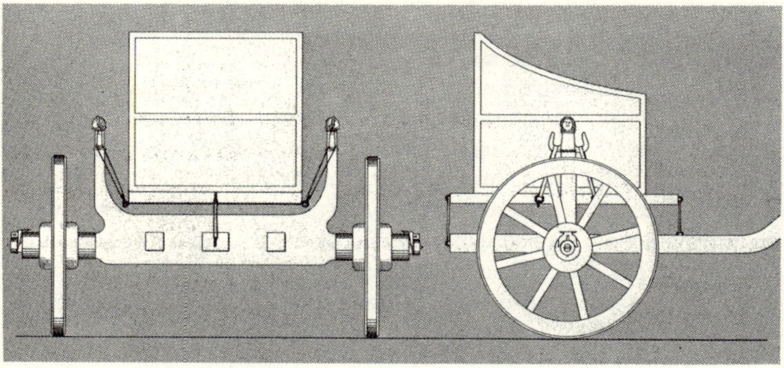

Abb. 24. Rekonstruktionsversuch eines römerzeitlichen Wagens, nach Funden aus Frenz (Kreis Düren) (aus: Röring, 394a).

gibt es einen *essedarius*,[22] was ursprünglich den Lenker von Kampfwagen bezeichnet; aber warum sollte er nicht auch im zivilen Bereich eingesetzt worden sein? Anhand von 1921 in Frenz (Kreis Düren) gefundenen Bronzeteilen (die zuerst von H. Lehner, neuerdings von Ch. Röring (394a) bearbeitet wurden) konnte ein Rekonstruktionsversuch vorgelegt werden, der einleuchtende Hinweise über die Lederaufhängung des (hypothetisch dargestellten) Wagenkastens bietet (Abb. 24). Besondere Aufmerksamkeit zieht der rekonstruierte vierrädrige Wagen aus dem nordgriechischen Wardartal im Kölner

22 Galsterer (313), Nr. 318.

Römisch-Germanischen Museum. Auch hier haben die Bronzeteile wesentliche technische Merkmale erkennen lassen, so z. B. die Drehbarkeit der Vorderachse.
Zum mittleren Bürgertum gehörten wohl die *possessores*;[23] *architecti*, d. h. sowohl Architekten als auch allgemein Techniker, ja sogar ›Erfinder‹ (Iulius Paternus in Bonn,[24] Aelius Verinus in Mainz,[25] zusammen mit einem Waffenmeister, zur Erinnerung an eine Hundertschaft, also wohl auch er eher Waffentechniker im Heeresdienst); *argentarii* (Silberschmiede eher als Bankiers: in Laubenheim[26] und Bonn,[27] ersterer Pannonier, der zweite Remer); auch der *aurifex* Camillus Polynices aus Amsoldingen[28] ist Ausländer, *natione Lydus*. Im Kollektiv die nerofreundlichen Mainzer *canabarii*;[29] die Trierer Bürger Publius Florus, Mamilius Donatus, Claudius Secundus, Camulinius Oledo, Helvius Attius usw. auf dem Inschriftstein CIL XIII 3707; ein dortiger Bierbrauer (*cervesarius*);[30] zahllose *fabri*, deren Integration in die Gesellschaft z. B. an der Gründung von *collegia*, Bruderschaften, zu messen ist: in Mainz,[31] Heddernheim,[32] Köln (Zimmerleute;[33] *focarii*, Köche;[34] niedergelassene *pistrici*, Getreidemüller[35]); die Jugend in den *collegia iuventutis* (in Öhringen, am 1. November 222;[36] in Mainz, zwei Jahre früher, für den *vicus Apolline(n)sis*;[37] in Bürg,[38] in Altenstadt, im Jahre 242[39]) und viele mehr. Wovon die Groß- und Kleinbürger lebten, für wen sie arbeiteten, geht aus den Fundstellen- und -zusammenhängen hervor. Lederfunde aus der Domhofgrabung in Köln (1978) tragen die eingeschnittene Inschrift MIP, was sehr wohl

23 CIL XIII, Nr. 8254, in Oberaden; Nr. 7249.
24 Ebd., Nr. 8082.
25 Ebd., Nr. 6680.
26 Ebd., Nr. 7241.
27 Ebd., Nr. 8104.
28 Ebd., Nr. 5154.
29 Ebd., Nr. 171; 6730; 6780 (dort als *canabenses*).
30 Riese (14), Nr. 2467a.
31 CIL XIII, Nr. 7065, auf einem Bronzering.
32 Ebd., Nr. 7371.
33 Ebd., Nr. 8344; Galsterer (313), Nr. 314, Taf. 69.
34 CIL XIII, Nr. 8183; Galsterer (313), Nr. 30; sehr schön dargestellt auch auf dem Westfries der Igeler Säule.
35 CIL XIII, Nr. 8255; Galsterer (313), Nr. 155.
36 CIL XIII, Nr. 6549.
37 Ebd., Nr. 6688.
38 Ebd., Nr. 6468.
39 Ebd., Nr. 7424.

militiae pellis, Leder aus oder für Heeresbestände bedeuten kann (Schleiermacher, 613; Abb. 25). Auch eine *Senuc(ii) officina* arbeitete an Lederlieferungen, die ohne Zweifel für die Truppe gedacht waren. Soweit diese Berufstätigkeiten innerhalb oder am Rand der Städte ausgeübt werden, darf man wohl von »spezialisierten Handwerkern« sprechen, d. h. solchen, die hauptberuflich dieser handwerklichen Tätigkeit nachgingen. Was keineswegs ausschließt, daß sie nebenbei auch inner-

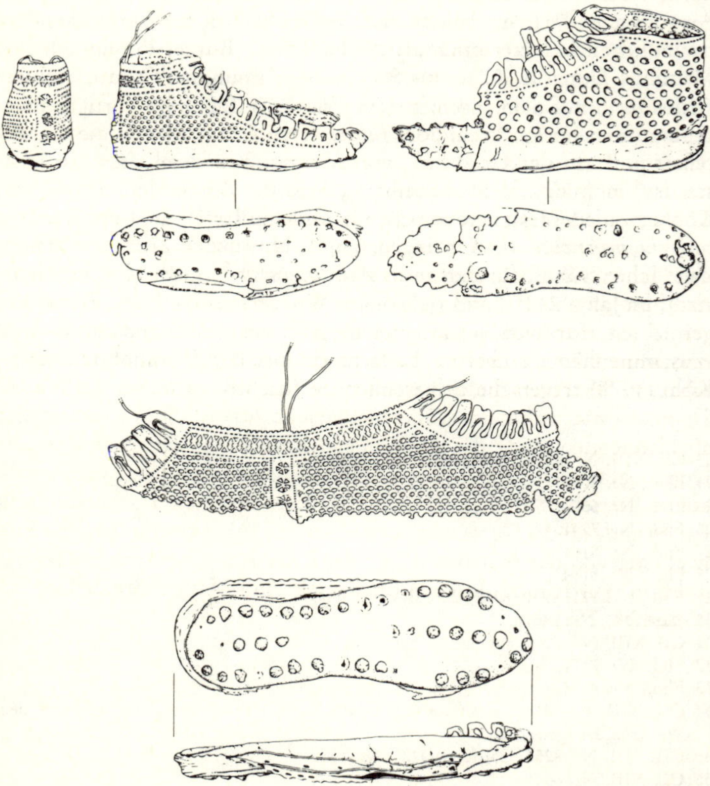

Abb. 25. Halbstiefel (*calcei*) aus Grabungen im Kölner Domhof (aus: Schleiermacher, 613).

halb der Stadt Ackerbau trieben, und zwar möglicherweise über die Selbstversorgung hinaus zu kommerziellen Zwecken. Daß dies für die ländlichen Bezirke zutraf, wo Handwerk und Ackerbau vielleicht in umgekehrtem Verhältnis standen, dürfte einleuchten. Eine rationelle Entwicklung von der Vielzahl voneinander unabhängiger Ateliers zu einem proto- oder präindustriellen Zusammenschluß mochte sich dadurch ergeben, daß das römische ›System‹ nach und nach zu einem Zentralismus neigte, der möglicherweise größere Aufträge an größere Betriebe vergab. Dem entsprechen wahrscheinlich die oben erwähnten *negotiatores* als Großkaufleute, ein wenig im Sinne der »entreprise générale«, an die Leute wie Blussus, vielleicht auch der eine oder andere der Secundinier vertraglich gebunden waren. Dabei sei sehr deutlich zwischen diesen und den *mercatores*, den Zwischenhändlern, unterschieden, die auf der Stufe des Vertriebs, weniger wohl auf der der Beschaffung, tätig waren. Sie organisierten über eine uns nicht näher bekannte Infrastruktur die Heimproduktion, die z. B. aus dezentralisierter Viehzucht, aber auch aus Ateliers der Schmiede-, Textil- und Töpferbranche das zu verarbeitende Grundmaterial gewann. Es kann nicht ausgeschlossen werden, daß die suburbanen oder geradewegs ›ländlichen‹ Großbetriebe für die städtischen, steuerlich benachteiligten eine harte, wohl erfolgreiche Konkurrenz darstellten. Von »korporativem Zusammenschluß« kann hier wie dort keine Rede sein: die *collegia* sind keine Gewerkschaften, sondern gesellschaftlich-religiöse Bruderschaften. Selbstverständlich wurden die (teilweise schon in der *Notitia Dignitatum* erwähnten) größeren Betriebe auch stärker von dem sich abzeichnenden Ende der römischen Aktionen am Rhein und an der Donau getroffen. Im 5. Jahrhundert arbeiteten dagegen noch viele kleine Betriebe weiter. Diese Handwerker vermittelten »spätrömische Erfahrung« an die Germanen weiter, so daß »eine kontinuierliche Entwicklung von der spätrömischen (dank der Argonnen- und Maasproduktion) zur frühfränkischen (in Krefeld und Mayen) feststellbar ist« (Günther, 268).

Drittes Kapitel

Samus und Severus. Kunst und Religion in Mainz

1904 gelang es L. Lindenschmit, dem Direktor des Römisch-Germanischen Zentralmuseums in Mainz, römische Skulpturfragmente aufzukaufen, die von Bauarbeitern bereits an einen Antiquitätenhändler veräußert worden waren. Gefunden hatte man sie (den Fuß, den Blitz und Torsoteile einer großen Juppiterstatue) auf dem Anwesen Gerster, Sömmeringerstraße 6, zusammen mit »zahlreichen Trümmern von Steinskulpturen«. Das Material ist lothringischer Kalkstein, der in der Mainzer Gegend nicht vorkommt; technische Details lassen vermuten, daß es aus Brauvilliers an der Meuse stammt (Quilling, 322); mehrere weitere Mainzer Skulpturensteine (des Genialis, Varius Sacco, M. Lucretius, Flavoleius, Silius, sowie die kleine Juppitersäule mit Altar) sind aus demselben Stein gehauen, der sich durch seine im Vergleich zu den einheimischen Tertiärkalken geringere Härte und seine marmorähnliche, weiße Farbe vortrefflich eignete.
Mit den etwa 2000 Fragmenten, die nach und nach entdeckt und ins Mittelrheinische Landesmuseum gebracht worden sind, hat man mehrere Rekonstruktionsversuche unternommen (zeichnerisch besonders interessant ist der von C. Nebel, mit »der ursprünglichen Farbenwirkung«); darunter auch jener, der jetzt in den Gartenanlagen beim Mainzer Museum steht. Man ist sich einig, daß das Denkmal von unten nach oben folgende Teile umfaßt: drei Stufen, den Viergöttersockel, den sog. Inschriftsockel, den in fünf Bildertrommeln aufgegliederten Säulenschaft, das Protomenkapitell, den bekrönenden Würfel, der ein Standbild des Juppiter mit Blitz und Szepterstab trug. Da von der Statue nur geringe Überreste erhalten sind, hat man bei der Rekonstruktion auf ihre Darstellung verzichtet.
Auf dem Sockel über der Juppiterdarstellung befand sich eine Weihinschrift an Juppiter den Besten, den Größten, für das Heil des Kaisers Nero. Sie besagt, daß Q. Iulius Priscus und Q. Iulius Auctus im Namen der *canabarii*, der Einwohner der lagernahen Zivilsiedlung in Mainz, zu der Zeit, als P. Sulpicius Scribonius Proculus kaiserlicher Legat war, das Denkmal errichten ließen (Abb. 26). Irgendwann wurde später der Name Neros weggemeißelt: der Senat hatte die *damnatio memoriae* über ihn verhängt, aber den Forschern war es ein leichtes, aus den

übriggebliebenen Beinamen und der Erwähnung des Proculus (bei Dio Cassius 63,17,2 und Tacitus, *Historien* 4,41,3) die Widmung an den (außerhalb gewisser Senats- und Heereskreise) allgemein beliebten letzten Julier zu rekonstruieren. Da die Erwähnung bei Dio Cassius das Jahr 67, das vorletzte des Neronischen Regnums, betrifft, wird man es als letztmögliches Errichtungsjahr der Mainzer Säule annehmen müssen. Übrigens war Rufus, der Bruder des Quintus, zur gleichen Zeit Kommandeur in Germanien; beide erlagen einer Intrige des Paccius Africanus – er beorderte sie zu Nero, der seit 66 in Griechenland weilte und es zuließ, daß einige der besten seiner Kommandeure (darunter Domitius Corbulo) als (angenommene) Mitwisser der Verschwörung des Vinicianus bloßgestellt und beseitigt wurden. Die beiden Mainzer Bürgerschaftsvorsteher Auctus und Priscus (stolz durch *tria nomina* als römische Bürger ausgewiesen) erscheinen ein zweitesmal auf einem ebenfalls dem Juppiter geweihten Altar, in nächster Nähe der Säule.[1] Schon 56 gab es möglicherweise in Mainz eine Weihinschrift für Nero von einer *ala Gallorum Petriana* und C. Augurinus, ihrem Präfekten.[2]

Aber die Mainzer Säule[3] trägt selbst noch eine zweite Inschrift (Abb. 27): auf der Gesimsplatte zwischen dem Viergötter- und dem Inschriftsockel liest man: SAMVS ET SEVERVS VENICARI F. SCVLPSERVNT: »Samus und Severus, die Söhne des Venicarus, haben diese Säule behauen.«

»Venicarus« ist ein in Gallien ziemlich häufiger Töpfername; »Severus« ist sowohl in zivilen als auch in militärischen Kreisen bei den Ubiern belegt (Weisgerber, 434). Beide sind mithin als einheimische (eventuell aus dem heutigen Lothringen herangeholte) Künstler anzusprechen. Nach Weisgerber gehört »Samus« zum keltischen Stamm *samo* ›Sommer‹.

Da in der Antike Künstlersignaturen überaus selten sind, kommt diesem Mainzer Exemplar große Bedeutung zu; dies um so mehr, als man in der Tat zwei Stile am fertigen Werk erkennt. Über bestimmte Darstellungen sind sich alle bisherigen Forscher einig:

- Der stehende, nackte, bärtige Juppiter, den Blitz in der rechten Hand zur Erde gerichtet, den Stab in der linken, den Mantel über der linken Schulter. Links, in Höhe von Kniekehle und Oberschenkel, der Adler auf der Weltkugel. Einrahmung aus Krateren, denen (stili-

1 CIL XIII, Nr. 11807; Riese (14), Nr. 34.
2 CIL XIII, Nr. 6820.
3 Bauchhenss/Noelke (415), Nr. 275/276.

sierte) Weinranken entsprießen, in Höhe der zweiten Unterenteilung kleine Nager (Erd- oder Eichhörnchen?), oben jugendliche Köpfe im Profil.

– Gegenüber: Herkules, ebenfalls nackt, stehend, bärtig (nach eher stadtrömischer Sitte), mit Keule, ganz senkrecht an die linke Körperseite angelehnt, dazu das nicht minder typische Fell des nemeischen Löwen, mit perfekter gallischer Strichführung in der Felldarstellung, die an diejenige zahlreicher Kleinbronzen erinnert; auch hier Seitenfries mit Ranken, Trauben und Nagern, die oberen Köpfe aber frontal oder zu drei Vierteln frontal und bärtig; ob der Gott wirklich einen Kantharos in der rechten Hand hielt (Quilling, 322) muß dahingestellt bleiben.

Abb. 26. Weihung an Juppiter Optimus Maximus auf einem Altar neben der großen Mainzer Juppitersäule (aus: Körber, 317).

Abb. 27. Künstlerinschrift auf der Zwischengesimsplatte der großen Mainzer Juppitersäule (aus: Körber, 317).

– Rechts von Juppiter: Minerva und Fortuna. Die erstere ist eindeutig am attischen Helm, der Aegis, unter dem auf der rechten Schulter befestigten Himation und der kleinen Eule zu erkennen; Fortuna an dem Steuerruder, das sie festhält, an den Altarstein in der Mitte des Bildes gelehnt. Da beide Göttinnen nicht frontal dargestellt werden, wird das Füllhorn der Fortuna in die linke obere Ecke des Bildes verdrängt, wo aber die sehr plastisch dargestellten Früchte kräftig in Erscheinung treten; Fortuna (ganz seitlich) ist schreitend dargestellt, die in Taillenhöhe erhobenen Hände der Minerva tragen ebenfalls zur Belebung des Bildes bei.
– Gegenüber, in sehr ähnlicher Komposition: Merkur; nackt, auf dem rechten Bein abgestützt, den Schlangenstab in der linken Hand, den Mantel über derselben Schulter, Flügelkappe, Hahn (sehr realistisch) über die rechte Schulter hinabsteigend, auf einen Gegenstand zu, den man als Brot, Kuchen oder Ei (keinesfalls als Beutel) zu deuten hat; ob die Göttin (von Quilling überzeugend als Felicitas gedeutet) in der Linken dasselbe Ur-Ei (im Sinne des Trierer Kornmarkt-Mosaiks) hält, kann aus dem Original nicht entschieden werden. Auch Quillings Deutung der Überreste im Zentrum des unteren Teils der Darstellung überzeugt: der delphische Omphalos und die geknotete Erdenschlange passen sehr gut zu der kosmischen Lesart des ganzen Bildes. Hier wird nicht der Merkur der Händler dargestellt, sondern jener große Gott, der als Worttäger Juppiters den Menschen (oft dem Bruder Apollo sehr nahe) ein Helfer und Freund, ein heilender Begleiter ist, der treue Sohn der mütterlichen Maia, die ihn in den Gebirgen Arkadiens gebar. Der Akzent unseres Mainzer Bildes liegt auf dem Zusammenwirken der wohltuenden, heilsamen Kräfte (deshalb wurde die weibliche Figur des öfteren als Salus oder

Hygieia interpretiert), wobei der unterirdisch-todesverbundene Kontext – der nach unten gehaltene *caduceus* ebenso wie der Hahn und die chthonische Schlange sind in diesem Sinne eindeutige Zeichen – nicht übersehen werden darf: Merkur/Hermes ist der Begleiter der Seelen auf ihrer Wanderung durch die Unterwelt.

Auf dem Inschriftsockel gibt es drei Darstellungen, die in direktem Zusammenhang mit dem Viergöttersockel stehen und interpretativ keine Schwierigkeiten bieten: Über dem Juppiter steht seine Anrufung *pro salute Neronis Claudi Caesaris*. Links und rechts die Dioskuren – im Detail der Ausführung so verschieden (Körperpositionen, Verhältnis von Mensch und Tier, Gesichtsausdruck), daß man sie je einem der beiden Venicarus-Söhne zuschreiben muß. Die Darstellung der Mähne des Pferdes auf dem linken Bild erinnert so stark an die Ausführung des Löwenfells auf dem Herkulesbild, daß beide offenkundig von demselben Bildhauer stammen. Kastor und Pollux waren die jugendlichen Götter der siegreichen römischen Heere, denen sie in der Schlacht am See Regillus zur Seite gestanden hatten; weil sie Reiter waren, wurden sie auch »Götter der Ritter«, jenes Standes, der sich nach und nach aus »neuen Männern« bildete, die bald (in Rom wie in den Provinzen) an der Macht teilhatten. Da Zeus sich der Leda in Gestalt eines Schwans genähert hatte, gebar sie ein Ei, aus dem Kastor, Polydeukes (bei den Römern Pollux), aber auch Helena, Klytemnestra und drei weitere Töchter hervorgingen.
Auf der Rückseite befindet sich Apollo. Die recht eigenwillige, kreuzförmige Komposition beruht vertikal auf der nackten Gestalt des stehenden Gottes, horizontal auf der Aneinanderreihung (von rechts nach links) der siebensaitigen Leier, des Raben auf einem Felsblock, des etwas nach links unten gesenkten Lorbeerzweigs. Gesicht und Haar tragen eindeutig die Züge der etwas androgynen Praxitelischen Apollodarstellungen (z. B. Athen, Benaki-Museum, Nr. 23722), des Phidias-Apollo (Athen, Nationalmuseum, sog. Kasseler Typ) und des Chatworth-Apollo (London, British Museum). Insgesamt erwecken die beiden Sockel den Eindruck, daß Samus und Severus darauf bedacht waren, Kunst nach besten griechisch-römischen Vorlagen herzustellen.
Das gilt übrigens auch für die Darstellungen auf den Säulentrommeln: Neptun, Diana, Mars, Victoria, Ceres, Vulkan, Juno, Luna, Sol, leicht erkennbar, neben abstrakteren Darstellungen; nach Quilling (322) folgendermaßen angeordnet:

links	*Hauptregister*	*rechts*	*Rückseite*
Luna	Juno	Sol	—
Lar	Opfernder (Nero?)	Lar	Liber
Pax	Aequitas	(Epona)	Italia?
Roma?	Vulkan	Tropaion-Amazone	Ceres
Mars	Victoria	Neptun	Diana
Dioskur	INSCHRIFT	Dioskur	Apollo
Felicitas Merkur	Juppiter	Fortuna Minerva	Herkules

Die religiöse Absicht der Juppitersäule ging ohne Zweifel dahin, unter dem Schutz des höchsten Gottes möglichst viele Götter zu gruppieren, so daß das ganze Pantheon (oder doch seine wichtigsten Repräsentanten) als Kollektiv auftrat, ganz im Sinne der (stoisch beeinflußten) Auffassung, die sich seit der Mitte des ersten vorchristlichen Jahrhunderts verbreitete, daß es nicht viele wesentlich und wesenhaft verschiedene Götter gab, sondern die Gottheit, die sich auf viele Arten und unter vielen Namen manifestiert.

Der Mainzer Säule verwandt sind alle sog. Juppitersäulen; so etwa die von Heddernheim, mit einer Widmung an Juppiter Optimus Maximus und Juno Regina; in Mainz selbst die sog »kleine« Juppitersäule (Abb. 28), auf der man Merkur, Juno und den thronenden Juppiter über der Weihinschrift erkennt; in Schierstein, mit einer Widmung der Legionsreiterei und dem auch sonst üblichen sog. Gigantenreiter, einem galoppierenden Juppiter, der ein oft schlangenförmiges Lebewesen – Symbol des Bösen, der Nacht, des Feindes – zerstampft. Eine solche kleinere Juppitersäule (hier hat das Untier eindeutigere, menschlichere Züge) steht in Ladenburg, im sog. Bischofshof. Auf dem Viergöttersockel sind Herkules, Merkur, Juno und Minerva abgebildet.

Zu den Prachtexemplaren gehört die Säule in Hausen an der Zaber (eine Kunststeinnachbildung von G. Weinreuter ist am Ortsrand zu besichtigen; die Originale befinden sich im Württembergischen Landes-

museum, Stuttgart) von etwa 7,35 (mit den Stufen: 8) Meter Höhe. Ein Viergöttersockel trägt im Hauptfeld die Inschrift: »Dem Juppiter Optimus Maximus hat C. Vettius Connougus sein Gelübde gerne und verdienstvoll erfüllt«, in einem festlichen Lorbeerkranz, getragen von den ausgebreiteten Schwingen des Adlers. Rechts sieht man Venus und Vulkan; links Apollo, auf der Rückseite Diana. Bemerkenswert ist hier ein achteckiger Zwischensockel, der die sog. Wochengötter um eine geflügelte Victoria gruppiert. Besonders kunstvoll ist auch das bekrönende Kapitell: »Aus einem Akanthusblatt kommen die Büsten der vier Jahreszeiten hervor und stützen, in diagonaler Anordnung, die ausschwingenden Enden der Abdeckplatte (*abacus*) des Kapitells. Sie lehnen sich mit dem Rücken an den Schaft, einen nach oben sich verjüngenden Zylinder (*kalathos*), der mit Zungen, einem Horizontalstreifen mit Drehbandmuster und Eierstab verziert ist. Die Jahreszeiten sind durch ihre Frisuren gekennzeichnet: Frühling (*ver*) mit Blütenkranz, Sommer (*aestas*) mit Ähren und Herbst (*autumnus*) mit Äpfeln im Haar. Der Winter (*hiems*) ist in einen Mantel gehüllt« (Filtzinger, 57). Man nimmt an, daß die Säule etwa um 200 n. Chr. entstanden ist.

Abb. 28. Zeichnerische Rekonstruktion der kleineren Mainzer Juppitersäule (aus: Quilling, 322).

Das Motiv der vier Jahreszeiten ist auch in Steinsfurt sehr schön belegt. Dort erkennt man zudem besonders deutlich, wie der niedergerittene Dämon zur Schlange wird, die hier, wie am Omphalos in Mainz, die beängstigenden, aber respektgebietenden Kräfte der Erde (Gē/Terra/Tellus) darstellt. Meistens sind die Juppitersäulen »geschuppt«, d. h. mit stilisiertem Laubwerk bedeckt. In Walheim (in der Flur Hofstatt, nahe am Neckarufer) wurde 1968 eine Juppitersäule ohne Inschrift gefunden, die etwa 6,50 m in der Höhe mißt und ebenfalls um 200 datiert wird. Auf dem Viergöttersockel sieht man Juno, Herkules, Minerva, Merkur (mit Bock und Hahn); der Zwischensockel besteht auch hier aus acht (oben abgerundeten) Nischen, in denen man Standbilder von Viktoria, Mars, Vesta (?), Vulkan, Juno, Apollo, Juppiter und Fortuna (mit Füllhorn und Steuerruder) erkennt. Die obere Säulentrommel ist mit verschlungenen Weinranken verziert, in denen Putti Füchse, Vögel und Schlangen jagen. Daneben arbeitende oder ausruhende nackte (d. h. göttliche) Figuren: Filtzinger (57) deutet sie als Mysten, die an dionysischen Initiationsritualen teilnehmen.

Auch W. Müller hat (zu dem Zaberner Fund) sehr ausführlich eine allgemein mystisch-kosmische Deutung dieser Säulen vorgeschlagen: sie seien Weltbäume und Weltpfeiler, »Mittendenkmäler« im gallisch-keltischen (aber auch mesopotamisch-iranisch-griechischen) Sinn, dem reitenden Gott Taranis, dem keltischen Himmelsgott, geweiht. Diese weitreichenden Interpretationen sind zwar mit einigen Vorbehalten zu genießen: es geht schließlich um Juppiter, und er wird zumindest in allen Formen des Ausdrucks mit solchen Göttern assoziiert, die in Form und Symbolik als römisch anzusehen sind. Die – seit G. Wissowa (414) – oft geführte (und letzten Endes wenig ergiebige) Diskussion über die *interpretatio Romana* (oder *Gallica* oder *Germanica*) scheitert oft daran, daß wohl gerade Mehrdeutigkeit und nicht Eindeutigkeit angestrebt wurde. Ende des 2. Jahrhunderts lag es durchaus in der Logik der geistigen Entwicklung der römischen Welt, daß sich zu dieser ohnehin schon mehrschichtigen Deutung eine ›orientalische‹ hinzugesellte, die im Bewußtsein, Empfinden und in der religiösen Praxis der römischen Provinzen offenbar sehr erfolgreich war.

Das Parkmuseum in Aalen besitzt einen Siebengötterstein aus Schwaigern, der Sol (mit Strahlenkranz und Chlamys), Luna (mit der Mondsichel), Venus (mit dem Spiegel), Juno (mit Fackel und Altar), Neptun, Merkur und Fortuna/Felicitas abbildet. Die Juppitersäule von

Kleinbouslar (Löwenich, Kreis Erkelenz) wurde 1906 in einem Brunnen gefunden (sie hat eine Höhe von 2,09 m und unten einen Durchmesser von 0,39 m).[4] Sie wird jetzt von einem thronenden Juppiter aus Bonn (Südwestecke des Legionslagers)[5] bekrönt; beide Werke stammen aus der Mitte des 3. Jahrhunderts. Die Säule (in zwei Bruchstükken, ursprünglich monolithisch) ist »geschuppt«, d. h. mit stilisierten Lorbeerblättern bedeckt; auf der Vorderseite treten im Relief, von unten nach oben, Merkur (an den Attributen eindeutig zu erkennen), Minerva und Juno hervor.[6] »Die Darstellungen der Götter, sowohl die drei Reliefs wie die Vollplastik, sind nach feststehenden Vorlagen gearbeitet. Man beherrschte die Nachbildung der Körperlichkeit, verstand es, Gewänder darzustellen, und arbeitete mit starken Schlagschatten. [...] Während bei den Relieffiguren noch eine sehr lebensnahe Plastik vorherrscht, zeigt sich bei dem Juppiter bereits eine Tendenz zu einer zeichnerischen Auffassung der natürlichen Formen des Gewandes und zu einer Verwandlung in geometrische Flächen« (Petrikovits, 78). So kehrt die Geometrie letzten Endes doch immer wieder: von der Stele von Pfalzfeld über das Familiengrabmal von Nickenich, die Militärstelen in Bonn, Bad Kreuznach und Mainz bis zu den Juppitersäulen betonen zumindest die streng gezeichneten Nischen und Umrahmungen den Willen zu Ordnung und ordnender Ästhetik, der ebenso in den Neumagener Denkmälern zum Ausdruck kommt: Albinius Asper und Secundia Restituta, die Secundinier in Igel dulden zwar die Darstellung von Tänzerinnen und von Jagd- und Zirkusszenen auf den Seitenregistern ihrer Grabdenkmäler, stellen sich selbst aber genauso frontal vor wie Blussus und Menimane.

Daß auch sie dem Bereich des Religiösen angehören, muß wohl nicht ausführlich dargelegt werden. Seit der zweiten Hälfte des zweiten nachchristlichen Jahrhunderts besteht – weltweit – die Tendenz, vom Trennenden zum Einenden zu gelangen, nicht nur im Sprachlichen, in der Philosophie, in der Ästhetik, auch in den Inhalten, die ihnen zugrunde liegen. Es geht nicht an, innerhalb dieses Synkretismus neue Trennungen zu erfinden, etwa zwischen ›klassischen‹ Göttern (Juppiter, Juno, Minerva, Merkur, Diana, Herkules und Apollo), östlichen (Dionysos, Isis, Magna Mater, Mithra usw.), einheimischen (Rosmerta, Epona, Suleiviae, Matres usw.): auch diese Gruppen wurden

4 Espérandieu (312), Nr. 6612, im Rheinischen Landesmuseum in Bonn.
5 Ebd., Nr. 6216.
6 Bauchhenss/Noelke (415), Nr. 6b, S. 416 f.

gemischt – ikonographisch, theologisch, in der Kultpraxis, also auch im Geist und in den Herzen der Menschen. Diese zu kennen schien mir wichtiger, als jene gleichsam schwebend im leeren Raum des abstrakt Normativen zu schildern. Deshalb ist hier zuerst die Rede von den Menschen, später erst von ihren Göttern.

Viertes Kapitel

Gaius Albinius Asper und Secundia Restituta. Die Leute aus Neumagen

Jeder Leser der *Mosella* des Ausonius weiß, daß *Noiomagus* oder *Noviomagus* (Neumagen) dereinst befestigte Residenz, *castra inclyta*, des gottgleichen Konstantin war. Das sog. *iter Ausonianum*, die Strecke, deren Stationen der Dichter aus Bordeaux am Anfang seines Moselgedichtes stichwortartig (aber sehr beredt) erwähnt, endete ebenfalls in Neumagen, von wo aus die Reise nach Trier flußaufwärts weiterging. Auch die sog. *Tabula Peutingeriana* gibt Neumagen als letzte größere Station auf der Hunsrück-Route von Bingen her an; zwar wurde die *Tabula* in der Form, wie wir sie kennen, erst 337/338 redigiert, sie zeigt aber deutliche Einwirkungen aus dem 3. Jahrhundert und geht wohl auf eine große Wanddarstellung in Rom in augusteischer Zeit zurück (Chevallier, 635). Damit wäre, da ja die Ortsbezeichnung *Noviomagus* keltischen Ursprungs ist und keine ›späten‹ Merkmale aufweist, auch das Alter der Siedlung erwiesen.

Marquard Freher schrieb, nach erfolgter Ortsbesichtigung, in seiner 1619 erschienenen Ausgabe des *Mosellieds*: »In dem *castellum* steht ein runder Turm, höchsteigenes Werk der Römer, erbaut aus riesigen Quadersteinen, auf einem soliden Fundament, das auf dem Felsen ruht. Um diesen Turm herum [nach einer Zeichnung bei Brower-Masen wäre die *turris praetorianae aulae* in diese Mauer einbezogen gewesen] gibt es eine Mauer mit Zinnen, mit viereckigen Türmen aus sehr festem Material, dem mit menschlicher Gewalt nicht leicht beizukommen ist. Trotzdem erkennt man hie und da, wie das Menschenschicksal sich wendet: aus den Mauern werden antike Skulpturen, Inschriften, Statuen, Sarkophage herausgerissen und verstreut; ein Teil ist vor Ort zu besichtigen, von einem anderen Teil heißt es, er sei weggebracht worden [nach Luxemburg, in die Gärten des Grafen Mansfelt].«

Freher fügt hinzu, daß es außerhalb der Ortschaft Neumagen Siedlungsüberreste gab und der feste Weg nach Kirchberg »via Caligulae« genannt wurde. 1828 erwarb die »Gesellschaft für Nützliche Forschungen in Trier« den sog. Varusiusstein, 1845 erschien in Trier ein Werkchen über »altertümliche römische und germanische Baudenkmale zu Neumagen an der Mosel« (von A. I. Liehs; vgl. v. Massow, 319), 1877

wurde der untere Teil des sog. Aprossus-Altars freigelegt,[1] dann für das neue Trierer Provincialmuseum erworben. Im selben Jahr geriet man an der Südostecke des Kastells an die Fundamente (Abb. 29).
Der 1932 von Wilhelm v. Massow edierte Katalog (319) umfaßt schließlich 485 Nummern: allein 1884 waren laut Bericht des überglücklichen Felix Hettner 95 Reliefs, 67 Architekturstücke und 10 Inschriften »in einem Gewicht von 1700 Zentnern« per Schiff nach Trier gebracht worden. Dort begrüßen heute Gaius Albinius Asper und seine Gattin die Besucher des Lapidariums (Abb. 30).
»Links steht Secundia steif in Vorderansicht mit etwas zurückgesetztem rechtem Bein. Sie trägt ein langes Gewand mit eigentümlichen Querfältchen in den Steilfalten, die bei mehreren Kalksteindenkmälern auftreten, und einen Mantel, der über dem linken etwas erhobenen, jetzt fehlenden Unterarm hängt und von der gesenkten Rechten etwas aufgerafft wird, dazu Halsreif und Armband. [...] Die Frisur ist eigenartig; das Haar ist von einem Band gefaßt, über das sich die gescheitelte Haarmasse hoch erhebt, um beiderseits in kreisrund geschwungenem Bogen herabzufallen. Dahinter liegt möglicherweise ein weiterer Haaraufbau, doch ist das nicht mehr deutlich herausgearbeitet; im Nacken Locken. Diese Frisur, die an der benachbarten Mänade wiederkehrt, ist am ersten in Beziehung zu setzen zu der schlichteren, lockeren Haartracht, durch die bei Sabina, der um 137 verstorbenen Gemahlin Hadrians, die überkünstelten festen Gebilde der trajanischen Zeit abgelöst werden. In losen Wellen ist ihr Haar vorn über das Haarband emporgehoben. [...] Albinus trägt weiche Schuhe, Tunika und Toga. Das Mittelstück unter der Brust bis zu den Knien fehlt. Er hat kurzes, strähniges Haar, einen kurzen Vollbart und einen eigenartigen Schnurrbart, denn die Oberlippe ist ausrasiert. Dieser Rest der Sitte des Ausrasierens weist am ehesten in hadrianische Zeit, die Haartracht und der Vollbart ebenso. Die Stirn ist gefurcht, die Augen sind wie bei der Frau gebildet; so wird auch hier der stiere Ausdruck durch Glaseinlage gemildert gewesen sein. Bohrlöcher über den Ohren dienten zur Befestigung eines Metallkranzes.« (v. Massow, 319.)
Ob die Tänzerinnen auf den Seitenflächen des Denkmals (die rechts sogar nackt!) zum Ganzen passen? Ob überhaupt mit »des Lebens ernster Führung« die allgegenwärtigen Eroten vereinbar sind? Kurzum: wie verhält es sich mit dem dionysisch-aphroditisch-apollinischen Kontext? Dem wird gemeinhin wenig Beachtung geschenkt, all die *kantha-*

1 v. Massow (319), Nr. 175b.

roi (Weinmischgefäße), Rebengirlanden, Pfauen, ja sogar die *concha* als Nische, das ganze Kontrastprogramm zum strengen Habitus der Verstorbenen werden nicht gewürdigt. Dabei scheint es uns, als ob gerade hierin der Schlüssel zum Verständnis dieser Denkmäler liegt; für sie wurde ein regelrechtes Bildprogramm entworfen, das selbst das kleinste, scheinbar ›nur‹ dekorative Detail bewußt mit einbezieht in die allgemeine Aussage, die der damalige Betrachter sehr wohl verstand, während es vielen modernen Interpretatoren aus methodischen Gründen versagt bleibt, mehr als ›Stile‹, ›Techniken‹ oder thematisch zu eng begrenzte Inhalte (Genreszenen usw.) zu erkennen. Dabei genügte es,

Abb. 29. Neumagen. Skulpturfragmente unter der Kastellmauer. Fundlage. (Aus: v. Massow, 319.)

z. B. einfach die Lebensbaum-Thematik herauszugreifen. Sie findet sich rechts und links des Hauptfeldes (für v. Massow, 319, handelt es sich schlicht um »Blätter und Kelche«), ebenso – wenn auch stilistisch ganz verschieden ausgeführt – am Bukranionpfeiler (v. Massow, Nr. 6), am zweigeschossigen Grabturm (Nr. 9), am Rebstockdenkmal (Nr. 10), ganz eindeutig auf dem Grabaltar des Ancreianius (Nr. 174 A). Aus dem fernen Mesopotamien stammend, gelangte der »Lebensbaum« über Kleinasien in den Mittelmeerraum durch die Häfen nach Italien und von dort über die Alpen nach Augsburg und durch die Schweiz nach Besançon, dann nach Metz, Trier und an den Rhein. Es ist nicht ersichtlich, weshalb die im 2. und 3. Jahrhundert festgestellte Hellenisierung der römischen Kultur gerade vor jenen Gegenden hätte haltmachen sollen, auf die seit eh und je ganze Verkehrssysteme ausgerichtet waren.

Abb. 30. Grabmal des Gaius Albinius Asper und der Secundia Restituta (aus: v. Massow, 319).

Wenn all dies nicht ohne weiteres einleuchtet, so liegt das an der unhistorischen Art und Weise, provinzielle Denkmäler zu betrachten, die man lediglich (und fast ausschließlich stilistisch) mit teilweise recht ausgefallenen stadtrömischen Produkten vergleicht. Allerdings verfällt die einschlägige Forschung auch oft in das entgegengesetzte Übel, indem sie krampfhaft nur das Eigenständige, d. h. Vorrömische, erkennen und anerkennen will. Dabei hat man es dann vielfach in Wahrheit eher mit einem Ausdruck technischer Unzulänglichkeit als urwüchsiger Originalität zu tun. Besonders v. Petrikovits (81) ist der These des überragen-

Abb. 31. Pflanzenmotive am Neumagener Monumentalcippus Nr. 178 (aus: v. Massow, 319).

den Einflusses der sogenannten »gallischen Kunst« beredt entgegengetreten: »Der romantisch-nationalistische Wunsch, möglichst viel Einheimisch-Gallisches in der römerzeitlichen Kunst Galliens zu entdecken, läuft oft Gefahr, Primitivität und Mangel an Können mit einheimischem Kunstempfinden zu verwechseln. [Ähnliches ließe sich m. E. auch im Blick auf den ehedem recht triumphalistischen »Pangermanismus« sagen.] Die Entdeckung des Primitiven, des psychisch Unterschwelligen, der Kunst der Kinder, der Sonntagsmaler und Psychopathen, selbst der Affen bewirkt manchmal, daß wir Mangel an bildnerischem Ausdrucksvermögen für eine besondere Stärke halten. [...] Disproportionalität und Steifheit der Bewegung sind meist einfach Mangel an eigenem bildschöpferischem Vermögen, verstärkt durch das Fehlen einer eigenen künstlerischen Erfindungskraft. [...] Gallisches Kunstwollen wirkte auf das Ornament der römerzeitlichen Kunst, aber nicht wesentlich auf die Bildung von Tier und Mensch ein [...].«

In Wahrheit kommt man nicht daran vorbei, von *römischer* Kunst in provinziellem Milieu zu sprechen und den Versuch zu wagen, beiden Bestandteilen gerecht zu werden. Dazu eignen sich die Neumagener Denkmäler vorzüglich. Sie besitzen nämlich gemeinsame Merkmale, die auf ein Atelier schließen lassen, das über Jahrzehnte hinweg Trier und die Umgebung belieferte: die dramatisch-vitale Art, Bilder zu komponieren, wobei die Ausdrucksstärke der Gesichter das etwas archaisierend Konventionelle der Körperdarstellungen und die z. T. aufdringliche Betonung materieller Themen (gewissermaßen ›Szenen aus dem täglichen Leben‹) ausgleicht, ist wohl als wichtigstes hervorzuheben; weiterhin die perfekte Ausführung der stilisierten Ranken-, Blumen- und Baummotive, z. B. am Monumentalcippus (Nr. 178; Abb. 31), am Schulreliefpfeiler (Nr. 180), am Zirkusdenkmal (Nr. 182), am Tuchhandelpfeiler (Nr. 183), an verschiedenen Gesimsblöcken, die allesamt beste stadtrömische Qualität erreichen. Technisch verbindet sie die Art und Weise, wie starke Reliefwirkung (auch ohne fotografieähnliche Schlaglicht-Spielereien) erreicht wird. Die Ausführung bleibt relativ flach und flächig, was teilweise auf Kunstgriffen beruht, die aus Südfrankreich ausgiebig bekannt sind: das Mundschenkrelief (am Schulreliefpfeiler, Nr. 180)[2] deutet die Gefäße auf der Konsole und in der Hand des Mannes nur in Umrissen an. Der Neumagener Stil ist übrigens sowohl in Arlon wie in Luxemburg vertreten, ohne daß erwiesen wäre,

2 Vgl. Schindler (67), Nr. 177.

daß die dort ausgestellten Stücke vom Grafen Mansfelt vor Ort erworben wurden.

Dies alles muß beachtet werden, wenn man die Grabsteine des Neumagener Typus verstehen will. Sie sind keine Gräber: wo Albinius Asper und Secundia Restituta bestattet liegen, weiß niemand; es galt, eine gewisse Vorstellung von den Verstorbenen zu vermitteln – daher die Porträts und die ernste, feierliche Haltung, wie sie vielleicht archetypisch am Nickenicher Familiengrabmal (im Rheinischen Landesmuseum, Bonn)[3] fünfzig Jahre früher dargestellt wurde. Allerdings gilt es dann deutlich zu machen (was die fast immer frontalen Fotos des Nickenicher Denkmals nicht erkennen lassen), daß auf der rechten Schmalseite des Grabmals ein trauernder Attis in gefältelten Hosen und weitem Mantel dargestellt ist, also schon hier – die rundplastischen Löwen mit Widderkopf und die Sphinx an dem hervorragenden Gesims der Frontpartie bestätigen dies ausdrücklich – griechisch-orientalische Einwirkungen im vollen Zuge der Romanisierung zum Ausdruck kamen. Und zwar im zivilen Bereich, was der verbreiteten These widerspricht, es sei dem Militär zuzuschreiben, daß die orientalischen Kulte in den erlösungshungrigen Westen importiert wurden. v. Petrikovits (78) hat sehr zu Recht bestätigt, daß die komplexe, wenig verständliche Darstellung auf der linken Schmalseite des Nickenicher Denkmals von einem Herkules-Schema abgeleitet ist, das in ganzen Serien im europäischen Westen belegt ist. Hier wurde aber aus dem Gott ein *miles*: das Wort bezeichnet, im Sinne der *sancta militia*, von der auch bei Apuleius von Madaura die Rede ist, den dritten Initiationsgrad des Mithraskults. Dieser ›Streiter‹ führt zwei Gefangene an einer Kette. Das Thema kennen wir im Prinzip von den Juppitersäulen, wo der ›Gefangene‹ (als Sinnbild des Gegnerischen, des Bösen manchmal als schlangenförmiges Ungetüm) niedergeritten wird, auch von verschiedenen Reiter-Grabstelen – etwa des Doianus, Sohn des Esbenus, in *Aquae Mattiacae* (Wiesbaden), von einem Soldatenrelief in Mainz usw. Hier überlagern sich mehrere Interpretations- und Deutungsschichten. Es stimmt z. B., daß (wie auf den Kavallerie-Stelen in Mainz) der gefangene, geknechtete, niedergerittene Germane vordergründig den militärischen Erfolg signalisiert; es stimmt aber auch, daß (in Nickenich, Walheim, Hausen usw.) der Begriff ›Feind‹ weit über die konkrete Person des besiegten, individuellen, ja sogar kollektiven Gegners hinaus dehnbar ist. Herkules ist der Freund und Retter der Menschen: in Igel tritt er in einem

3 Espérandieu (312), Nr. 7758/7759.

mithrasnahen Kontext auf, Sieger über alle Feinde, der Büßer im Dienste der Tugend, verfolgt von der rachsüchtigen Venus – die der phrygischen Kybele nahesteht, welcher Attis Keuschheit versprochen hatte.
Während also einerseits ein (ikonographisch abgewandelter, aber erkennbarer) Herkules die Vertreter der feindlichen Mächte abführt, symbolisiert der trauernde Attis das Absterben der Natur, des Lebens, jenen melancholischen Augenblick des Übergangs, den die abgebildeten zur Ewigkeit bereiten Menschen durchmachen, in der Hoffnung, daß auch ihr Sieg über Laster und Verfehlung zur ewigen *felicitas* führen möge. Genauso sind die Kulttänzerinnen des Neumagener Denkmals zu sehen: sie stellen Initiationsstadien dar, hier in einem dionysischen Zusammenhang (vgl. S. 227ff.); sie sind nicht die absolut enthemmten Mänaden der attischen Vasenmaler, verweisen aber doch auf eine andere Form des Daseins, Entrückung, Befreiung, Schwerelosigkeit und auf rituelles Gebaren, wofür die emporgehobene Traube ein eindeutiger Beleg ist.
Der Familiensinn des römerzeitlichen Bürgertums war ausgeprägt: man zeigt die Nachkommen,[4] man empfiehlt sich als Ehegatten,[5] in ganzen Familien,[6] bei Mahlzeiten oder Opfern; man demonstriert (auch bei der Namengebung) Einigkeit und Zusammenhalt, Tugend und gutes Gewissen. Dabei übernimmt man (anscheinend problemlos) die weite Fassung des Begriffs *familia*. So erscheinen auf dem »Zirkusdenkmal« (v. Massow, 319, Nr. 182) nicht nur die Lenker der Wagengespanne, sondern auch die Pferdeknechte (Abb. 32); dasselbe ist ausgiebig auf den Reiterstelen belegt, auf denen (Oclatius, Durises) auch die Stallknechte abgebildet wurden. Mägde sind häufig auf den Neumagener Reliefs, so z. B. in den ›Spiegelszenen‹, etwa am ›Elternpaarpfeiler‹ (v. Massow, Nr. 184). Selbstverständlich gibt es auch dafür klassische Vorbilder; das *nurus*-Ammen-Thema kommt schon bei Homer sehr stimmungsvoll zum Tragen und kehrt seither immer wieder. Ebenso ist es in nicht geringem Maß mit den recht häufigen Tierdarstellungen: Pferde, Vögel, Wild, Löwen, Hasen und Hunde füllen nicht nur die Säle der Vatikanischen Museen, sondern beleben auch Mosaiken, Wandmalerei, Reliefs, Sarkophage, Gräber. Das ändert nichts daran, daß die Darstellungen in Neumagen, Trier, Nennig, Schwarzenacker,

4 In Wolferstadt: *Corpus Signorum Imperii Romani* (307), Bd. I,1, Abb. 172; in Regensburg: ebd., Abb. 358/359, 362, 374, 378.
5 In Mauern: ebd., Abb. 209; in Holzkirchen: ebd., Abb. 218.
6 In Igel; in Augsburg: ebd., Abb. 26, 29, 32; in Hohengebraching: ebd., Abb. 351; in Regensburg: ebd., Abb. 361, 367, 370.

Köln, Heidelberg, Stuttgart, Rottweil u. a. nicht einfach modisches Dekor sind, sondern in dem einen oder andern Zusammenhang Bestandteil einer *imago mundi*, der man sich verpflichtet fühlte. Es wurde schon auf das Dionysische hingewiesen, im Vorübergehen auch auf das Herakleische; ebenso stark findet sich das Neptunische betont. Ob man nun den Fries des ›Elternpaarpfeilers‹, des Iphigenienpfeilers (v. Massow, Nr. 8), die Attika des Avituspfeilers (v. Massow, Nr. 185), die Stufen des Secundinierdenkmals in Igel, die Schiffahrtsszenen in Neumagen oder Mainz nimmt – es ist stets die zugleich dunkle und faszinierende, feindliche, doch bezwingbare Macht des (Süß-)Wassers, befruchtend, tragend, bereichernd, gefährlich, selbst reich, aber formenunsicher, *vaga* in der Terminologie des Ausonius.

Unsicher bleibt manches, was Form, Aufbau, Datierung, Typologie oder auch den ursprünglichen Standort der Neumagener Denkmälergruppe betrifft. Oft wird in Trier recht forsch behauptet, sie sei en bloc von Trier nach Neumagen verschleppt worden. Das ist wenig wahrscheinlich, und daß irgendwo Spuren von ähnlichen Grabmälern gefunden wurden, beweist nichts. Auch die Frage, wie und wann es überhaupt zur ›Zweitverwendung‹ (ähnliche Situation in Alzey und Arlon) kam, ist bisher nicht zufriedenstellend beantwortet worden. Nach Dragendorff und Krüger (308) ist die Zerstörung der Neumagener Gräberstraße mit dem Alamanneneinfall 259/260 (vgl. S. 126 ff.) in Zusammen-

Abb. 32. Rekonstruktionsversuch für das Neumagener Zirkusdenkmal, nach F. Hettner (aus: v. Massow, 319).

hang zu bringen; es ist aber kaum anzunehmen, daß die plündernden Scharen sehr viel Zeit auf das Aufbrechen dieser Denkmäler verwendeten, die dann wohl in beschädigtem Zustand zurückblieben. Es wäre denkbar, daß eine spätere Notlage (275/276) zur Errichtung der Festungsmauer drängte, zu deren Fundamentierung die längst verwahrlosten Gräberteile zweckentfremdet wurden. Man hat Bedenken gegen die Annahme einer solchen Pietätlosigkeit angemeldet; es wäre jedoch möglich, daß gerade hier die Erklärung liegt: wenn man nämlich von dem Bestehen einer frühchristlichen Gemeinschaft ausgeht, die hier bestimmt keine Hemmungen empfand. Da keine konkreten Anzeichen hierfür vorliegen, darf man sich fragen, ob nicht alles viel früher anzusetzen ist, z. B. am Anfang des 3. Jahrhunderts (als Trier sich mit Mauern umgab). Vielleicht wurde damals Neumagen so stark getroffen, daß die Denkmäler außerhalb des Ortes aufgegeben wurden und dann später, als es diesen mit einer Mauer zu umschließen galt, niemand Bedenken hatte, die Überreste neu zu verwenden. Durch eine solche vorgezogene Chronologie würden alle Neumagener Denkmäler älter, als man bislang annahm, und der zeitliche Abstand zum Nickenicher Grabmal kürzer. An das Datierungsproblem hat sich – was den Terminus post quem betrifft – nur v. Massow systematisch herangewagt. »Derbe Technik« als Charakteristik »provinzieller Arbeiten« sind für ihn das eine Kriterium, das eine ältere Gruppe (Nr. 1, 12, 11, 23 und 9) gegen eine jüngere abgrenzt, ein anderes der zweifache Materialwechsel: vom Jaumont-Jurakalk zum hellgrauen Altenhofer Sandstein, dann zum »ganz schlechten roten Sandstein«. Besonderheiten der Bart- und Haartracht, die Entwicklung der Seitenstreifen zu Pilastern sollen weitere Indizien sein. v. Massow war sich der Unzuverlässigkeit all dieser Anhaltspunkte sehr wohl bewußt. Wir haben (S. 200) darauf hingewiesen, daß ein merklicher Unterschied besteht in der Behandlung der Porträts einerseits und der religiösen oder dekorativen Themen anderseits. Aus dem Bereich der Stelen wissen wir aber sehr wohl, daß Nähe zur italischen Kunst oft eine Frühdatierung bedingt, weil in den ersten Jahrzehnten des Kontakts mit den Provinzlern kein sehr reger Austausch bestand und Kunst entweder importiert oder imitiert wurde; was man »einheimische Einwirkungen« nennt, ist demnach das Zeichen für einen beginnenden oder weiterführenden Austausch. Daß Bart- und Haartrachten (sofern es sich nicht um Kaiserporträts handelt) bei der Darstellung von Bürgern in Gallien und Germanien keine realen Datierungsmöglichkeiten bieten, solange der Verzögerungseffekt und eine mögliche Tendenz zum Archaisieren nicht bemessen werden können, hat v. Massow zugegeben, dann aber doch mit eben diesen Mitteln unseren Asper für das Jahr 125 reklamiert. Auch die These F. Winters (413) von der Abwanderung »begabter Künstler« (denen er dann im selben Satz »Ausdruckslosigkeit und Unbeholfenheit« vorwirft!) aus der *Narbonensis* in »die neuerschlossenen vielversprechenden Grenzgebiete« ist nicht haltbar, wenn man in Betracht zieht, was einen Künstler denn an Rhein und Donau – im Vergleich zur Provence! – erwarten konnte. Es bleibt demnach nichts anderes übrig, als daß man in Zukunft versucht – wenigstens im Sinne eines experimentellen Modells –, auf die zivile Skulptur dasselbe Prinzip anzuwenden, das bei der militärischen gilt: ›bessere‹ Ausführungen sind früher zu datieren, ›weniger Kunst‹ gilt als Hinweis auf ältere Denk- und Machart, wie sich das am Poblicius-Denkmal – im Vergleich etwa zur Igeler »Säule« – teilweise illustrieren läßt.

Die Vorgeschichte der Aufstellung des Poblicius-Denkmals (Abb. 33) im Römisch-Germanischen Museum Köln ist lang – Fragmente werden seit 1884 im Bereich Chlodwigplatz gefunden – und kompliziert. Das Ergebnis ist in der Fachwelt weiterhin umstritten, vor allem wohl, was die Proportion zwischen Sockel und *aedicula*, die Höhe der letzteren sowie Profil und Höhe der Bedachung betrifft, allerdings auch die (spekulative) Nachempfindung des ganzen in Anlehnung an gewisse Rekonstruktionszeichnungen des Mausoleums in Halikarnass und das Grab des Q. Calvius Turpio in der Umgegend von Lyon. Findet man sich damit ab, daß (nach Kähler, 316) die Kapitelle des Denkmals vom Chlodwigplatz älter sind als das Kapitell der Mainzer Juppitersäule (vgl. S. 184 ff.), ergibt dies (auf sehr schmaler Grundlage) etwa das Jahr 65 n. Chr. als Terminus ante quem. P. Noelke (430) schlägt 40 als Terminus post quem vor, im Vergleich mit den hier mehrfach erwähnten Denkmälern aus Ingelheim, Nickenich und Bingerbrück, »die von der Forschung einhellig in die Zeit des Claudius datiert werden«. Kriterium ist auch hier der Begriff »fortschrittlicher«, so wie er etwa in der Beurteilung der pergamenischen, z. T. auch der älteren griechischen Skulptur Anwendung findet. Überzeugen kann dies alles nicht. Es wird auch hier Aufgabe der zukünftigen Forschung sein, eindeutige Chronologien – z. B. aus dem Fundkontext – vorzulegen.

Ähnliches gilt für die Typologie. Wie bereits angedeutet, ist die Angabe »aus der Grabkunst Italiens« nicht befriedigend. H. Kähler (316) hat schon 1934 einen Vergleich zu einem Monument in Sarsina gezogen, wobei freilich viele Fragen offenblieben. Hinweise von Precht (431) auf vergleichbare Konstruktionen in der Nekropole an der Porta di Nola in

Abb. 33. Das Grabmal des Lucius Poblicius in Köln (aus: Bechert, 59).

Pompeji sind interessant, aber einstweilen nicht schlüssig. Gallien als ›Vermittler‹ ganz auszuschließen und »Oberitalien« als Ursprungsort zu postulieren, führt ebenfalls nicht weiter, da zum einen der Begriff »Gallien« in dieser Form zu unbestimmt ist und zum andern das provençalische Gallien ja selbst (über Marseille, Fréjus, Nîmes, Arles und die Via Domitia) von Italien her beeinflußt wurde. Hinzu kommt, daß der Weg über den Großen St. Bernhard auch nach Besançon führt, daß Italien also auch hierüber auf Gallien einwirkte, und zwar genau auf jenes Gallien (Straßburg, Colmar, Metz, Trier), in dem die Grabpfeiler am häufigsten und am besten belegt sind. Erst wenn die Hellenisierung der römischen Kultur (etwa von 120 an) genau beobachtet und beschrieben sein wird, dürfte es möglich sein, den Weg solcher Grabmäler zu verfolgen – aus Lykien nach Adamklissi, aus Syrien nach Saint-Rémy-de-Provence, aus den etruskischen Gebieten in der Poebene nach Aquileia, von dort nach Augsburg, nach Avenches und weiter nordwärts. Es handelt sich also mehr um ein Phänomen des zweiten, weniger des dritten nachchristlichen Jahrhunderts.

Fünftes Kapitel

Publius Quartinius Secundinus, ›Bezirksrat‹ in Rottenburg

1832 wurde in *Grinario* (Köngen) eine Weihinschrift an Mercurius Visucius und *sa(n)cta Visucia* gefunden, die einen *decurio civitatis Sumelocennensis* erwähnt. Aus dieser wie aus mehreren anderen Inschriften erfahren wir, daß das heutige Rottenburg am Neckar *Sumelocenna* hieß und Hauptort einer *civitas* war (vgl. S. 139, Abb. 13), die, so vermutet D. Planck (50), das gesamte mittlere Neckartal umfaßte. Schon 1840 veröffentlichte Domdekan v. Jaumann eine erste Beschreibung der »Colonia Sumelocenne« (der Titel *colonia* ist selbstverständlich unzutreffend), und seit Beginn dieses Jahrhunderts haben zahlreiche Ausgrabungen unser Wissen um die nördlich des Neckar, in Richtung Köngen gelegene Römerstadt bereichert.
Die Weihung an eher einheimisch-keltische Gottheiten ist ein Hinweis darauf, daß wohl alle *civitates* aus Gemeinwesen entstanden sind, die sich in der protorömischen Zeit resolut zur Geltung brachten. Rom zog es offenbar vor, dem Wunsch nach Zusammengehörigkeit stattzugeben. So kam es, daß in Trier eine *civitas* und eine Titularkolonie gleichzeitig bestanden, erstere aber immer das wesentlichere Element blieb. Was schließlich im 3. Jahrhundert dazu führte, daß man mit *Treveris* die (jetzt wirklich existierende) Stadt, nicht mehr die Treverer bezeichnete. *Civitates* sind also insofern Zivilisationsindikatoren, als sie Strukturen voraussetzen, die dem römischen Angebot der Mitverantwortung entsprechen konnten. Zwar besaßen sie – im Gegensatz zu den wenigen echten *coloniae* und *municipia* – kein ›Stadtrecht‹ im eigentlichen Sinne, verliehen sich aber selbst entsprechende Funktionen, Aufträge und Belohnungen, deren Spur wir in Inschriften und sonstigen archäologischen Zeugnissen erfassen. Diese Hauptorte waren Treffpunkte – wirtschaftlicher, religiöser, dann auch politischer und allgemein kultureller Art. Oft wuchsen zunächst einmal mehrere locker verbundene Dorfsiedlungen zusammen (Trier, Mainz), bevor überhaupt eine gewisse Koordinierung der verschiedenen Funktionen wünschenswert und sinnvoll wurde. Diese Bedingungen sind im allgemeinen nicht vor der Mitte des ersten nachchristlichen Jahrhunderts gegeben: die Kolonie in Köln

ist 50 n. Chr. für den Rheinbereich ein erstaunliches Novum (vgl. S. 233).

Nach der gängigen Darstellung wurde sie »auf Bitten der jüngeren Agrippina« gegründet, »die im *oppidum Ubiorum* geboren war«, dem Claudius das römische Stadtrecht verlieh. Um 100 gründete Trajan die *Colonia Ulpia Traiana* in Xanten, »wahrscheinlich als Entschädigung und als ungleichwertigen Ersatz für die Tatsache, daß die Legion vom benachbarten Vetera abgezogen wurde« (Petrikovits, 56). Mainz ist als *municipium* erst (durch Ammianus) für das Jahr 355 belegt. Im ganzen Bereich der *Germania Superior* und *Raetia* gab es nur eine Stadt »im staatsrechtlichen Sinn« (Filtzinger, 56): *Arae Flaviae* (Rottweil); daneben »stadtartige Siedlungen, die gleichzeitig Sitz der zentralen Verwaltung eines *saltus* oder [...] einer *civitas* waren«. Oft waren diese im streng römisch-legalistischen Sinne ›zweitrangigen‹ Städte größer, wichtiger und reicher – und geben in ihren Überresten mehr Aufschluß über das Alltagsleben ihrer Bewohner – als die anderen, mochten diese auch zur Erfüllung verwaltungstechnischer, militärischer und allgemein repräsentativer Funktionen reichlich ausgestattet sein.

Nach dem Vorbild der Stadt Rom hatten die meisten Städte *duoviri iure dicundo*. Wir kennen u. a. Licinius Tugnatius Publius *duumvir civitatis Taunensium* in Mainz-Kastel (im Jahre 242)[1] und T. Punicius Genialis, *duumvir* der *colonia Morinorum* in Nijmegen.[2] Außerdem gab es *duoviri aedilicia potestate*,[3] »für polizeiliche Belange zuständige Räte« (Planck, bei Filtzinger, 57), *decuriones*, Bezirksräte, zu denen der in der Überschrift genannte Quartinius aus Rottenburg gehört, aber auch M. Vannius Adiutor,[4] Deccius Fruendus,[5] Veranius Victorinus in Köln,[6] Barbatius Silvester (bei den Nemetern, in Walsheim/Landau), C. Candidius Calpurnianus (bei den *Suebi Nicretes*, dann bei den Nemetern belegt; in Heiligenberg), C. Lucius Victor,[7] L. Romanius Respectus *decurio civitatis Vangionum*,[8] Marcellinius Placidinus *decurio civitatis Mog(untiacensium)*,[9] Dativius Victor, der Erbauer des Prunktores in

1 CIL XIII, Nr. 7265.
2 Ebd., Nr. 8727.
3 Ebd., Nr. 8165; Galsterer (313), Nr. 5, in Köln.
4 Galsterer (313), Nr. 76.
5 Ebd., Nr. 293.
6 Ebd., Nr. 296.
7 CIL XIII, Nr. 6244, in Worms.
8 Ebd., Nr. 6225.
9 Ebd., Nr. 6733.

Mainz, *decurio civitatis Taunensium*,[10] L. Aventinius Maternus bei den *Suebi Toutoni* (in Bonfeld),[11] L. Iulius Victorinus bei den *Alisinenses* (Neuenstadt an der Linde),[12] L. Sextius Pervvincus (Mainz, in der *civitas Auderiensium*),[13] Victorinus (Heddernheim auf einem Viergötterstein),[14] M. Adiutorius Memor in Eisenberg. Sie alle übten über Stadt und Land der Volksgemeinde wohl zugleich gesetzgebende, ausführende und richterliche Gewalt aus. Sie gehörten ohne Zweifel dem bürgerlichen Munizipaladel an, dessen historische Bedeutung bereits dargelegt wurde. Dies gilt auf anderer Stufe auch für die mittlere Bourgeoisie, die Zugang zu gewissen Kollegien hatte. Deren bekanntestes war das der *seviri Augustales*, ein Sechsmännerkollegium, das religiöse und allgemein kulturelle Aufgaben wahrnahm. Zu ihm gehörten etwa M. Messius Fortunatus in Rottenburg, M. Saturninius Lupulus[15] und M. Fabius Atto in Köln.[16]

›Dorf‹-Gemeinschaften im präurbanen Stadium werden durch sog. *vicani*-Inschriften signalisiert: *Altiaienses* (Alzey, im Jahr 223),[17] *August(enses?)* (Trebur),[18] *Bedenses* (Bitburg, im Jahr 245),[19] *Belginates* – in *Belginum* (Hinzerath)[20] – *Bibienses* (Sandweier),[21] *Aurelianenses* (Öhringen),[22] *Capite limitis* (in Mainz, im Jahr 219),[23] *Mogontiacenses vici novi* (Mainz),[24] *Grinarionenses* (Köngen), *Lopodunenses* (Ladenburg),[25] *vici Nediensis* oder *Nediessis* (in Spechbach bei Lobenfeld),[26] *Salutares* (Mainz),[27] *Murrenses* (Benningen),[28] *Segorigienses* (Worringen),[29] *... eco ...* (Nettersheim),[30] *Senotenses ?* (Wilferdingen),[31] *veteres consistentes Castel(lo) Mattiac(orum)* (Mainz/Wiesbaden),[32] *vici V....* (Wenau, Kreis Düren).[33] Diese darf man vielleicht mit den gelegentlich erwähnten *vici* in Zusammenhang bringen.

Ob es zwischen diesen verschiedenen Gruppierungs- und Verwaltungsformen eine Hierarchie gab, worauf diese beruhte, inwiefern überhaupt

10 Ebd., Nr. 6705.
11 Ebd., Nr. 6482.
12 Ebd., Nr. 6462.
13 Ebd., Nr. 7063.
14 Ebd., Nr. 7353.
15 Galsterer (313), Nr. 127.
16 Ebd., Nr. 298.
17 CIL XIII, Nr. 6265.
18 Riese (14), Nr. 2253.
19 CIL XIII, Nr. 4131.
20 Ebd., Nr. 7555a.
21 Ebd., Nr. 6315.
22 Ebd., Nr. 6541.
23 Ebd., Nr. 6764.
24 Ebd., Nr. 6722.
25 Ebd., Nr. 6421.
26 Ebd., Nr. 6388/6389.
27 Ebd., Nr. 6723.
28 Ebd., Nr. 6454.
29 Ebd., Nr. 8518.
30 Riese (14), 2378.
31 CIL XIII, Nr. 6329.
32 Ebd., Nr. 6740a; ebenfalls aus Mainz/Wiesbaden, aus den Jahren 238–244: Nr. 7250.
33 Ebd., Nr. 7845.

derselbe Begriff dieselben Inhalte voraussetzte, wissen wir nicht. Auch kennen wir den Unterschied zwischen *consistentes* und ›einfachen‹ *vicus*-Bewohnern nicht. Unklar bleibt ferner das Auswahlprinzip. Die sog. Kastelldörfer sind nicht von den anderen *vici* verschieden. Sie sind als Zivilsiedlungen an den Toren von Militärlagern entstanden (Sulz, Köngen, Öhringen, Aalen, Heidenheim, Niederbieber, Bendorf), wodurch ihre Siedlungsform (Straßendorf) und Wirtschaftsstrukturen (Marketenderei, dann Entwicklung zu eigenständigerem, lokalem Kleinhandel) bestimmt wurden. Aus den *canabae* großer Legionslager (Xanten, Mainz) entstanden sogar zwei Arten von Zivilsiedlungen. Deren eine verblieb direkt am Lager und führte die ursprüngliche Liefer- und Dienstleistungspraxis weiter, während die andere, in einiger Entfernung, eine zweite Generation kleinbürgerlicher Siedler aufnahm, aus deren Reihen wieder später das Bürgertum der nun größer gewordenen Städte hervorging. Anderswo führten z. B. Heilquellen – so *Aquae Granni* (Aachen), *Aquae Mattiacae* (Wiesbaden), *Aquae* (Baden-Baden) – oder Heiligtümer zur Entstehung kleiner Siedlungen, denen später – aus unterschiedlichen Gründen – größere Bedeutung zukam. Diese Städte, Städtchen und Flecken waren Kulturträger. Ihnen verdankt die städtische Tradition Europas dauerhafte Impulse.

Sechstes Kapitel

Geronius und Sanctula. Das fromme Volk der frühen Christenheit

Der ›Vater der Luxemburger Altertumsforschung‹, der Jesuit Alexander Wiltheim (1604–84) hat den frühchristlichen Inschriften Triers in seinem *Luxemburgum Romanum* (206) besondere Aufmerksamkeit geschenkt. Da viele der im 17. Jahrhundert registrierten *tituli* inzwischen verschollen sind und zudem die Qualität der Wiltheimschen Angaben beachtlich war, kommt diesen in allen neueren Ausgaben (Gose, 187; Gauthier, 190) ein hoher Quellenwert zu.

> »Geronius ließ die Grabinschrift anbringen für Sanctula, seine überaus geliebte Gattin, die 25 Jahre, 4 Monate und 27 Tage lebte. Ruhe in Frieden!«[1]

Im 5. Jahrhundert war das Christentum bereits zu einer verbreiteten, staatlich nicht nur geduldeten, sondern geförderten (ja befohlenen) religiösen Praxis geworden. Größere Nekropolen (wie etwa in Trier St. Matthias und St. Maximin) haben uns eine Vielzahl von Inschriften beschert, aus denen man Hunderte von Menschen kennenlernen kann. Wie ihre Vorgänger waren sie sehr darauf bedacht, dem Tod und der Vernichtung durch *iniusta oblivio*, unverdientes Vergessen, ihren Namen, ihre Frömmigkeit, ihren Glauben entgegenzuhalten. Von ihren heidnischen Vorgängern unterscheidet sie aber nicht nur das Glaubensbekenntnis – das auch durch bildliche Signaturen (Christogramm, Tauben, Fische) bekräftigt wird –, sondern auch die gesellschaftliche Position. Dies beweist die relative Seltenheit von Angaben über den geographisch-ethnischen Ursprung (6 von 255 in Trier) und von Berufsangaben (14 : 255): ein Silvanus *negotiator*[2] und ein *numerarius* (oder *nummularius*)[3] sind die einzigen, die an frühere Berufs- und Gesellschaftsbegriffe erinnern. Flavius Gabso,[4] wie Hariulfus zuerst

1 *Recueil des inscriptions chrétiennes de la Gaule* (190), Bd. 1: *Première Belgique*, hrsg. von N. Gauthier (im folgenden zit. als: Gauthier), Nr. 24.

2 CIL XIII, Nr. 3707; Gauthier, Nr. 56.

3 CIL XIII, Nr. 3814; Gauthier, Nr. 15.

4 CIL XIII, Nr. 3681; Gauthier, Nr. 130.

protector domesticus, kaiserlicher Beamter, dann *tribunus*, kommandierender Offizier (wie ein Gerontius[5] und Victorinus[6]), und Apronius *principalis*,[7] erster Stadtrat, gehören zur Prominenz; von einer unbekannten Christin[8] erfahren wir, daß sie als *clarissima femina* senatorischen Rang hatte, von Modoaldus,[9] daß er *vir venerabilis* war, trotz seiner knapp sechzehn Jahre. Ludubertus[10] stammte außerdem *de nobili genere* und wurde an die 65 Jahre alt; er schenkte seinen Besitz dem heiligen Petrus *et se clericum fecit*: und wurde Geistlicher. Ursacius[11] war kaiserlicher Kurier (*cursor dominicus*), Hlodericus Anführer (*vicarius*) einer kleinen Truppeneinheit; sie sind die Honoratioren, die, mit einem *palatinus*,[12] zwei *a veste sacra* (Angestellte der kaiserlichen Garderobe)[13] und einigen andern ›Würdenträgern‹ aus der Menge des betenden Volkes herausragen. Es gibt kirchliche Chargen: drei *presbyteri* – namentlich bekannt: Lycontius[14] und Aufidius[15] –, einen *subdiaconus*, Basilius, dem seine Tochter Bonosa eine Inschrift widmete;[16] einen *ostiarius* (geschrieben *ustiarius*, Hinweis auf die Aussprache, wie z. B. auch bei den Aufschriften des Kornmarktmosaiks);[17] eine Hilaritas, *puella dei* (»Gottesjungfrau«),[18] eine Lea, *puella sanctimonialis* (geweihte Jungfrau), deren Litorius und Sancta, ihre Eltern, gedachten.[19] In der metrischen Inschrift des Cyrillus werden die Bischöfe Eucharius und Valerius erwähnt,[20] in einer in Brüssel aufbewahrten *Aufidius presbiter.*[21]

Charakteristisch für die Trierer Inschriften ist es, daß die Urheber der *tituli sepulcrales* sehr häufig genannt werden: Eltern, Geschwister, Kinder, Ehegatten – jene also, die sich seit alters – auch in heidnischer Zeit – um das Andenken der geliebten Verstorbenen gesorgt hatten. Aufs ganze gesehen sind es freilich nur wenige, deren Lebensschicksal uns die Archäologie nahebringen kann. Die Zahl der Namenlosen läßt sich nicht einmal erahnen.

5 Gauthier, Nr. 107.
6 Ebd., Nr. 86.
7 CIL XIII, Nr. 3696; Gauthier, Nr. 104.
8 CIL XIII, Nr. 3675; Gauthier, Nr. 192.
9 Gauthier, Nr. 147.
10 Ebd., Nr. 29 A.
11 CIL XIII, Nr. 3690; Gauthier, Nr. 138.
12 Gauthier, Nr. 148.
13 Gauthier, Nr. 37 und 126.
14 Ebd., Nr. 142 A.
15 Ebd., Nr. 214.
16 Gauthier, Nr. 142 A.
17 Ebd., Nr. 165.
18 Ebd., Nr. 219.
19 Ebd., Nr. 220.
20 Ebd., Nr. 19.
21 Ebd., Nr. 214.

Siebtes Kapitel

Götterverehrung in Stadt und Land

1923 bedauerte Friedrich Drexel (309), daß »eine systematische Sammlung des Materials [über die Götterverehrung im römischen Germanien] der zusammenfassenden Darstellung nicht vorausgegangen« sei. Daran hat sich bis heute nicht viel geändert; tatsächlich stehen einer derartigen, voll umfassenden Quellen- und Materialsammlung zahlreiche Hindernisse entgegen: während im *Corpus Inscriptionum Latinarum* – und in den Nachträgen – sowie in einigen spezifischen Arbeiten zur Epigraphik sehr viel Material über schriftliche Zeugnisse zum Thema Religion bereitgestellt wurde, bleibt es sehr schwierig, einen Überblick über die zugehörige Ikonographie zu gewinnen; zudem gibt es fachintern sehr divergierende Auffassungen über Identifizierung und Symbolik ebenso wie über Interpretation, Ein- und Vieldeutigkeit der religiösen Aussagen oder sozio-professionelle Zusammenhänge, von Datierungsfragen ganz zu schweigen.

Die häufige Flucht ins nur Regionale oder Lokale, ins nur Beschreibende oder rein Vergleichende hat der Sache nicht gedient, und die Vielzahl von Aufsätzen mit relativ kurzer Tragweite erleichtert die Suche nach brauchbaren, für beide *Germaniae* zutreffende Aussagen nicht; es bleibt zudem kontrovers, ob dies überhaupt möglich bzw. wünschenswert sei, da ja alles bislang Dargelegte bedeutende Unterschiede zwischen den kulturellen Zuständen an der Wesermündung und an den Ufern von Isar und Lech, entlang der Leine und entlang der Mosel erkennen läßt. Allerdings darf man dieses – reale, aber z. T. schwer zu bemessende und zu formulierende – Gefälle auch wieder nicht zu einseitig betonen, so daß jeder Anschein von Gemeinsamkeit zwischen dem optisch feststellbaren Glauben eines Sabinus in Cleve,[1] eines Q. Postumius Potens in Weilerbach,[2] eines Sacconius Iustus in Stockstadt,[3] von Secundinus und Florus in Ladenburg,[4] C. Tiberius Verus in Birten[5] oder Q. Vindillius Pervincus in Worms[6] verneint oder – mehr oder weniger radikal – bezweifelt würde. Bei aller Vielfalt, die sich aus der insgesamt pluralistischen Auffassung der Gottheit als sol-

1 CIL XIII, Nr. 8686.
2 Ebd., Nr. 4101.
3 Riese (14), Nr. 2760.
4 CIL XIII, Nr. 6418.
5 Ebd., Nr. 8661.
6 Ebd., Nr. 6215.

cher (vgl. S. 184 ff.) sowie aus völkischen, geographischen und ereignisgeschichtlichen Eigenheiten ergibt, darf nicht vergessen werden, daß alle drei in historischer Zeit erfaßbaren Religionen: die keltische, die germanische und die römische, in ihrer gemeinsamen (aber keineswegs identischen) Abstammung von den indoeuropäischen Religionsvorstellungen und -praktiken *in radice* kongruieren. Hinzu kommt, daß die nachträglichen römischen Einwirkungen erneut zu Anpassungen und Angleichungen geführt haben, die zwar – wie das in solchen Fällen gar nicht anders sein kann – nicht jedem Stammes-, Gebiets- oder Volksglauben entsprachen (von individueller Rücksichtnahme kann gar nicht die Rede sein), immerhin aber doch eine Art gemeinsamen Nenner abgaben, dank der bei Wahrung der äußeren Einheit doch persönliche Freiheit, psychische Eigenart, moralische Gewissensentscheidung gewährleistet blieben. Diese vereinheitlichend-gleichmachende, zusammenführend-nivellierende Funktion dürfte allen Hochreligionen wesenhaft eigen sein.

Es sieht demnach so aus, daß man – bei aller gebotenen Vorsicht – manches von diesem gemeinsamen indoeuropäischen Hintergrund her verstehen kann, den Georges Dumézil (310) besonders erfolgreich gerade mit jenen Religionen in Verbindung gebracht hat, von denen hier die Rede ist. Zudem führt die Tatsache, daß die uns vorliegenden Zeugnisse *ohne Ausnahme* romanisiert sind, ebenfalls zu der Erkenntnis, daß diese keineswegs als »Propaganda«, »Tünche«, ja nicht einmal (abschätzig oder positiv) als »Koinē« bezeichnet werden dürfen. Es wurde doch wohl kaum jemand gezwungen, römischen Göttern lateinische Inschriften oder griechisch-römische Statuen zu weihen! Hingegen ist anzunehmen, daß die Provinzbewohner in der Vielfalt der Formen und Spielarten der römischen Religionspraxis die Möglichkeit fanden, sich mit der Gottheit ins Benehmen zu setzen, ebenso wie sie im Falle der materiellen Lebensführung die Vorzüge des Römischen erkannt und ausgenutzt hatten.

Ein 1983 vom Centre Alexandre-Wiltheim in Luxemburg veranstaltetes internationales Kolloquium zum Thema »Römische Religion im Rahmen der Provinzen« hat (mit Beispielen aus Deutschland, Frankreich, der Schweiz, Belgien, Holland und Luxemburg) bestätigt, daß das über diesen Bereich vorliegende Material zwar noch nicht bewältigt, aber dennoch bereits (in Grenzen) aussagefähig ist. Methodologisch bedeutsam sind vor allem die Ausführungen von Jean Loicq (bei Ternes, 327), der auch auf linguistischem Gebiet (Theonymie, Anthroponymie, Toponymie) sehr nuancierte Erkenntnisse vorlegt, z. B. über den im allgemeinen trügerischen Gebrauch der Prädikate »germanisch« und »keltisch«. Selbst ganz abgesehen von allen politisch-nationalen Sinngebungen, allem einstmals so zielstrebig betriebenen Mißbrauch dieser Begriffe gilt grundsätzlich, daß das greifbare Material weder nach schroff trennenden »Kriterien« gesichtet und auseinanderdividiert noch in der Grauzone konfuser »einheimischer« Urformen vermischt und nivelliert werden darf. So mag z. B. das von Loicq zum erstenmal insgesamt vorgelegte Material zur *civitas Tungrorum* deutlich keltische Züge sichtbar werden lassen, ohne daß man deshalb jedoch berechtigt wäre, jene Götter, die nicht in den kanonischen Listen der lateinischen Autoren oder im *Corpus Inscriptionum Latinarum* (Bd. 6) belegt sind, als »keltische« zu bezeichnen; ebensowenig dürfen jene als »germanische« hingestellt werden, deren Namen an Wörter, Silben, Wortteile erinnern, die erst Jahrhunderte später belegt und als ›germanisch‹ erkannt und bezeichnet sind.

Zudem zeigt das tungrische Beispiel ziemlich deutlich, welche überragende Bedeutung den natürlichen und künstlichen Verkehrswegen zukommt: entlang der Straße Bavay–Köln pulsierten Leben und Geschichte in beiden Richtungen, mit z. T. nur geringer Breitenwirkung außerhalb des primären und sekundären Straßennetzes und des Rheintales; dabei wird die einst hoch im Kurs stehende Theorie der »passages obligés« (von der Natur begünstigte Plätze, die ›automatisch‹ Wege, Brücken, Siedlungen hervorriefen) zurechtgerückt: die Maas z. B., in späterer, karolingischer Zeit das Herz der ganzen Gegend, blieb in römischen Jahrhunderten ohne wesentliche Bedeutung.

Die *Mosella* hingegen (wie der *Rhenus Pater* und andere) wurde sogar – und nicht erst zur Zeit des Ausonius – vergöttlicht. Dabei stellten die Trierer Steuerleute (in einer Widmung an den *genius proretarum*) sie sich als Göttin vor, die Secundinier (auf dem Sockel der Igeler Säule) dagegen als bärtigen Flußgott. Ausonius gibt ihr bald männliches, bald weibliches Genus. Hier zeigt sich eine weitere ernste Schwierigkeit für den modernen Interpreten: sie ergibt sich aus den sehr engen Typisierungen, die nicht berücksichtigen, daß die Römer selbst viele verschiedene »Merkure« kannten (zu Ciceros Zeiten nahmen stoische Kritiker dies zum Anlaß, alle miteinander abzulehnen) und daß sogar gängige Symbole (Füllhorn, Blumengirlanden, *lituus*, Szepter, Geldbörse, Körbe, *kerykeion* usw.) durchaus nicht eindeutig einen – und nur diesen einen – Gott identifizieren. Wenn man dann bedenkt, daß durch die sog. Interpretation nicht einfach ein ›keltischer‹ Gott durch einen ›römischen‹ ersetzt wird, sondern daß bereits der Keltisierung örtliche

Bräuche vorhergegangen waren und sie z. T. überdauerten, erhält man einen ersten Einblick in die Vielschichtigkeit des Götterwesens in den hier behandelten Gebieten. Bedenkt man ferner, daß nur ein Bruchteil des damaligen Bestandes uns überkommen und vieles dem Zufall zu verdanken ist (eine systematische Ausgrabung des Martberges bei Pommern kann nicht nur unser Bild von der Vor- und Frühgeschichte des Trierer Raumes verändern, sondern auch unsere Vorstellungen von Götterwelt und Kultpraxis), daß oft mehrfach dasselbe erforscht wurde und jederzeit neue Erkenntnisse möglich sind – so wagt man kaum noch Zahlen und Fakten zu nennen, Deutungen vorzuschlagen ...

Die »langjährige Beschäftigung mit den Denkmälern« ermöglicht, F. Drexel (309) zufolge, wenigstens den Versuch einer zusammenfassenden Darstellung. Eine im Laufe der Zeit stark verbesserte Ausstellungspraxis in den deutschen Museen (Köln, Bonn, Stuttgart, München) erleichtert thematische Annäherungen, Vergleiche; die Praxis der Kunststeinnachbildung führt zu pädagogisch wirksamen Darstellungen (Aalen, Bonn); Schriften und Bildreihen, selbst Fernsehsendungen haben gelegentlich einige Grundbegriffe vermittelt und eine Art von Aufnahmebereitschaft geschaffen, die das gebildete Publikum möglicherweise zu einem besseren Verständnis der heidnischen Götter zu führen vermag. Nur durch Computererfassung und -aufbereitung des gesamten im ehemaligen Imperium wiedergefundenen Materials ließe sich eine statistische Komplettierung erreichen; selbst dann aber würde das *sampling* in vielen Fällen ungenügend bleiben.

Riese (14) verzeichnet 1914 im Kapitel 5 (»Votivinschriften«) seines Quellenbandes – dessen Aufgabe es war, »alles das zu vereinigen, was für die Geschichte und die Kulturgeschichte des römischen Rheinlandes in irgendeiner Weise verwertbar ist« – 1818 Einheiten. Als besonders bemerkenswert führt er (im Inhaltsverzeichnis) 16 Götter oder Göttergruppen auf, die – quantitativ – 75,58 % der Gesamtheit der religiösen Inschriften ausmachen; davon kommen auf Apollo 3,25 %, Diana 2,31 %, Di Deaeque (als solche) 1,54 %, Fortuna 3,63 %, Genii 7,04 %, Herkules 4,84 %, Juppiter 12,65 %, Mars 4,79 %, Matres/Matronae 10,56 %, Merkur 11,83 %, Minerva 1,54 %, Mithras 3,25 %, Nehalennia 1,05 %, Quadriviae 0,95 %, Suleviae 0,61 %, Victoria 1,87 %. Fügt man Juno (mit 70 Einheiten, also insgesamt 3,85 %) hinzu, so gewinnt man den Eindruck, daß die ›klassischen‹ Götter eindeutig tonangebend waren. Auf die kapitolinische Trias (Juppiter, Juno, Minerva) entfallen 18,04 % (mehr als genug, den ›Staatsgöttern‹

Reverenz zu erweisen), die ›römischen‹ Götter zusammen beanspruchen 46,93 % des theologischen Raumes.

Nach dem Gesagten wird deutlich, daß diese Zahlen nur unter starken Vorbehalten mitgeteilt und weiter verwendet werden dürfen. So wäre z. B. zu diskutieren, inwiefern zwischen Matres und Iunones (in 12,86 % der bei Riese aufgeführten Fälle erscheinen sie als Plural, im Kollektiv) eine Trennung durchzuführen ist und ob alle Matres derselben Kategorie zuzuteilen sind; wohin Epona, die reitend-thronende, ausgestattet mit allen Attributen der segenspendenden ›heren frouwe‹, Seelenbegleiterin, selbst Symbol der Jahreszeiten, des Todes und der Auferstehung, gehört. Einst wurde sie als ›keltischste‹ aller Göttinnen betrachtet, jetzt wird sie wieder mit Heerstraßen (also eher dem mediterranen Raum) in Verbindung gebracht (Loicq, bei Ternes, 327). Wie sind die Genii zu werten; wie die Anrufungen »aller Götter und Göttinnen«: als Zeichen der Bereicherung oder der Verarmung des religiösen Empfindens? Auf dem Mithrasrelief von Osterburken (im Badischen Landesmuseum in Karlsruhe) werden, auf sehr knappem Raum, gleichsam als ein Element unter andern (allerdings an erhabener Stelle), von den zwölf ›großen Göttern‹ Juppiter, Juno, Minerva, Apollo, Herkules, Diana, Pluto und Proserpina dargestellt. In Marbach am Neckar steht Merkur inmitten der elf anderen, kleiner figurierten Götter. Auch die sog. Paredrien werfen Fragen auf: »Merkur *und* Sirona« – was bedeutet »und«? »Sucellus *und* Nantosvelta«? »Venus *und* Hephaistos«? Wer oder was ist »Lenus Mars«? Mars alias Lenus oder ein Lenus plus ein Mars? Getrennt oder addiert? Verschmolzen? Oder letztlich doch nur analog? Was bedingt diese Kombinationen? Nähe zu einheimischen Göttern oder Anpassung an sozioökonomische Fakten (Händler beten zu Merkur, Soldaten zu Herkules, Beamte zu Juppiter)?

Unsere Quellen erschließen nur gesellschaftlich relativ begrenzte Gruppen und geben über den Glauben und die religiöse Praxis des ›Volkes‹ höchstens indirekt Aufschluß. Es scheint durchaus denkbar, daß Kulte, die mit den einfachen »choses de la vie« zusammenhingen, auch ohne Zutun der Römer funktionierten. An Quellen (die bei weitem nicht den Anforderungen moderner Thermalbäder entsprachen) werden Salus, Hygieia, Äskulap, Bonus Eventus, Juno, gewisse Genii, Sirona unter (fast) beliebigen ikonographischen und theonymischen Formen verehrt. Dies blieb so mehr oder weniger bis ins Mittelalter hinein, als die Dämonen und Götzen durch Engel und heilige Schutzpatrone ersetzt wurden. Nicht umsonst waren die großen Bekehrer besonders darauf aus, heilige Bäume, Haine, Quellen und Felsen zu exorzieren – oder, klüger, zu christianisieren. Damit sei aber nicht einem naiven Naturalismus das Wort geredet: gerade auf diesem Gebiet dürfen ja weder ›Gallier‹ noch ›Germanen‹ als Primitive aufgefaßt werden! Ich habe für die *civitas* der Treverer einen Vergleich zwischen Kultfrequenzen in der Stadt und auf dem Lande durchgeführt (Ternes, 61). Das Ergebnis sieht so aus:

1	2	3.1	3.2	4.1	4.2	4.3	5.1	5.2	5.3
		St (E+F) + L (E+F)		St			L		
				E	F	%	E	F	%
1	Abundantia	4	1.06	0	3	75	0	1	25
2	Apollo	34	9.02	3 (37.50)	5 (62.50)	23.53	2 (7.69)	24 (92.31)	76.47
3	Artio	1	0.27	0	0	0	1	0	100
4	Asklepios	2	0.53	1	0	50	0	1	50
5	Bacchus	3	0.80	0	2	66.67	0	1	33.33
6	Casses	1	0.27	0	0	0	1	0	100
7	Diana	15	3.98	1 (50)	1 (50)	13.33	1 (7.69)	12 (92.31)	86.67
8	DD	9	2.39	3	0	33.33	6	0	66.67
9	Epona	14	3.71	0	0	0	1 (7.14)	13 (92.86)	100
10	Fortuna	8	2.12	0	5	62.50	0	3	37.50
11	Hekate	3	0.80	1 (33.33)	2 (66.67)	100	0	0	0
12	Herkules	57	15.12	0 (0)	8 (100)	14.04	1 (2.04)	48 (97.96)	85.96
13	Intarabus	1	0.27	0	0	0	1	0	100
14	IOM	40	10.61	7 (41.18)	10 (58.82)	42.50	5 (21.74)	18 (78.26)	57.50
15	Isis	1	0.27	0	1	100	0	0	0

1	2	3.1	3.2	4.1	4.2	4.3	5.1	5.2	5.3
		St (E+F) + L (E+F)		St			L		
				E	F	%	E	F	%
16	Juno	29	7.69	0 (0)	7 (100)	24.14	1 (4.55)	21 (15.45)	75.86
17	Mars	14	3.71	3 (100)	0 (0)	21.43	8 (72.73)	3 (27.27)	78.57
18	Merkur	48	12.73	5 (41.67)	7 (58.33)	25	15 (41.67)	21 (58.33)	75
19	Matres	25	6.63	0	9	36	0	16	64
20	Minerva	33	8.75	0 (0)	6 (100)	18.18	3 (11.11)	24 (88.89)	81.82
21	Nemesis	1	0.27	0	0	0	1	0	100
22	Num. Aug.	3	0.80	1	0	33.33	2	0	66.67
23	Rosmerta	7	1.86	0 (0)	1 (100)	14.29	5 (83.33)	1 (16.67)	85.71
24	Silvanus	4	1.06	0	2	50	2	0	50
25	Sirona	3	0.80	1 (50)	1 (50)	66.67	0 (0)	1 (100)	33.33
26	Venus	12	3.18	0	10	83.33	0	2	16.67
27	Victoria	2	0.53	0	0	0	1 (50)	1 (50)	100
28	Vulkan	3	0.80	0	0	0	0	3	100

Tab. 1. Götterverehrung in der *civitas Treverorum*. Vergleich der Kultfrequenzen in der Stadt und auf dem Land.

Sp. 1: Laufende Nummer. Sp. 2: Name der Gottheit. Sp. 3: Summe der in der Stadt Trier (St) und auf dem Land (L) festgestellten Belege aus epigraphischen (E) und figürlichen (F) Quellen, in absoluten Zahlen (Sp. 3.1) und in Prozentanteilen, bezogen auf die Gesamtzahl aller belegten Gottheiten (Sp. 3.2). Sp. 4: Innerstädtische Belege aus epigraphischen Quellen (Sp. 4.1) und aus figürlichen Quellen (Sp. 4.2), jeweils in absoluten Zahlen; die eingeklammerten Zahlen bezeichnen den prozentualen Anteil an der Summe der innerstädtischen Belege. Sp. 4.3 nennt den prozentualen Anteil an der Summe aller in Stadt und Land vorliegenden Belege. Sp. 5: Belege aus ländlichen Bezirken. (Sp. 5.1–3 entspricht Sp. 4.1–3; die eingeklammerten Zahlen bezeichnen den prozentualen Anteil an der Summe der ländlichen Belege.)

Bei aller auch hier gebotenen Vorsicht erkennt man doch, daß es ›Landgötter‹ gibt: Artio (eine Artemis/Diana-Variante), die (in Muri in der Schweiz, aber auch in den Ardennen) mit der Brauron-Bärin auftritt; die Di Casses, Epona, Intarabus, Nemesis, Victoria und Vulcanus, die zwar keine ›Götter des Ackerbaus‹, der Felder, der Kulturen sind, aber zu natürlichen oder gesellschaftlich-beruflichen Strukturen (Straße, Himmel und Erde, Wald; Heer) gehören, wo *rus* zugleich *templum*, d. h. Stand- und Erfüllungsort bedeutet. Apollo (mit 76,47 % in der Rubrik ›Land‹), Diana (86,67 %), Herkules (85,96 %), Mars (78,57 %), Juno (75,86 %), Minerva (81,82 %), Rosmerta (85,71 %) gehorchen wenigstens zum Teil ähnlichen Bestimmungen. Daß Juno und Minerva ›ländlicher‹ auftreten als Juppiter (mit 42,50 gegenüber 57,50 %), darf insofern nicht verwundern, als sich gerade hier der Zwiespalt auftut, der eben nur einen Teil der Iunones zur kapitolinischen Trias zuzuordnen erlaubt, während die anderen für Muttergottheiten stehen, die vielleicht eher den außerstädtischen Tätigkeiten zugetan sind. Daß Vulkan, der Schmiedegott, extraurban (vielleicht eher suburban) auftritt, liegt wohl daran, daß die ›Industriebetriebe‹ (Glashütten, Schmieden, Töpfereien, Meiler, Kalkbrennereien) nicht *intra moenia* geduldet wurden. Auch Merkur ist kein Städter. Dies entspricht sowohl seiner ältesten Theologie wie seiner banalsten, römerzeitlichen Vulgärinterpretation als *deus negotiorum omnium* (nicht der ›Marktfunktion‹, sondern der erfolgreichen Gewinn und damit Segen bringenden Produktion), Beschützer der Lebenden und der Toten, beide als ›Wanderer zwischen den Zeiten‹, nicht als ›Reisende‹. Nur Hekate und Isis treten im Trierer Raum als ›reine Stadtgötter‹ auf. Zur Weihung in Trier wurde C. Candidius Piscator »durch ein Gesicht gemahnt«: Hekate war eine Gehilfin der Medea, als ›Erdgöttin‹ der Demeter und Persephone verbunden, manchmal der Artemis des wilden Jagens irgendwie verwandt, mit drei Gesichtern wie die Shakespearische »triple Hecate« dargestellt, fackelschwingend, von Hunden begleitet.[7] Auf dem Donon steht sie vielleicht mit Merkur in Verbindung, der ja über den »Dreifachgroßen Hermes«, *Hermes Trismegistos*, ebenfalls als Magier, Seelenbegleiter, Mantiker und Mittler bekannt ist. Magie wurde streng bestraft, deshalb sind greifbare Überreste (wie die Bleidefixionen in Trier und Bad Kreuznach) besonders schwer einzuordnen. Auch eine scheinbar »stadttrierische« Inschrift wurde »bei der Anlegung des zweiten Geleises für die Moselbahn unmittelbar hinter der

7 Ebd., Nr. 3643.

Überführung des Weberbaches« gefunden,[8] also vielleicht doch in suburbaner Lage.

Isis ist auch sonst nur in Städten (Trier, Augsburg und Köln) belegt. Dies liegt wohl kaum in der Erlösungs- und Läuterungstheologie der Göttin begründet, eher schon in der Kultpraxis, vor allem in der anspruchsvollen Vertiefung gemeinschaftlicher geistiger Itinerarien, denen ›Stadtluft‹ bestens entsprach. Dies bringt uns dazu, auch noch folgende Einschränkung vorzutragen: Eigentlich müßte man für jedes Denkmal, für jede Widmung, jedes Tempelchen den ganzen Kontext eruieren (und dann in Datenbanken speichern), ehe, von Fall zu Fall, die Wahl des Gottes, der Bildform, der Interpellation, der künstlerischen ›Fassung‹ verstanden und gerechtfertigt werden können. Auch so muß also die Unzulänglichkeit unserer Quellen (und unserer gängigen Methodologie) be- und umschrieben werden. Um so höher ist der Wert von (mehr oder weniger) geschlossenen Fundgruppen (vor allem der *temenoi*, der heiligen Bezirke, *capitolia*, größeren Heiligtümer, Denkmälergruppen usw.). In vielen Fällen zeigen aber auch diese eine große Vielschichtigkeit, so daß allzu scharf trennende Erkenntnisse nicht erwartet werden dürfen. Eine Zusammenstellung über die sog. Viergöttersteine (Teile von Juppitersäulen) der heute luxemburgischen Gebiete der *civitas Treverorum* zeigt etwa, daß Juno und Herkules fast konstant sind, Minerva weniger vertreten ist und Merkur, Apoll und andere sich in die vierte Stelle teilen (Tab. 2). Zweck des Denkmals ist, möglichst viele Götter unter die Oberhoheit des Höchsten, des Garanten des Weltgleichgewichts, des Siegers über Giganten und Chaos, der Idealgestalt männlicher Reife zu subsumieren. Dies wurde bereits dargelegt und anhand der Mainzer Juppitersäulen und der neueren Funde aus Hausen an der Zaber bekräftigt (s. S. 184 ff.).

Juno, *die* Frau, ist eindeutig und typisch in Ladenburg dargestellt (auf dem Viergötterstein im sog. Bischofshof) mit Schleier, geknotetem Gürtel, Weihrauchkästchen, Altar, *patella* (Opferteller). Herkules ist der »ami du genre humain«, der Menschenfreund, überall dort (etwa in Berwangen oder Jagsthausen), wo physische Kraft Hilfe bedeutet. Er beschützt Arbeiter in Bergwerken und Steingruben, Wege und Straßen, Häuser und Grundbesitz, auch das Kaiserhaus: man nimmt manchmal an, daß Commodus, »der unglücklich geratene Sohn des Philosophenkaisers Mark Aurel« (Cämmerer, bei Filtzinger, 57) sich (in Köngen) als

8 Vgl. ebd., S. 591.

	Juppiter	Juno	Minerva	*aliae*	Apollo	Herkules	Merkur	*alii*
Berdorf		301	401		601	701		
Dalheim		302	402			702	905	
Helpert		303		Venus		703		
Leudelingen		304	404			704	901	
Lorentzweiler		305			602	705		1013
Sanem		306	406					
Fundort unbekannt 1	801	307	407			706		
Fundort unbekannt 2		308			603	707	902	
Fenningen				{503 504				1001
Kehlen					604	708		
Weiler zum Turm					607	714		
Mansfelt 1				{515		711		
Mansfelt 2		808		516	611	713	904	

Tab. 2. »Viergöttersteine« aus dem heute luxemburgischen Gebiet der *civitas Treverorum*. (Die Ziffern entsprechen der Chiffrierung in: Ternes, 61).

Herkules darstellen ließ. Im Prinzip wäre das nicht ungewöhnlicher, als daß Augustus als Merkur verewigt werden wollte.

Nirgends findet man Spuren eines wahren Polytheismus. Außerhalb rein schulischer Gelehrsamkeit gibt es nicht viele verschiedene Götter, sondern entweder eine Myriade gleichsam atomarer Gott-Partikelchen, die sich zeitweise zu erkennbaren Nebeln verdichten (dann wieder auflösen, später in anderen Kombinationen und Zusammenstellungen wieder auftreten), oder eine mononukleare Machtgottheit, welche sich in einer beträchtlichen Zahl von Hypostasen und Emanationen äußert, die teilweise vom menschlichen Geist erdachten und ersehnten Funktionen oder Aspekten entsprechen oder entgegenkommen. In ihrem tieferen Grunde sind sie also alle verwandt – und die gängige Rede von den vielen Göttern ist eher eine Sprach- und Denkregelung als eine Aussage zur Sache – dem Wesen der antiken Götter – selbst.

Geht man nach der 1967 von Günter Ristow (323) vorgelegten Liste der »wichtigsten Götter und Götterwesen« der römischen Rheinlande, so ist darin zuerst die Gruppe der zwölf großen römischen Götter gebührend belegt. Dann folgen die ›orientalischen‹: Dionysos Bacchus; Harpokrates, Sohn der Isis und des Osiris; Anubis, der schakalköpfige Gott aus dem Kreis Isis/Osiris/Horus; Cautes und Cautopates, die Begleiter des Sol Invictus Mithras; Kybele, die Magna Mater, und Attis, ihr Geliebter; Caelestis/Astarte aus Syrien und Phönizien; Isis; Juppiter Ammon; Juppiter Heliopolitanus; Juppiter Dolichenus, der Baal aus Syrien; Juppiter Olbius aus Südrußland, Ma Bellona aus Kappadokien; Orpheus aus Thrakien; Sabazius Zebaoth; Sarapis. Daneben finden sich unmittelbarer griechische: Adonis, Eros, (Dionysos), Helios, Artemis, Athena, Demeter, Hygieia, (Orpheus); und schließlich die ›einheimischen‹: Abnoba, »Göttin des Schwarzwaldes«; Aveha und Helivissa; die Ahuecanae: »einheimische Muttergottheiten«; Alateivia, »Heilgöttin« in Xanten; die Diginae in Köln; Domesticae, »ursprünglich Hausgöttinnen«, in Bonn; Gabiae in Rövenich, Rohr, Müddersheim; die Gavadiae in Bettenhofen, Mönchengladbach; Ganhunae in Köln; Gubernatrices; Herecura, »romanisierte einheimische Fruchtbarkeitsgöttin«; Hlucena, Hludana am Niederrhein; Ancamna, »Kultgenossin des Mars-Smertius im Trevererland«; Apadeva, Quellgöttin in Trier; Arduinna, eponyme Göttin des Ardennerwaldes; Campestres, Schutzgöttinnen der Heere »im Felde«; Cernunnos; Cnabetius, »als Mars interpretiert«; Artio in Weilerbach; Epona; Ifles, Quellgöttinnen bei Dormagen; Intarabus in Foy, Ernzen und Echternach, bei den Treverern wohl Sucellus verwandt (Loicq, bei Ternes, 327); Latobius, in Trier als Mars verehrt, wie auch Loucetios (Partnerin: Nemetona/Victoria) und Lenus (oder Laenus) Mars, der schützende Kriegsgott des *temenos* auf dem linken Moselufer bei Trier; Lucretiae, einheimische »Ortsgöttinnen«; Maia-Rosmerta, z. B. in Germersheim; die Matres/Matronae/Matrae (vor allem in Obergermanien), »Schutz-, Mutter-, Fruchtbarkeits- und Segensgöttinnen«; Mattiaca, eine Diana-Verwandte, mit Apollo Toutorix »Quellgöttin« in Wiesbaden, ebenso wie Meduna und Visuna in Baden-Baden und Vercana in Bad Bertrich; Nantosvelta (ebenfalls ›Umschreibung‹ für Diana) in Saarburg; Rosmerta, »Segens- und Fruchtbarkeitsgöttin, Göttin des Handels und Gewinns« (oft Kultgenossin Merkurs); Sandraudiga (*cultores templi* besorgten ihr Heiligtum im niederländischen Tiggelt; wohl ›germanisch‹; *aud* »bezeichnet zugleich die Gunst des Schicksals, das Glück, aber auch den Reichtum« – Loicq, bei Ternes, 327); Sucellus/Silvanus; Sirona, Partnerin des Apollo Grannus; Smert(r)ius; die Suleviae; Sunuxsal, »Stammesgöttin« der Sunucer; Taranis, der Himmels- und Vatergott (Juppiter); Vagdavercustis, »einheimische Interpretation der römischen militärischen Tugendgottheit«; Vassocaletes (Merkur); Virodactis am Mittelrhein, »Vermittlerin von Mannestugend« und »Wohltäterin der Stammesgemeinde« (Loicq, bei Hassel, 357); Visucius (und Visucia), dem Merkur verwandt; der Hammergott; der Radgott usw.

Als (eher) germanisch (vgl. die zuvor gemachte Einschränkung) enthält die Liste von Ristow: Halamardus, Hanno, (Hlucena?), Leudanus, Magusanus (Herkules), Cimbrianus (Merkur), Nehalennia (keltisch-germanisch), Thingsus (Mars). Daneben finden wir die Kollektive: Wochen- und Planetengötter, »Straßengötter« (Biviae, Triviae, Quadrubiae), Genii, Eroten, Najaden usw., die sich zwar im Wort lateinisch vorstellen, in der Sache aber (und wohl auch im Kult) örtlichen Gegebenheiten entsprechen. Insgesamt sieht es so aus, daß zuunterst – das Wort ist weder abschätzig-wertend noch überhaupt im Sinne einer Klassifizierung zu verstehen; es hat den ›archäologischen‹ oder psychoanalytischen Sinn einer Schichtbezeichnung – Realia zu erkennen wären (Baumgruppen, Wälder, Haine; Quellen, Bäche, Flüsse; Gebirge, Hügel, Täler), die wohl alle so interpretiert werden, daß der gute Gott und/oder der böse Daimon mit dem Begriff des *bonus eventus* in Zusammenhang gebracht wurden, weil sie Leben schlicht bedingen, Fruchtbarkeit erzeugen, mehren und garantieren. In diese Schicht hinab reichen gelegentlich Ausläufer späterer Religionen, die bereits Namen und Kult, Theologie und Ikonographie abstrahieren, verallgemeinern, vom Tal und Feld der Sippe (*gens*) auf alle Täler, alle Felder einer (größeren) Gemeinschaft (›Volk‹, *populus*, *natio*) erweitern; diese Phase war im Zuge der Keltisierung erreicht worden, in deren mittleren und späteren Perioden bereits griechisch-orientalische, dann römisch-italische Einwirkungen erkennbar sind.

Ob und wie die keltischen Fürsten gezielt in die älteren Schichten religiösen Empfindens eingriffen, wissen wir nicht; wir wissen hingegen sehr wohl, daß Rom seine Götter konsequent dort einsetzte, wo es galt, auf die Gemüter einzuwirken: also *interpretatio* systematisch betrieb. Es gab Identifizierungen: Römisch A ist keltisch B; da die Reichssprache jetzt die lateinische ist, erhält B den Namen des A – der Name des

Taranis kann durch den des Juppiter ersetzt werden, Taranis ist Juppiter als reitender, blitzeschleudernder Himmelsgott. Es gibt Angleichungen: Römisch A besitzt Eigenschaften, die zum Wesen des keltisch-einheimischen B gehören; dieser wird AB oder BA genannt) – Lenus Mars (oder Mars Lenus) ist der schützende, heilende Mars (auf dem Martberg, im Tempelbezirk bei Trier), der Verteidiger gegen Schäden des Geistes und Körpers, des einzelnen oder gemeinschaftlichen Besitzes. Es gibt Paredrien, Beigesellungen: Dem römischen A wird ein keltisch-einheimischer B beigesellt – zu Merkur kommt Rosmerta, zu Apollo Sirona, in doppelter Bindung Apollo Toutiorix und Diana Mattiaca (in Wiesbaden).[9] Es gibt einfache Latinisierungen (vgl. zuvor die ›Straßengötter‹): Magusanus, Meduna, viele Matres usw.

Zuoberst – im Sinne unseres Schichten-Gleichnisses – stehen selbstverständlich authentische römische Staatskulte, wie sie in Lyon, Köln, Trier und Mainz belegt sind. Nichts hindert diese, durch alle tieferen Schichten hindurch zu wirken. Selbstverständlich entspricht kein Schema der Wirklichkeit, und alle Paradigmen werden eben nur zu Demonstrationszwecken gebraucht. Wie komplex die Lage in Wirklichkeit ist, erahnt man, wenn man über den Begriff »orientalische Einwirkungen« nachdenkt. Der Orient hat sowohl die griechische wie die römische Religion (auf verschiedenen Wegen, aber wohl ohne Unterbrechung) ›beeinflußt‹, auch die keltische, die etruskische ... In dem, was man ex eventu ›germanische Religion‹ nennt, sind diese Einwirkungen nicht weniger deutlich. Allerdings haben sie sich ab 150 verstärkt, verdichtet, dann gleichsam die Oberhand gewonnen, einen Siegeszug begonnen, der wirklich das Horazwort vom besiegten Sieger erst richtig und weltweit bekräftigt und erfüllt. Auch das Christentum kommt, wie das Licht, aus dem Osten.

9 Ebd., Nr. 7564/7565.

Erfolgsspender, Begleiter, Menschenfreunde

Juppiter thront (in Köln,[10] Bonn,[11] Alzey[12] und Trier[13] – dort inmitten der Trias), steht (in Köln[14] und Bonn[15]) und reitet (auf allen Juppitersäulen). Er wird mit entblößtem Oberkörper in heroisierender, ästhetisch-gymnisch-athletischer Weise mit faltigem Überwurf (oft auf der linken Schulter), wallendem Haar und Bart dargestellt. Wie bereits gesagt, lockert sich die zuerst steife, archaisierende Haltung mit der Zeit. Das verhindert nicht, daß zum einen alle wesenhaften Komponenten erhalten bleiben und daß zum anderen weiterhin dekorative Motive Verwendung finden (kretisch-mykenische[16] oder keltische[17]), keltische, die für das Studium der Einwirkungen und Stiltendenzen besonders aufschlußreich sind. So ist auch beispielsweise an der Merkur-Widmung des T. Flavius Victor[18] (wie an der Bonner Widmung an Mercurius Gebrinius) das Dekor (nicht »Rankenornamentik«, sondern stilisierte Weinreben, die aus Mischkrügen herauswachsen; auf den Seiten: Füllhörner) lehrreicher als die Hauptnische und der epigraphische Text. Merkur wird auf diese Weise eine dionysische Komponente beigemischt, seine Bestimmung als ›Erfolgsspender‹ und ›Befreier‹ (diskret) zum Ausdruck gebracht. Dasselbe gilt für viele andere Fälle (wir haben S. 194 ff. bereits auf ein vergleichbares Phänomen am Beispiel der Neumagener Denkmäler hingewiesen), so etwa an den Kölner Juppitersäulen,[19] dem Victoria-Altar[20] (an der Rückseite: Stier, Lebensbaum, Delphine neben Opferinstrumentarium) und dem bacchischen Relief[21] (Petrogenese, Pfau, Schlange, Rebe!). Zu den interessantesten Kölner Skulpturen gehört der bärtige Kopf eines Flußgottes in der Rolle und Stellung des von Juppiter besiegten ›Giganten‹.[22] Juppiter siegt über das feuchte Element, Rom über den Rhein, Ordnung über das Chaos, Licht über das Dunkel. Nicht zufällig findet die Fisch-Thematik viel An-

10 Schoppa (325), Nr. 1, Taf. 1–4,2, Taf. 5,3–5; Ristow (323), Taf. A 49.
11 Lehner (318), S. 64–80.
12 *Corpus Signorum Imperii Romani* (309), Bd. II,1, Abb. 13, Taf. 29.
13 Schindler (67), Nr. 74, inmitten der Trias.
14 Schoppa (325), Nr. 9, Taf. 10–11; Ristow (323), Taf. C 19–54.
15 Lehner (318), S. 82.
16 Auf dem Thron des Juppiter Schoppa (325), Nr. 1.
17 Im Stil der Pfalzfelder Säule auf dem Thron des Juppiter Schoppa (325), Nr. 2.
18 Schoppa (325), Nr. 45, Taf. 43 und 44.
19 Ebd., Nr. 23, Taf. 23 und 24.
20 Ebd., Nr. 52, Taf. 50 und 51.
21 Ebd., Nr. 101, Taf. 83.
22 Ebd., Nr. 29, Taf. 29.

klang, vor allem Delphine sind beliebt, da sie sehr leicht (durch ihr Wesen und durch ihr Verhalten) als Mittler zwischen den getrennten Elementen erkannt und anerkannt werden. Die *Mosella* des Ausonius ist in dieser Hinsicht eindeutig.
Die rheinischen Matres-Darstellungen sind oft abgebildet und besprochen worden: die Axsinginehae[23] und die Aumenahae[24] tragen (um 200) die berühmten Ballonhauben, die ja auch in Bonn ausgiebig belegt sind.[25] Körbe[26] und Füllhörner[27] sind das allgemeine Kennzeichen der zuvor skizzierten Erfolgstheologie, die Gesundheit (für Körper und Geist), Erfolg (im Gebet, bei der Arbeit, in der Gesellschaft) und Reichtum (an dies- und jenseitigen Gütern) bedingt. Daran sind alle phallischen Darstellungen anzuschließen,[28] wobei wohl zu Recht der spezifische Kontext betont wurde, der engere Zusammenhang mit dem Tod und dessen Überwindung. Hier sind auch die Göttinnen mit Hunden (im Schoß) einzureihen;[29] Sphingen, Greife und Löwen sind Grabwächter.

Orpheus und Dionysos

Götter werden nicht nur in Weihinschriften angerufen, auf Reliefs und Skulpturen dargestellt, auch Mosaike dienen religiösen und kultischen Zwecken. In Rottweil wurde 1834 eine Orpheusdarstellung freigelegt (quadratisches Zentralmedaillon von 1,75 m Seitenlänge), die den Sohn (oder Schüler) des Apollo als *cithareda*, als Leierspieler (er hält eine fünfsaitige Kithaira mit Schallöchern auf dem linken Knie aufgestützt, in der Rechten das Plektron) mit phrygischer Mütze – also mit betont kleinasiatischem Einschlag – vorstellt.[30] »Sein lockiges, von einer phrygischen Mütze bedecktes Haupt ist nach rechts gewendet, wo neben ihm ein Rabe auf einem Felsen sitzt. Links steht ein Baum mit einer Elster darauf ...« Auch Hund und Storch verweisen auf das Thema der vom *carmen*, dem Zaubergesang (daher das französische Wort *charme*), des Sängers betörten Tier-, aber auch Pflanzenwelt: kamen dem Mythos

23 Ebd., Nr. 68, Taf. 63.
24 Ebd., Nr. 67, Taf. 61.
25 Lehner (318), S. 432 ff.
26 Schoppa (325), Nr. 75 und 76, Taf. 70.
27 Ebd., Nr. 90 und 91, Taf. 77.
28 Ebd., Nr. 98, Taf. 81.
29 Etwa Schoppa (325), Nr. 78, unten rechts.
30 Parlasca (320), S. 99; Taf. 12,1.

zufolge doch sogar Bäume herbei, um den herrlichen Gesang zu genießen. Überhaupt gebot Orpheus der Natur: als er die Argonauten begleitete, beruhigte er die stürmische Flut und beschwichtigte die von der Angst um ihr Leben aufgebrachten Seeleute; er besiegte den Drachen, der das Goldene Vlies bewachte, indem er ihn mit seiner sanften Musik langsam einschläferte, er übertönte mit lautem, klingendem Spiel den Gesang der Sirenen. Doch seine bedeutendste Leistung (die ihn Herakles ähnlich macht) ist sein Abstieg in die Unterwelt. »Der Liebe Zaubermacht« gab ihm die Kraft, die Najade Eurydike aus dem Schoß des Todes, aus der menschenfeindlichen Unterwelt, der Macht des Hades und der Persephone zu erlösen, den Tod zu besiegen; nicht nur Begleiter (*psychopompos*, wie z. B. Hermes) zu sein, sondern Befreier, Todesüberwinder. Diese Fähigkeit wird dem Hermes/Merkur abgesprochen: »non lenis Mercurius«, sagt Horaz – Merkur kann dem menschlichen Flehen nicht stattgeben, den Wunsch nach (bloßer) Rückkehr nicht erfüllen; Orpheus indessen letztlich ja auch nicht.

Da der Sänger ebenso ›Anhänger‹ des Dionysos wie des Apollo war, wird auch das Dionysische in die sog. Orphik einbezogen. Dionysos, der zweimal Geborene, der *Lyaios* – ›Entbinder‹ –, der Befreier der Menschen aus der (eigenen, inneren, psycho-somatischen) Gefangenschaft, ist wohl der Gott, der die Antike insgesamt am meisten bewegt hat. Das Trierer Bacchusmosaik wurde 1902 in relativ gutem Zustand entdeckt und geborgen.[31] Das Thema ist auch hier dem mittleren Medaillon zu entnehmen: Der stehende, nackte junge Gott hält den Thyrsos mit der rechten Hand, er faßt ihn sehr hoch, so daß in der Bildkomposition eine elegante Diagonale entsteht, die geradewegs auf die anderen Komponenten des Bildes hinweist, die zwei Tiger, zwischen denen ein (etwas dunkelhäutiger) Jüngling geht (oder steht), der die Raubkatzen vertraulich am Halse faßt (sie sind ja symbolische Metamorphosen der Mysten, der Anwärter zur Gottesjüngerschaft); in des Jünglings rechten Arm hat der Künstler das *pedum* geklemmt, den knotigen Hirtenstab mit eingekrümmtem Ende, Attribut des Pan, Stab des Guten Hirten. Hinter dem jugendlichen Begleiter des Bacchus ist ein farbiges Feld dargestellt, dessen Bedeutung nicht erkennbar ist (Weinberg? Wolke? Feld? Wald?). An den vier Ecken des Mosaiks stellen weibliche Figuren die Jahreszeiten dar; in den Zwischenfeldern erkennt man Teile der *pompa Dionysiaca*, des festlichen Aufzugs, in dem sich der Gott (rituell von Mimen dargestellt) seinen eingeweihten

31 Ebd., S. 40 ff.

Verehrern enthüllt: Hirsche, Panther, Löwen und Eber ziehen zweirädrige Wägelchen (nach H. G. Horn, 315, handelt es sich ursprünglich um *vanni*, geflochtene Körbe, mit denen das Getreide in die Luft geworfen wurde, damit der Wind die Spreu vom Weizen trenne) mit großen Theatermasken, die daran zu erinnern haben, daß die rituelle Handlung ein Spiel ist, in dem Stellvertreter die Rolle des Gottes und seiner Begleiter übernehmen.

Auf dem Monnusmosaik (so benannt nach der Autorensignatur)[32] nimmt man an, daß das Septemberfeld ein Bild des Bacchus aufwies; erkennbar ist eine Art Thyrsos.

Weltberühmt ist das Kölner Dionysosmosaik, das jetzt sehr wirkungsvoll ausgestellt wird und zu dem H. G. Horn (315) eine sehr gründliche Interpretation vorgelegt hat. Thematisch allgegenwärtig (so Horn) ist der Begriff *aurea aetas*, Goldenes Zeitalter, zu dem der Myste Zugang erhält, in dem er Zuflucht sucht, auf das sein gesamtes Streben gerichtet ist. Zwar machten in gewissem Sinne andere Götter Dionysos die Funktion des Seligmachers, Erlösers, Befreiers streitig (weniger Kronos/Saturn, der nicht nur ikonographisch kaum faßbar war, als Hermes, Orpheus, Mithras, z. T. Herkules, aber auch Isis, Kybele u. a.), doch dürften sie damit im wesentlichen nur von dem Trend profitiert haben, den wir bereits mehrmals erwähnt haben und der (z. T. schon ab der Mitte des ersten nachchristlichen Jahrhunderts, dann ziemlich massiv am Ende des zweiten) die europäischen Provinzen regelrecht überflutete, und ihr Erfolg ist wohl z. T. gerade auf jene extreme Vielfalt der dionysischen Mysterien zurückzuführen. Diese weniger philosophisch-metaphysisch als psychologisch-therapeutisch bestimmte Theologie zieht ihren Nutzen auch aus der Einfügung in eine ›heile Welt‹, zu der – das läßt auch heutige Beobachter aufhorchen – eine intakte Natur gehört, die in der Ikonographie sehr vielfältig, mit der im ganzen Mittelmeerbereich zu allen Zeiten offenkundigen Freude an Tier- und Pflanzendarstellungen ausstaffiert und immer neu (teils lieblich-impressionistisch, teils ernst-expressionistisch) gestaltet wurde. Da in der *aurea aetas* Frieden herrscht, stellen auch wilde Tiere für den Menschen (und er für sie!) keine Gefahr mehr dar: deshalb schart man um den Gott die gefährlichsten Raubkatzen, Eber und – bei all ihrer Scheu doch auch höchst wehrhafte – Hirsche, in Köln allerdings auch Tauben (›Seelenvögel‹), und Pfauen (zur exotischen Erinnerung an den Triumphzug des Gottes durch Indien), Esel (als ›dionysisches Reittier‹, Dionysophor,

32 Ebd., S. 42; Taf. 47,3.

Weinträger, weil es »ohne ihn keine Mysterien« gibt) und Böcke (in einen solchen hatte sich einst der flüchtende Dionysos verwandelt). Deshalb auch Blumen und Bäume, Physis also, aber immer mehrschichtig: jeder Bestandteil gehört spezifisch in die dionysische Landschaft, weil er in ganz präzisem Zusammenhang zu der langen Läuterungs- und Heilsgeschichte steht, die den Gott selbst zur Vollkommenheit geführt hat und die er nun andere, unter rituell ebenso präzisen Bedingungen, nachvollziehen, nacherleben, entdecken läßt. Die *pompa* des Dionysos beschränkt sich aber nicht auf Pflanzen und Tiere: Horn hat z. B. sehr überzeugend den Bilderkomplex ›Trank‹ (als Ein- und Untertauchen im obligatorischen Meer des Mysteriums) beschrieben: dazu gehören die *kantharoi* (oder sonstige Misch- und Trinkgefäße, die als *mundus*, als Eingang in die ›neue‹ oder wiedergefundene Welt zu deuten sind), die so häufig im Heroisierungsprozeß der Verstorbenen auftreten, aber auch die Muschel als »Symbol der weiblichen Scham oder des Uterus«, in den die Rückkehr sich zielstrebig vollzieht. Dort entstehen sexuelle ›Ausschweifungen‹, die lange amtlicherseits mißbilligt und geahndet wurden, während die große Menge des erotischen Bildmaterials (vor allem im Bereich der Grabkunst) die kultische Bedeutung dieser Umarmungen – Erregung, Entäußerung durch Tanz, Musik, Wein- und vielleicht Drogenkonsum entpersonalisierten sie weitestgehend – eindeutig bekundet. Produkt des dionysischen Zeugungsaktes ist die Perle, der Ausonius mehrere Verse widmet, weil sie dazu beitragen mußte, das Moselwasser als eines jener Durchgangselemente erkennen zu lassen, die zur *salus mystica* führen. Zur Vorbereitung dient die *expositio vitis*: auf dem Kölner Mosaik ist diese ›Dar-stellung‹ der Rebe in einem der besonders wichtigen achteckigen Felder (links unten im viereckigen Hauptmedaillon) geschildert: der Mystagoge (Lehrer, Berater, Meister in Sachen Mysterium) hält sie dem ›kindlichen‹ Mysten hin. Musik (Syrinx, Doppelflöte, Monaulos, Krotalen) gehört zur rhythmisch-betörenden Zeremonie.

Aus dem Studium solcher gut erhaltenen Werke kann man anschließend auch Fragmente identifizieren (etwa in Trier, Köln und Mainz)[33] und dem dionysischen Kontext zuordnen. Die Nähe zum orphischen Kreis (und die Freude an bildhaften Tierkatalogen) ist im Dionysischen immer gewahrt. Man kann sich sogar fragen, ob nicht in verschiedenen

33 Ebd., Taf. 6,1: Trier, Kuhnenstraße; Taf. 23,1: Diekirch I; Taf. 23,2: Diekirch II; Taf. 25,2: Trier, Antoniusbrunnen; Taf. 34,1: Trier, Neustraße; Taf. 47,2 und 47,5 (?): Monnus-Mosaik; Taf. 60,1–4: Trier, Fragmente aus dem Dombereich; vielleicht Taf. 63,2: Wolfstraße; Taf. 65,2: Köln, Großer Griechenmarkt; Taf. 92,3–5: Mainz.

sogenannten Gladiatorenmosaiken[34] bacchische Themen mitklingen; schließlich waren Gladiatorenspiele immer Todesspiele gewesen, zuerst privat in großen römischen *gentes*, dann öffentlich, als symbolhafte Hinrichtung von Ersatzpersonen (*scapegoat*-Thematik!) durch die Gemeinschaft selbst.

Ein Wort noch zur ›Mythologie‹: schon zur Zeit des Euripides wurden die Götter als grausam, tückisch, lügnerisch, geil, feige, parteiisch, zänkisch angeprangert. Die gebildeten Römer waren noch skeptischer: sie verbannten jene Götter (der griechischen Literatur, nicht der Religion als erlebter und praktizierter Glaubenswirklichkeit) jenseits aller Milchstraßen oder machten sie in den so beliebten Komödien zu Juxfiguren. Schlimmer noch: zu ›Schulgöttern‹, deren Kataloge ABC-Schützen und angehende Rhetoren hersagen und stereotyp kommentieren mußten. Dies überlebte die Mythologie natürlich nicht. Allerdings muß sehr deutlich gesagt werden, daß das Absterben eines einst blühenden literarischen Zweiges nicht den Baum verkümmern ließ. Und es soll auch nicht behauptet werden, daß es in Rom später keine Mythologie mehr gab; diese ist an sich lebendig, entspringt der Gegenwart und integriert in diese allerdings sehr spezielle Gegenwartserfassung alle Elemente, die zu einer Zivilisation gehören, auch jene, die (gewollt oder ungewollt) ›historisch‹ oder ›historisierend‹ sind. Das römische Kaiserreich schuf damit seine eigene Mythologie. Nur so ist zu erklären, daß die ›Geschichten von den römischen Göttern‹ über die römische Zeit hinaus weiterbestanden und z. B. vielerorts selbst noch nach dem Konzil von Trient so lebendig waren, daß große Gelehrte es nötig fanden, sie zu widerlegen – oder, klüger, christlich umzudeuten.

Im Dienste der Religion stehen auch das Trierer Ledamosaik und dasjenige des Sol aus Münster-Sarmsheim.[35] Über ersteres wurde viel (und kontrovers) diskutiert. Thematisch zentral ist ein Altar, über dem sich der Adler des Juppiter (mit zusätzlicher Inschrift: IOBIS) in die Lüfte erhebt. Auf dem Altar kann man (seit der Restauration) Bruchstücke eines Eies erkennen, aus dem CASTOR, POLVS und AELENA (so die verballhornende Schreibweise des Mosaikkünstlers) hervorgegangen sind; AGAMEMNON und LYDA, die Eltern (wobei dem ›Setzer‹ der etwas peinliche Schnitzer unterlief, Agamemnon mit Tyndareios von Sparta zu verwechseln), stehen neben dem aufgebrochenen Ur-Ei, das den einheitlichen Ursprung allen Lebens symbolhaft repräsentiert. Im

34 Ebd., Taf. 97: Augsburg; Taf. 91,1–4: Bad Kreuznach (Hirsch, Eber, Tiger, Esel, Löwe, Stier); Taf. 39,1–2: Nennig.

35 Ebd., Taf. 84 ff.

4. Jahrhundert (dem das Mosaik doch wohl zugehört) ist diese Weltschöpfungsdoktrin relativ gängig. Ansonsten bietet dieses herrliche Bild einen einzigartigen Einblick in die *epulae sacrae*, die heiligen Bankette, zu denen sich die Anhänger religiöser Kultgemeinschaften trafen. Den unbefangenen Beobachter erinnert das Mosaik, das in Münster-Sarmsheim (in der Nähe von Bingerbrück) in Fragmenten 1895, 1902 und 1909 entdeckt wurde, an das Polydus-Mosaik, das im Trierer Landesmuseum einen siegreichen Wagenlenker ziemlich genau in der Stellung und Haltung des jugendlichen Sonnengottes darstellt. Anläßlich der sog. Gladiatorenmosaiken wurde bereits gesagt, daß bestimmte Themen (möglicherweise innerhalb eines der sagenumwobenen Kunstateliers) übernommen, transponiert, ›desakralisiert‹ wurden. Dem Wagenlenken war von jeher etwas königlich Gebieterisches eigen, und es ist denkbar, daß Polydus sich – *more athletarum* – quasi vergöttlichen ließ. Oder sein Besitzer. Oder der Besitzer der Pferde; namentlich erwähnt ist der Vorspänner COMPRESSOR.

Der Apsidensaal aus Münster-Sarmsheim maß 18,90 × 13,70 m, ohne die 5,35 m tiefe Apsis. Das Mosaik, dessen Mittelbild einen Durchmesser von 2,80 m hat,[36] stellte eine riesige Komposition dar, in der geometrische Motive das Bild des wagenlenkenden Sol/Helios umgaben; an Dionysos erinnern Kratere und Blumen, an Okeanos oder Poseidon die Fische, um das Gespann des Sonnengottes (der ebenso Apoll wie Mithras und Helios ›ist‹) zieht sich das Kreisband der Sternzeichen, die man von Igel her bei der himmelstürmenden Apotheose des Herkules in derselben Funktion kennt.

Das vielbemühte Wort vom Synkretismus trifft also in der Sache zu; dafür haben wir hier Beweise erbracht, die nicht zufällig bis in die neronische Zeit zurückreichen. Nicht nur glaubte niemand an eine wirkliche Vielzahl von Göttern, sondern man fand sich auch durchaus nicht mit den allgemeinen – erkenntnis-theoretischen und ›rhetorischen‹ – Zwängen ab, die jede Darstellung Gottes erschweren, noch mit den spezifischen, die einen ›nationalen‹ Herkules von einem supranationalen, also einen keltischen von einem römischen hätten trennen müssen. Alles deutet darauf hin, daß bis ins 5. Jahrhundert Nachrichten, Ideen, Vorstellungen, Empfindungen (und Güter, die sie oft ›trugen‹ und erst richtig wirksam werden ließen) frei und ausgiebig im ganzen Römischen Reich zirkulierten. Dies wird eine der bedeutendsten kulturellen und historischen Leistungen Roms bleiben.

36 Ebd., Taf. 85,2.

Vierter Teil
Stadt, Lager, Gutshof

Erstes Kapitel
Die Stadt

Im Jahre 50 wurde die erste richtige Stadt im römischen Deutschland gegründet – Köln; unter dem Namen *Colonia Claudia Ara Agrippinensium*: »die claudische Kolonie am Altar der Verehrer der Agrippina« (Abb. 34). Auf Bitten der jüngeren Agrippina, die dort geboren war, verlieh ihr Gatte, Kaiser Claudius, dem früheren *oppidum Ubiorum* (so die ältere Bezeichnung, belegt bei Tacitus) das römische Stadtrecht. Die Stadt war »die wichtigste augenfällige zivilisatorische und soziale Neuerung, die Rom den Gebieten links des Rheines gebracht hat. [...] Erst die Stadt brachte ein demokratisches Element, indem die Bürger ihre Vertretung und Verwaltung selbst wählen konnten. [...] Aus der Voraussetzung, daß politische Mündigkeit und zivilisatorische Reife den römischen Bürger ausmachten, ergab sich, daß die Städte des Rheingebiets zunächst aus römischen Bürgern bestanden, die aus entwickelteren Reichsteilen kamen, noch mehr aus Veteranen, die in den zweieinhalb Jahrzehnten ihrer aktiven Dienstzeit eine staatspolitische Ausrichtung auf unbedingte Reichstreue erhalten hatten. Zusätzlich und später wurden auch solche Einheimische herangezogen, die sich in der Loyalität gegen Kaiser und Reich bewährt hatten und die soweit zivilisiert waren, daß man sie als römische Bürger tolerieren durfte und für den noch fehlenden Rest auf die Wirkung der Stadtluft vertraute« (Petrikovits, 56).
Der Eingliederungsprozeß der ›Einheimischen‹ kann durchaus auch anders beschrieben werden. Das Bild von den liebedienernden Ubiern gegenüber den kulturträchtigen ausgedienten italischen Haudegen will mir nicht recht gefallen. Wie zuvor gezeigt, dürften die Verhältnisse schon zu Caesars Zeiten sehr verschieden, vor allem erheblich differenzierter gewesen sein.

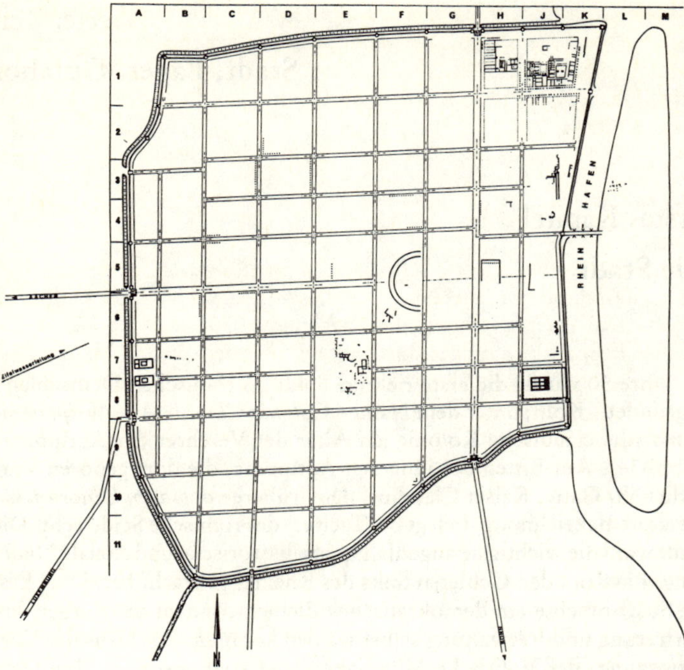

Abb. 34. Köln. Plan der Colonia Claudia Ara Agrippinensium im 1.–3. Jahrhundert. (Aus: Hellenkemper, 425.)

Immerhin ist es zu begrüßen, daß Petrikovits' Aussagen vorsichtig und unpolemisch vorgetragen werden – im merklichen Unterschied zu vielen, im Endeffekt verwirrenden Arbeiten, die aus italischen, spanischen, südfranzösischen oder nordafrikanischen Zuständen (bei statistisch zum Teil sehr schmaler Quellenbasis) Erkenntnisse über ganz Gallien und ganz Germanien postulieren oder nach umfangreicher (und ergebnisarmer) Sichtung des heterogenen Materials zu dem Schluß kommen, jede Stadt habe *ihr eigenes* Recht besessen! Letzteres trifft mit Sicherheit nur zu für die zahlreichen De-facto-Städte, *civitas*-Hauptorte, sog. Lagerstädte in der Nähe von Legionslagern, *vici*, die im Übergang zu stadtähnlichen Siedlungen begriffen waren.
De jure hatten Stadtcharakter: die *Colonia Ulpia Traiana* (Xanten), die

Colonia Claudia Ara Agrippinensium (Köln), *Mogontiacum* (Mainz), *Augusta Vindelicum* (Augsburg) und *Arae Flaviae* (Rottweil). Sie sollen im folgenden kurz vorgestellt werden; abschließend werden dann einige *vici* aufgezählt, als Vertreter Hunderter ähnlicher, die die Archäologie uns erschlossen hat.

Köln

Als die Römer beschlossen, die ubische Siedlung am Ort des späteren Köln zur Kolonie zu erheben, betraf dieser Entschluß uraltes Siedlungsgebiet. Die Ausgrabungen, die 1969 und 1970 an der Südseite des Domes beim Roncalliplatz durchgeführt wurden, haben Material aus der Jüngeren Steinzeit, dann der gesamten Eisenzeit zutage gefördert. Aus den oben zitierten Tacitusstellen geht hervor, daß die Ubierstadt eine *ara* besaß, die man sich – in Ermangelung archäologischer Anhaltspunkte – nach Münzbildern der *ara Romae et Augusti* in Lyon vorzustellen versucht. Daraus zu schließen, daß Köln eo ipso »religiöser und politischer Mittelpunkt« Germaniens wurde (Doppelfeld, 507), ist nicht zulässig, da sich generell die ›Hauptort-Theorie‹ mitsamt ihren Varianten, der ›Strahlungstheorie‹ und der ›Anziehungsthese‹, für vor- und frühesträomische Siedlungen nicht belegen läßt und im Falle Kölns auch nicht mit der historischen Lage und Entwicklung in Einklang zu bringen ist (vgl. S. 75 ff.).
»Im oder beim Oppidum Ubiorum« (La Baume, 427) befand sich ein Doppellegionslager, das zwischen 12/13 und den dreißiger Jahren des 1. Jahrhunderts die 1. und die 20. Legion beherbergte. Eine Sigillatascherbe mit der Erwähnung der 19. Legion (im südlichen Dombereich) dürfte kaum ausreichen, ein vorausgehendes, augusteisches Legionslager zu dokumentieren. Ende der dreißiger Jahre wurde Köln aufgelassen; die Legionen kamen nach Bonn und nach Neuss. Zum Kastell aus der Zeit des Tiberius gehörte das Flottenkastell auf der Alteburg, etwas mehr als 3 km vom Südtor der Colonia. Dort wurden seit 1870 Überreste einer Kastellanlage mit zwei Hauptperioden festgestellt: das ältere Erdkastell (Holz-Erde-Mauer mit Doppelpalisade und Spitzgraben), das jüngere, frühflavische Steinkastell, das man mit den Ereignissen der Jahre 69/70 in Verbindung bringen kann (La Baume). Der Stempel CGPF (nach 89) bestätigt, daß hier die *classis Germanica Pia Fidelis* stationiert war und vor Anker lag. Auf anderen Ziegelbruchstücken bedeutet CAG *classis Augusta Germanica.*

In der Zeit Domitians wurde Köln Hauptstadt der neu gegründeten *Provincia Germania Inferior*; seither residierte dort der Statthalter und Oberbefehlshaber der Provinz, »abweichend von der sonst üblichen Regelung nicht bei den Legionen, sondern in einer Zivilsiedlung« (La Baume, 427). Als solcher weilte Trajan in Köln, als er am 27. Januar 98 (vom späteren Kaiser Hadrian) die Nachricht erhielt, er sei Nachfolger seines eben verstorbenen Adoptivvaters Nerva geworden. Seit den Wirren der Jahre 69/70 genoß die Stadt den ›römischen Frieden‹. Im Laufe des 2. Jahrhunderts entwickelten sich vor allem die suburbanen Handwerkerbetriebe, die unter anderem Leder verarbeiteten, Glas bliesen und Metall gossen.
Köln war Zentrum des Sonderreiches, das der Usurpator Postumus errichtete (vgl. S. 132 f.), und Schauplatz der Geschehnisse während seines Gegenkaisertums (260–268). Dies bestätigt einerseits die überragende, bereits historische Bedeutung, die der Stadt jetzt schon zukam, zeigt aber andererseits auch, daß sie (psychologisch und militärisch) stark exponiert war und so nicht nur von den sich häufenden Germanenstürmen, sondern auch von ›inneren Wirren‹ mehr und mehr heimgesucht wurde. Victorinus wurde mit seinem Sohn in Köln ermordet – für kurze Zeit hatte er Gallien, Spanien und Britannien beherrscht! –; und Bonosus, ein aufständischer Kommandant der Rheinflotte, wurde in der Nähe der Stadt besiegt.
Im Jahre 310 wurde das Kastell Deutz im Beisein von Kaiser Konstantin eingeweiht: es konnte nur sehr wenig am Schicksal der Rheingrenze verändern, die zwar fünfzig Jahre später noch einmal aufgewertet und ausgebessert, dann aber nicht mehr konsequent verteidigt wurde. Wie bereits dargelegt wurde, waren die strategischen und taktischen Maßnahmen ohnehin längst nicht mehr in der Lage, das Schicksal Roms aufzuhalten und die Gefahren für die politischen, administrativen und wirtschaftlichen Strukturen abzuwenden. Da neue aber kaum erkennbar waren, konnte nur ein gleitender Übergang zu einer anderen, nicht mehr römischen Zeit erfolgen. 456 versuchte der Feldherr Aegidius ein letztes Mal Köln im Interesse ›Roms‹ gegen die Franken zu verteidigen. Ohne Erfolg. So gilt 457/458 als das Ende der Römerzeit in Köln.

Die Stadt und ihre Denkmäler

Die römische Stadt umfaßte eine Fläche von 96,60 ha. Die 3900 m lange Befestigungsmauer führte (im heutigen Stadtbild) vom Dom aus am Südrand von Komödienstraße und Zeughausstraße – zwischen

Burgmauerstraße und Zeughausstraße sind 90 m der Mauer freigelegt – westwärts, dann im Zuge von St. Apern-, Laach-, Clemens- und Mauritiusstraße südwärts, den Bachstraßen entlang wieder ostwärts bis zur Malzmühle und nordwärts, über Lichhof, Martinstraße, Judengasse, Rathausplatz und Bürgerstraße. Die Mauer war etwa 7,80 m hoch, im aufgehenden Mauerwerk 2,40 m stark, der Sockel zur Feindseite abgeschrägt (deutlich erkennbar an den freigelegten Überresten in der Dom-Tiefgarage West), stadtseitig in drei Stufen (sichtbar am sog. Lysolphturm) abgesetzt. Das Mauerwerk besteht hauptsächlich aus Grau-

Abb. 35. Köln, Nordtor. Rekonstruktion der Feldseite. (Aus: Hellenkemper, 425.)

wacke, die dekorativ gefugt wurde. Die Mauer hatte neun Tore – das nördliche Neusser (Teile des Seitendurchgangs sind auf dem Domplatz aufgebaut worden; Abb. 35 gibt eine Rekonstruktionszeichnung wieder, die Parallelen zu Autun und Trier erkennen läßt), das südliche Bonner, das westliche in Richtung Aachen, allein drei zur Rheinseite – und 20 (oder 21) runde Türme von 9,20 m Durchmesser; besonders gut erhalten ist der oft abgebildete sog. Römerturm, der Eckturm im Nordwesten der Stadt. Zum Hauptbogen des Neusser Tores gehörte eine Inschrift, die den römerzeitlichen Gebrauch des Kürzels *CCAA* (für

Colonia Claudia Ara Agrippinensium) belegt.[1] Die Abkürzung erscheint auch auf einem Block, der bei dem Bau der römischen Brücke wiederverwendet wurde.[2]
An der Südostecke der Stadt haben Bauüberreste, die man zeitweilig als »Ubiermonument« bezeichnete, seit ihrer Auffindung im Jahre 1966 einiges Aufsehen erregt (Abb. 36). »Die Fundamentsohle des nahezu quadratischen Steinturmes liegt ca. 6 m unter dem späteren koloniezeitlichen Laufniveau der Wallstraße. Als erste Gründungsmaßnahme sind ca. 2 m lange Eichenpfähle in den Kies gerammt worden. [...] Eine 0,22 m hohe, 10,90 × 10,60 m große Fundamentplatte aus *opus caementitium* mit Grauwackenbeischlag deckt den Holzrost ab. Auf dieser Arbeitsfläche ist ein 9,70 × 9,38 m großer Fundamentsockel aus drei unterschiedlich hohen Tuffquaderlagen in der offenen Baugrube aufgeschichtet worden. Alle Bossenquader des Bauwerks wurden mit in Blei vergossenen Eisenklammern gebunden. [...] Die aufgehende Bausubstanz ist bis zu einer Höhe von 6 m erhalten« (Hellenkemper, 425). Da die Bautechnik dieses gewaltigen Fundaments gänzlich verschieden ist von derjenigen der koloniezeitlichen Architekturüberreste und die spätere Stadtmauer teilweise darüber hinwegführt, muß der »Baukörper an der Südostecke der CCAA« (als Signalturm in Hafennähe gedeutet) einer früheren Bauperiode als die Mauer angehören. Diese wird dem ersten nachchristlichen Jahrhundert zugeschrieben (Fremersdorf, 423; Hellenkemper, 425) bzw. der spätflavischen Zeit (Petrikovits, 56). Die Holzüberreste vom ›Ubiermonument‹ wurden zunächst ins Jahr 21 v. Chr., dann (1980) ins Jahr 4/5 n. Chr. datiert. Es sieht jedenfalls so aus, als ob hier Überreste einer bedeutenden Anlage vorlägen, die vielleicht vorkoloniezeitlich war, auf jeden Fall jedoch zum älteren Baubestand der Stadt gehört und für diese starke ›ausländische‹ Einwirkungen bekundet.
Die vieldiskutierte Frage, in welchem Verhältnis das *oppidum Ubiorum*, das bereits erwähnte Legionslager und die spätere Kolonie standen, kann (so La Baume, 427) nicht eindeutig beantwortet werden. Ph. Filtzinger (422) hatte 1962/63 vorgeschlagen, das Legionslager im Kern der Kolonie zu suchen, so daß die Hohe Straße als *via principalis* des Lagers und *cardo maximus* der Zivilsiedlung fungiert hätte. An der Nord- und Rheinseite lassen sich eventuell Spuren erkennen, die eine solche Deutung zuließen; im Süden ist jedoch keinerlei Begrenzung auszumachen. Da das Doppellager (nach dem Beispiel von Oberaden)

1 CIL XIII, Nr. 8261; Galsterer (313), Nr. 184.
2 Galsterer, Nr. 295.

etwa 60 ha umfaßte, bleibt für das *oppidum* nicht allzuviel Raum innerhalb der späteren Stadtgrenzen. Beide haben aber vorübergehend zur gleichen Zeit bestanden. Der Hafen im Osten (an einem Rheinarm, der flußseitig von einer vorgelagerten, etwa 1000 × 180 m großen Düneninsel abgegrenzt wurde) und Gräber im Norden scheinen darauf hinzudeuten, daß hier schon die später durch die Stadtmauer konkretisierten Grenzen galten. Nach Hellenkemper (425) ist das »nahezu orthogonale Straßennetz [...] nicht erst zur Zeit der Kolonieerhebung angelegt worden«. Demnach müßte zum wenigsten das Areal A 4/5 (s. S. 234,

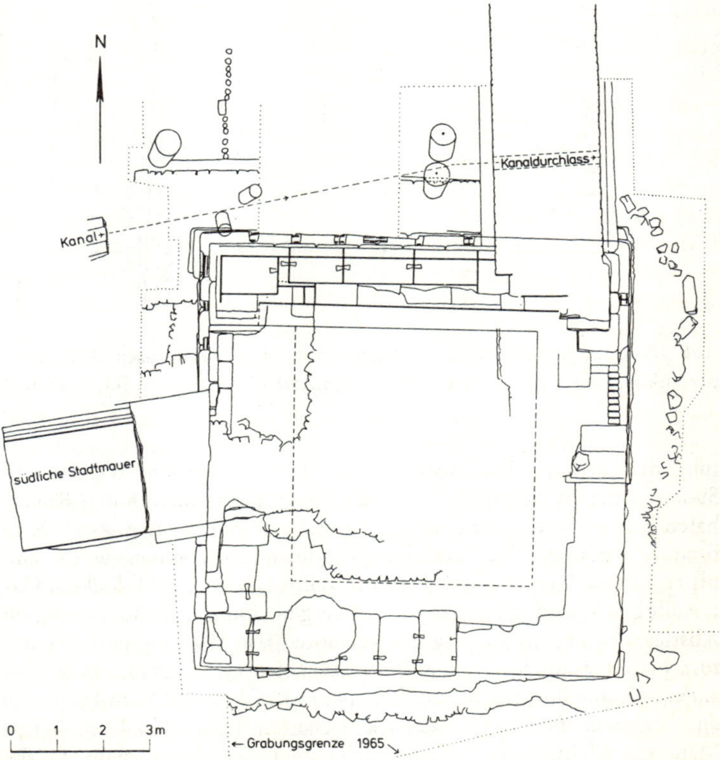

Abb. 36. Köln. Grundriß des sog. »Ubiermonuments«. (Aus: La Baume, 427.)

Abb. 34) Lager oder/und *oppidum* gewesen sein. In Höhe von *insula* H1 war der *cardo* (von Giebel zu Giebel) 32 m breit, 22 zwischen den Straßenportikus. Die Straßen selbst waren 11–14 m breit, die Laubengänge je 4–5 m.
Auch die Kanalisation scheint bereits in der Mitte (oder gegen Ende) des ersten nachchristlichen Jahrhunderts angelegt worden zu sein: zehn Hauptkollektoren lagen (dem Terrain gemäß in der Ost-West-Richtung) unter *viae decumanae*, kleinkalibrige Gräben, in Rich-

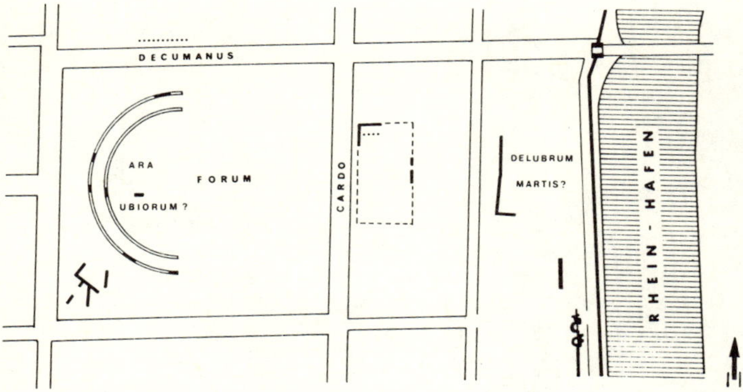

Abb. 37. Köln. Plan des römischen Forums mit Ringportikus (nach Hellenkemper). (Aus: *Führer zu vor- und frühgeschichtlichen Denkmälern*, Bd. 38 [516].)

tung der *cardines*. Die Abwässer wurden im Norden, Westen und Süden in den Stadtgraben, im Osten selbstverständlich in den Rheinhafen geleitet. Der Abwasserkanal unter der Budengasse war 1,20 m breit, 2,50 m hoch. Die Kanalseitenwände und die Tonnengewölbe sind bis zu 1 m stark und bestehen aus mörtellos gefugten Tuffblöcken. Das Gefälle beträgt zum Hafen hin 1 %. In regelmäßigen Abständen sorgten Abstiegschächte für Zugang und erlaubten also Wartung und Reparaturarbeiten. Südlich vom sog. Prätoriumsbau (vgl. S. 241 f.) wurde ein anderer Kanal untersucht, der bei 1,40 m Breite und 2,50 m Höhe aus *opus caementitium* mit Grauwackenschalung bestand. Die seitlichen Mauern erreichten hier die beachtliche, dem Material angepaßte Stärke von 2,40 m.

Neueren Erkenntnissen zufolge lag das F o r u m am Schnittpunkt von *cardo* und *decumanus maximus* und nahm (zu beiden Seiten des *cardo maximus*) insgesamt die Fläche von sechs *insulae* ein (Abb. 37). An der Westseite befand sich eine »monumentale Ringkryptoportikus« (Hellenkemper, 425) mit einem äußeren Durchmesser von 135 m. 1965/66 schlug W. Binsfeld (419) vor, diese Anlage als Theaterbau zu deuten. Hellenkemper denkt eher an einen Sakralbau, vielleicht an den Standort der *ara Ubiorum*.

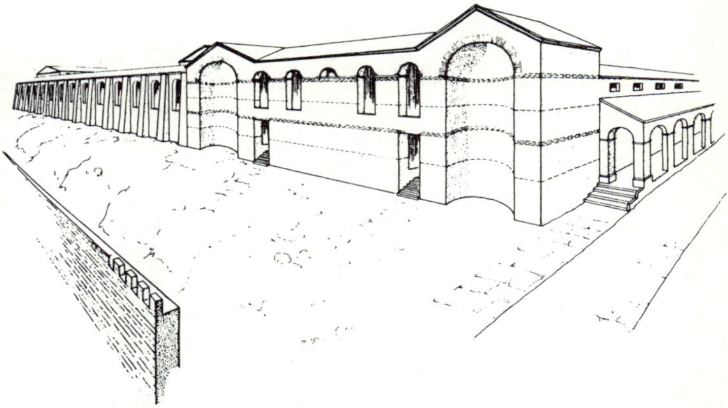

Abb. 38. Köln, Prätorium. Zeichnerischer Rekonstruktionsversuch, nach G. Precht. (Aus: *Führer zu vor- und frühgeschichtlichen Denkmälern*, Bd. 38 [516].)

Zu den besterforschten Bauüberresten des römischen Köln gehört das sog. P r ä t o r i u m. Es belegte die Fläche von vier *insulae* (zwischen H 4 und K 4) zwischen dem römischen Abwasserkollektor in der Nähe der Großen und Kleinen Budengasse im Norden und demjenigen, der südlich durch Obenmarspforten in Richtung Marsplatz und Hafen verläuft. Die meisten Funde wurden im Bereich des Rathauses, bis zur Straße »Unter Goldschmied«, gemacht. Ab 1953 standen die Ausgrabungen (konservierte Teile können besichtigt werden) unter Leitung von Otto Doppelfeld, dem 1979 verstorbenen Altmeister der Kölner Archäologie. Die von Gundolf Precht (432) vorgeschlagene Periodisierung ergibt folgende Bauabschnitte und Eckwerte:

I,1 Eher hypothetischer Bauzustand, dem – unter allen Vorbehalten – einige Spuren von Holzbauten zuzuweisen sind.

I,2 Vorkoloniezeitliche erste Steinbauperiode. Eine 50–60 m lange rheinseitige Wandelhalle (*porticus*) führt zu einem Hallenbau mit Apsis im Osten und umfaßt anscheinend mehrere Innenhöfe.

II,1–6 In claudischer Zeit (mit Fragezeichen bei Meier-Arendt, und La Baume, 428, zuversichtlicher bei Hellenkemper, 425) tritt im Norden ein Bauelement mit zwei großen Außennischen in Erscheinung, von denen Abb. 38 einen zeichnerischen Rekonstruktionsvorschlag vermittelt.

III Beginn in der Mitte des 2. Jahrhunderts (Hellenkemper; um 180: La Baume, Meier-Arendt): die Gebäude der Periode II wurden samt und sonders abgerissen, das ganze Terrain planiert. Über dem Hallenbau aus Periode I,2 wurde eine basilikale, beheizbare Aula angelegt, mit großer Apsis zur Rheinseite, die, im Freien, schräg gegenüber der Renaissancelaube des Rathauses besichtigt werden kann. Die dort errichtete neue Portikus ist 95 m lang. Über den segmentförmigen Bögen besitzt sie eine 4,50 m hohe Galerie. Nach Westen hin gibt es »Zimmerfluchten mit vorgelagerten Korridoren« (Hellenkemper). Dieser Periode rechnet man eine bereits im 17. Jahrhundert bekannte Inschrift zu: »Den *Di Conservatores* [den staatserhaltenden und -rettenden Göttern]! Q. Tarquitius Catulus, Statthalter des Kaisers [Leg. Aug.], durch dessen Bemühungen das Prätorium, das zur Ruine zusammengesunken war [praetorium in ruinam conlapsum], in neuer Gestalt wiederhergestellt worden ist« (La Baume, Meier-Arendt).[3] In Periode III fällt eine große Brandkatastrophe, doch wurde nach demselben Grundriß alles wieder aufgerichtet.

IV Beginn »nach der Mitte des 4. Jahrhunderts«. In IV,2 gehört der achteckige Saal (das ›Oktogon‹), der ziemlich genau in der Mitte des östlichen Querhauses lag, an dessen beiden Enden Risalitbauten im Stil der großen suburbanen Villen angefügt wurden. Die Rheinseite war verputzt; es gibt Fragmente einer bunten Bemalung. Eine Art Sockel in der Mitte des achteckigen Saales wird als »Fundamentsockel für ein statuarisches Denkmal« vorgestellt, der Saal selbst demgemäß als »Mittelpunkt des Kaiser- oder Götterkultes«.

3 CIL XIII, Nr. 8170; Galsterer (313), Nr. 11.

Inschriften und Skulpturen bezeugen ein reges religiöses Leben in der CCAA. Seit 1913 steht fest, daß das Langhaus der Kirche ›St. Maria im Kapitol‹ auf den 4–4,50 m breiten, 29,50 bzw. 33 m langen Mauern eines römerzeitlichen Vorgängerbaus steht. Die Arbeiten von Rathgens (433), Kühnemann (426) und Binsfeld (419) haben (bis 1965) einen 97 × 89 m großen Bering erkennen lassen (der den Raum einer ganzen *insula* einnahm). In dessen Mitte darf wohl ein Tempel klassisch-mediterraner Faktur vermutet werden, der der kapitolinischen Trias gewidmet war.

Ausgrabungen unter dem südlichen Querschiff des Domes haben O. Doppelfeld (96) 1963 dazu veranlaßt, auch hier einen Tempel zu vermuten. Er schlug vor, die Inschrift CIL XIII 8236 mit diesem in Verbindung zu bringen, der mithin dem Mercurius Augustus und dem Wohlergehen des Titus geweiht gewesen wäre. Neuere Untersuchungen (1976) haben ergeben, daß die 1963 freigelegte *cella* (10,80 × 8,25 m, nach Osten gerichtet) wohl erst dem 3. Jahrhundert angehört, die Synchronie mit der Inschrift also aufgegeben werden muß. Die letzte Fundmünze stammt hier aus den Jahren des Magnus Maximus (383/384). Den nahen Brunnen schüttete man gleichzeitig oder wenig später zu. Späte Überreste einer (möglichen) Portikus, im Abstand von 6 m von der *cella*, passen gut zum Bild der andernorts belegten Tempelanlagen.

In den *insulae* A 7/8, an der Westseite der Stadt, hat man 1962 zwei (15,40 m voneinander entfernte) Gebäude von 28,60 × 18,25 m entdeckt; sie »gehören vermutlich zum Typus gallorömischer Tempel, wie sie aus anderen Orten Niedergermaniens bekannt sind. Offenbar liegt hier einer der Kultplätze der einheimischen Bevölkerung innerhalb des umwehrten Kolonieareals« (Hellenkemper, 425).

In den Jahren 1969–71 konnten (unter Leitung von G. Precht) zum ersten Male im Dombereich größere Flächen nach privaten Siedlungsspuren und Wohnungsüberresten untersucht werden. Seit 1941 wußte man, daß in nächster Nähe des Domes reiche Peristylhäuser standen: als man damals einen Luftschutzbunker anlegte, entdeckte man das Dionysosmosaik, von dem S. 229 f. die Rede war. Das Haus bedeckte eine trapezförmige Fläche von 3500 m^2, davon nahm der Peristylhof 500 ein. Es gab 20 Räume, einige davon mit 74 m^2 Bodenfläche (so der Mosaiksaal). Der Südteil des Hauses war mit Hypokaustenheizung ausgestattet, in der Südwestecke gab es Lagerräume oder Pferdeställe. Auch der Ostteil wurde später in Lagerräume verwandelt. Das ganze Peristylhaus am Dom wurde 1970–74 überbaut; es stellt heute das Kern- und Prestigestück des Römisch-Germanischen Museums dar. Es gehört zur drit-

ten Bauphase des Hauses, die man (mit Parlasca, 320) um 230 oder (mit Neu, 429) um 270 ansetzt.
Die ältesten Bauspuren vermuten Precht (432) und Hellenkemper (425) in *insula* H 1 mit Holzpfostenkonstruktionen mit Schwellriegeln, Ständerbauten auf Schwellbalken, Fundamentierungen aus Grauwacke und Trachytstein, aufgehenden Fachwerkkonstruktionen und Stampflehm. Sie wurden Opfer eines Brandes, den man in die zwanziger Jahre des ersten nachchristlichen Jahrhunderts datiert. Scheinbar blieben die Trümmer längere Zeit liegen, dann wurden sie planiert und mit einer Lage Schutt und Kies der Ausgleich hergestellt. Die Anlage der Kolonie hatte eine neue Parzellierung zur Folge und die Errichtung von genormten, hallenförmigen Zweckbauten mit mittlerer Pfostenreihe (Fläche etwa 220 m²). In J 1 entstand damals das 30 × 48 m große »Atriumhaus« südlich des Domes (Abb. 39). Die bebaute Grundfläche beträgt 1400 m². Zur Straßenseite gab es eine Portikus, dann kamen die Läden (a), das *vestibulum* (b) führte in das *atrium* (c) über drei Stufen hinunter. Am Ende des *atrium* liegt (wie in Pompeji oder Herculaneum) das

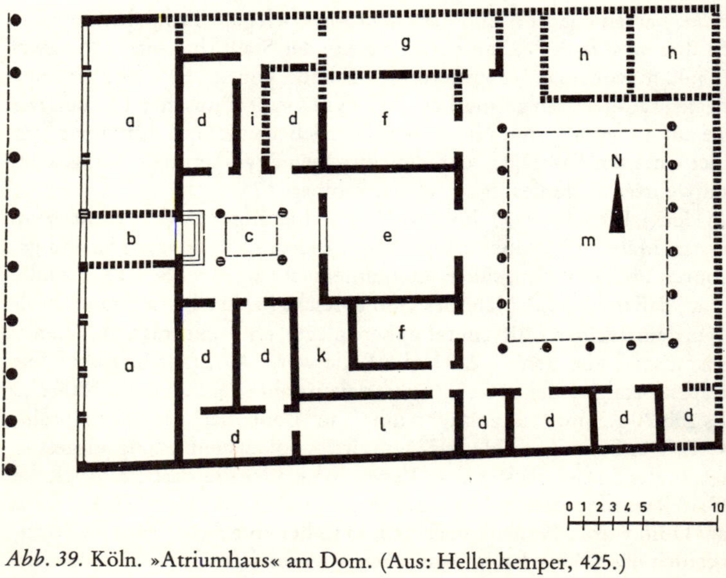

Abb. 39. Köln. »Atriumhaus« am Dom. (Aus: Hellenkemper, 425.)

tablinum (e). Daneben gab es zwei kleinere Speiseräume (f). Mit (d) bezeichnet man die kleinen Schlafräume, (m) ist der Garten des Peristylteils. In diesem Garten wurde (in einer zweiten Bauphase) ein halbkreisförmiges Wasserbecken angelegt. Mehrere Räume wurden beheizt und z. T. mit Wandmalereien (Fuchs und Ziegenbock) ausgeschmückt. In unmittelbarer Nähe des Atriumhauses lagen (im 2. Jahrhundert) ein

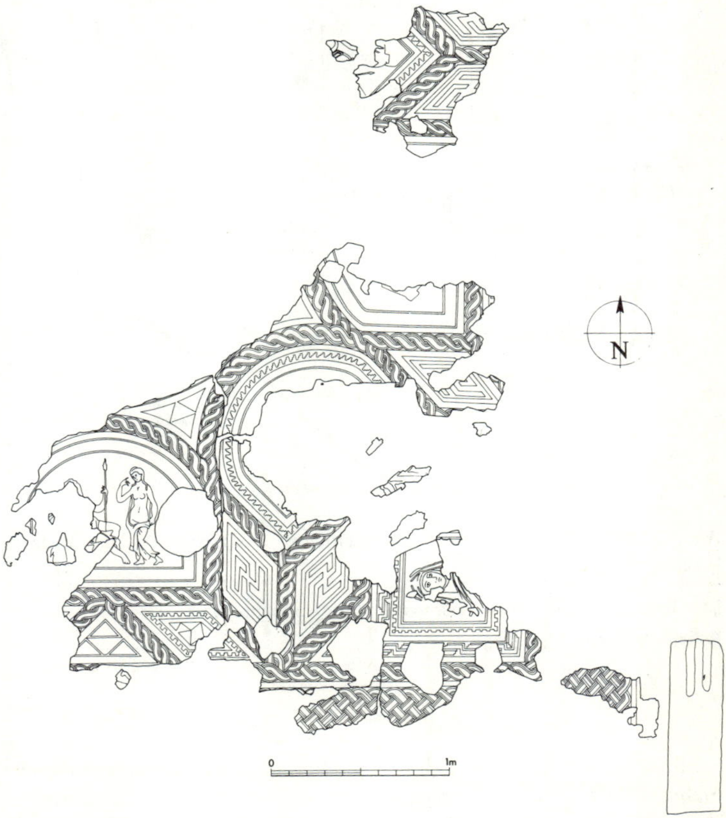

Abb. 40. Köln. Mosaikfragment vom südlichen Domturm. (Aus: Boeselager/Precht, 420.)

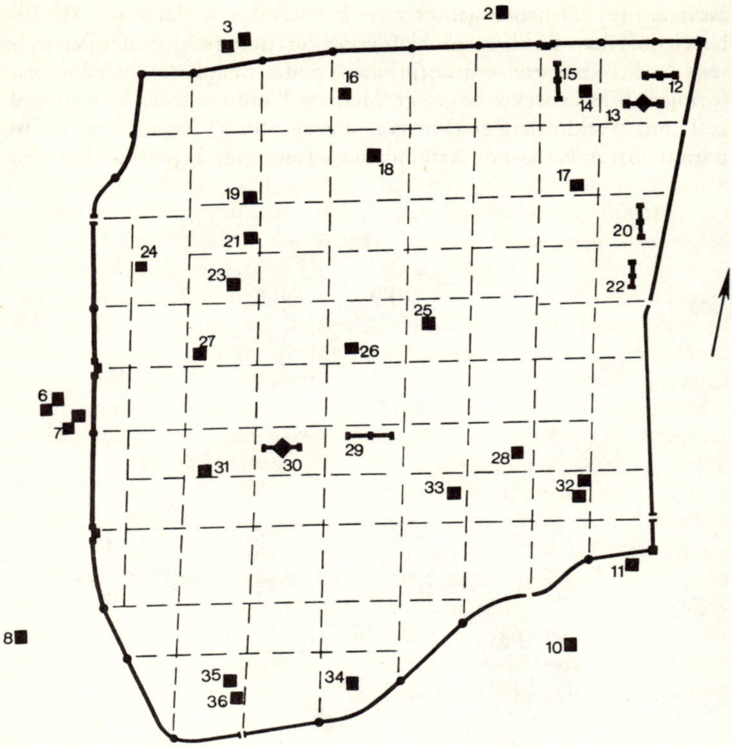

Abb. 41. Köln. Topographie der römerzeitlichen Mosaikfunde. (Aus: Bracker-Wester, 421.)

■ Mosaikfund. ◆ Dionysosmosaik; Philosophenmosaik.

▬ Mehrere Mosaikfunde.

Mithräum (mit einer Darstellung der Felsengeburt des Gottes) sowie mehrere Kellerräume, die (nach Precht, 432) wahrscheinlich kultischen Zwecken dienten. In den Wänden gab es die auch sonst häufigen Rundbogennischen, z. T. in apsidialer Achsenlage. In der Nähe fand man einen Matronenkopf und eine sitzende *Mater*.

Am 12. Juni 1970 entdeckte man an der Südwestecke des südlichen Domturmes ein Mosaikfragment (Abb. 40). Es »war von einem polychromen Flechtbandmuster umgeben, das [...] mindestens fünf Stränge in den Farben Weiß, Rot und Schwarz besaß. Das Innenfeld zeigt ein geometrisches Gliederungsschema, das mit Hilfe eines fortlaufenden Zweistrangflechtbandes gezeichnet ist. Das Zentrum des Mosaiks nimmt eine quadratische Komposition aus ursprünglich acht gestelzten Bogenfeldern ein, die in einem Kranz um ein heute zerstörtes Mittelfeld angeordnet waren. [...] Die Fläche zwischen den Bogenfeldern und der Einfassung des Quadratfeldes füllen Rauten und Dreiecke. [...] In den vier Ecken des Bodens befanden sich quadratische Bildfelder« (Boeselager/Precht, 420). Von diesen ist nur eines (Abb. 40, rechts unten) erhalten, eine »verschleierte Frauenbüste [...] als Personifikation des Winters«. In einem der Bogenfelder (Abb. 40, Mitte unten) erkennt man »eine stehende weibliche Figur und Reste einer zweiten Gestalt.« Doppelfeld (96) deutete sie als Mars und Venus, U. Bracker-Wester (421) verstand die männliche Figur eher als Adonis, Boeselager/Precht – sehr überzeugend – als Satyr und Mänade, Teilnehmer der oben mehrfach erwähnten *pompa dionysiaca*. Das Mosaik kann zeitlich ins 2. oder 3. Jahrhundert gehören. Insgesamt mag es 5,04 × 4,95 m gemessen haben. Die geometrische Komposition erinnert an das mehrfach erwähnte Bad Kreuznacher Gladiatorenmosaik. Die Kartierung der römischen Mosaiken in Köln durch U. Bracker-Wester läßt etwas von der Beliebtheit dieser Kunstform und von dem hohen Lebensstandard ihrer Besitzer ahnen (Abb. 41).

Die Gräber

Traditionsgemäß lagen Gräber und Grabbezirke an den Ausfallstraßen: im Süden an der Straße nach Bonn, um St. Severin; im Südwesten an der Luxemburger Straße; im Osten an der Aachener Straße; nordwestlich im Bereich St. Gereon, dicht an der Koloniemauer; nördlich um St. Ursula, an der Neusser Straße, gestreut bis zum Rhein. In der ausgiebig dokumentierten Grabplastik unterscheiden wir mit P. Noelke (430) verschiedene Formen:

Stelen: »rechteckige, mehr oder minder schmale Platten«. Schriftstelen sind meist dreigeteilte, rechteckige, hochstehende Platten, die das Inschriftfeld (*tabula*) besonders hervorheben; dreieckige Giebel (seltener Bögen) mit Dekorrosette schließen das Denkmal oben ab. Für Köln typisch sind rechteckige Abschlüsse, die »einen Tierkampf oder um einen Krater gruppierte Adlergreifen« zeigen.[4] Protomenstelen, Nischendarstellungen von Gesicht oder Büste, maximal der Halbfigur des Verstorbenen (vgl. Abb. 42), wurden bereits öfters erwähnt.[5] Das gleiche gilt für Militärstelen. Im zivilen Bereich interessieren die (wenngleich nicht typischen) sog. Totenmahlszenen, etwa der Libera,[6] des

Abb. 42. Köln. Typen von römischen Grabstelen und -altären. (Aus: *Führer zu vor- und frühgeschichtlichen Denkmälern*, Bd. 39 [517].)

C. Iulius Meternus,[7] M. Valerius Celerinus,[8] T. Iulius Tuttius[9]. Manchmal wurden Ziviles und Militärisches nebeneinandergestellt: Lucius, Sohn des Crispus,[10] war zuerst 9 Jahre lang Reiter einer *ala*; Albanius Vitalis[11] gehörte zuerst 10 Jahre lang einer *ala Indiana* an; Oluper, Sohn des Cergaepurus,[12] diente 20 Jahre lang in einer afrikani-

4 Galsterer, Nr. 346 (Stele des Ocellio und der Exomna).
5 Ebd., Nr. 196, 227, 213, 317, 222, 310.
6 Ebd., Nr. 418.
7 Ebd., Nr. 196.
8 Ebd., Nr. 219.
9 Ebd., Nr. 228.
10 Ebd., Nr. 245.
11 Ebd., Nr. 250.
12 Ebd., Nr. 246.

schen Reiterabteilung; Longinus Biarta[13] in einer *ala Sulpicia*; sie ließen sich aber in Zivil darstellen. Die *tabula* trennt das Totenmahl von der Pferdevorführung im unteren Register. Wie bereits dargelegt, ist gerade diese (erst in flavischer Zeit belegte) Praxis für einen Umschwung charakteristisch, der nach den Wirren der Jahre 69/70 neue Beziehungen zu den Provinzen zum Wirken und zum Ausdruck bringen will.
Grabaltäre gibt es im Rheinland erst nach 125, zuerst in ziemlich monumentaler Form,[14] dann »von bescheidenen Abmessungen [...] und bescheidener Ornamentierung an Pulvini, Giebeln, Schmalseiten« (Noelke). Beispiele: für Ger(manius) Victor,[15] Iulia Lupula (3. Jahrhundert),[16] die Amme Severina,[17] für P. Elius Germanio[18] usw. Diese Altäre wurden bewußt denjenigen nachgestaltet, die Göttern geweiht waren: Apadeva,[19] Deana,[20] Herkules,[21] Isis,[22] Juppiter,[23] den *Matronae*[24] u. v. a. Der Verstorbene sollte durch die Opferhandlungen der frommen Hinterbliebenen zwar nicht vergöttlicht, doch aber heroisiert werden, d. h. in einen übermenschlichen Zustand gesteigert werden, der ihn der Zeit, dem Verfall und dem Vergessen entriß.[25]
Über Grabbauten wurde das meiste bereits gesagt. Köln besitzt zudem einige sehr schöne Reliefsarkophage, so z. B. den der Verecundinia Placida (zuerst hieß sie Soio),[26] des C. Severinius Vitealis,[27] der Traiania Herodiana.[28]

13 Ebd., Nr. 256.
14 Typen 1 und 2 bei Noelke (430); z. B. Galsterer (313), Nr. 208 (für Aureliana Gaiana aus Sidon; daher vielleicht auch die ursprünglich untypische, ›importierte‹ Form).
15 Galsterer (313), Nr. 317.
16 Ebd., Nr. 332.
17 Ebd., Nr. 331, Taf. 73; die eigentliche *tabula* fehlt.
18 Ebd., Nr. 337.
19 Ebd., Nr. 3.
20 Ebd., Nr. 13–17.
21 Ebd., Nr. 32–38.
22 Ebd., Nr. 43 f.
23 Ebd., Nr. 49–58.
24 Ebd., Nr. 85–95.
25 Vgl. ebd., Nr. 117 und 146.
26 Ebd., Nr. 325 (ohne Deckel).
27 Ebd., Nr. 231; datiert ins 2. Jahrhundert.
28 Ebd., Nr. 364; datiert in die zweite Hälfte des 2. Jahrhunderts.

Mainz

Die Geschichte des römerzeitlichen *Moguntiacum* – oder, nach H. Klumbach (444), *Mogontiacum*: Stadt des Mogontius, Verehrer des Gottes Mogon, »den die Römer mit Apollo gleichsetzten« (?) – ist auf das engste mit derjenigen des Doppellegionslagers (Nr. 1 in Abb. 43) verbunden, das auf dem »Kästrich« (einer Anhöhe, linksrheinisch, 120 m über dem Rheinspiegel) lag, schräg gegenüber der Mainmündung. Ob ein »erstes Marschlager« aus der Zeit zwischen 15 und 13 v. Chr. vorausging (Baatz, 435), kann nicht sicher nachgewiesen werden. Die Anlage einer Holz-Erde-Mauer »noch in augusteischer Zeit« scheint (Baatz, 435; Decker/Selzer, 437) dagegen gesichert. Erst nach dem Bataveraufstand (vgl. S. 98 ff.) wurde eine erste Steinmauer errichtet, eine zweite in der Mitte des 2. Jahrhunderts, eine dritte nach 265. Diese letztere wurde im 4. Jahrhundert abgerissen, als das Lager von Julian oder Valentinian aufgegeben wurde. Monumentale *principia* (für den *legatus Augusti pro praetore provinciae Germaniae Superioris*) gab es wohl erst 90/92, nach Umwandlung der Kommandobezirke in Provinzen. Bei einer Ausdehnung von 750 × 500 m, also einer realen Fläche von 35 ha, war der verfügbare Raum für zwei Legionen recht knapp bemessen. Dies führte (so bei H. Klumbach, 444) zu der Annahme, daß die Lageranlage in Mainz-Weisenau bereits sehr früh die Auxiliartruppen aufnahm. Nach F. J. Hassel (439) hatte es die Ausmaße 150 × 350 m (d. h. 5,25 ha), nach Decker/Selzer (437) nicht den »bisher angenommenen Flächeninhalt von ca. 3,5 ha«, sondern – wenigstens zeitweilig – 12 ha.

In der Nähe des Legionslagers auf dem Kästrich entstanden *canabae*, eine lockere Handwerker-Zivilsiedlung, die sich nordwärts bis zur Rheinbrücke hinzog, westwärts in Richtung Hafenanlagen »in Dimesser Ort«, östlich in Richtung Weisenau. Im 3. Jahrhundert füllte sich der Raum zwischen Kästrich und Rheinbrücke an; dieser Raum wird – innerhalb der nun bestehenden Stadtmauer – im 4. Jahrhundert zum *municipium Mogontiacum*, den Ammianus Marcellinus (15,11,8) für das Jahr 355 bezeugt. Die Politik Julians und Valentinians verzichtete auf alle militärischen linksrheinischen Positionen, zugunsten der *castella* (*castellum Mattiacorum*).

Obwohl von der Stadtmauer keine Überreste erhalten sind, gilt deren Bestehen und sogar deren Verlauf als gesichert: »im Zuge der Rheinfront vom Deutschhaus bis etwa Holzturm, von da über den Eisgrubweg bis zum Gautor, über den Kästrich bis zum Alexanderturm und

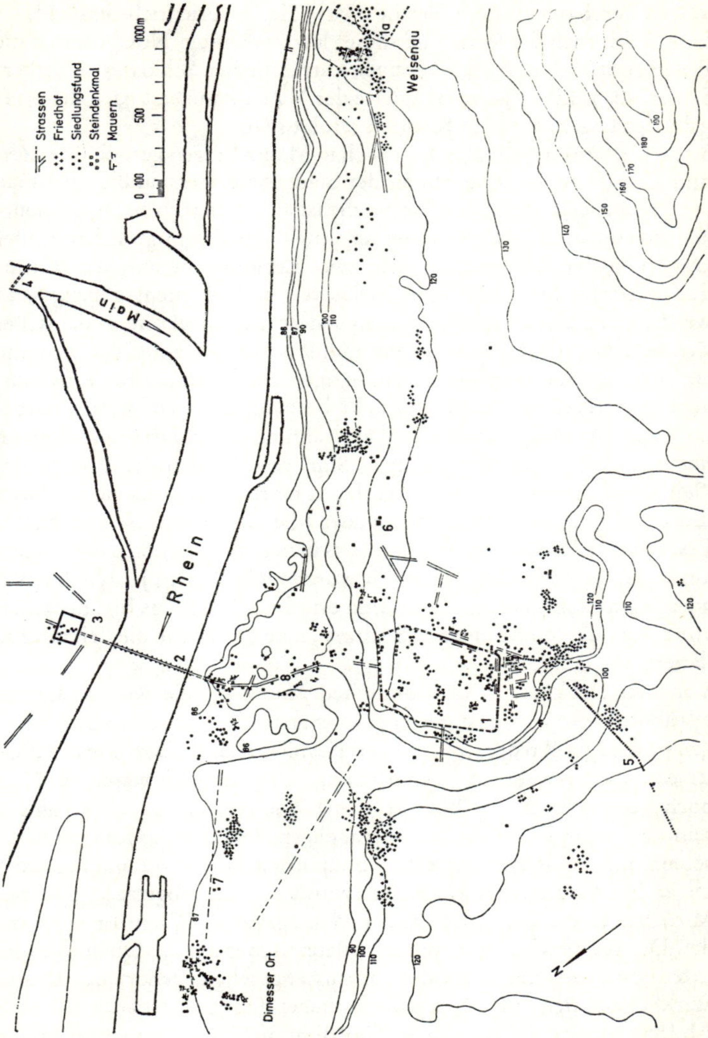

Abb. 43. Römische Fundorte in Mainz und Umgebung (aus: Decker/Selzer, 437).

von da durch die Hintere Bleiche bis zur Kaiser-Friedrich-Straße. [...] Unklar ist noch der Anschluß dieser letztgenannten Nordfront an die Rheinfront im Bereich des heutigen kurfürstlichen Schlosses« (Decker/Selzer, 437). Eine zweite Bauphase der Mauer kann erst nach der Aufgabe des Lagers auf dem Kästrich erfolgt sein.

Selbstverständlich hat man sich auch in Mainz Fragen gestellt über Zeit und Umstände der Entstehung der Stadt. Selbstverständlich hat man auch hier zuerst versucht, alles möglichst alt erscheinen zu lassen; heute ist man von diesen Spekulationen abgerückt und ›begnügt‹ sich mit einer Datierung der Kasernierung der zwei Legionen, womit das ›Gründungsdatum‹ der Stadt Mainz selbstverständlich nicht gleichgesetzt werden darf. Ein solches sollte man in domitianischer oder trajanischer Zeit fixieren, als der vorwiegend militärische Charakter der Siedlung abnahm, die Stationierung einer einzigen Legion Raum für aufwendigere Bauten schuf, die Rheinbrücke bestand, die *canabae* sich ausgedehnt und gefestigt hatten, die Wasserleitungen von Drais und Finthen herangeführt waren. Im strengen Sinn vollzog sich der Prozeß der ›Stadtwerdung‹ erst in der Mitte des 4. Jahrhunderts, nachdem durch die Errichtung der ersten Stadtmauer (die Rheinfront ist von K. H. Esser um die Mitte des 3. Jahrhunderts datiert worden) auch diese überaus wichtige Vorbedingung erfüllt worden war. In den Jahren 293/305 wird Mainz zum erstenmal als *civitas* erwähnt;[29] auch das Bleimedaillon von Lyon, das Mainz mitsamt Stadtmauer zeigt, wird in die Zeit um 300 datiert.

Von den Denkmälern des römischen Mainz – viele wurden bereits erwähnt – seien zunächst diejenigen genannt, die im Freien zu besichtigen sind. Die »Römersteine« im Zahlbach sind Überreste der Pfeiler der oben erwähnten Wasserleitung. Ursprünglich waren sie 25 m hoch (jetzt erreicht der höchste 10 m). Die Anlage soll vespasianisch sein. Der sog. »Eichelstein« war ein ehedem 25 m hohes Grabmausoleum mit kubischem Sockel, zylindrischem Mittelbau und kegelförmiger Bekrönung. Im Mittelalter wurde letztere abgetragen, in den Mittelbau eine Treppe gebrochen und das ganze als Wachturm verwendet. Der Name wird jetzt vom mittellateinischen *agulia* ›Obelisk‹ abgeleitet. Einst als Kenotaph des Drusus angesehen, gehört der Bau in Wirklichkeit dem zweiten nachchristlichen Jahrhundert an.

Ab 1884 wurden (im Bereich des Südbahnhofs) Überreste gefunden, die E. Neeb und F. Drexel als römisches Theater erkannten. Die

29 CIL XIII, Nr. 6727.

Breite der Bühne betrug 41,25 m, der Durchmesser des Zuschauerraums 116,25 m, die Anlage war also größer als die in Orange, Arles und Lyon! Beim Bau des Bahnhofs wurden die anstehenden Überreste abgetragen, die Aushöhlung der *cavea* später aufgefüllt. Die frühestmögliche Datierung (nach den Bauspuren mit kleinen Quadern und Ziegeleinschuß) ist das Ende des 2. Jahrhunderts.

Dank dem schönen Kunststeinabguß, den man am Ernst-Ludwig-Platz (in geringer Entfernung von der Kopie der großen Juppitersäule aus den *canabae*) aufgestellt hat, wurde der Dativius-Victor-Bogen vorteilhaft in das Stadtbild der Rheinzone des modernen Mainz eingegliedert. Wenige Schritte davon entfernt werden die 1898 und 1911 in der Nähe des Gautores aufgefundenen über 2000 Originalfragmente im Mittelrheinischen Landesmuseum in der Großen Bleiche aufbewahrt. Die Inschrift des Bogens lautet: »Zu Ehren des Kaiserhauses haben dem Juppiter Optimus Maximus Conservator den Bogen und die Säulenhalle, die Dativius Victor, Ratsherr der Gemeinde der Taunenser [decurio civitatis Taunensium] und ehemaliger Provinzialpriester [sacerdotalis] des Kaiserkultes, den Mainzern versprochen hatte, seine Söhne und Erben, Victorius Ursus, Feldgendarm [?; frumentarius] und Victorius Lupus vollendet.«[30] Der gesamte Bogen ist etwa 6,50 m hoch. Die *tabula* wird von Pelten begrenzt, die von nackten Eroten gehalten werden. An den aufgehenden Seiten des Unterbaus finden wir das bereits oft erwähnte Rankenornament aus Weinreben mit Trauben. Daneben ein stilisiertes Palmblatt (oder eine Lotusblume), dessen sehr geometrisch angelegte Blattfiederung auf die andeutungsweise pilastrierte Bogenöffnungsumrandung übergreift. Am Schlußstein thronen Juppiter und Juno, deren beherrschende Stellung dadurch ausgedrückt wird, daß sie aus dem oberen Götterregister in das untere der Tierkreiszeichen hineinragen. Hier nehmen sie den Platz zwischen *Virgo* und *Libra*, Jungfrau und Waage, ein. Nach rechts sind zu erkennen: *Scorpio* und *Sagittarius*, nach links: *Cancer* und *Gemini*. Das Feld *Leo* und die mutmaßlichen Felder *Aries* (links) und *Pisces* (rechts) sind bei der Montage des Abgusses leergelassen worden. Die Felder *Capricornus* rechts und *Taurus* links sind stark beschädigt. In den Texten des Manilius heißt es über *Virgo*: im Gegensatz zu dem wilden Löwen hat Erigone (Tochter des Ikarios, sucht den im Dienste des Dionysos getöteten Vater; ätiologische Legende zur Begründung der Aiora, eines attischdionysischen Festes, das im Zusammenhang mit Sühneriten, chthoni-

30 Ebd., Nr. 6705.

scher Fruchtbarkeit und vielleicht sublimierten – an Puppen vollzogenen? – Menschenopfern steht) den »Geborenwerdenden« den Begriff der Zeit beigebracht. Dann wird die Jungfrau sie zum Studium führen, ihnen Sitten beibringen und ihre Herzen mit gelehrten Künsten erfüllen. (»Merkur ist der Hausherr, Herr der sieben ersten Grade, und hat in der Jungfrau seine Erhöhung. Die meisten Einzelsterne der Jungfrau haben Merkurqualität« – Hübner, 442.) Sie wird ihnen nicht nur *compendia census*, Steuergewinne, einbringen, sondern die Kunst, Ursprung und Kraft der Natur zu erforschen. Sie lehrt auch *decus linguae*, die schöne Sprache, und »das Auge des Geistes«, den innersten Kern dessen zu sehen, was die Welt bewegt. Es gibt außerdem (Manilius 5,256–262, zum Thema *corona*) den Versuch, die *Virgo* in die (blühende, prunkvolle) Vegetation hineinzuinterpretieren, ehe sie (in einem viel weniger lieblichen Kontext: 5,275 ff.) zur Urkraft der Mutter Erde (im Symbol der *spica*, der Ähre) mutiert. Die *Libra* wird sofort mit Bacchus in Verbindung gebracht (4,204). Beide astrologischen Begriffe (*Virgo* und *Libra*) gehören zum Herbstquadranten der Jahresrota; dort wird »sub aequo pondere« der Richter über Leben und Tod (»vitae necisque«) auftreten (4,548). »Illum urbes et regna trement nutuque regentur, unius et caeli post terras iura manebunt«: »Vor ihm werden Städte und Königreiche erzittern, sein einziger Wille wird sie beherrschen, und die Gesetze des Himmels werden fortan über die Erde walten.« Hübner (442) hat sehr zu Recht darauf hingewiesen, daß es zwischen *Virgo* und *Libra* eine »eigentümliche Doppelung« gibt, die ja ikonographisch oft dazu führt, daß die *iustitia virgo* die Waage hält. Der politische Sprachgebrauch (*regere*, *regnum*, *rector* usw.) zeigt nun endgültig den Weg zur Sinndeutung des astrologischen Bildschmucks am Dativius-Victor-Bogen: Juno, zur Seite der *Virgo*, an ihr teilhabend, Juppiter, zur Seite der Waage, ihre Kräfte darstellend und verwirklichend, sind sehr bewußt hier in die Sternzeichenrunde, die *gemmae* der *caeli corona* integriert. Da der dionysische Kontext ohnehin explizit gegeben ist, gelten für dieses Denkmal alle oben zu Dionysos vorgetragenen Ausführungen.

Das sog. Tiberiusschwert (auf der Seite der Scheide überreicht Tiberius dem Augustus eine kleine Statue der Siegesgöttin und einen Rundschild mit der Aufschrift FELICITAS TIBERI) wurde bereits 1848 in der Rheinstraße gefunden; die Darstellung einer weiblichen Gestalt mit Lanze und *bipennis* (am unteren Ende der Scheide) wird (nach Horaz, *Carmina* 4,4,18–20) als Vindelicia gedeutet und soll demgemäß die Unterwerfung der Vindeliker im Jahre 15 v. Chr. symbolisch darstellen. Über der Vindelicia ist ein Fahnenheiligtum dargestellt, das in den militärisch-religiösen Zusammenhang des in verzinnter Bronze ausgeführten Scheidenbeschlags paßt. Er wird (seit 1866) im British Museum aufbewahrt. »Das Schwert, das zwar kostbar, keineswegs aber von ›kaiserlicher‹ Qualität ist, wie es zunächst schien, hat gewiß nicht dem Tiberius, sondern vielmehr einem Offizier der Mainzer Garnison gehört, dessen Name (Aurelius) auf der Rückseite der Scheide eingeritzt ist« (Böhner, in: 518).

Unter den noch nicht erwähnten Mainzer Skulpturen sind ein Bronzekopf der Rosmerta aus Mainz-Finthen, ein sog. Schrankenrelief mit der Darstellung einer trauernden Germanin (in Zweitverwendung in den Fundamentmauern des Legionslagers auf dem Kästrich gefunden) und der Säulensockel mit den »Legionären auf dem Marsch« und »beim Angriff« zu erwähnen. Einiges Aufsehen erregte 1961 der Fund eines »großartigen, vielleicht noch von griechischen Künstlern in den kaiserlichen Werkstätten Roms gearbeiteten« Marmorkopfs, den man aber als neuzeitlich entlarven wollte. Spätere Untersuchungen haben den antiken Ursprung dieses bedeutenden Fundes bestätigt. Bleibt die Frage nach der Identifizierung des dargestellten Römers. H. Kähler (437) schrieb 1967: »Die Frage, um wessen Bild es sich handelt, wird schon dadurch kompliziert, daß es außerordentlich schwerfällt, das genaue Lebensalter des Dargestellten zu bestimmen. [...] Man hat den Eindruck, als sei mehr als ein bestimmtes Lebensalter in diesem Kopf erfaßt, als wisse dieser Knabe irgendwie auch um das Leben, das noch vor ihm als Mann liegt; dabei handelt es sich bei dem Kopf ganz gewiß nicht um ein Idealbildnis, sondern um eine ganz bestimmte Persönlichkeit.« Kähler sah sehr wohl die Bedeutung und den Einfluß des ›Augustus‹ aus Prima Porta, von dem es eine ganze Reihe von Repliken gibt, »von denen aber keine einzige bisher in die Lebenszeit des Augustus datiert werden kann«. Er schloß: »Es muß sich trotz der Jugendlichkeit um Augustus selbst handeln.« Widerspruch war laut geworden: F. Chamoux (436) fragte schon 1963, ob es sich nicht um Gaius Caesar handeln konnte, den Sohn der Iulia und des Agrippa, den *princeps iuventutis*, den Augustus 17 v. Chr. adoptiert hatte. H. G. Frenz (438) hat 1982 eine sehr ausführliche Untersuchung des »Mainzer Kopfes« vorgelegt, die, von Chamoux' These ausgehend, die Frage formuliert, »ob hier ein Bildnis des Gaius Caesar oder des jüngeren Bruders Lucius Caesar vorliegt«. Er tritt dann sehr entschieden für ersteren ein;

ebenso K. Böhner (in: 518). In der Frage der Echtheit bleibt Frenz zurückhaltend. Der *Ottaviano giovinetto*[31] »erfreute sich seit seinem Bekanntwerden im ersten Drittel des 19. Jahrhunderts einer überaus großen Popularität in gebildeten Kreisen und wurde dementsprechend in großer Zahl in Marmor kopiert, bzw. in Gips abgegossen. Einige derartige Kopien sind auch im Mainzer Raum bekannt. [...] Hinzu kommt eine Reihe von Repliken unsicherer Provenienz, von denen fast alle modern sind.«

Die Mainzer Forschung hat interessantes statistisches Material zur Frequenz und Datierung der Götterweihungen vorgelegt. Von insgesamt 251 Weihungen gehören 8 (3,18 %) der Zeitstufe I (13–68), 11 (4,38 %) der Zeitstufe II (69–96), 17 (6,77 %) der Zeitstufe III (96–161!), dann 198 (78,88 %) der Zeitstufe IV (161–258) und wieder 17 der Zeitstufe V (258–5. Jh.) an. Nur 36 (14,34 %) der Weihungen liegen vor dem Jahr 161. Bei Überlegungen zur Chronologie der Romanisierung sollten diese Zahlen nie übergangen werden! Daß zudem von den 36 Weihungen 12, also ein Drittel, auf Juppiter und 2 auf Juno fallen (also die ›Himmelsgötter‹ im Sinne der Darstellung auf dem Dativius-Victor-Bogen, nicht der kapitolinischen Trias: Minerva ist in der ganzen Periode nicht belegt), der Rest praktisch in Einheiten auf Bellona, Biviae, Fortuna (dreimal), Liber Pater, Mars, Matres, Mercurius, Nemetona und Nymphae verteilt ist, bestätigt das S. 213 ff. Gesagte in allen Hinsichten. Zwar sind auch nach 161 in Mainz weibliche Gottheiten belegt (76; d. h. 35,34 %), aber davon nehmen allein Juno und Minerva 52,63 % ein, Fortuna 14,47 %, Victoria 9,21 %, die Nymphen 5,26 %, so daß allen andern insgesamt magere 18,37 % verbleiben. Da auch unter diesen Tutela loci, Pietas Legionis und Biviae figurieren, darf man ohne Übertreibung sagen, daß hier vom 3. Jahrhundert an den ›persönlichen Theologien‹ weiblicher Prägung sehr wenig Bedeutung zukam.

Abschließend ein Wort über die in Mainz stationierten Truppen. Im Mittelrheinischen Landesmuseum sind die diesbezüglichen Überreste wirkungsvoll gruppiert. Zuerst die Legionen: ins Jahr 13 v. Chr. datiert man die Installation der *XIV Gemina* und der *XVI Gallica*, die bis 43 blieben, als Claudius sie abzog und nach Britannien beorderte. Von 9 bis 17, in den Augenblicken der höchsten Gefährdung der römischen Präsenz am Rhein, kamen noch die *II Augusta* und die *XI Gemina* hinzu.

31 Vgl. Helbig (440), Bd. 1, Nr. 157; Bd. 4, Nr. 382.

1

2

3

4

5

6

7

◀ 9 12

◀ 10

◀ 11 13

14

15

DEAE·VIRTVTI
FATALIS·NEGALAETI
GRATI·LIB·V·S·L·M

17

M·CAELIVS
M·L
PRIVATVS
M·CAELIVS
M·L
THIAMINVS
M·CAELIO·T·F·LEM·BON
CIDIT·BELLO·VARIANO·OSSA
INFERRE·LICEBIT·P·CAELIVS·T·F
LEM·FRATER·FECIT

16

TI·CLAV DIO
HALOTO·VIXI
ANNIS · XVIII
CLAVDIVS·IVSTVS
PATR·PRAEF·COH·III
DALMAT

20

GENIO
CENTV
RIAE
CL CELE
RIS

19

18

MATRONIS
AVFANIABVS
Q VETTIVS SEVERVS
QVAESTOR C C A A
VOTVM SOLVIT L M
MACRINO ET CELSO COS

21

22

23

24

25

26

27

28

29

30

31

Zwischen 39 und 43 kam die *XV Primigenia* nach Mainz: sieben Grabsteine von Soldaten, die nach nur einem Dienstjahr verstarben, lassen die Möglichkeiten einer Seuche erwägen (Decker/Selzer, 437). Bis 70 lagerten dann die *IV Macedonica* und die *XXII Primigenia* auf dem Kästrich, die nach dem Bataveraufstand wieder abgezogen und durch die *XIV*, jetzt: *Gemina Martia Victrix* (bis 92) und die *I Adiutrix* (bis 86) ersetzt wurden. Im Jahre 92 – also sowohl nach dem Aufstand des Saturninus als auch nach dem Chattenfeldzug Domitians (vgl. S. 121 f.) – kam dann *die* Mainzer Legion, die *XXII Primigenia*, jetzt *Pia Fidelis*, später auch noch *Antoniniana*, dann *Severiana* und *Alexandriana* betitelt, bis 370 nach Mainz zurück. Zudem gab es zahlreiche Hilfstruppen, die bereits erwähnt wurden (vgl. S. 169 ff.).
Die Städte am Rhein starben nicht, als Rom ›unterging‹. Im Jahre 406 hört in Mainz die Römerzeit auf. Archäologische Zeugnisse für die direkte Nachfolgezeit kommen nur aus Friedhöfen. »Beweise für eine gewisse Kontinuität der Siedlung und der Kultur sind romanische Namen auf Grabsteinen und in sonstigen Zeugnissen bis ins 7. Jahrhundert, römische Grabfelder, die ohne spürbare längere Unterbrechung in fränkischer Zeit weiterbenutzt wurden, vor allem aber die spätrömische Tradition des Mainzer Christentums« (Falck, in: 518). Diese soll um 450 (in der Bischofsliste) solide etabliert sein. Als Kolumban im Jahre 610 zu der Stadt gelangte, »die die Alten Moguntiacum nannten«, verdankte er der Intervention des Bischofs, daß er Proviant für sich und seine Schiffersleute bekam. Der Dombezirk war nun Zentrum der Stadt.

Xanten

Der Siedlungskomplex Xanten umfaßt die Lager *Vetera* I (auf dem Fürstenberg) und II (gegenüber der Lippe-Mündung, bei veränderter Hydrographie, möglicherweise rechtsrheinisch), sowie die hier zu beschreibende Zivilsiedlung *Colonia Ulpia Traiana* (CVT).
Ausgrabungen von H. Stoll, H. von Petrikovits, H. Hinz, G. Binding und Ch. Rüger haben am Ort der späteren CVT Spuren gesichert, die man der sog. Vorgängersiedlung zuschreibt. »Da zwar die Befunde, jedoch nicht die datierenden Altsachen ausreichend publiziert sind, lassen sich als Daten nur ungefähr ein Beginn zur Zeit des Augustus und das Ende während der Deduzierung der CVT um das Jahr 100 angeben« (Hinz, 445). Der schon vor dem Zweiten Weltkrieg von Stoll und Petri-

kovits ausgegrabene Bereich am sog. Rheintor (Abb. 44) wird manchmal als ›Kernsiedlung‹ des ›Dorfes der Cugerner‹ betitelt. Der Begriff bleibt kontrovers, weil die Beziehung zwischen diesem *nucleus* und der Kolonie nicht geklärt ist und die jüngeren Ausgrabungen eher eine Schwerpunktverlagerung in den Südostbereich der späteren Kolonie anzudeuten scheinen. Immerhin gehört zu diesem Sektor das bekannte ›Haus H‹, das 1952 veröffentlicht und in einer zeichnerischen Rekonstruktion von A. Zippelius vorgestellt wurde, die H. Hinz nicht über-

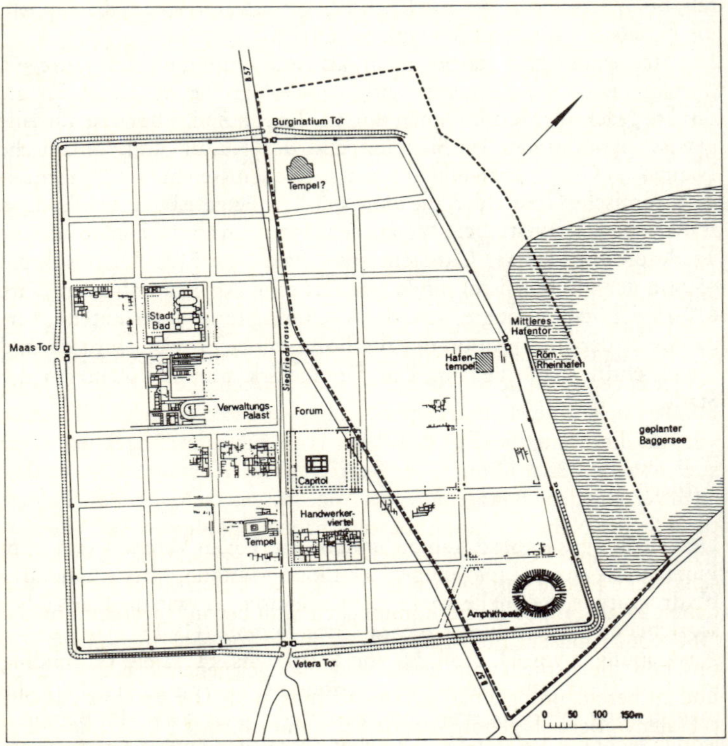

Abb. 44. Xanten. Übersichtsplan der Colonia Ulpia Traiana. (Aus: *Colonia Ulpia Traiana. 1. und 2. Arbeitsbericht über die Ausgrabungen und Rekonstruktionen*, red. von G. Precht, Bonn ²1978.)

nahm, da »der Grabungsbericht eine andere Lösung vorzuschreiben scheint.« Der leicht trapezförmige Grundriß (vorgezeichnet durch die Eintiefungsspuren der Schwellbalken) zeigt deutlich zwei Räume, sowie, im Norden, vielleicht Überreste einer Art vorgeschobener Laube mit einer Feuerungsgrube (Abb. 45). »Die Wände waren mit Staklehmtafeln zugesetzt, wie einige noch erhaltene Wandbruchstücke bezeugen. Senkrechte Ruten waren zwischen Schwelle und Wandpfette eingespannt und beiderseits dick mit Lehm verstrichen, der sicher noch einen getönten Feinputz aufwies« (Hinz). Der Fußboden war entweder mit einem Tonestrich oder mit einem Bretterboden versehen. Da die Ausgrabung die »Planung der gesamten Anlage mit Wegen und Entwässerung sichtbar« machte, darf die Siedlung als richtiggehender *vicus* bezeichnet werden. »Abschließend läßt sich sagen, daß schon zur augusteischen Zeit im Ostteil der späteren CVT eine offenbar unter römischer Aufsicht angelegte Siedlung bestand, die sich im Laufe des 1. Jahrhunderts so erweiterte, daß sie vielleicht nach einem *municipium* [vgl. Tacitus, *Historien* 4,22,1] ausgesehen hat. Sie nahm im Endzustand in lockerer Streulage [. . .] zumindest schon ein Drittel der späteren Stadt ein. [. . .] Der Name ist uns bisher nicht bekannt.«

Die nach Kaiser Trajan (Marcus Ulpius Traianus) benannte Kolonie entstand zwischen 98 und 105/106. Den Umfang der Stadt beschreibt die Stadtmauer. Ihre Datierung wirft die Frage auf, ob die Mauer als »Geburtstagsgeschenk« (Lehner, bei Hinz, 445) aufzufassen sei oder ob es hier zugegangen ist wie bei den meisten Städten, die ja erst im 3. Jahrhundert sichernde Mauern bauten. Konkrete Daten lagen bis 1978 keine vor; da die Mauerdicke zudem variiert (1,5 m; 2 m; angeblich sogar stellenweise 3,25 m) könnte man verschiedene Ausführungen, mithin auch verschiedene Bauperioden ins Auge fassen. Zu Mauer und Südostturm (in der Nähe des Amphitheaters) haben die jüngsten Aufbauarbeiten interessante Beiträge geliefert, die Abb. 46 verdeutlicht. Die eingeschlossene Fläche von 83 ha war in mehr als 30 Bezirke eingeteilt, von denen 28 als *insulae* im herkömmlichen Sinn benannt werden können (360 × 360 römische Fuß, 106 × 107 m, in der sog. Thermen-*insula* 10), obschon die östlich vom *cardo maximus* gelegenen Flächen 22, 23 und 24 bereits unregelmäßig, trapezförmig sind. Der gesamte östliche (»Hafen«-)Bereich gehorcht anderen raumordnenden Prinzipien: hier wurden wohl als Norm Doppel-*insulae* (z. B. die Capitol-*insula* 25/26) genommen, die, z. T. in Anpassung an das Gelände (*insula* 30) größer gestaltet wurden. Mehrfache Messungen ergaben einen 12 m breiten Fahrdamm und rechts und links je 6 m Portikus, sonst 8 und 4 m. Im

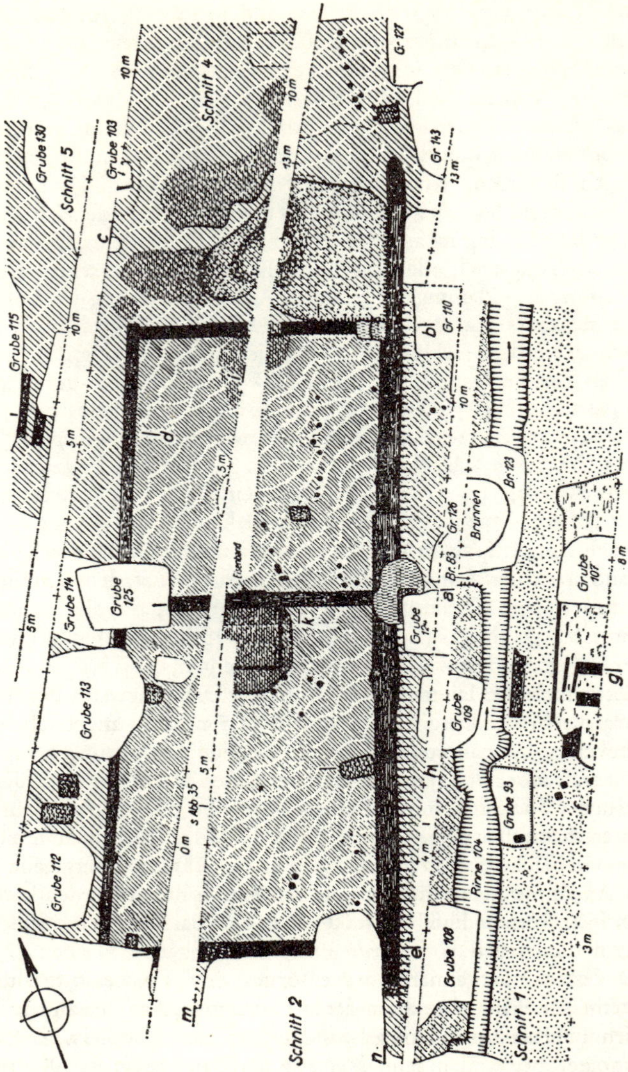

Abb. 45. Xanten. Haus H der Kernsiedlung. (Aus: *Germania Romana I* [77].)

Abb. 46. Xanten. Rekonstruktion des Südostturms. (Aus: *Colonia Ulpia Traiana. 1. und 2. Arbeitsbericht über die Ausgrabungen und Rekonstruktionen*, red. von G. Precht, Bonn ²1978.)

Bereich östlich der Thermen sind große Abwasserkanäle in der Mitte der Straße erhalten. Die großen Thermen waren schon im 19. Jahrhundert bekannt; sie nahmen den ganzen Bereich von *insula* 10 ein. Es handelt sich (wie im 2. Jahrhundert durchaus üblich, vgl. z. B. Rottweil, auch Walldürn) um sog. Reihenthermen, d. h., die Bäderfolge ist linear, in der Achse der Anlage geplant. Das Dach sieht man jetzt als »langes Giebeldach in Firstrichtung« (Hinz), nicht mit Quergiebeln, zu deren Annahme keine Spuren von Kreuzgewölben oder Gurtbögen berechtigen. Neben dem Badetrakt gab es eine Palästra, in der Südecke eine große Latrine.

In der Ostecke lag (innerhalb der Mauer) das (wiederaufgerichtete) Amphitheater. Eine erste Stein-Holz-Fassung wird an den Beginn des 2. Jahrhunderts datiert, eine ganz steinerne Fassung soll etwa hundert Jahre später entstanden sein. Mit 99 × 87,50 m gehört das Xantener Amphitheater zu der für die Provinz kennzeichnenden Gattung dieser Anlagen, die etwa 12000–15000 Zuschauer faßten.

In den nur teilweise ausgegrabenen *insulae* 11/18, südlich der Thermen, wurden Überreste eines »palastartigen Gebäudes« festgestellt, das z. T. sehr kleine Räume um einen Hof gruppierte, daneben (Bau D) einen dreischiffigen Hallenbau mit Ringapsis besaß, so daß man für das ganze an ein Forum und für Bau D an eine *curia* oder einen sakralen Großraum denken könnte. Das Vorhandensein einer Kanalheizung würde vielleicht eher zu einer zivilen, administrativen Verwendung passen.
Am Rheintor legte H. von Petrikovits die Grundmauern eines großen Podiumstempels frei (sog. Hafentempel in Abb. 44, in der Zwischenzeit rekonstruiert). An der Siegfriedstraße (also außerhalb des in den letzten Jahren ausgebauten archäologischen Parks, aber innerhalb der CVT) wurden 1973/74 die Überreste einer gallorömischen Tempelanlage freigelegt. Sie besteht aus einer rechteckigen Portikus (44,50 × 26,50 m) als Umgrenzung des *temenos*.

Rottweil

Zur Geschichte von *Bomoi Phlauvioi* (Ptolemäus), *Arae Flaviae*, Rottweil läßt sich nach neueren Erkenntnissen folgendes sagen. Auf dem ›Nikolausfeld‹ wurde 1913 und 1927 (von Peter Goessler) das erste Rottweiler Militärlager festgestellt; innerhalb desselben entdeckte man (nach D. Planck, 447 und 448) Spuren eines Kastells II a und II b (mit einer vermutlichen Fläche von 7,8 ha). Durch Nachgrabungen konnte 1967 ein Kastellbad mit Ziegelstempeln der *legio XI Claudia Pia Fidelis* und mehrerer Auxiliareinheiten freigelegt werden. Kastell II b scheint bis in die Zeit Trajans belegt gewesen zu sein. »Die Häufung von [insgesamt] fünf Kastellen spricht für sich. [. . .] Allerdings kennen wir die historischen Hintergründe dieser militärischen Aktivitäten bisher kaum« (Rüsch, 450). Nicht besser steht es um die zugehörige Zivilsiedlung. Ihr Kern lag auf der siedlungsgünstigen Flur Hochmauren, zwischen Neckar und Prim. Die Ausgrabungen im Bereich der Flavierstraße (im Bereich von Kastell III, vgl. Abb. 47) haben zahlreiche Überreste von Holzbauten erbracht. Sie scheinen zu einem *vicus* zu gehören, der schmale Langhäuser entlang der Zufahrtsstraße errichtete; vielleicht dehnte sich die Siedlung erst im 2. Jahrhundert auf das linke Neckarufer aus. Ende des 2. Jahrhunderts (Wilmanns, 451) findet sie sich als »municipium aris« bezeichnet, was ihren rechtlich einwandfreien Stadtcharakter bekundet. Abb. 48 gibt die Kopie und Übertragung (durch

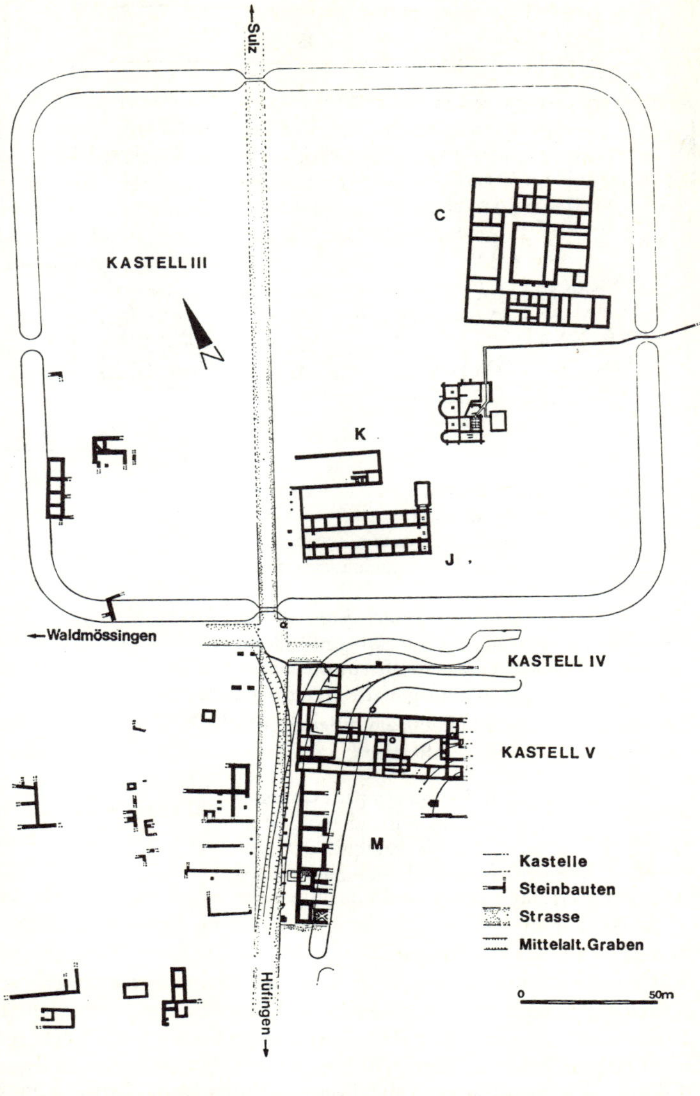

Abb. 47. Rottweil-Hochmauren, Kastell III (aus: Rüsch, 449).

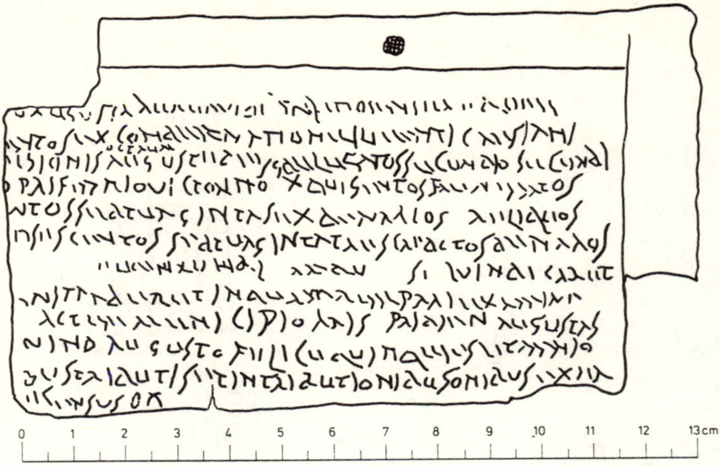

1: --- u .ug .s .aremu . . . . l . .osuni .aeque
orb .uterau .o n tosrmegi .ge .eur .d . .
.ad .oet . . . .lri . .cana n .i . . .e . . . . .

2. --- ẹntosexcondemnationeiuuenticaesiani
octavae

3: --- egionisaugustepiefidelegatossecundiosecundi

4: --- .priferniouictorinoXquigentosfaeneratos

5: --- ntossebtuagintasexdenariosreliquos

6: --- .sescentossebtuagintatrescreditosdenaros

7: --- ------ . .en .u .di . .ar .du . . .ṣ . .ịuindicaret
qḷ ra .q
a m

8: --- .nitraderetinquamrempariexamine

9: --- actummunicipioarispridienaugustas

10: --- ninoaugustofelicequinquiesetmanio

11: --- ḅustributisetintributionibusonibusexẹa

12: --- ẹcensụs . . ------------------
ụ

Abb. 48. Wachstafelfragment von Rottweil-Hochmauren. Zweite Seite der Innenschrift auf Tafel II des Triptychons. (Aus: Wilmanns, 451.)

Frau J. C. Wilmanns) der (hier) wesentlichen Innenseite der Mitteltafel des Rottweiler Triptychons wieder.
Wenn Rottweil am 4. August 186 ein *municipium* war (dies scheint jetzt gesichert), bleibt es erstaunlich, daß dies nicht vorher Erwähnung fand, und man fragt sich, wie der Name *Arae Flaviae* zu erklären ist. Theodor Mommsen (11) hatte vorgeschlagen, aus dem Namen zu schließen, daß Rottweil von Domitian (oder einem andern Flavier) gegründet worden war, als Zentrum des provinzialen Kaiserkultes in Obergermanien. Wir haben S. 235 Zweifel daran geäußert, daß die *Ara Ubiorum* Teil eines auf Germanien gezielten Propagandaunternehmens war; in Lyon und in Köln geht es darum, Politik und Religion zu verknüpfen, zu festigen, zu sanktionieren, rückwirkend den Abstand zu verkürzen, der durch das aggressive Vordringen Roms entstanden war. Die Zielpersonen sind also nicht erst zu Gewinnende, sondern Gewonnene, die nun über das Militärische hinaus Zugang zum zivilen Rom finden sollen. Der Erfolg war groß in Lyon, wohl auch in Köln, er scheint mir fraglich im rechtsrheinischen, so weit vorgeschobenen Rottweil. Zwar wird durch die Holztafel eine ›Blütezeit‹ »im späten 1. und frühen 2. Jahrhundert« (Planck, 448) nicht ausgeschlossen, doch ist sie wohl eher um gut 50 bis 75 Jahre später anzusetzen. Damit wird die mögliche Zeit der Entfaltung stark reduziert: der erste »allgemein als zerstörerisch bezeugte« Germaneneinfall erfolgte schon 233. Wir haben vorgeschlagen, die Errichtung der ersten Stadtmauer von Mainz um 250 anzusetzen: Rottweil scheint überhaupt nie eine Mauer gehabt zu haben. Frau Wilmanns hebt zu Recht hervor, daß die epigraphischen Quellen wenig ergiebig sind, der Name *Arae Flaviae* (und zwar sowohl der Plural als auch die ungewöhnliche Kombination) Probleme aufwirft und (trotz beachtlicher Leistungen) der gesamte archäologische Befund eben nicht ausreicht, die Mängel der Quellen aufzuwiegen und die vielen Fragen zu beantworten, die sich bei genauerem Hinsehen geradezu aufdrängen. Die Datierung der Hölzer aus dem zivilen *vicus* wird mit Sicherheit einige Klarheit bringen; einstweilen sieht es so aus, als ob *Arae Flaviae* ein (mißglückter) Versuch geblieben sei, diese Gebiete verwaltungsmäßig in einen Status zu erheben, dem die Wirklichkeit weit hinterherhinkte. Hier lief das Recht der Wirklichkeit voraus und – weg, während in so vielen anderen Fällen die Verhältnisse genau umgekehrt liegen. Damit wäre die (von D. van Berchem, 469, vertretene) These eines fast generellen Mißerfolges der römischen Urbanisierungspolitik rechts des Rheins so gut wie bewiesen. Dies mag übrigens nicht von überragender geschichtlicher Bedeutung gewesen sein. Was später über die De-facto-

Städte zu sagen ist, beweist vielleicht eher die römische Einsicht, daß letztere der Lage besser entsprachen als in Italien oder im Osten erprobte Strukturen.
In Rottweil besucht man das schön hergerichtete Bad 3 im Nikolausfeld (in der Südwestecke von Kastell II). Es gehört ebenfalls zu dem (im 2. Jahrhundert geläufigen) Reihentypus, da *frigidarium*, *tepidarium* und *caldarium* in einer (Nord-Süd-)Achse liegen. Das Stadtmuseum stellt das 8 × 8 m große Orpheusmosaik aus, von dem S. 227 f. ausführlicher die Rede war.

Augsburg

In der Zeit Hadrians wurde eine vindelikische Vorgängersiedlung zur Stadt. Aus dieser Stadt ist Augsburg entstanden, *Municipium Aelium Augustum*, die ›Hauptstadt‹ der *Provincia Raetia*, zu der Bayern und Teile von Baden-Württemberg ebenso wie die Schweizer Kantone Graubünden, St. Gallen, Glarus und Thurgau, Liechtenstein und die österreichischen Bezirke Vorarlberg und Tirol gehörten. Das *tropaeum* von La Turbie erwähnt *Vindelicorum gentes quattuor*; *Cambodunum* (Kempten), *Brigantium* (Bregenz) und Manching waren die vor- bis frührömischen Siedlungs- und wohl auch Verwaltungsschwerpunkte. ›Erschlossen‹ wurde Rätien erst 15 v. Chr. durch die von Drusus und Tiberius befehligten Feldzüge (vgl. S. 56 f.), deren Zielsetzung und Durchführung in mancher Hinsicht unklar bleiben.
So unklar etwa, wie Wesen, Standort und Geschichte des angenommenen Legionslagers in Oberhausen. Es mag sein, daß C. M. Wells' (259) Interpretation (»eine kleine frührömische Militärstation«) dem »großen Fundanfall« (Overbeck, 454) nicht gerecht wird. Trotzdem ist einerseits die These eines Bootsunglücks (hier wie anderswo) nicht ganz und gar zu verwerfen, andererseits der »weiträumigen Gesamtkonzeption« K. Krafts (192) entschieden entgegenzutreten. Das schließt nicht aus, daß zwischen 15 und 17 n. Chr. wirklich Legionstruppen in Oberhausen standen. Der Militärposten auf dem Lorenzberg bei Epfach wurde aber deswegen nicht aufgegeben.
Die oft für das römische Augsburg verwendete Namensform *Augusta Vindelicorum* ist vor 1500 nicht belegt. Man kennt das *Augusta Vindelikon* des Ptolemäus, das *Augusta Vindelicum* in CIL VI 3353, im *Itinerarium Antonini* und der *Tabula* des Augsburgers Konrad Peutinger, verschiedene Varianten: das *Augusta* ist fast allen gemeinsam. Damit

stehen wir vor dem Problem, das ja auch für Trier gilt: besagt der Name, daß die Stadt in direkter (d. h. synchron namenverleihender, eponymer) Beziehung zu Oktavianus Augustus steht, oder handelt es sich um eine spätere, (für Augustus, aber auch für die ›Stadtväter‹) ehrende Namensannahme, die zudem vielleicht nur in der offiziellen, real weniger gängigen Titulatur gebräuchlich war? Die hierzu teilweise recht wirklichkeitsfern geführten Diskussionen beantworten die Vorfrage nicht: Kann man voraussetzen, daß eine lockere, dorfähnliche, betont ›einheimische‹ Siedlung sich den Namen des Kaisers zulegt? Ob eine Stadt, die noch keine Stadt ist, sich dies anmaßen darf, bleibt m. E. dahingestellt. Es müßte überhaupt die Namengebung systematisch untersucht werden, z. B. dahingehend, ob milieu- und zeitbedingte Motivierungen diesen Benennungen pauschal den Sinn »Römerstadt« (›neue Stadt, moderne Stadt, Großstadt‹) verleihen. In Trier wie in Augsburg scheint es erwiesen, daß das ursprüngliche Ethnikon bestimmend blieb, in Trier bis heute, in Aug(ustu)sburg weniger anhaltend. Jedenfalls scheint nach allem, was wir über ›Stadtwerdung‹ wissen, zwischen einer ›Gründung‹ (etwa dem mehr oder minder zielstrebigen Ausbau eines *vicus*) und einem Stadtstatus (vor allem, wenn dieser de jure erfolgt) jeweils viel Zeit vergangen zu sein. Vergleiche mit Italien und Spanien dürfen nur mit großem Vorbehalt gezogen werden, da wir es dort mit einer anderen ethnischen und wirtschaftlich-geographischen, also historischen Situation zu tun haben. Dasselbe gilt für den (begrenzten) Vergleichsfall Trier/Augsburg, da schon die Namensgeschichte Indiz für verschiedene Entwicklungen sein kann. Demnach können auch 400 Kilogramm Eisen, 100 Kilogramm Keramik und 378 Münzen (aufgrund deren P. Reinecke zukünftige Funde »nach Hunderttausenden« voraussagte) kein Legions- (oder Doppellegions-)Lager in oder in der Nähe von Augsburg nachweisen.

In der Zivilsiedlung hat L. Ohlenroth (453) drei Holzbauperioden nachgewiesen, aber nicht datiert. Vergleiche mit Kempten, »wo die Verhältnisse ziemlich ähnlich gewesen sein dürften« (Kellner, 452), könnten den Beginn der Steinbauweise in die Mitte des 1. Jahrhunderts datieren. Man nimmt an, daß die Stadttore (nach einer – hypothetischen – Zerstörung 69/70) in der Zeit Vespasians in Stein neu errichtet wurden. Allerdings ist nur das Westtor lokalisiert und ausgegraben.

In den Jahren 120/121 bereiste Hadrian Gallien und Germanien, dann Rätien. Tacitus sprach schon vorher von einer »splendidissima Raetiae provinciae colonia«. Da Augsburg aber nie Kolonie war und viele ähnliche Tacitusstellen einen eher ›untechnischen‹ Gebrauch der politischen

Begriffe dokumentieren, kann dem Satz nicht allzuviel Bedeutung beigemessen werden. Es könnte sein, daß die Vorgängersiedlung sich ab Mitte des ersten nachchristlichen Jahrhunderts entwickelte. Es wäre nicht unlogisch, ist aber wiederum rein hypothetisch, die ›Kernsiedlung‹ irgendwo am Wertachufer zu suchen, so daß die eine der divergierenden Straßenausrichtungen (Nord–Süd; vgl. Abb. 49) dieser älteren Siedlung entspräche. An dieses Straßensystem stößt die *via Claudia Augusta* (aus claudischer Zeit), was die Annahme bekräftigen könnte, daß die Kernsiedlung damals bereits eine gewisse Form angenommen hatte. Eine Stadt war sie nicht.

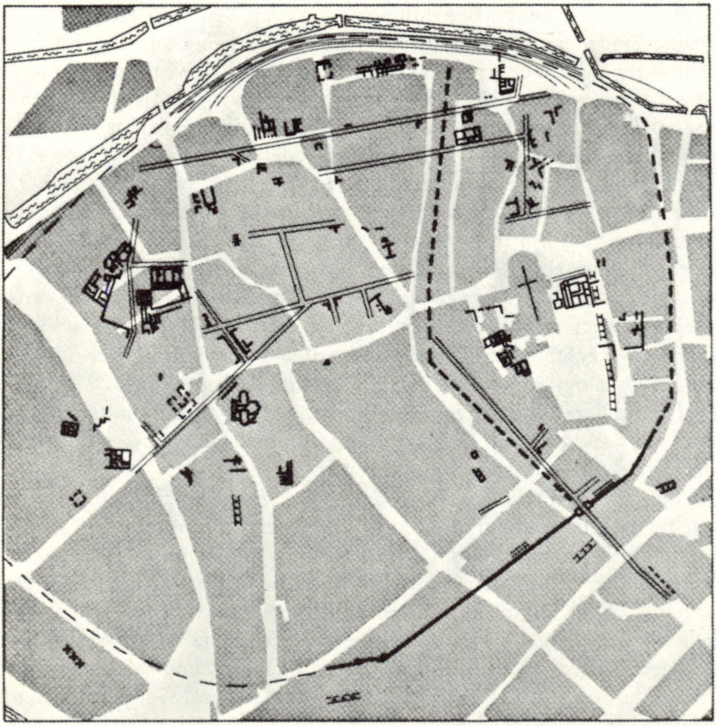

Abb. 49. Augsburg. Lageplan der römerzeitlichen Überreste. (Aus: Kellner, 452.)

Soweit der Plan dies erkennen läßt, sind die Frontlinien der ausgegrabenen Bauten mit dieser Zweiphasen-These vereinbar. »Anzeichen für eine planmäßige Neugründung von Augusta Vindelicum« (Kellner, 452) sind diese Feststellungen nur sehr bedingt, da ja keine absoluten chronologischen Werte vorliegen und auch metrisch keine Normwerte feststehen.

»Von den öffentlichen Bauten ist bis heute nichts gefunden worden« (Kellner). Dem Plan entnimmt man immerhin, daß es ein »Kleines Gräberfeld« (Butzstraße) gab, ein Wohnhaus mit Hypokaust und Portikus (Thommstraße), eine Therme (Pettenkoferstraße), ein Gebäudeteil mit Mosaik (Herrenhäuser), Große Thermen (Georgenstraße), Gebäudefronten mit zwei Quergäßchen (Kleine Karmelitergasse), Holzbauten, »darüber Tempel mit Vorhalle« (Pfaffenkeller), Holz- und Lehmfachwerkbauten, Zisternen und einen »tempelähnlichen Bau mit Vorhalle« (Pfaffenkeller), ein Peristylhaus (Fronhof).

Wie bereits mehrfach hervorgehoben wurde, hat Augsburg zahlreiche römerzeitliche Skulpturen aufzuweisen. Wir erwähnen die Grabstele aus dem Peutingerhaus, mit dreieckigem Giebel und pilastrierter *tabula*, zur Erinnerung an drei Verstorbene – einen Mann und zwei Frauen –, die im Giebelfeld abgebildet sind;[32] eine Reiterstele mit einem nach rechts sprengenden Kavalleristen;[33] die Obernhausener Familiengrabsteine; Blöcke von Grabtürmen: die »Verschnürung eines großen Warenballens«[34] ist sehr ähnlich in Igel belegt; der Wagen mit Weinfaß[35] und zahlreiche Reben-Dekormotive bestätigen auch hier die vielschichtige Deutbarkeit: anekdotisch, religiös, ästhetisch ...

Trier

Viele wichtige Fragen zum römischen Trier sind bereits im Verlaufe unserer Darstellung aufgeworfen, z. T. auch diskutiert und beantwortet worden. Auch in Trier erlaubt der geschichtliche Kontext keine »Stadtgründung« vor der claudischen Zeit. Die Stadt, die nie Stadtrecht besaß (den Titel *colonia* hatte sie sich womöglich selbst verliehen), entstand aus einer Kernsiedlung, deren Existenz in spätaugusteischer und tiberischer Zeit man eher errät als erfaßt. Sie wurde von der Mitte

32 *Corpus Signorum Imperii Romani* (307), Bd. I,1, Abb. 3.
33 Ebd., Abb. 6.
34 Ebd., Abb. 67.
35 Ebd., Abb. 63.

des ersten nachchristlichen Jahrhunderts an zur ›Vorgängersiedlung‹ (*vicus*), ehe, im zweiten und dritten Jahrhundert, die öffentliche wie die private Bautätigkeit so zunahm, daß dem Gemeinwesen nun der Titel ›Stadt‹ – im Sinne einer De-facto-Stadt großen Ausmaßes – zusteht. Politisch wurde Trier im 4. Jahrhundert sogar zur Weltstadt. Trotz des hervorragenden Niveaus der Trier-Forschung, trotz der regen, relativ systematischen und fast immer erfolgreichen Grabungstätigkeit der letzten hundert Jahre stellen sich um so mehr Fragen, je mehr Funde gemacht werden. Es genügt nicht, das Fehlen von militärischen Niederlassungen (daß auf dem Petrisberg ein ›Lager‹ stand, ist nicht bewiesen) lediglich festzustellen – es müßte gedeutet werden; es genügt nicht, das Bestehen einer Pfahljochbrücke zu bezweifeln (einige vielleicht zufällig verlorengegangene Knüttel genügen nicht zum Baubeweis) – man müßte Material über Furten, Stege, Landebrücken usw. anbieten. Es genügt nicht, lokalpatriotisches Wunschdenken einzudämmen – man müßte sich konsequent um weiträumige Perspektiven bemühen. Ob das Trier-Jahr (1984) dazu beigetragen hat, läßt sich noch nicht beurteilen. Die sehenswerten Ausstellungen (vor allem »Trier – 2000 Jahre Stadtentwicklung« in der Tuchfabrik Weberbach) haben hauptsächlich Kataloge hinterlassen; man wartet gespannt auf das eigentliche, wissenschaftliche Ergebnis. Nachdem die 1964 begonnene, aber nicht weitergeführte *Geschichte des Trierer Landes* (461) aufgegeben wurde, wäre es jetzt wohl an der Zeit, eine umfassende historisch-archäologische Schilderung mit allem Quellen- und Referenzmaterial vorzulegen.[36]

An der von R. Schindler (464) einst erneuerten Feststellung, daß der Ort des späteren Trier in vorrömischer Zeit schwach besiedelt war, ist nicht zu rütteln (Abb. 50). Auch nicht an der Tatsache, daß keine Stadt aus dem Nichts entsteht: das Wegekreuz Saarmündung/Ruwer-Moselfurt/Hunsrück zeichnet die Topographie vor. Daß mehr als die Hälfte der urnenfelderzeitlichen Funde in, an oder nahe dem Fluß liegen, gibt einen eindeutigen Hinweis auf wirtschaftliche Verhältnisse und verkehrstechnische Strukturen, die lebenswichtig und zeitüberdauernd waren. Die extreme Dürftigkeit des Spätlatène-Materials bekräftigt die These Schindlers, daß es keine vorrömische Siedlung gab, sondern die Kern- und die Vorgängersiedlung erst aus dem Kontakt, d. h. in der Auseinandersetzung mit dem römischen Phänomen entstand.

Um 100 n. Chr. hat sich kaum etwas verändert (Abb. 51): der regelmäßige Plan spart den Forumbereich aus (9) und den vermutlichen Askle-

36 Diesem Wunsch entspricht das 1985 erschienene Buch von H. Heinen (235).

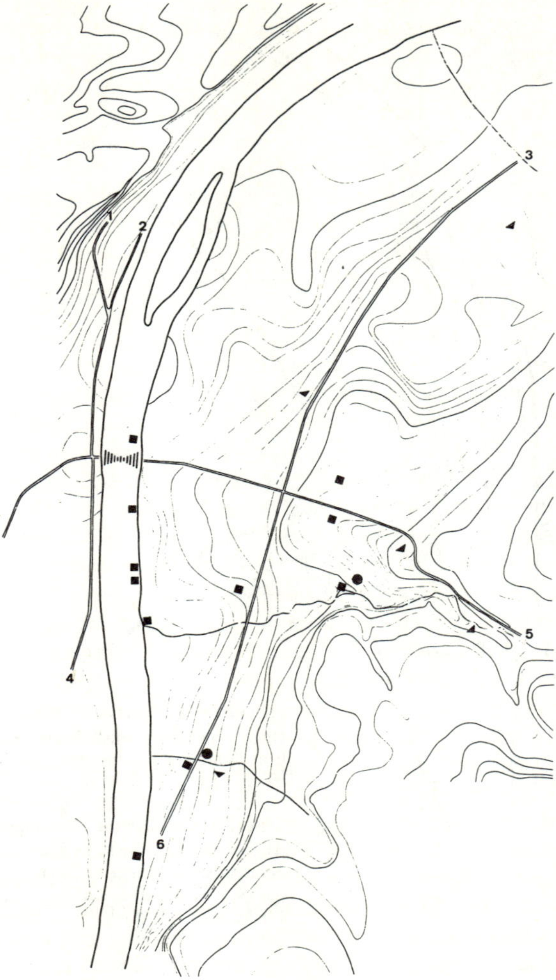

Abb. 50. Vorrömisches Trier (aus: *Trier*, 465).

1: Zur Eifel. 2: Zur Wittlicher Senke. 3: Zur Ruwer. 4: Zur Sauer. 5: Zum südlichen Hunsrück. 6: Zur Saarmündung.
■ Urnenfelderzeit. ▲ Frühe Eisenzeit. ● Spätlatènezeit.

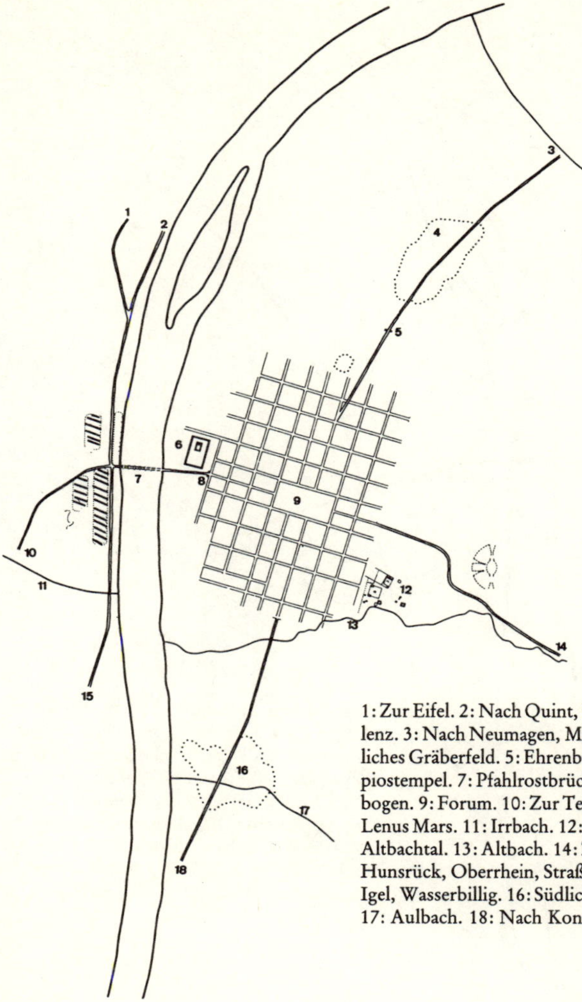

1: Zur Eifel. 2: Nach Quint, Wittlich, Koblenz. 3: Nach Neumagen, Mainz. 4: Nördliches Gräberfeld. 5: Ehrenbogen. 6: Asklepiostempel. 7: Pfahlrostbrücke. 8: Ehrenbogen. 9: Forum. 10: Zur Tempelanlage des Lenus Mars. 11: Irrbach. 12: Tempelbezirk im Altbachtal. 13: Altbach. 14: Zum südlichen Hunsrück, Oberrhein, Straßburg. 15: Nach Igel, Wasserbillig. 16: Südliches Gräberfeld. 17: Aulbach. 18: Nach Konz, Metz.

Abb. 51. Trier um 100 n. Chr. (aus: *Trier*, 465).

Römisches Straßennetz. Gräberfeld. Siedlung (*vicus*).

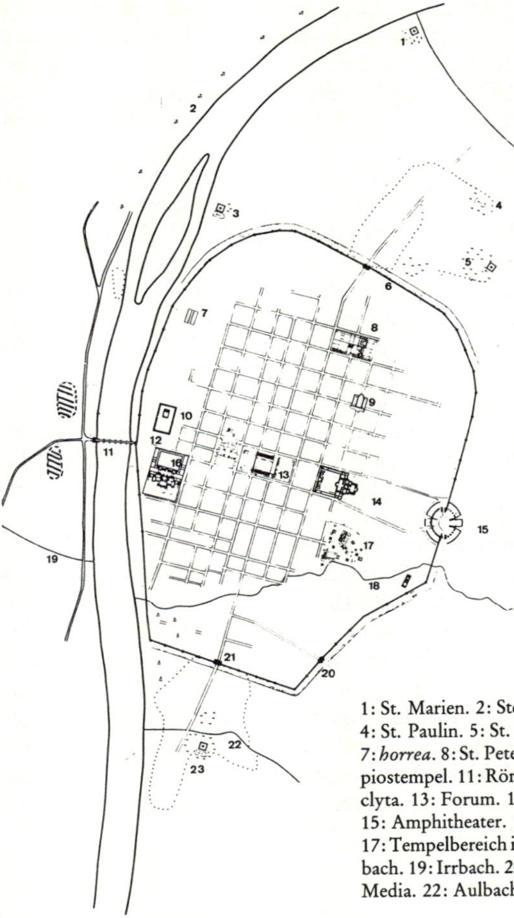

1: St. Marien. 2: Steinbruch. 3: St. Martin. 4: St. Paulin. 5: St. Maximin. 6: Porta Nigra. 7: *horrea*. 8: St. Peter. 9: Palastaula. 10: Asklepiostempel. 11: Römerbrücke. 12: Porta Inclyta. 13: Forum. 14: Kaiserthermen. 15: Amphitheater. 16: Barbarathermen. 17: Tempelbereich im Altbachtal. 18: Altbach. 19: Irrbach. 20: Porta Alba. 21: Porta Media. 22: Aulbach. 23: St. Eucharius.

Abb. 52. Trier im 4. Jahrhundert (aus: *Trier*, 465).

Römisches Straßennetz. Siedlung (*vicus*). Töpferfeld.

Gräberfeld. Christliches Gräberfeld.

piostempel (6). Seit Ende der sechziger Jahre (das war Tacitus-Lesern immer bekannt) gab es eine Stein-Holz-Brücke (7). Der Tempelbezirk im Altbachtal (12) und der Lenus-Mars-Bezirk (10/11) auf dem linken Moselufer waren gezielt angelegt worden, um die Treverer aus Ösling, Hunsrück und Eifel anzulocken und ihnen ein Zusammengehörigkeitsgefühl zu vermitteln.

Das spätrömische Trier (Abb. 52) ist gekennzeichnet durch die Stadtmauer, die Palastanlagen (8,9,14), die Thermen (16), die Spielanlagen (15: Amphitheater; daneben, punktiert: Zirkus) und die Arbeitsanlagen (7: *horrea*; Töpfereien in der Südwestecke der Stadt). Innerhalb der Stadt bleiben größere Gebiete leer: sie dienen zugleich als Reserve für spätere Bauvorhaben, als Gartenanbaugebiet und möglicherweise als Zufluchtsraum zur Aufnahme der bedrängten Einwohner aus den umliegenden Dörfern.

Zu den frühesten Trierer Funden gehört die Inschrift CIL XIII 3671. Sie wurde in zwei Fragmenten gefunden, Teil 1 in einem mittelalterlichen Keller im sog. Bischofshof, Teil 2 in einer spätantiken Pfeilerreihe 500 m entfernt (Abb. 53). Sie wird jetzt folgendermaßen rekonstruiert: »Dem Gedenken an Lucius Caesar, des Augustus Sohn, Augur, designierter Konsul, Anführer der (Ritter-)Jugend. – Dem Gedenken an Gaius Caesar, des Augustus Sohn, Augur, designierter Konsul, als Feldherr akklamiert, Anführer der (Ritter-)Jugend.« Lucius starb im Jahre 2, Gaius im Jahre 4. Im ganzen Reich »beeilten sich die Gemeinden, [Augustus] in Veranstaltungen und Ehrenbauten für die Prinzen ihre Mittrauer zu beweisen« (Binsfeld, in: 466). Der 6,75 m lange Widmungstext mag die Frontpartie eines Bogens oder Gedenkaltars geschmückt haben, der irgendwann nach 4 n. Chr. errichtet wurde. Da kein ursprünglicher Fundkontext besteht, kann diese Chronologie auf jeden Fall bis ins Todesjahr des Augustus (14), vielleicht sogar darüber hinaus ausgedehnt werden.

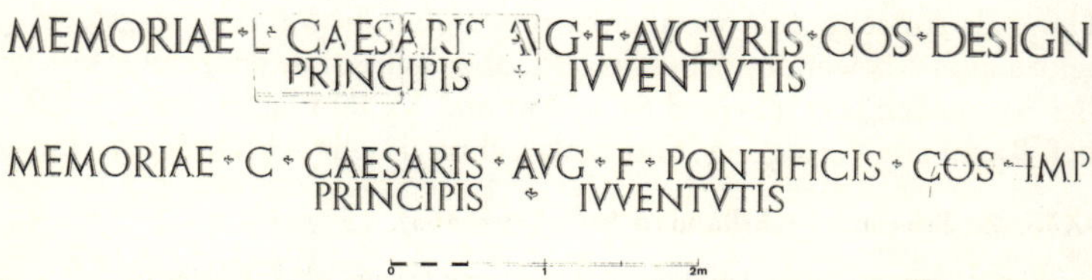

Abb. 53. Trier. Ehreninschrift für Lucius und Gaius Caesar. (Aus: *Trier*, 466.)

Aus dem 1. Jahrhundert stammen zwei *togati,*[37] eine Ehepaardarstellung aus St. Matthias, nur drei Militärstelen, ein Weihestein für Esus, Merkur und Rosmerta,[38] eine Ehreninschrift »für Secundius [?] Priscus den *flamen*, den Priester der Roma und des Augustus, den *magister* [?], *quaestor* der Volksgemeinschaft der Treverer, *praefectus* der 1. Kohorte der Aresaker«.[39] Bemerkenswert ist, daß keine Ämter der (angenommenen) *colonia* belegt sind, nur der *civitas*. Der Titel *quaestor* (›Finanzamtmann‹) ist in einer Grabinschrift für Claudius Tiberinus belegt,[40] der auch als *flamen coloniae Treverorum* betitelt wird: religiöse Ämter gehorchen der strengeren politischen Titulatur also nicht. Tiberinus war auch *praefectus ad ripam Rheni* gewesen, Vorsteher einer Rheinuferüberwachungstruppe.

Um das Jahr 100 hatte die Siedlung sich so weit organisiert (Straßen, Wohnsiedlungen, Kultstätten), daß eine weitere entscheidende Entwicklung eingeleitet werden konnte. Seit 1929 ist das Trierer Forum bekannt (Abb. 54). Erst die Nachforschungen in den Nachkriegsjahren haben zu etwas systematischeren Kenntnissen geführt. Von Westen nach Osten gibt es einen Abschnitt 1, der 65 × 45 m mißt. Der Hof ist mit einer Portikus umgeben, unter der eine Kryptoportikus freigelegt wurde, die Lagerraum auf einer Nutzfläche von fast 1500 m² bot. Ganz im Westen gibt es einen 25 × 13 m großen Raum, von dem man annimmt, daß er politischen (oder religiösen) Versammlungen diente. Um Bauabschnitt 2 lagen je 2 × 15 *tabernae*, Verkaufslokale, z. T. zum Hauptplatz, z. T. zu äußeren Magazinbauten (?) gewendet. Abschnitt 3 könnte eine Art *forum transitorium* gewesen sein; Abschnitt 4 ist unerforscht. Diese Anlage umfaßte in ihrer späteren, endgültigen Bauform 140 × 278 m.

In dieselbe Zeit gehört das Amphitheater, dessen Bausubstanz von A. Neyses nach den Erkenntnissen von 1977 graphisch festgehalten wurde. Es stellt ein Musterbeispiel städtischer Planung dar: am Rande des Stadtkerns gelegen, war es von überall her leicht zugänglich; es wurde in Billigbauweise errichtet, wobei der Aushub vom östlichen Hang als Aufschutt am westlichen verwendet, die Verankerungsarchitektur aufs Notwendigste beschränkt, aber sehr solide ausgeführt wird; bei Ausmaßen von maximal 64 × 50 m und 15 000 Plätzen stand reichlich Raum zur Verfügung; und dank technisch sehr ausgeklügelter Ein-

37 Espérandieu (312), Nr. 8408 und 5088.

38 Ebd., Nr. 4929.

39 E. Gose, *Der Tempelbezirk des Lenus Mars in Trier*, Berlin 1955, S. 88 ff.

40 Krier (193), Nr. 33.

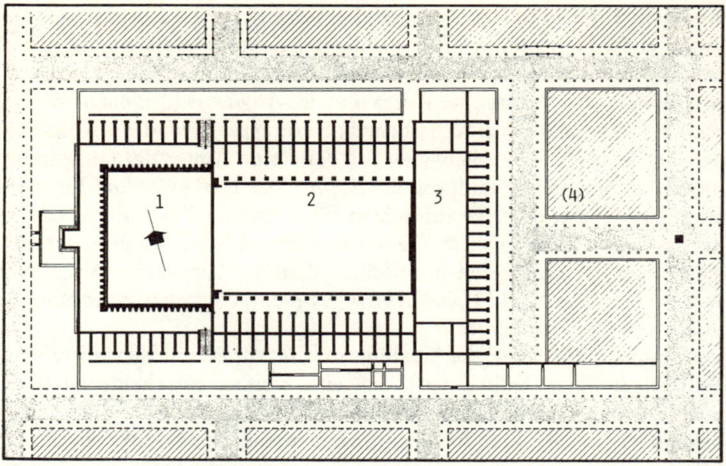

Abb. 54. Trier. Das Forum. (Aus: Ch.-M. Ternes, *Trèves, capitale d'Empire*, Dijon 1984.)

richtungen konnten große Spiele, Jagden und Kampfszenen eindrucksvoll dargeboten werden. Mittels einer Hebebühne (von der man Überreste – Spindel, Kolben, Stützen, Pfosteneintiefungen usw. – bei Ausgrabungen gefunden hat) konnten Kulissen oder Käfige, auch Darsteller und Schaukämpfer in kurzer Zeit aus der Tiefe in die Arena gehoben, Verwundete und Tote geborgen werden, aber auch jene, deren Auftritt beendet war, schnell in den Kellern verschwinden. Später wurde die Stadtmauer so geführt, daß sie das nördliche Tor, die westliche Amphitheatermauer, dann das Südtor miteinbezog.

Die römische Stadtmauer hatte eine Länge von 6,418 km und begrenzte eine Fläche von 285 ha; das Mauerwerk (4 m breit) ist 3 m tief in den Boden eingelassen, es ragt 6,13 m empor (also 3,13 m über dem Boden), die Schießscharten liegen bei 2,20 m. In der Verlängerung der Straßen lagen Rundtürme (Durchmesser außen 8,50 bis 10,45 m, innen 4,50 bis 5,24 m). Im Norden und Osten sind je zwei Gräben festgestellt worden, der äußere 12–14 m breit, der innere 9 m; beide waren zwischen 2,50 und 3 m tief. An der Südseite gab es sogar einen dritten Graben von 14 m Breite und fast 5 m Tiefe. Stadtseitig verlief eine bis zu 10 m breite Ringstraße. Mauer und Tore (darunter auch die Porta

Nigra) sind nach 175 gebaut worden. Ob die mehrfach angestrengten Spekulationen über einen Zusammenhang zwischen ersten Germaneneinfällen und der Errichtung der Mauer[41] stichhaltig sind, muß offenbleiben. Problematisch im Hinblick auf die jetzt allgemein vertretene These von der absoluten Synchronie zwischen Mauer und Porta Nigra bleibt die Tatsache, daß die Trierer Stadtmauer sehr sorgfältig (ohne Spolien) hochgezogen wurde, während das Tor unübersehbare Spuren eines überstürzten Bauabbruchs aufweist. Vielleicht liegt die Lösung auch hier in einer etwas größeren zeitlichen Ausdehnung: die Aufgabe der Nekropolen braucht nicht den sofortigen Beginn der Bautätigkeit nach sich zu ziehen.

Die 1967–73 an der Porta Nigra durchgeführten Reparatur- und Restaurationsarbeiten haben zu Erkenntnissen geführt, deren wichtigste E. Gose (zusammen mit B. Meyer-Plath, J. Steinhausen und E. Zahn) veröffentlicht hat (458). Die ehedem früheste Datierung (259/260) wurde noch weiter verkürzt, bis »ins letzte Drittel des 2. Jahrhunderts«. Ich habe bereits angedeutet, daß man aus zahlreichen, eher historischen und psychologischen als archäologischen Gründen einer Datierung etwa zwischen 200 und 250 zustrebt. Architektonisch gehört die *Porta Martis* (so wohl ihr richtiger Name) in eine Serie von ähnlichen Bauten, wie sie uns erhalten (Regensburg, Verona, Autun) oder in Darstellungen überliefert sind (Reliefs in Caserta Vecchia, Suessa Aurunca, Neapel, Avellino, S. Agata dei Goti). F. Rebecchi, der diese als Vorbilder oder Vorgänger ansieht, bemerkt auch zu Recht, daß es bei den Fassadenanlagen dieser Stadttore Querverbindungen zu kampanischen Grabbauten gibt. In Trier ist das Tor besonders wuchtig ausgefallen: bei 36 m Breite, 29,30 m Höhe (am Westturm, ohne den ursprünglichen Giebel; 22,65 m im Mitteltrakt), 25,50 m Tiefe, einer Mauerstärke von 1,80/1,90 m, vereinigt es etwa 40 Lagen aus Sandsteinquadern (von Altenhof, aus dem Kylltal und dem Biewerbachtal), die ohne Mörtel aufeinandergeschichtet und nur seitwärts durch Eisenklammern mit Bleiverguß verbunden wurden. Der Grundriß zeigt die strenge Symmetrie der Anlage: die flankierenden Turmbauten springen auf der Feldseite in weiten Rundungen vor, stadtseitig viel weniger, in geraden Linien und Winkeln. Der Torhof (›Zwinger‹) dient als Lichtschacht (die Anlage hat 132 Fenster) und zu militärischen Zwecken. Da der Bauzustand die Anbringung von Toren nicht zuließ, wurden sie wohl durch Fallgatter ersetzt. Der Name »Porta Nigra«, ›Schwarzes Tor‹, ist mittelalterlich: der unfertige Zustand der Quader bietet Moossporen Halt;

41 Zu CIL XIII, Nr. 6800.

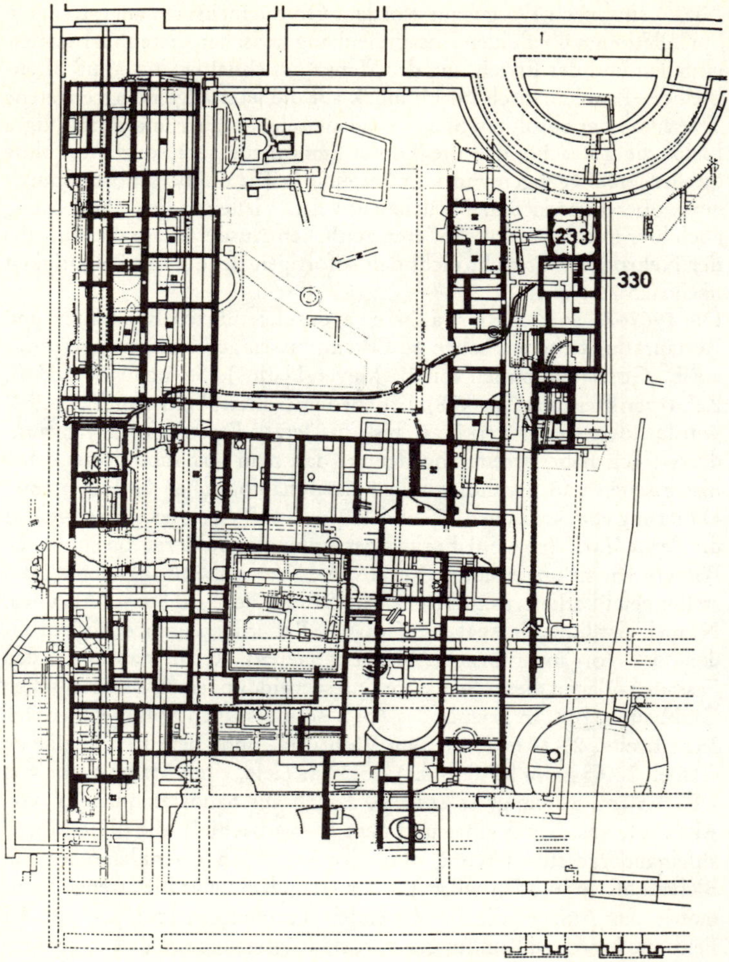

Abb. 55. Trier, Kaiserthermen. Grundriß eines vorthermenzeitlichen Hauses. (Aus: *Führer zu vor- und frühgeschichtlichen Denkmälern* [69], Bd. 32.)

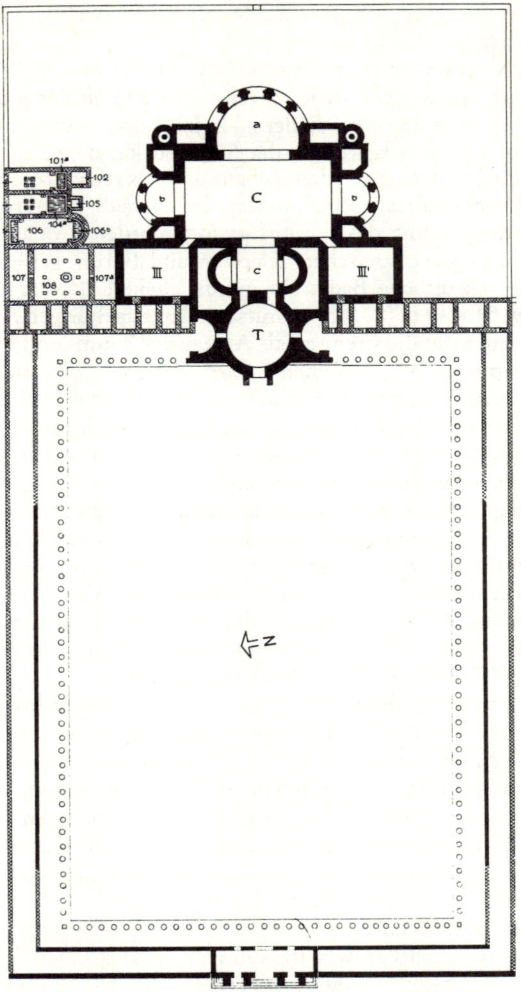

Abb. 56. Trier, Kaiserthermen. Grundriß im zweiten Bauzustand. (Aus: *Führer zu vor- und frühgeschichtlichen Denkmälern* [69], Bd. 32.)

wenn diese absterben, ergeben sie die (durch Umweltverschmutzung zusätzlich geförderte) Schwärzung.

Die Barbarathermen nehmen eine Grundfläche von 170 × 250 m ein, also vier *insulae*, von denen zwei zu der älteren Bebauung dieses Stadtteils gehörten und zwei zu der im 2. Jahrhundert vorgenommenen Erweiterung. Damals wurde an der Steinbrücke, deren Spundwände jetzt ins Jahr 144 datiert werden, gebaut und das rechte Moselufer entsprechend umgestaltet. Ohnehin war die ehemalige Straßenführung durch die Einrichtung des Forums gestört worden, so daß auch eine neue Trasse ostwärts zwischen Thermen und Forum geführt werden mußte. Der eigentliche Badetrakt nimmt allein 170 × 100 m ein, das *frigidarium* 54 × 19 m (80 × 33 m mitsamt den zugehörigen Anbauten). Der Grundriß zeigt die streng axiale Anlage der Raum- und Funktionsabfolge (Typus der sog. »kleinen Kaiserthermen«) vom *caldarium* bis zur *palaestra*, durch *tepidarium* und *frigidarium*. Ein Besuch der Barbarathermen ist um so lohnender, als hier ein wirklich funktionsfähiges Bad vorliegt, das nicht durch moderne Um- und Aufbauten verunziert ist und zudem Einblick in die zahlreichen Feuerungsanlagen, Nebensäle, Dienstgänge usw. bietet. Von außerordentlicher Pracht zeugen alle hier getätigten Dekorationsfunde, die F. Boutron geschickt in seine berühmten Rekonstruktionszeichnungen eingefügt hat. Ab 1610 wurden die noch eindrucksvollen Ruinen – von denen Alexander Wiltheim zeitgenössische Skizzen hinterlassen hat – systematisch abgetragen und zum Bau des Jesuitenkollegs verwendet. 1673 ließen die französischen Belagerer die übriggebliebenen Mauern sprengen.

Bekannter, weil ›sichtbarer‹ (nach einer 1984 durchgeführten Rekonstruktion sogar ziemlich aufdringlich) sind die sog. Kaiserthermen – die vielleicht nie zum Baden gedient haben. Die Pläne zu diesem riesigen Baukomplex (250 × 145 m Bodenfläche waren verfügbar) wurden nie ganz verwirklicht. Sorgfältige Ausgrabungen (durch D. Krencker, E. Krüger, 460, und vor allem W. Reusch, 462) haben ergeben, daß die Thermen wohl eine geraume Zeit als ›Bauruine‹ ihrer Vollendung harrten. Als Trier Ende des 3. Jahrhunderts Kaiserresidenz wurde, mußten die baulichen Voraussetzungen geschaffen werden, den Kaiser und sein Gefolge würdig aufnehmen zu können. Zu diesem Zweck wurden ganze *insulae* eingeebnet (Abb. 55). Später sah man offenbar ein, daß die Bäderanlage zu großzügig konzipiert war und weit über den Bedarf hinausging. Erst in valentinianischer Zeit wurde eine zweite, kleinere Fassung ausgeführt (Abb. 56). Die Archäologie hat Überreste beider Bauperioden freigelegt. Man nimmt an, daß der Haupteingang im Westen lag (in der heutigen Weberbach, nahe dem

Busparkplatz). In der ersten Periode war hier ein halbkreisförmiges Nymphäum, später gab es einen direkten Zutritt zu dem ›Exerzierfeld‹, das die Stelle der Palästra einnahm. Das ursprüngliche riesige *frigidarium* entfiel, so daß in der Mittelachse der runde Raum T (*tepidarium*), das *caldarium* (C) mit den beheizten Nebenräumen III, III', c, b und a die Substanz der Anlage bildeten, die nun als ›Palast‹ (manchmal sogar als Thronsaal) oder Residenz des Militärbefehlshabers angesprochen wird. Beim Bau einer Tiefgarage östlich der Palastaula sind 1982/83 Gebäudereste entdeckt worden, die provisorisch als ›Kasernen‹ gedeutet werden. Damit wäre die Palastgarde, die man oft in den Kaiserthermen unterzubringen beliebte, jetzt vielleicht doch wieder dorthin zu verlegen.

Zu den wichtigsten Denkmälern Triers gehören die beiden Sakralbezirke, die z. T. gut ausgegraben und optimal veröffentlicht sind. Im »Irminenwingert« am Fuße des Markusberges lag der heilige Bezirk des Lenus Mars (Abb. 57). Er besteht aus einem unregelmäßigen Viereck, innerhalb dessen ein Heiligtum von 7 × 6 m gefunden wurde, daneben ein Tempelchen von 3 × 3 m. In letzterem fand man 5 Weihungen, an Mars Iovantucarus, Lenus Mars und die *Xulsigiae*. In beiden fand man Skulpturen von Kindern (oder Eroten?) mit Weihegaben. Etwa rechtwinklig zu diesem polygonalen Bezirk gab es einen zweiten, rechteckigen, in dessen Zentrum ein Tempel lag, dessen *cella* 20 × 13 m maß. Da sich an drei Seiten eine Portikus an diese *cella* anlehnte, wurde ein Podium von 32 × 28 m benötigt. In der Achse des Baues stand ein mehrmals umgebauter Altar. In einer zweiten Bauphase wurde vor allem der Vorhof mit den recht großspurigen moselseitigen ›Propyläen‹ um- und (nach italischen Beispielen?) ausgebaut. So wurde der Eindruck bestätigt, daß der Besucher zum Heiligtum emporstieg und so das Läuterungs-Itinerar, das zum Verweilen bei und vor Gott gehörte, wenigstens symbolisch vollzog. Architekturgeschichtlich ist vor allem die Kombination interessant: zwischen römisch-mittelmeerischer Stilistik und den einheimisch-gallischen Umgangstempeln. Auf Sitz- und Ruhebänken (wie sie in großen *temenoi* an der Hauptprozessionsstraße üblich sind) haben Inschriften der treverischen *pagi* die These begründet, daß die Anlage am »Irminenwingert« ein ›Stammesheiligtum‹ war, in dem alle Bürger der *civitas* vertretungsweise oder in corpore zu dem heilbringenden, schützenden Gott beten konnten, der nicht zufällig an einem quellenreichen Hang über der Mosel verehrt wurde. Die erste, polygonale Anlage wurde von der zweiten angeschnitten, anscheinend am Anfang des 2. Jahrhunderts. Der spätere Ausbau gehört ins 3. Jahrhundert, die Münzreihe hört 383 auf.

Abb. 57. Trier. Das Heiligtum des Lenus Mars (Rekonstruktionszeichnung). (Aus: *Die Römer an Mosel und Saar*, red. von H. Cüppers [u. a.], Mainz ^{2}1983.)

Im sog. Altbachtal am südöstlichen Rand der Stadt gab es einen weiteren Tempelbezirk (nicht weit davon entfernt, am »Herrenbrünnchen«, sogar einen echt mediterranen Podiumtempel), der ebenfalls schon frühe Anlagen aufweist (Abb. 58). Jahrhundertelang wurden die Tempel und Tempelchen immer wieder um- und überbaut. Römischer Einfluß wird in den Langhäusern spürbar (Bau 1/2 – Abb. 59 –: mit *narthex* 16,62 × 9,27 m, Bodenmaße: 21,89 × 18,32 m, das Verhältnis Länge: Breite also 1,79:1 bzw. 1,19:1), denen man dann aber die dreiseitige gallische Portikus beigab. Im allgemeinen ist aber eher Bau 6 typisch, mit 6,39 × 6,34 m (*cella*), 11,23 × 12,14 m für die ganze Anlage.

Das spätrömische Trier (Abb. 60) hat – außer den bereits vorgestellten Kaiserthermen – an drei Stellen bedeutende Bauwerke oder Spuren von solchen hinterlassen: im Dombereich (sog. konstantinische Doppelbasilika); im Bering der Palastaula (ehedem als ›Basilika‹ bezeichnet); und am Moselufer mit den Getreidespeichern (*horrea*) von St. Irminen.

Die Doppelbasilika aus konstantinischer Zeit nahm die Fläche zweier *insulae* ein. Sie überdeckte Wohnhäuser aus dem 2. Jahrhundert. Der östliche Teil der Anlage wurde zuerst als Wohnpalast benutzt. Zu ihm gehörte ein Festsaal, aus dem Tausende von Fragmenten einer Deckenmalerei geborgen wurden; man hat vorgeschlagen, in ihnen Damen aus der kaiserlichen Familie und zwei »männliche Personen aus dem Umkreis des Hofes« (einer von ihnen Laktanz?) zu erkennen. Der Bau der Doppelkirche begann 326. Sie wurde 353 von den Franken zerstört, 364 von Valentinian neu begonnen. Dabei wurde ein 40 × 40 m messender, turmartig überhöhter Bau erstellt, der über der *memoria* aus konstantinischer Zeit einen zwölfeckigen Memorienbau errichtete, zu dem eine Freitreppe führte. Der Bau wurde durch vier riesige Granitsäulen begrenzt, die aus der alten Kirche stammten. Zwischen den beiden Kirchen (Dom und Liebfrauen belegen nur etwa die Hälfte der Fläche des damaligen Riesenbaues) wurde ein fast quadratisches Becken möglicherweise als *baptisterium* gebraucht.

Die sog. Palastaula (ehedem ›Basilika‹) war Empfangshalle der kaiserlichen Residenz. Sie wurde wohl um 305 gebaut. Die neueste – ästhetisch wie historisch kontroverse – Gestaltung am Konstantinsplatz ist insofern wohltuend, als sie das Bauwerk aus der bisherigen Parkplatz- und Kioskatmosphäre herauslöst und das antike Niveau deutlich wiederherstellt. Insgesamt aber läuft die jetzige Präsentation der geschichtlichen Situation noch mehr zuwider als die vorherige: das Gebäude war integrierter Teil eines großen Baukomplexes, »Teil, wenn auch dominierender Teil« (Goethert-Polaschek, 457). Dies wurde jüngst durch besonders gelungene Modelle und Zeichnungen überzeugend demonstriert. Den richtigen Eindruck vermittelt, wie schon gesagt, das Panorama (etwa von der Mariensäule her oder vom obersten Rand der Westhälfte des Amphitheaters): inmitten der Häusermenge erwecken die Gebäude der ›Palastachse‹ – Dom, Palastaula, Kaiserthermen – mutatis mutandis auch heute noch den Eindruck ›edler Größe‹, den sie auch damals den Belgern vermitteln sollte. Die Palastaula fügte sich also harmonisch in die Gesamtbebauung dieser Zentralachse ein. An der Südseite gab es eine breite Vorhalle (67 × 12 m) mit zwei flankierenden Seitentrakten, an beiden Seiten Höfe mit Säulenhallen. Ohne Vorhalle hatte das Gebäude die beachtlichen Ausmaße von 71,50 × 32,60 m. Die Höhe setzt man jetzt bei 33 m an, da der Apsisbogen schon 29,60 m erreicht. Entgegen dem heutigen (sehr mediterranen) Aussehen trug der Bau einen grauweißen Verputz, der durch Beimengung von Ziegelklein etwas rötlich wirkte. Die sog. Fensterlaibungen waren kräftiger bemalt:

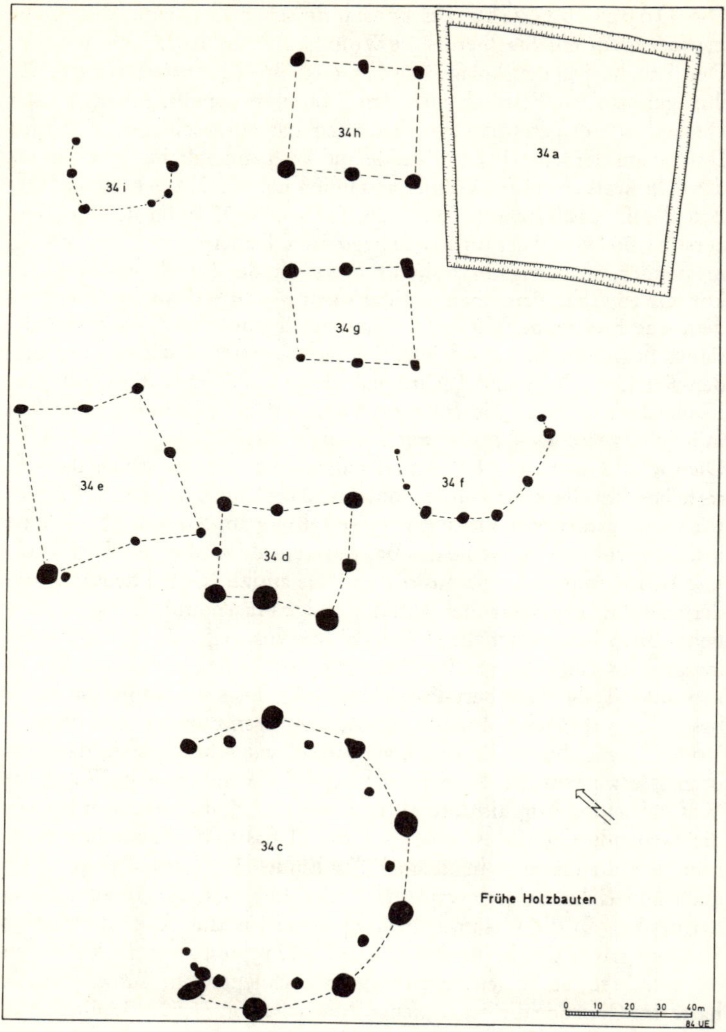

Abb. 58. Trier, Altbachtal. Pfostenstellungen früher Holzbauten. (Aus: *Führer zu vor- und frühgeschichtlichen Denkmälern* [69], Bd. 32.)

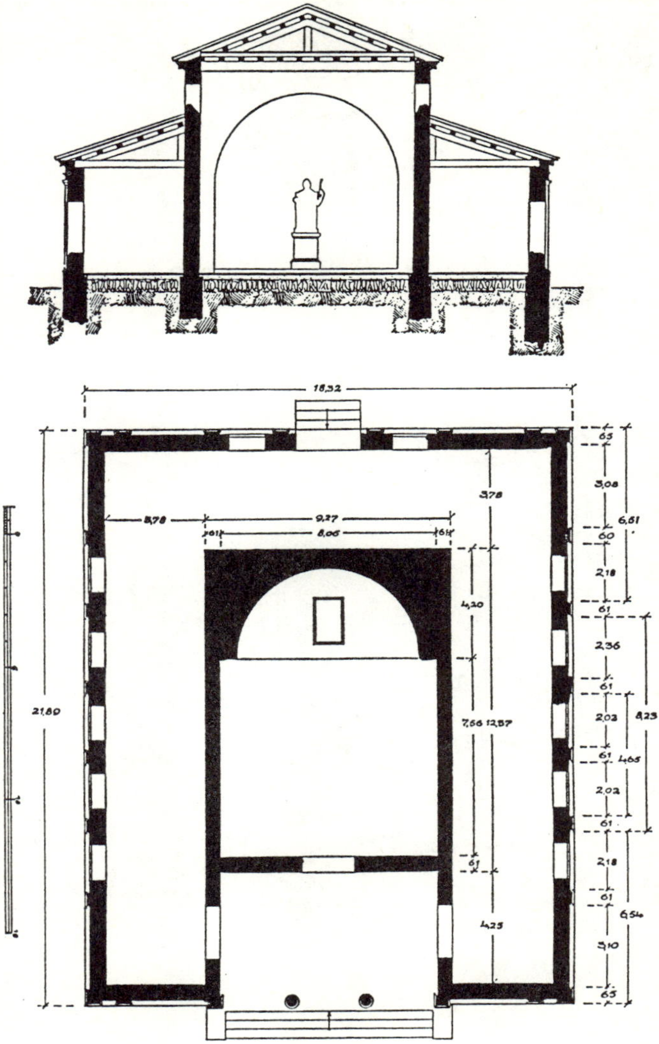

Abb. 59. Trier, Altbachtal. Grundriß und Querschnitt von Bau 1/2. (Aus: Ternes, 61.)

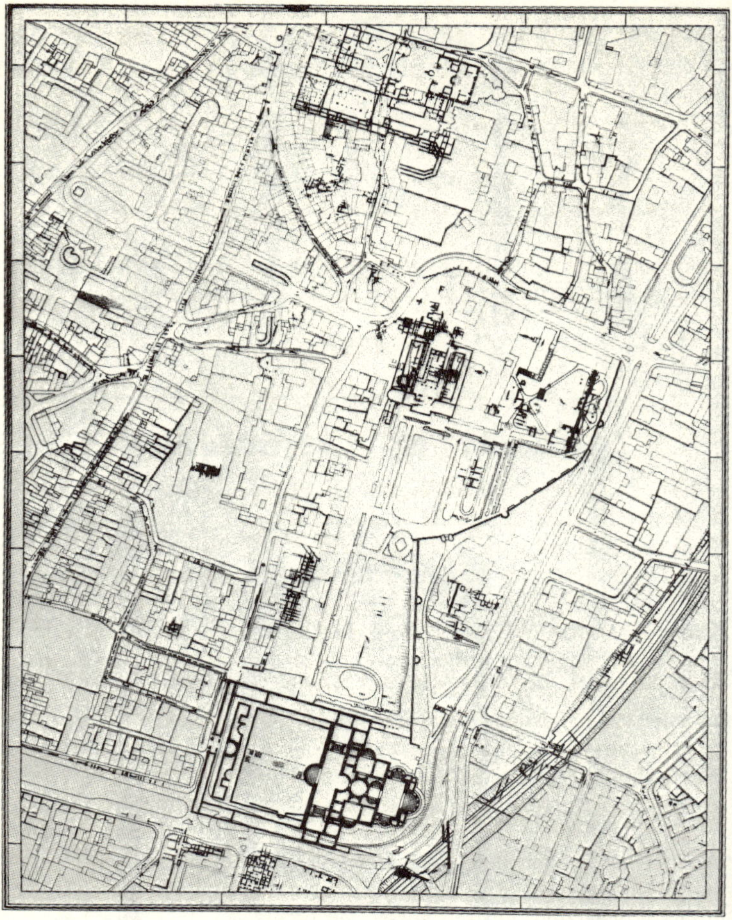

Abb. 60. Trier. Bebauung des Kaiserthermen-Bezirks im 4. Jahrhundert. (Aus: *Die Römer an Mosel und Saar*, red. von H. Cüppers [u. a.], Mainz ^{2}1983.)

v. Wilmowsky (468) und Hettner (459) schreiben von »rotem Stuck mit gelben Malereien«. So wurde der Doppelnischeneffekt betont und den Gesimsen (früher nahm man einen hölzernen Umgang an) ihre volle Bedeutung verliehen: es galt die allzugroße Monotonie der Vertikalen zu brechen und diese zu teilen. Dank genauer Erhebungen durch Festungsbaumeister Major Schnitzler (1852), aber auch dank verschiedenen Funden kann man eine gewisse Vorstellung von der Innenausstattung gewinnen. Aus der Vorhalle stammt ein korinthisches ›Normalkapitell‹ aus weißem Marmor, das H. Kähler (362) als italische Importware ansieht und ins späte 1. Jahrhundert datiert. Von J. N. v. Wilmowsky (468) wissen wir, daß es in der Mitte der Vorhalle einen »reich gegliederten Bodenbelag aus Marmorplatten« gab. Schnitzlers Zeichnung »zeigt den Rest einer schwarzen Scheibe, die im Quadrat aus gelblich-weißem, rot und blau geädertem Marmor eingebettet ist. Dieses wiederum ist von grünem Diorit umgeben. An den Ecken liegen schwarze Quadrate, dazwischen sind längliche, mehrfach untergliederte Rechtecke angeordnet. Diese sind ihrerseits von Rechtecken aus grünem Diorit begleitet, an deren Schmalseite, auf ein mehrfach gegliedertes Rechteckfeld folgend, ein dekoratives Quadrat stößt, dessen Mittelpunkt eine sechseckige schwarze Platte bildet« (Goethert-Polaschek, 457). Aus dem westlichen Seitentrakt der Vorhalle kennen wir (nach Zeichnungen von Schnitzler und v. Wilmowsky) ein geometrisches Mosaik. Schwarze Sechsecke, gerahmt von weißen Dreiecken, schmückten den Marmorboden der Aula. In der Apsis waren große schwarze Rauten von weißen Rechtecken umgeben. Eine der Halbkuppeln der fünf Apsiden-Nischen soll (nach v. Wilmowsky) Reste von Mosaikschmuck aufgewiesen haben, Volutenranken (blau und grün) auf goldfarbenem Untergrund aus Glaspaste. Man hat immer angenommen, daß die Seitenwände von den Fensterbänken der unteren Fensterreihe bis zu denen der oberen Reihe mit (bunten) Marmorplatten bedeckt waren. Im oberen Teil gibt es keine Dübellöcher, also waren hier Malereien oder Mosaiken angebracht. Über die Dekoration des unteren (beheizten) Drittels wissen wir nichts.

Die *horrea* von St. Irminen, in der Nähe des (vermuteten) Moselhafens, bestanden aus zwei 70 × 20 m großen Lagerhallen, die ein Binnenhof trennte. Vorhallen gaben an den Eingängen Schutz gegen Regen und Sonnenglut. Später kamen die Hallen in Klosterbesitz. Diesem stand 697 Irmina als Äbtissin vor, die dem northumbrischen Missionar Willibrord ihren Besitz (die spätrömische Festung mit dem Kirchlein St. Peter und Paul) in Echternach schenkte.

Zweites Kapitel

Die vici

Alle Siedlungen, die zivilen Charakter und ein gewisses Ausmaß (an Fläche, Organisation, Verwaltung, Unabhängigkeit) erreicht hatten, konnten als *vici*, Kleinstädte, betrachtet werden: *Aquae Granni* (Aachen), *Icorigium* (Jünkerath), *Marcomagus* (Marmagen), *Tolbiacum* (Zülpich), *Belgica* (Euskirchen), Breinigerberg bei Stolberg, Rimburg, *Asciburgium* (Moers-Asberg), Karden, Pachten, Bitburg, *Vicus Scuttarensium* (Nassenfels), Gauting (?), Pocking, Denning, Karlstein, Neuburg, *Bedaium* (Seebruck), *Pons Aeni* (Pfaffenhofen), *Lopodunum* (Ladenburg), Bad Wimpfen, Pforzheim, Öhringen, Mühlacker-Dürrmenz, Hüfingen-Mühlöschle, Lahr-Dinglingen, Sindelfingen (?), *Aquae* (Baden-Baden), Badenweiler, *Belginum* (Stumpfer Turm), Schwarzenacker an der Blies und viele andere. Keine dieser Siedlungen erfüllt sämtliche Kriterien zugleich, die für den Begriff des *vicus* gelten; betrachtet man sie jedoch in ihrer Gesamtheit, so erhält man insgesamt ein brauchbares Bild.

Drittes Kapitel

Das Lager

Abb. 61 zeigt die theoretische Aufgliederung des Legionslagers *Novaesium* (Neuss). Durch die *porta praetoria* gelangte man zur *via praetoria* (›vorderer‹ Teil des *decumanus maximus*; der rückwärtige Teil, vom *quaestorium* zur *porta decumana*, war möglicherweise die *via sagularis*, die hier als Ringstraße eingetragen wird), die geradewegs zu den *principia*, der Kommandantur (›Stabsgebäude‹), führte. Diese umfaßte, außer Schreibstuben, eine Gerichtshalle (*basilica*) und das Fahnenheiligtum (*sacellum*), in dem die Adler und die Büste(n) des Kaisers aufbewahrt wurden. Darunter befand sich das *aerarium*, die Legionskasse; neben dem *sacellum* sog. *scholae*, Aufenthaltsräume für die mittleren Dienstgrade. Im *quaestorium* wohnte der Lagerkommandant (*praefectus castrorum*), der Aufbau, Unterhalt und Funktionieren des Lagers zu gewährleisten hatte. Das Lazarett (*valetudinarium*), die Werkstätten (*fabricae*) unter dem Vorstand des *praefectus fabrum*, das Pferdelazarett (*veterinarium*). Um die ›Kommandoachse‹ scharte man die 10 Kohorten der Legion. In die *praetentura* (nach Hygin der vordere Bereich des Lagers, zwischen *porta praetoria* und *via principalis*) verlegte man die ›Verbündeten‹, d. h. Mannschaften, die vorübergehend oder über längere Zeit provisorisch kaserniert wurden. An die Front der *via principalis* plazierte man die Offiziere.

Dem theoretischen Plan von Neuss soll der reale Grundriß gegenübergestellt werden (Abb. 62).

Dauerhafte Legionslager waren Xanten, Neuss, Bonn, Mainz, eventuell auch Köln und Vindonissa.

Als Beispiel eines Auxiliarlagers darf *Quintana* (Künzing) gelten – dank den Ausgrabungen von Schmid bis Reinecke, dann von Schönberger, der 1975 die Veröffentlichung besorgt hat (490). Während der vierziger Jahre des ersten nachchristlichen Jahrhunderts wurden die ersten Kastelle an der Donau, von Hüfingen bis Oberstimm, angelegt. Eining, Regensburg und Straubing entstanden erst zwischen 70 und 80, um 90 Burgfeld-Moos, Steinkirchen, Künzing und Passau-Innenstadt. Anlaß zur Errichtung dieser letzteren dürfte einerseits der Aufstand des Saturninus gewesen sein, andererseits der Friedensschluß mit den Dakern an der unteren Donau. Nach den Feldzügen gegen die Markomannen und

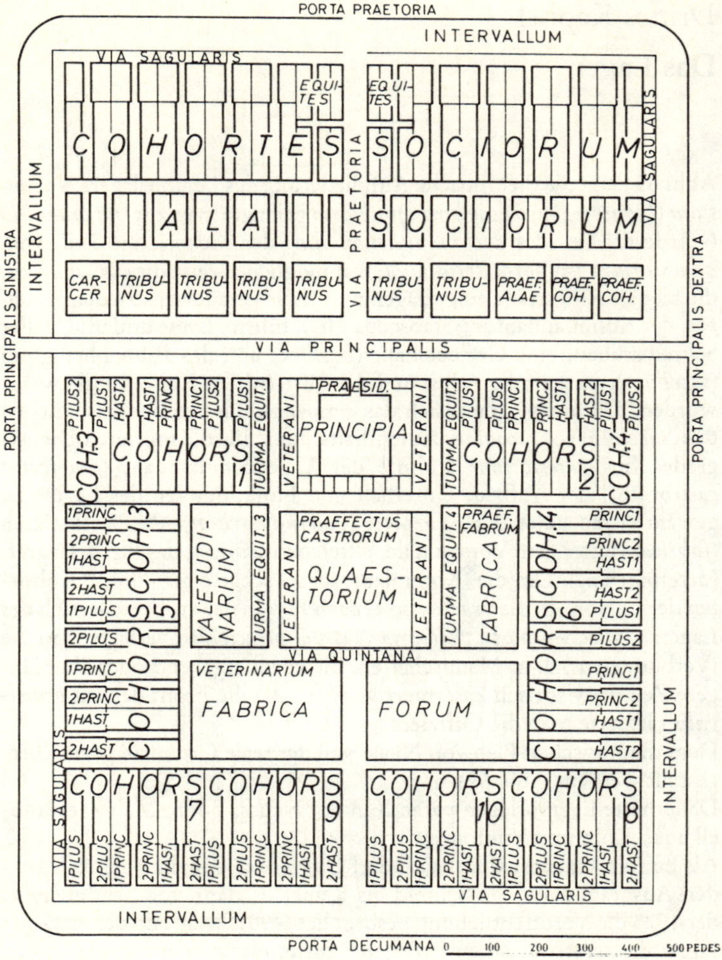

Abb. 61. Legionslager *Novaesium* (Neuss) um 50 n. Chr. (aus: Filtzinger, 57).

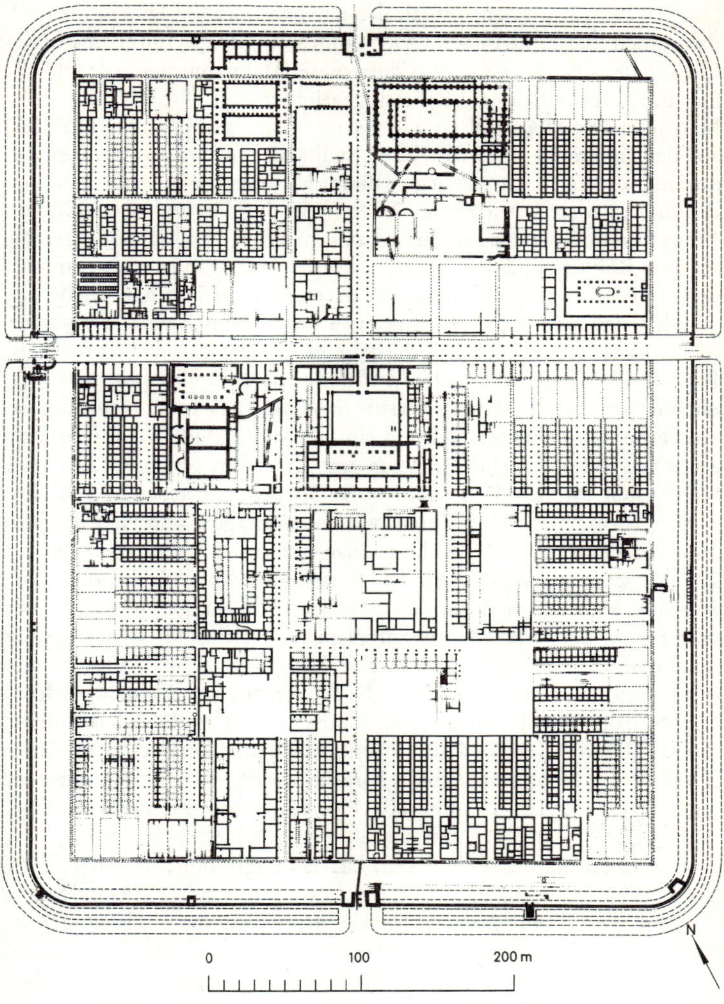

Abb. 62. Legionslager *Novaesium* (Neuss). Grabungsplan der in Stein ausgeführten Bauten (nach C. Koenen). (Aus: v. Petrikovits, 56.)

Quaden (90), dann dem Einfall der Jazygen über die Donau bis nach Pannonien klaffte zwischen Oberstimm und *Lentia* (Linz) eine breite Lücke, die es zu füllen galt. Im Zuge dieser Maßnahmen wurde schließlich auch Heidenheim auf der Alb gegründet.

Man unterscheidet in Künzing: ein erstes Holzkastell (HoKa 1) aus den Jahren 90–120, das durch Sigillatafragmente aus der Zeit der domitianischen Chattenkriege, dann Metopenware und Banassac-Produkte datiert wird. HoKa 2 gehört in die Zeit zwischen 120 und 135; während in der ersten Phase ringsum ein Erdwall schräg gegen die vordere Bohlenwand angeschüttet worden war, gab es jetzt eine vordere und eine hintere Bohlenwand, deren Zwischenraum mit Erde aufgefüllt wurde (Abb. 63). Im Innern wurden die *principia* total umgebaut, obschon der Grundriß derselbe blieb. Um 132 verläßt (nach A. Radnoty, 486) die *cohors III Thracum civium Romanorum* Künzing, um am jüdischen Feldzug Hadrians teilzunehmen. Funde (eine Sigillatascherbe des Cobnertus III und ein Denar des Hadrian) aus der Zeit zwischen 132 und 150 dürften aus dem Lagerdorf stammen. Das erste Steinkastell (SteiKa 1) bestand von 150/160 bis vielleicht 200. Die noch vorhandenen Holzbauten wurden niedergebrannt, um das Jahr 160 (jedenfalls vor 175) richtete man ein neues Lager ein, das um 200 (?) zerstört wurde. SteiKa 2 bestand dann bis in die Jahre 242/244. HoKa 1 maß von Wall zu Wall 158 × 125 m (1,96 ha). Die *praetentura* barg acht Mannschaftsbaracken, die *retentura* wenigstens noch eine (Bau 18) mit zehn ›Stuben‹ (*contubernia*). Bau 18 war mehr oder weniger genau 51 m lang; die Stuben waren in einen vorderen (Aufenthalts-)Raum (Tiefe 4,1 m, Fläche 14,73 qm) und einen hinteren (Schlaf-)Raum (Tiefe 4,7 m, Fläche 31,70 qm) eingeteilt, in denen jeweils 6 bis 8 Soldaten untergebracht waren. Von Bedeutung sind auch (Bau 15, 16, 19 und 20) Überreste von Pferdeställen (vgl. Abb. 64).

Ähnliche Ausmaße (163 × 134 m) hat das Lager in Benningen am sog. Neckarlimes, das um 85 gegründet wurde. Schon 1579 fand Simon Studion den Weihealtar der *vicani Murrenses* an Vulkan, der im Rathaus-Anbau aufbewahrt wird. Durch eine Weihung des Quintius Terminus an die *Campestres* erfahren wir, daß die *cohors XXIV voluntariorum civium Romanorum* hier stationiert war (vgl. S. 172). In einer Weihung an Diana ist die Rede von *exploratores*, einer Kundschaftereinheit, die wohl vorübergehend an den Neckar beordert worden war. Seit 1972 wurden im Bereich des Rathauses Spuren eines Zivildorfes festgestellt.

In Böbingen an der Rems wurden ab 1886 Spuren des 148 × 135 m großen Kohortenkastells festgestellt, das vor der Bebauung des Geländes 1973 gründlicher untersucht werden konnte. Die 1,20 m dicke, massive Kastellmauer war von drei in den Fels gehauenen Spitzgräben umgeben. Von den vier Ecktürmen ist heute nur der in der Südostecke sichtbar (1973 konserviert). Im Inneren wurden die *principia* freigelegt, mit einer (über die *via principalis* gebauten) Halle von 57 × 16 m. An der Ostflanke lag das *quaestorium*, im Westen *horrea* (33 × 10 m). Das Kastell wurde um die Mitte des 2. Jahrhunderts angelegt und bestand bis 259/260.

In Dangstetten, »auf dem Buck«, wurden 1967 Spuren eines »Lagers für eine größere Truppeneinheit« (so die vorsichtige Formulierung von Fingerlin, in Filtzinger, 57) mit den Ausmaßen 420 × 300 m gefunden. Diese über 12 ha große Fläche konnte eine halbe Legion aufnehmen. Bewehrung und Innenbauten waren aus Holz, die Dächer mit Schindeln oder Stroh gedeckt. In der Mitte des Areals wurden *principia* und *praetorium* sowie Baracken für Reiter und Stab erkannt. Ein Bronzetäfelchen belegt als Besatzung die 19. Legion, die in der Varusschlacht aufgerieben wurde.

In Hausen-Burladingen stand ein quadratisches Kohortenkastell (137 × 137 m, in der späteren Steinfassung, 140 × 140 m), zuerst 1912 und 1914 von G. Bersu ausgegraben. Es entstand um 85 und dauerte wohl bis ins 2. Jahrhundert hinein. Es gehört zu jenen Anlagen, die mit dem Ausbau der Neckarlinie ins Hinterland gerieten und überflüssig wurden.

Auf dem Boden des Heidelberger Stadtteiles Neuenheim hat man mindestens 7 Kohortenkastelle festgestellt. Die Neckarfurt, die seit ewigen Zeiten den Verkehr auf der ›Bergstraße‹ am Rande des Odenwaldes aufnahm, gab dem Ort eine Schlüsselstellung in der vorgeschobenen römischen Strategie, die im rechtsrheinischen Gebiet, neckaraufwärts, Akzente setzen wollte. Seit 1864 wurden Grabungen durchgeführt, systematisch aber erst von B. Heukemes, von 1949 bis 1975. Das vergrößerte Holzkastell G maß 176 × 178 m, brannte aber in domitianischer Zeit ab und wurde dann quasi identisch in Stein ausgeführt. Mit 16 Zwischentürmen, die 1,40 m nach innen eingezogen waren, und 4 Ecktürmen (3,80 × 8 m), einer Wehrmauer von 1,80 bis 2,20 m Stärke, bot dieses Lager (mit *principia*, einem Bad von 35 × 40 m und Lazarett) seiner Garnison gute Aufenthaltsbedingungen und Sicherheit. Man nimmt an, daß die *cohors II Cyrenaica equitata* bis um 135 hier stationiert war. Danach wurde das Lager nicht abgerissen, sondern als Rast-

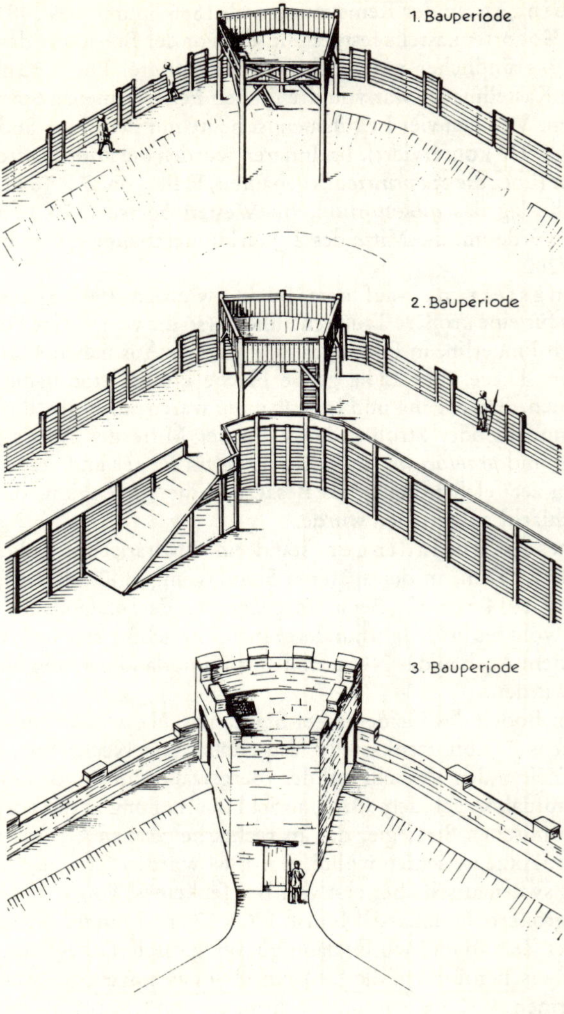

Abb. 63. Auxiliarlager *Quintana* (Künzing). Rekonstruktion des südöstlichen Eckturms in seinen verschiedenen Bauphasen. (Aus: Schönberger, 490).

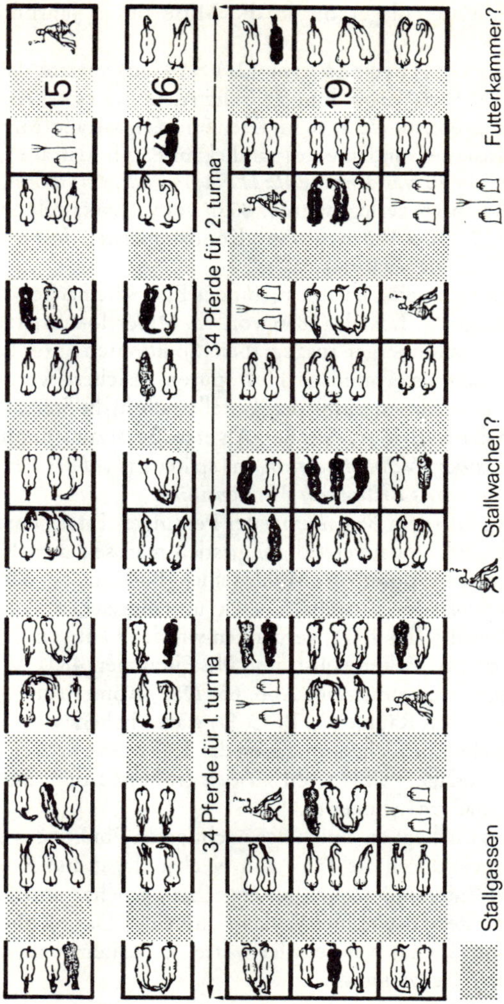

Abb. 64. Auxiliarlager *Quintana* (Künzing). Vermutete Aufstellung der Pferde in Stall 19 und in Bau 15 und 16. (Aus: Schönberger, 490.)

stätte oder Materiallager bis in die Mitte des 3. Jahrhunderts verwendet.

Das Alenkastell Heidenheim (271 × 195 m) sperrte das Brenztal, also die Nord-Süd-Verbindung zwischen dem Limes bei Aalen und der Donau. Stabsgebäude (57 × 36 m, Kreuzung Olgastraße/Marienstraße), Tore und Kasernenfundamente (parallel zur Paulinusstraße) gehören zu der Anlage; um 90 war dort die *ala II Flavia milliaria* stationiert, die um 150 nach Aalen vorverlegt wurde. 80 m vom Alenkastell hat B. Cichy ein etwa 120/130 × 180 m großes Kohortenkastell festgestellt sowie Überreste eines Lagerdorfes.

In Heilbronn-Böckingen, auf der Flur »Steinäcker«, wurde das 150 × 133 m große Kastell (1866 von K. Miller lokalisiert) 1959 und 1969 von H. Schönberger ausgegraben. So konnten unter den Überresten der steinernen Toranlage Holzspuren gesichert werden. Es gab *principia* (an der Einmündung der Kastellstraße in die Steinäckerstraße), ein Bad (an der Karl-Marx-Straße). Als erste Besatzung nimmt man (um 85–90) die *cohors V Delmatarum* an, später die *cohors I Helvetiorum* und einen *numerus Brittonum Murrensium*.

In Hüfingen (dem *Brigobanne* der Peutinger-Tafel), dem südlichen Angelpunkt der Donauverteidigung, stieß man seit dem 16. Jahrhundert auf römische Spuren im »Mühlöschle« (Bad) und auf dem »Galgenberg« (*horreum* des Kastells). Nach umfangreichen Ausgrabungen durch P. Revellio (bis 1931) verdanken wir den heutigen Wissensstand der Arbeit von A. Eckerle (481) und Ph. Filtzinger (482). Wie komplex die Fundlage sein kann, zeigt Abb. 65. Das »Römerbad« war zweigeteilt: die südlichen Räume (A, B, C, D) waren beheizt oder dienten der Beheizung, die nördlichen umgaben das Kaltwasserbecken G. Die um 70 datierte Anlage »zählt wohl zu den frühesten diesseits der Alpen errichteten Bädern« (Eckerle).

Jagsthausen liegt an einem der wichtigsten Punkte des obergermanischen Limes: durch die Täler von Neckar, Jagst und Kocher ist das rheinische Hinterland schnell zu erreichen, Kocher und Jagst führen ostwärts weiter ins Limesvorland hinein. Das Kohortenkastell (185 × 152 m, 2,9 ha) war seit der Mitte des 2. Jahrhunderts Standort einer *cohors I Germanorum*.

Köngen liegt nicht weit von der Neckarbiegung, die zum militärischen Hinterland der Limesabwinkelung in Lorch gerechnet wird. Die wieder aufgebaute südliche Lagerecke gehörte zur Steinfassung der 160,50 × 151 m (2,4235 ha) großen Anlage, von deren Innenbauten *principia* (49,50 × 32,80 m) und eine 18,6 × 8 m große Baracke deutlich

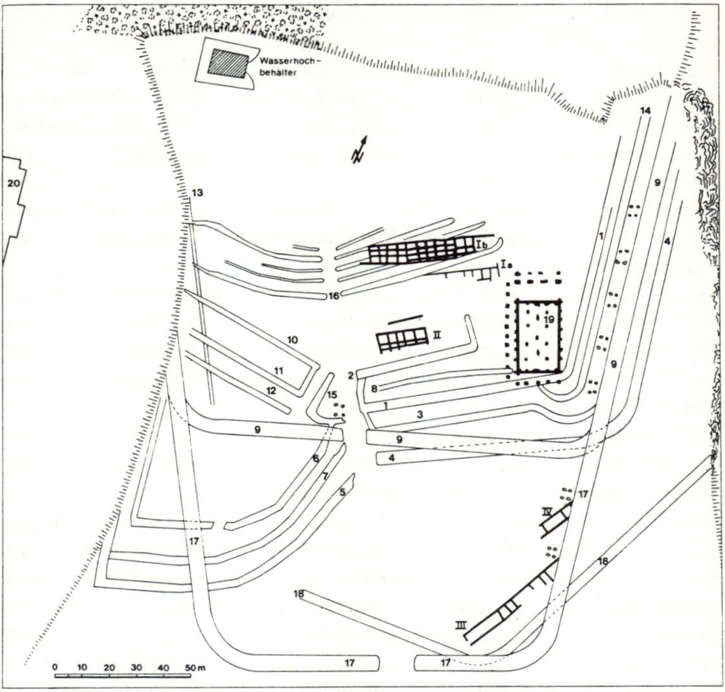

Abb. 65. Hüfingen. Grabensystem der verschiedenen Ausbauphasen von Holz-Erde-Kastell und Steinkastell mit Innenbauten. (Aus: Filtzinger, 57.)

erkannt wurden. Das Lagerdorf war Ursprung des *vicus Grinario*, von dem S. 207 die Rede war.

In Ladenburg gab es (außer der bereits mehrfach erwähnten Zivilsiedlung) ein Alenkastell (zwischen Bischofshof – St. Sebastian und St. Gallus-Kirche), dessen Mauer im Fundament 2,20 m stark war, im Aufgehenden 1,70/1,80 m. Die Tortürme (der *porta praetoria*) maßen im Mauerwerk 3,95 × 4,70 m, die Durchfahrt 30 römische Fuß, also 9 m. Die Gesamtausdehnung schätzt man (nach Vergleichsbeispielen) auf 165 × 185 m. Als Besatzung ist in domitianischer Zeit die *ala I Cannanefatium* belegt; ein L. Gallionius Ianuarius war Kommandant einer Schwadron (*turma*) und widmete den Suleiviae einen Stein mit einer Inschrift. Um 116 wurde die Truppe nach Pannonien abgezogen, das Lager blieb offen, dann wurde es abgetragen.

Das strategisch wesentliche Kohortenkastell Lorch an der Rems hat nur wenige Überreste hinterlassen: das Fundament des nördlichen Turmes (5,06×4,20 m; Mauerstärke 1,25 m) am ehemaligen Westtor, wurde 1965 restauriert (Kirchstraße). Man schätzt das Kastell auf 2,47 ha.

Mainhardt (177/176,5×142 m; 2,40 ha) beherbergte eine Kohorte der Asturer. Spuren eines Lagerdorfes wurden 1967 beim Bau der neuen Schule gefunden.

In Murrhardt, »auf Bürg« (die Riesbergstraße verläuft ziemlich exakt über der *via principalis*) hat man 46,4×38,4 m große *principia* festgestellt, sowie Spuren von der *cohors XXIV voluntariorum civium Romanorum*, die vorher in Benningen, dann in Heidelberg-Neuenheim stand.

In Neckarburken gab es zwei Kastelle: das Kohortenkastell (Westkastell) hatte die Maße 131,50×158 m und lag auf einer Geländewelle, die gegen den Elzbach vorspringt; die Mauer war 1,45 bis 1,50 m stark; an den abgerundeten Ecken gab es die üblichen eingezogenen Türme. Das Stabsgebäude (40×40 m) und ein 12×9 m großer, unterkellerter Bau sowie ein kleines Bad wurden im Innern ausgegraben. Nach Inschriften wurde das Kastell von der *cohors III Aquitanorum equitata* gebaut und bis etwa 150 besetzt. Das Numeruskastell (Ostkastell) maß 80×80 m; 0,60 ha. Es lag 200 m östlich vom Kohortenkastell. Eine Bauinschrift für Antoninus Pius nennt einen *numerus Brittonum Elantiensium* als Erbauer.

Das Kohortenkastell Oberscheidental ist auf der Flur »Burgmauer« zu finden. Reste von zwei Türmen des Südtores sind konserviert. Die Ausgrabungen leitete K. Schumacher vor hundert Jahren. Die Anlage mißt 152/153×134,50/137 m, das Stabsgebäude 52,80×41,70 m; ein Gebäude (20,75×16,40 m) dürfte die Wohnung des Kommandanten gewesen sein. Ein Kastellbad (20,40×34,30 m) lag in der Flur »Blüenacker«, 40 m von der Südwestecke des Kastells, das vielleicht die *cohors I Sequanorum et Rauracorum equitata* aufnahm. Mit der Verlegung des Limes verlor auch Oberscheidental seine militärische Bedeutung.

Öhringen hatte zwei Kastelle: das sog. Bürgkastell in der Kastellstraße, nordwestlich vom späteren Stadtkern, und das sog. Rendelkastell zwischen Haller- und Rendelstraße. Die Ausgrabungen von H. Schönberger (489 und 489a) in den Jahren 1959–70 haben für das erstere

drei Zeitabschnitte ergeben: ein Holz-Erde-Kastell mit drei Verteidigungsgräben, eine steinumwehrte Fassung, dann eine vollständig neue Steinanlage. Im Bürgkastell sind ein *numerus Brittonum Murrensium*, in Öhringen auf Dauer eine *cohors I Helvetiorum* und zusätzlich ein *numerus Brittonum Cal...* und *Aurelianenses* belegt. Um 230 kam die *cohors I Septimia Belgarum* nach Öhringen. Das steinerne Rendelkastell lag nur 230 m vom Limes entfernt. Es wurde schon 1768/69 von Ch. E. Hanßelmann entdeckt, 1892–94 im Auftrag der Reichslimeskommission ausgegraben, dann z. T. 1959 (vor allem im Südostbereich) erneut untersucht. H. Schönberger hat dabei die Spuren der 1,80 m eingetieften Holzpfosten gesichert; sie stützten zu beiden Seiten der kastellseitigen Toranlage starke Bohlenwände ab, die den seitlichen Druck des inneren, 3,40 m breiten Erdwalls aufzufangen hatten. In einer zweiten Periode wurde die zuerst nur 0,70 bis 0,90 m starke Kastellaußenmauer auf 1,50 m verstärkt, der Wall auf 6,60 m Breite gebracht. In der Südostecke gab es jetzt einen im Grundriß 2,80 × 4,20 m messenden Turm. In Lagernähe gab es einen *vicus*, den man nach Mark Aurel *vicus Aurelius* zu nennen vorschlägt.
Das Kohortenkastell an der Hagerstraße in Osterburken zeichnet sich durch seine in die Länge gezogene Form aus (185,50/187,75 × 115/114,50 m; 2,14 ha) und den (konservierten) Anbau, das sog. Annexkastell, an den Ehrendenkmälern. Seine Besatzung war wohl ab 134 die *cohors III Aquitanorum*. Aus dem Bereich des Annexkastells stammen mehrere Inschriften der Straßburger *legio VIII Augusta*, die wohl zum Bau herangezogen worden war.
Mit 1,7 ha (später 1,9) konnte das Kastell »am Römerweg« nordöstlich von Rißtissen eine *cohors quingenaria* aufnehmen. 1912 entdeckt, wurde es bis 1914 von P. Goeßler und G. Bersu teilweise ausgegraben, ab 1959 von G. Mildenberger (484) im Bereich des Schulgebäudes erneut untersucht. Ein erstes Kastell (110 × 152,50 m) wird in claudische Zeit datiert, ein zweites (117,50 × 162,50 m) in die vespasianische. Allerdings führte der Bau der Rhein-Donau-Straße (von Straßburg über Offenburg und Rottweil nach Tuttlingen an der Donau; vgl. S. 30, Abb. 4) dazu, daß Rißtissen um 80 aufgegeben wurde; aus den Steingebäuden des Kastells wurde eine Straßenstation.
Unter dem Wohnhaus des Schirenhofes im Bereich von St. Michael in Schwäbisch Gmünd hat man ab 1888 Überreste eines Kohortenkastells mit gerundeten Ecken (157 × 130 m) festgestellt. Das Kastellbad (48 × 25 m) wurde 1972/73 untersucht. Holzfunde erlauben eine Anfangsdatierung zwischen 138 und 150. Die Inschrift eines Schreibers

(*librarius*) führte zu der Annahme, daß eine Räterkohorte hier stationiert war.
Das Kastell Buch (151/149 × 139,50 m) wird seit 1972 untersucht. Das auch hier den *principia* vorgelagerte, 46,60 m lange Gebäude wird als Exerzierhalle interpretiert. Der Raum Buch – Schwabsberg – Dalkingen ist als Limes-Freilichtmuseum hergerichtet. Eine 1973 und 1974 neu untersuchte Anlage wird von den einen als ›Feldwache‹, von den andern als ›Limestor‹ interpretiert. Im Madholz ist ein hölzerner Limesturm nachgebaut worden.
In Stuttgart-Bad Cannstatt »auf der Steige« (zwischen Hallschlagweg und Rommelstraße), gab es ein um 100 errichtetes Alenkastell (215/220 × 170,50 m), das vielleicht von der (später in Welzheim stationierten) *ala I Scubulorum* besetzt war. Ihm ging ein Erdkastell (185 × 160 m) voraus.
Das Kastell Sulz liegt auf dem Plateau, 527 m über dem Meeresspiegel. Aus Kleinfunden kann man dessen Beginn an den Anfang des 2. Jahrhunderts setzen. Die Zivilsiedlung wurde 1967–72 von der Tübinger Außenstelle des Landesdenkmalamts (H. F. Müller) auf 7000 qm, an der Rottweilerstraße ausgegraben. Zu ihr hin liegen Häuser, die etwa 38 × 27 m im Grundriß erreichen, die Giebel regelmäßig ausgerichtet. »Bei einigen Gebäuden können getrennte Wohn- und Wirtschaftskeller unterschieden werden. Letztere haben Einfüllschächte, schräge Zugangsrampen und sind innen nicht verputzt und sehr oft in Holz aufgeführt. Bei den Wohnkellern läßt sich nur Steinbauweise beobachten. Der Zugang erfolgt über Treppen. Die Seiten sind mit gewölbten oder rechteckigen Nischen (vgl. Schwarzenacker an der Blies) versehen. Die Stirnseite hat ebenerdige Fenster. Die Wände sind verputzt und teilweise bemalt. Der Fußboden besteht aus Steinplatten oder einem Mörtelestrich« (Rüsch, in Filtzinger, 57).
Die Lagermauer (135 × 132,50 m) des Kohortenkastells Urspring umschloß das übliche Stabsgebäude (31 × 26 m), ein *horreum* (10 × 18 m) sowie diverse Fachwerkbauten. Das Lagerdorf wurde 1965 am Ort »Taläcker« entdeckt.
In Welzheim gibt es Spuren von drei römischen Kastellen: das größere Westkastell (die Schorndorferstraße verläuft über die *via principalis*) mit 236 × 181 m, besetzt von der aus Bad Cannstatt kommenden *ala I Scubulorum*; das Ostkastell »in Pfaffenader«, mit 1,63 ha, für einen *numerus Brittonum* und *exploratores*; das Kleinkastell »Rötelsee« (Abb. 66), 1974 von D. Planck ausgegraben und veröffentlicht (485a). »Die Kastellmauer (Breite ca. 1 m) war nur noch an wenigen Stellen im

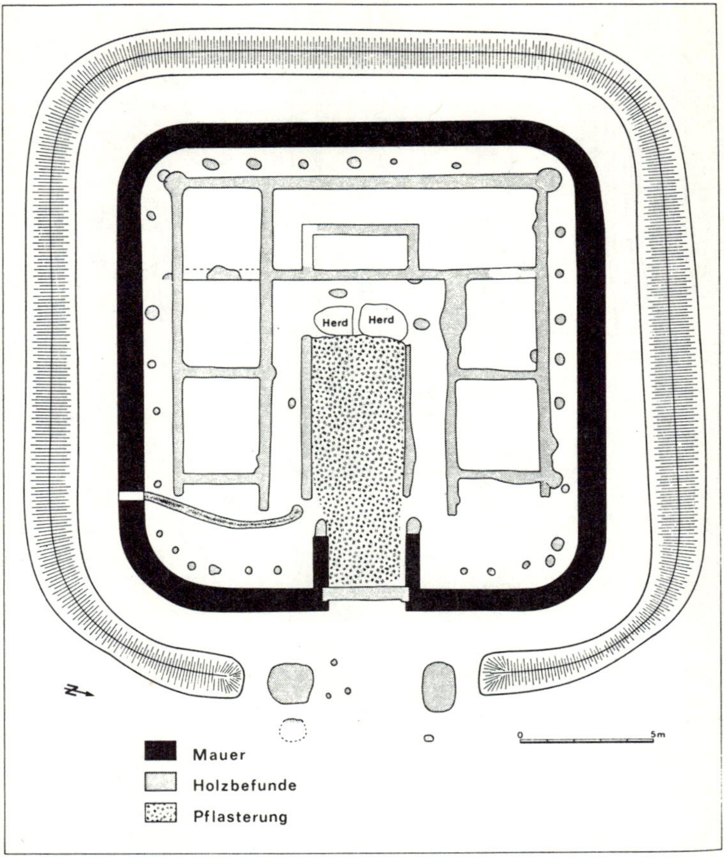

Abb. 66. Welzheim. Kleinkastell Rötelsee. Gesamtplan aufgrund der Ausgrabungen 1974. (Aus: Filtzinger, 57.)

aufgehenden Mauerwerk erhalten. Sonst konnte lediglich das breitere Fundament freigelegt werden. Eine durchgehende Reihe von Pfosten entlang der Mauerinnenseite läßt die Deutung zu, daß sich hier ein durch Holzpfosten getragener Wehrgang befand. Das von zwei Torwangen gebildete Tor mündete in einen befestigten Innenhof, um den

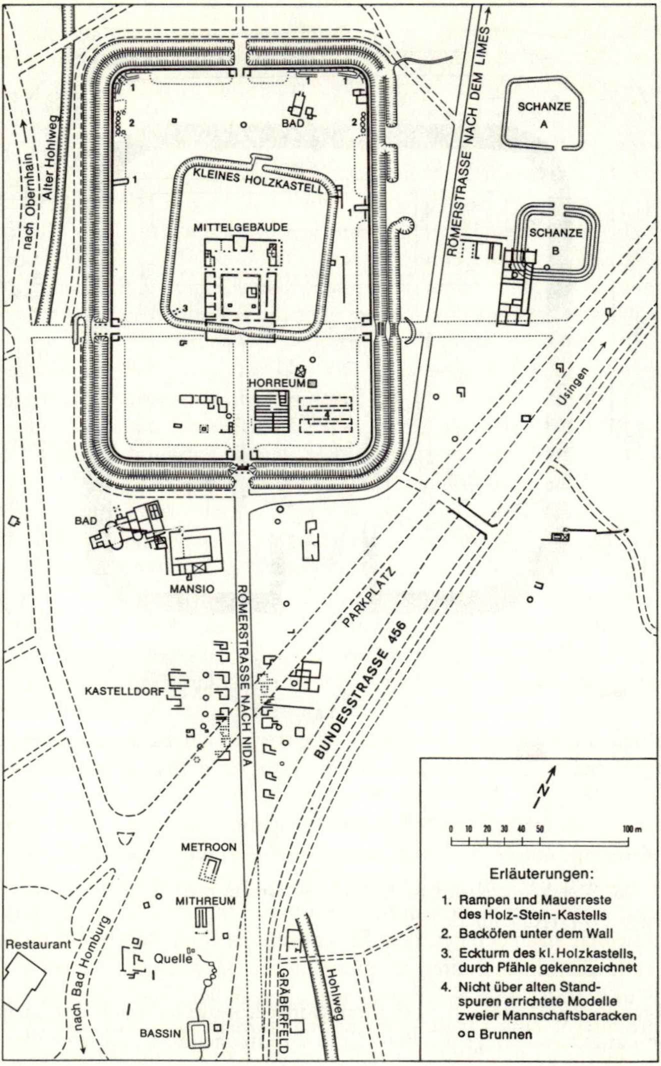

Abb. 67. Saalburg-Kastell und Lagerdorf (aus: Baatz, 476).

sich ein hufeisenförmiges Holzgebäude mit je drei Räumen und zum Hof hin überdachtem Gang befand. Dieses Gebäude war das eigentliche Unterkunftshaus für die hier stationierten Mannschaften.« Das Kleinkastell wurde von etwa 180 bis 260 benutzt.

Im obergermanischen Limesbereich zieht das Kohortenkastell der *cohors II Raetorum Romanorum* (147 × 221 m, 500 × 750 römische Fuß), bekannt als »Saalburg«, jährlich Tausende von Besuchern an (Abb. 67). Der (irreführende) Name ist übrigens nicht vor 1604 belegt. Im Jahre 1723 wurde der sog. Caracalla-Stein (»Dem Kaiser Marcus Aurelius Antoninus, dem Frommen, Glücklichen, Erhabenen, dem Oberpriester, dem größten Sieger über die Britannier und Parther, im 15. Jahre seiner tribunizischen Gewalt, unter seinem dritten Konsulat, dem Vater des Vaterlandes, dem Prokonsul, hat die zweite Räterkohorte römischer Bürger, die antoninische, seiner Majestät ergeben dieses Denkmal errichtet«) gefunden. 1747 ist zum ersten Mal die Rede von einer »römischen Schanze«. 1818 verbot Landgraf Friedrich von Homburg das »Steinholen«. 1821 kaufte sein Nachfolger den ganzen Bering. Von 1853 bis 1863 finanzierte F. G. Habel aus Schierstein (aus Einkünften der Homburger Spielbank) die ersten Nachforschungen, die dann ab 1870 von Oberst v. Cohausen, dann von Baurat Prof. L. Jacobi weitergeführt wurden (Jacobi hatte übrigens schon 1874 das Saalburgmuseum gegründet). Sein Sohn Heinrich führte das Grabungswerk bis 1946 weiter. Von 1898 bis 1907 wurde die Saalburg wiederaufgebaut. Allerdings nur solche Mauern und Bauwerke, die steinerne Spuren hinterlassen hatten: niemand ahnte damals, in welch gewaltigem Ausmaße Holzelemente in allen Bausparten, von der Fundamentierung und den Schwellbalken bis zu den Bedachungen, zur Römerzeit Verwendung fanden. Vor allem herrschte lange die Meinung vor, alles Römische sei sofort in Steinbauweise ausgeführt worden. Die Saalburg sah also ganz anders aus als heute, wo sie eher einem Park ähnelt. Nur in der Südostecke (rechts vom Haupteingang) kann man eine Vorstellung von der sehr dichten Bebauung gewinnen. Die wichtigsten Änderungen, die man nach den heutigen Erkenntnissen vorschlagen müßte, sind folgende: Sämtliche Bauten waren verputzt. Der Verputz war entweder weiß und glatt, oder er trug in manchen Fällen, besonders bei den Wehrmauern, eine rot aufgemalte Scheinquaderung. Auf der Wehrmauer befinden sich heute zu viele Zinnen, jede zweite könnte wegfallen. Der zweite offene Hof im Mittelgebäude, vor dem Fahnenheiligtum, war in Wirklichkeit eine gedeckte Halle (Baatz, 477). Für den Besucher ist es wichtig, daß er außer den rekonstruierten (optisch zu

aufdringlichen) Bauten auch die Umgebung zur Kenntnis nimmt, d. h. den Limes, die Schanzen A und B (vorrömisch?), die (zeitweilig schlecht unterhaltenen) Überreste des Lagerdorfes (gleich an den Parkplätzen), mit Kastellbad und Gästehaus (*mansio*). Auch der Gang zum (leider meist geschlossenen) Mithräum lohnt sich. Innerhalb des Kastells sollte man die Spuren des etwas verkanteten (älteren) Holzkastells auszumachen versuchen. Sie sind sichtbar im ›hinteren‹ Bereich, zwischen *principia* und limesseitigem Tor.
Von den vielen spätrömischen Befestigungen (die zwar zumeist keine ›Lager‹ sind, aber als Wehr- und z. T. Wohnbauten doch zu diesem Kapitel über Militäranlagen gehören) erwähnen wir einige markante Beispiele. Isny-Bettmauer wird im *Itinerarium Antonini* (einem ›Kursbuch‹ der kaiserlichen Intendanz zwischen 211 und 217), dann in der *Notitia dignitatum* (einer Art Staatshandbuch des 4./5. Jahrhunderts) als *castellum Vemania* geführt. Die Anlage paßt sich dem Gelände bestens an. So entsteht ein unregelmäßiges Fünfeck mit drei Eck- und drei Zwischentürmen (Abb. 68). Es gibt nur ein Tor, im Westen. Vor Ort war anscheinend nur ein Teil (etwa 200 Reiter) der *ala equitata* kaserniert, die übrigen dreihundert Mann auf die naheliegenden *burgi* (zwischen Isny und Bregenz) verteilt. Am Ende des dritten Jahrhunderts gehörten sie zur *ala II Valeria Sequanorum*. Da Abt Georg 1490 Isnyer Bürgern erlaubt haben soll, nach Schätzen in einem Isistempel zu forschen, führt die Volksetymologie den Namen der Ortschaft auf die ägyptische Göttin zurück. Die Mauertechnik »ist anderen dieser Zeit ähnlich: über ein bis zwei Lagen Kiesel und Rollsteinen folgen drei bis vier Lagen stark mörtelhaltigen Gußmauerwerks und darüber, leicht zurückspringend, das Aufgehende mit Kalksteinquadern (gemessen 90 × 60 × 40 cm) verblendet« (Filtzinger, 57). Die Tortürme (Durchmesser: 4 m) springen vor. Die inneren, an die Mauer angesetzten ›Wangen‹ bildeten – zusammen mit dem Außen- und dem Innentor – einen Zwinger; die Torgasse war drei Meter breit. Es gab nur einen Steinbau (19,50 × 15 m), an der Kastellmauer gegenüber dem Tor. Die (gestrichelt eingetragenen) Mannschaftsbaracken waren aus Holz. Das Kastell blieb bis 401 besetzt; dann wurden die Truppen von Stilicho nach Italien zum Kampf gegen Alarich beordert.
Naturgemäß wurden öfters bereits bestehende Anlagen in spätrömischer Zeit angepaßt und umfunktioniert. Dies gilt z. B. für Xanten (Abb. 69). Dort wurden durch magnetometrische Messungen, die J. Scollar durchführte, inmitten der koloniezeitlichen Anlagen Doppelgräben festgestellt, die zu der Annahme berechtigten, daß die Kolonie

nach 276 nicht einfach aufgelassen wurde. Die Grabungen 1971–73 »erbrachten ein quadratisches inneres Festungsareal von ca. 357 m Front, mit einer ca. 3,5 m starken Wehrmauer und je Seite elf ca. 4,5 m vorspringenden halbrunden Türmen von 8 m Breite. [...] Vor der

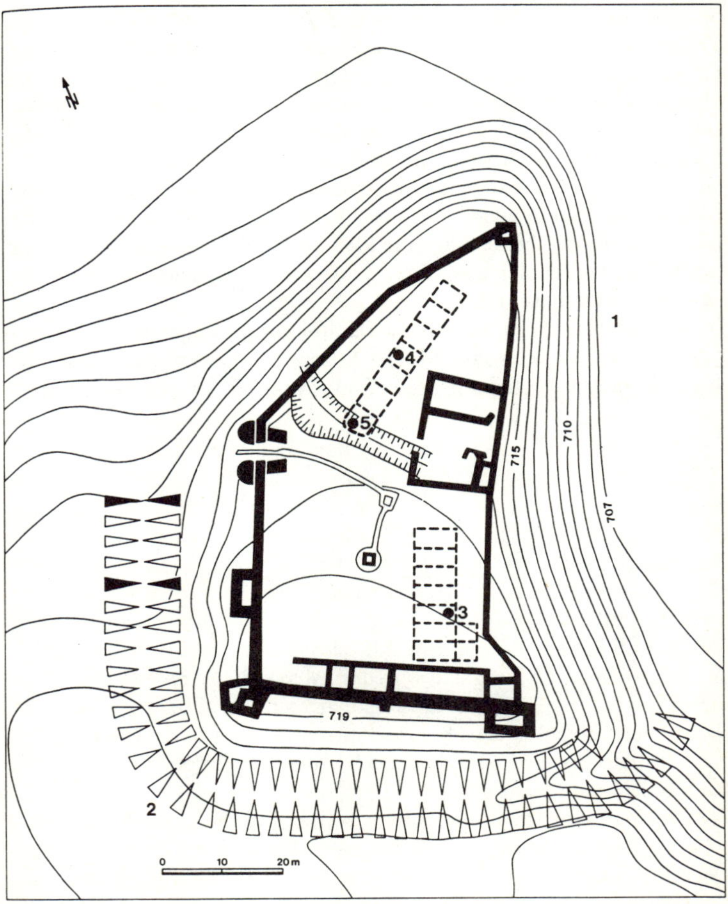

Abb. 68. Spätrömisches Kastell von Isny-Bettmauer (aus: Filtzinger, 57).

Wehrmauer lag im Bermenabstand von 4 m vor den Schnittpunkten der Türme [...] ein ca. 12 m breiter Graben von über 3 m Tiefe. Nach einer Zwischenberme von ca. 6 m folgte ein feindseitiger Graben von wiederum etwa 12 m Breite« (Rüger, 609a). Vielleicht gab es an den vier Schnittpunkten der (koloniezeitlichen, auch später als Straße benutzten) *decumanus* und *cardo maximus* eine rechteckige Doppelturm-Toranlage. Die Begründer dieser spätrömischen Festung wählten sehr bewußt die *insulae* 10–12, 17–19 und 24–26 aus der Colonia Ulpia Traiana aus: dort standen die großen, besonders soliden Steinbauten, die nun wieder interessant und von Nutzen waren. Die Münzdatierung (und deren statistische Auswertung durch G. Binias, in Rüger, 609a) zeigt eine beträchtliche Mengenzunahme zwischen 268 und 275, die Rüger aber als Auswirkung des gallischen Sonderreiches deutet, während er den »Neubau einer so mächtigen Umwehrung erst unter Konstantin für möglich« hält. Der jüngste Münzfund stammt aus dem Jahre 353. In der Nähe mag eine kleinere Festung gelegen haben, die (nach dem Namen der *legio XXX Ulpia Victrix*) vielleicht *Tricensimae*, »bei den Dreißigern«, hieß.

In domitianischer Zeit verließ die *ala Moesica* ihr Lager in Asciburgium (»im Burgfeld«, bei Moers-Asberg). In der zweiten Hälfte des 4. Jahrhunderts erscheint in seiner Südostecke ein *burgus*, der demjeni-

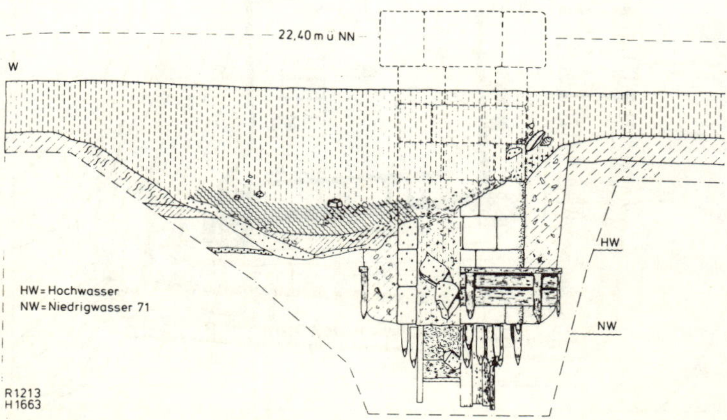

Abb. 69. Colonia Ulpia Traiana. Insula 12/13. (Aus: Rüger, 609a.)

gen von Asperden bei Kleve stark ähnelt. Erste Spuren wurden 1971 entdeckt: die Fundamentgrube einer breiten Mauer, die in die Lehmfüllung des Kastellgrabens eingetieft war, wird einem Innenturm von 18 × 18,40 m (innen: 12,20 × 12,70 m) zugewiesen. Bruchstücke von rädchenverzierter Argonnensigillata sichern die spätrömische Datierung. T. Bechert (478, 479) schlägt vor, den *burgus* der Regierungszeit Valentinians (364–375) zuzuschreiben.
1978 und 1979 wurde in Haibach, 5 km östlich von Passau, ein spätrömischer Wachtturm ausgegraben. Maße außen: 12,20 m, innen 9,60 im Geviert. Das Mauerwerk wurde auf einem Holzrost aus 0,70 m langen, gespitzten Pfählen errichtet. Darauf folgten zwei Lagen groben Granitgesteins, die obere mit Mörtel hochgezogen. Der Turm war im Abstand von 10,20 m von einem weitwinkligen V-Graben umgeben.

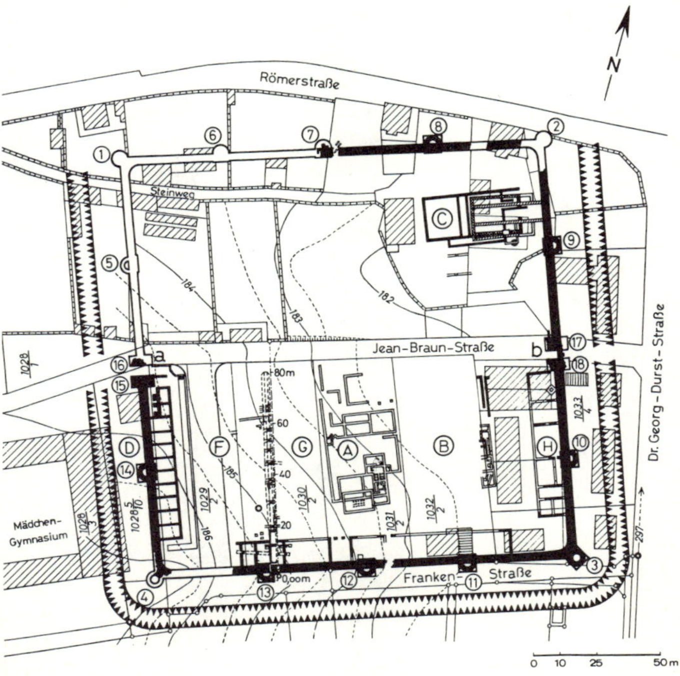

Abb. 70. Alzey. Gesamtplan des römischen Kastells. (Aus: Stümpel, 68.)

Ein älterer Fundhorizont wird vom Ausgräber (H. Bender, 480) als »nachmarkomannenzeitlich« bezeichnet, das spätere Material der zweiten Hälfte des 4. Jahrhunderts, also ebenfalls der Zeit Valentinians zugeteilt.

Als 1967 die Absicht der Stadt Alzey bekannt wurde, die Südhälfte des spätrömischen Kastells (zwischen der Jean-Braun- und der Frankenstraße) zu parzellieren, unternahm W. Unverzagt (gest. 1971; die Veröffentlichung besorgte F. J. Keller, 483, im Auftrag der Römisch-Germanischen Kommission) die Untersuchung der Parzellen B und G. So konnten Innenbauten, Zwischentürme und Mauerverlauf fixiert werden. Abb. 70 zeigt die 1972 vorgelegten Erkenntnisse.

Viertes Kapitel

Der Gutshof

Da der Wohnungsbau in städtischem und stadtnahem Milieu bereits verschiedentlich erwähnt und gewürdigt wurde, wollen wir uns hier auf seine Darstellung in ländlicher Umgebung beschränken. Dabei müssen zwei Tatsachen als wesentlich vorausgeschickt werden. Zum einen gibt es keine ›alleinliegenden Bauernhöfe‹, in dem Sinne, daß irgendwo weitab von allen anderen Siedlungsspuren ein vereinzeltes Gebäude gestanden hätte. Nachgewiesen hat dies etwa H. Hinz (472) aufgrund seiner Erfassung der gesamten Siedlungsgeschichte des Kreises Bergheim. Die kartographische Darstellung der Besiedlung eines Gebiets von etwa 25 km an der Erftniederung (Abb. 71) zeigt darüber hinaus, daß eine Bodenein- und -verteilung erforderlich war, also ein Besiedlungsplan und Normen, welche die Beziehungen einer *villa* zur andern regelten. Daß Terrain- und Hydrographielinien zur Orientierung und wohl auch zur Ausarbeitung solcher Normpläne dienten, wird ebenso deutlich. Wenn auch andernorts größere Vielfalt herrscht, so bleibt diese doch durch günstige Lage, Wasservorkommen, Wege und Orographie bedingt. Leider sind entsprechende ›siedlungskundliche‹ Studien recht selten geblieben; daher ist für weite Gegenden kein klares Bild von Siedlungsdichte und Siedlungsmodus zu gewinnen. Eine wertvolle Karte der ›landwirtschaftlichen Produktionsstätten‹ (Abb. 72) kann wegen ihres kleinen Maßstabs nur einen sehr allgemeinen Eindruck vermitteln.

Die zweite wichtige Tatsache: die Villen wurden erst relativ spät in Stein gebaut, ganz oder teilweise. Die Vorgängerbauten waren aus Fachwerk, am Anfang wohl ganz aus Holz. Das läßt sich sehr gut an der zeichnerischen Rekonstruktion der Villa bei Bedburg-Garsdorf illustrieren (Abb. 73). Der Ausgrabungsgrundriß (Abb. 74) zeigt zudem – und dies ist eigentlich eine dritte, nahezu allgemeine Konstante –, daß das lange Rechteck des ursprünglichen, aus der Eisenzeit übernommenen Hallenbaus für die Konzeption des römerzeitlichen Bauernhauses in unserem Bereich formbestimmend war und blieb. Dies bezeugen z. B. die Villen von Börstingen, Bingen (Kreis Sigmaringen), Tiefenbach (Neckarsulm), Stammheim, Neckarrems, Remmingsheim, Sigmaringen-Steinäcker, Betzingen, Merklingen/Blaubeuren, Bad Rappenau, Besigheim,

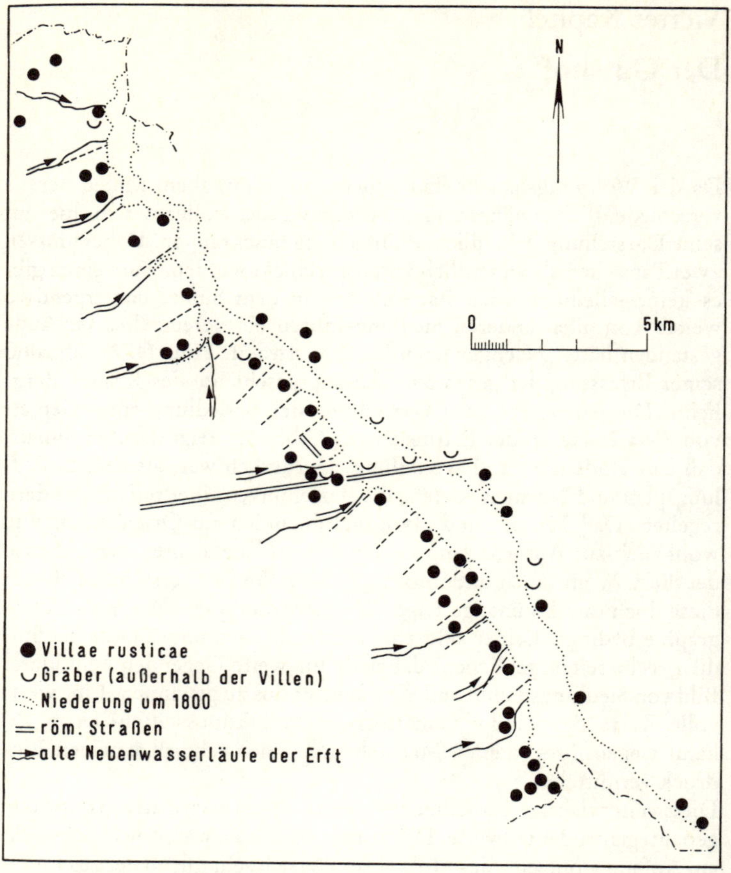

Abb. 71. Römische Landgüter und Gräber an der Erftniederung (aus: Hinz, 472).

Bierlingen, Geislingen-Hofstett, Gemmrigheim, Hüfingen, Inzigkofen, Kirchheim (am Neckar). Anschaulich zu machen ist es an der Bauentwicklung des Gutshofes im Gewann »Obere Sitt« bei Laufenburg (Abb. 75): 1970/71 wurden die Mauern des 1936 von H. Dragendorff sondierten Gebäudes neu hergerichtet und konserviert (Eckrisa-

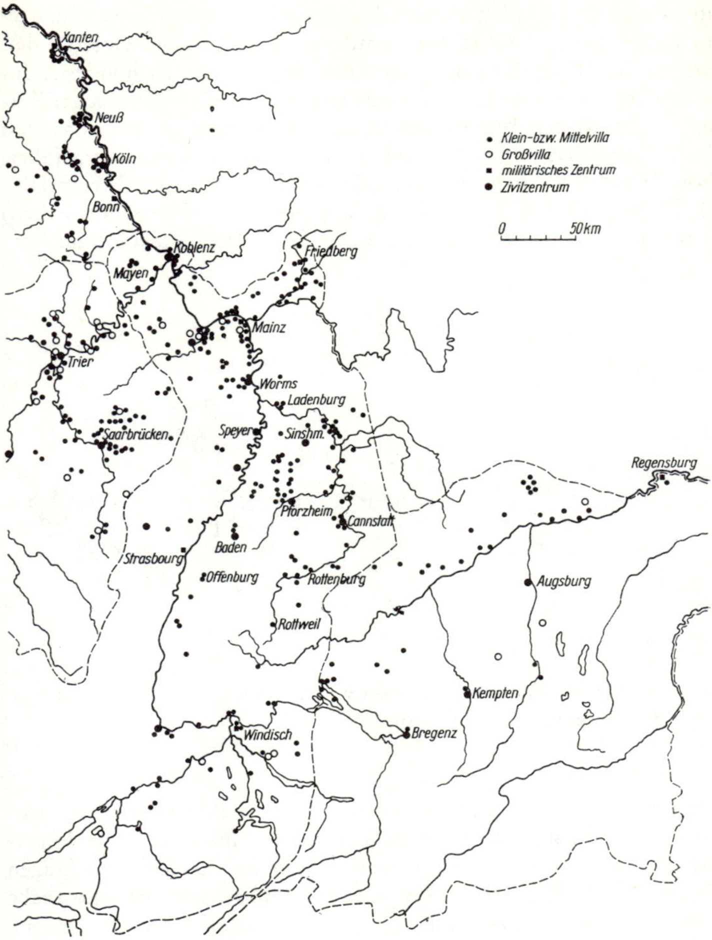

Abb. 72. Übersicht über die Dichte der landwirtschaftlichen Produktionsstätten (aus: Günther/Köpstein, 234).

lite, Mauerzüge als Plattenwege). Ziegelstempel der zwischen 43 und 69 im nahen Brugg (*Vindonissa*) stationierten 21. Legion datieren den Beginn des ersten Hallenbaus um die Mitte des 1. Jahrhunderts. Im westlichen Teil dieser ersten Anlage wurde ein großer rechteckiger Keller festgestellt; das Wohngebäude, das damals noch nicht den ganzen Bering überdeckte, war wohl in Fachwerkbauweise ausgeführt. Abb. 76 zeigt, wie diese Technik gehandhabt wurde. Ziegelstempel der 11. Legion (der Besitzer muß zum Stab von Vindonissa gehört haben) lassen auf eine Ausbauphase am Ende des 1. Jahrhunderts schließen.

Abb. 73. Bedburg-Garsdorf. Rekonstruktionsversuch für die Wirtschaftsgebäude des römischen Gutshofs. (Aus: Hinz, 472.)

Vor den Hallenbau stellte man zwei ungleiche Risaliten, deren Synchronie übrigens nicht gesichert ist, als Wohntürme (und/oder Getreidespeicher, Heizräume usw.), die man mit einer geländebedingt schrägen Veranda mit feldseitiger Tür verband. In Bauphase III wird der östliche Risalit als Bad ausgebaut, in Bauphase IV der Raum zwischen den Türmen in gerader Linie gleichgezogen, im Westen werden zwei gewaltige, im Hang stehende Risaliten mit Zwischenportikus und im Norden ein schmaler, langgezogener Bau angefügt. Um 120 brannte die Villa ab: Phase III wird als darauffolgender Neubau angesehen, Phase IV ins 3. Jahrhundert datiert. Überreste einer schönen Wandmalerei (große rechteckige Felder, Girlanden, Palmetten usw.) gehören vielleicht schon der ersten Periode an.

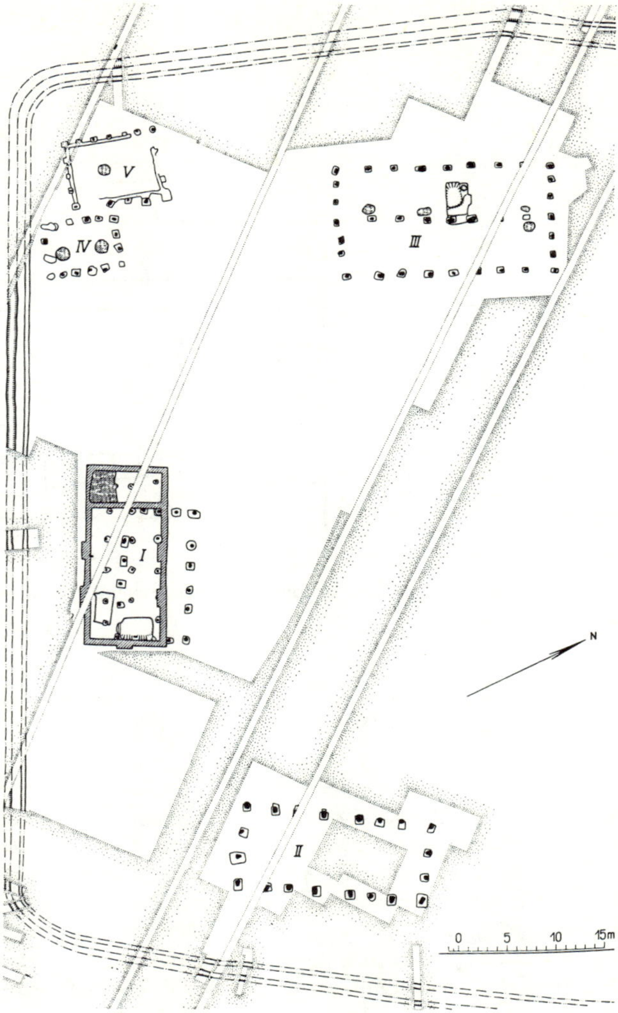

Abb. 74. Bedburg-Garsdorf. Wirtschaftsteil des römischen Gutshofs. Grabungsplan nach W. Piepers. (Aus: Hinz, 472.)

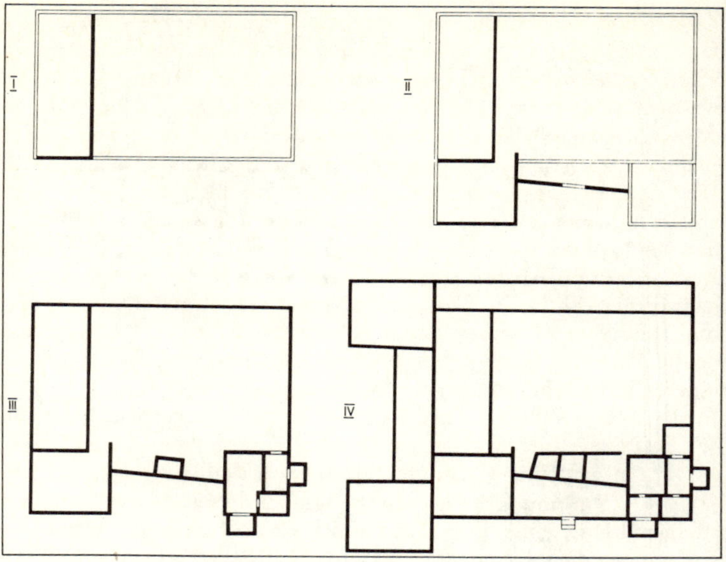

Abb. 75. Laufenburg. Verschiedene Bauphasen des römischen Gutshofs. (Aus: Filtzinger, 57.)

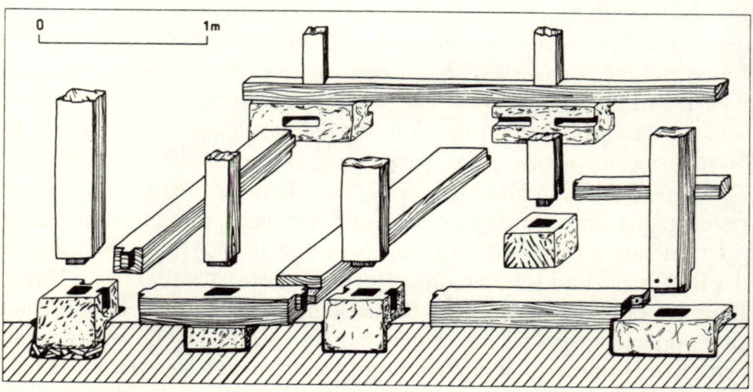

Abb. 76. Hambach (Kreis Düren). Fachwerkbau an dem römischen Gutshof (nach W. Czysz). (Aus: Bechert, 59.)

Zwei Kilometer östlich von Pforzheim liegt der z. T. konservierte Gutshof Hagenschieß (Abb. 77). Die Umfassungsmauer mißt etwa 95 m. Das Areal liegt am Hang (nach Norden, zur Enz hin), östlich und westlich wird es durch ziemlich tiefe Bachtäler umrahmt. Bau A ist (an der hauseigenen Badeanlage mit Apsis) als ›Herrenhaus‹ zu erkennen. Bad B war allen Bewohnern zugänglich; wurde es nach Erhebungen von 1882 hergerichtet. Gebäude C, 1970–72 gründlich untersucht, wird »heute mit einer gewissen Zuversicht als eine Kombination von Gesindewohnhaus und Wagenremise angesprochen« (Cämmerer, 470); ältere Rekonstruktionen hatten es fälschlicherweise als südländisches Atriumhaus vorgestellt. Der archäologische Baubefund belegt kräftige, tief und breit fundierte Mauern, die ein höheres Mittelbauwerk trugen, das deutlich über die Seitentrakte emporragte. Im Vergleich dazu waren die inneren Einteilungswände »nur locker angelehnt.«
In der Flur »Mäurech« bei Rommelshausen wurde 1971 von W. D. Förster und R. Matt ein Gutshof ausgegraben, dessen Bering (95 × 72 m) mit einer Mauer umschlossen war. In der Mitte lag ein Bau (21,3 × 12,5 m) mit Unterkellerung. Raum 3 derselben war hypokaustiert und hatte einen Estrichboden. Zu Raum 1 hingegen führte eine Laderampe, die ihn eindeutig als ›Wirtschaftskeller‹ erkennen läßt. An drei der vier äußeren Mauerecken wurden fast quadratische Bauspuren von nicht näher bestimmbaren ›Wirtschaftsgebäuden‹ festgestellt. Kleinfunde datieren den Beginn des Gutshofes um 150. Er soll etwa hundert Jahre später zerstört worden sein.
Der Grundriß der Anlage in Rosenfeld (am Drosselweg, nördlich der Altstadt) ist etwas verwirrender (Abb. 78). »Über die ehemalige Funktion der Anlage läßt sich derzeit noch nichts Sicheres aussagen. Gegen eine Deutung als Gutshof (*villa rustica*) spricht das Vorhandensein von 2 so großen Hauptgebäuden, gegen eine eventuelle Deutung als Straßenstation (*mansio*) die Entfernung zur römischen Straße (etwa 1,6 km)« (Schiek, in Filtzinger, 57). Nach den veröffentlichten Grundrissen zu urteilen, würde man den um Raum 3 gruppierten Komplex als ›Herrenhaus‹ ansehen, die Räume 15/16 und 17/18/19 als ›Auswüchse‹ der Risaliten 8 und 14b, die einen Vorhof oder Garten umfassen. Da die Räume 14a und b wenigstens einmal umgebaut wurden, könnte man sich vorstellen, daß an dieser dem beheizten Bad gegenüberliegenden Seite Kornkammern, Weinkeller und Remisen angelegt waren. Jedenfalls gibt es keinen Grund, von »zwei Gebäuden« zu sprechen.
Unregelmäßige Risaliten besaß auch der Gutshof in Tomerdingen bei Dornstadt, im »Hardt«. Bis 1928 wurde die gut erhaltene Ruine als

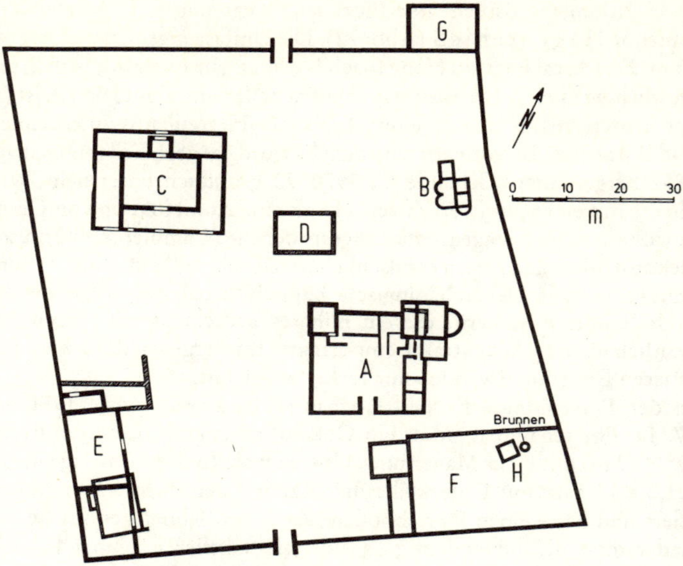

Abb. 77. Pforzheim-Hagenschieß. Grundriß des römischen Gutshofs. (Aus: *Führer zu archäologischen Denkmälern in Baden-Württemberg* [71], Bd. 4.)

mittelalterliche Burg angesehen. O. Paret hat den Nachweis erbracht, daß es sich um einen römischen Gutshof handelte, aber nur die Außenmauern freigelegt. Die Hofmauer (98/100 × 109/110 m) hatte zwei Tore (im Nordwesten, in der Nähe des Wohnhauses und im Südosten). In der Nordwestecke gab es ein quadratisches Wirtschaftsgebäude (17 × 17 m). Das Wohnhaus (20,90 × 18,50 m) gehört (nach einigen Kleinfunden) ins 2. Jahrhundert.
1965 entdeckte man in Waiblingen (Flur »Hochgericht«, zwischen Kätzenbach und Holzweg, an der Nordostecke des Altersheimes konserviert) Überreste der Unterkellerungen einer vom Bagger bereits schwer lädierten römischen Villa.
In Wolfschlugen wurden ab 1848 im Walde die Überreste eines Gutshofs festgestellt, inmitten einer polygonalen Ummauerung. Das Wohnhaus hatte eine maximale Breite von 52,50 m, zwei lange Seitentrakte, einen turmartigen Ausbau an der Südostecke des Herrenhauses.

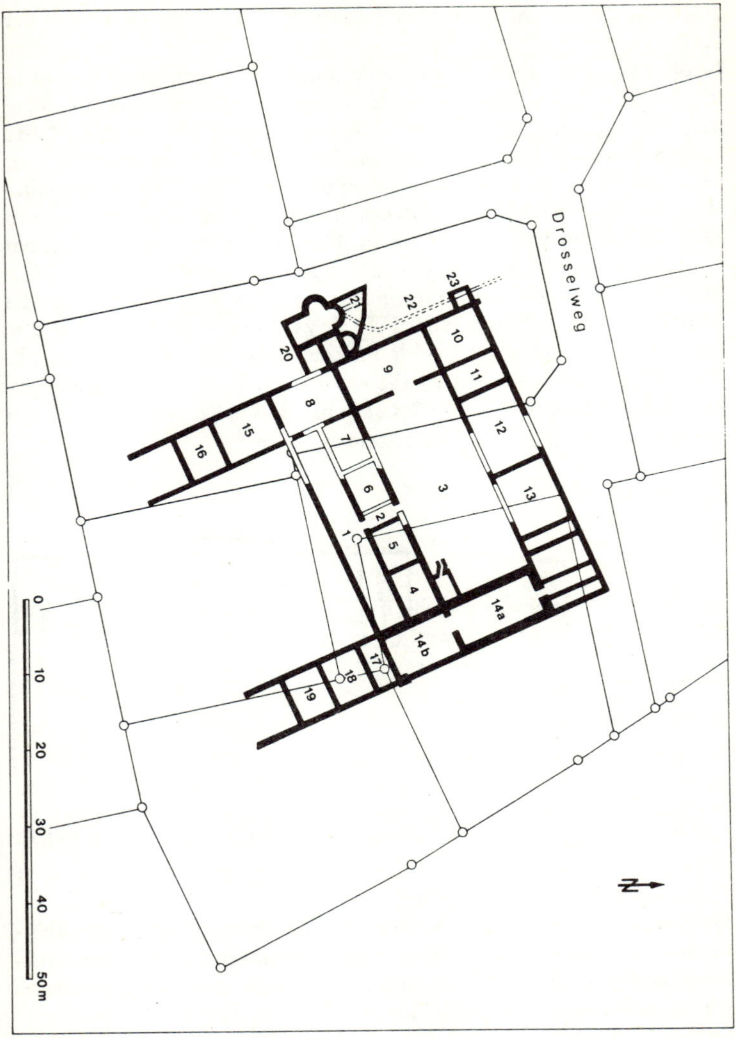

Abb. 78. Rosenfeld. Grundriß des römischen Gutshofs am Drosselweg. (Aus: Filtzinger, 57.)

Ähnliche Türme (Kornspeicher?) kennt man z. B. aus Mayen in der Eifel.
Großräumige Baggerarbeiten haben jüngst dazu geführt, daß man in Hambach (Kreis Düren) systematische Prospektion betrieb. So wurden sieben Villen mitsamt ihrem Kontext fixiert. Fundstelle 77/132 »ergab das Wohnhaus einer *villa rustica*, dazu vier Wirtschaftsbauten. [...] Das Wohnhaus 1 entsprach dem üblichen Bautyp der Risalitvilla, stand auf einer leichten Geländeerhöhung und zeigte mit seiner knapp 26 m breiten Frontseite nach Süden. Der Wohntrakt mit einer kleinen Badeanlage lag im Osten, weitere drei Räume an der Westseite erreichte man über einen Korridor oder indem man den Weg durch die große Mittelhalle, die der Ausgräber [W. Czysz, 471] – im Gegensatz zur vorherrschenden Meinung – als ›offenen Hof‹ interpretiert hat« (T. Bechert, 59). In dieser Mittelhalle wurden ein Back- und ein Räucherofen gefunden, ein Herd (100 × 180 cm), sowie Ziegelplatten, die zu einem Rauchfang gehört haben können.

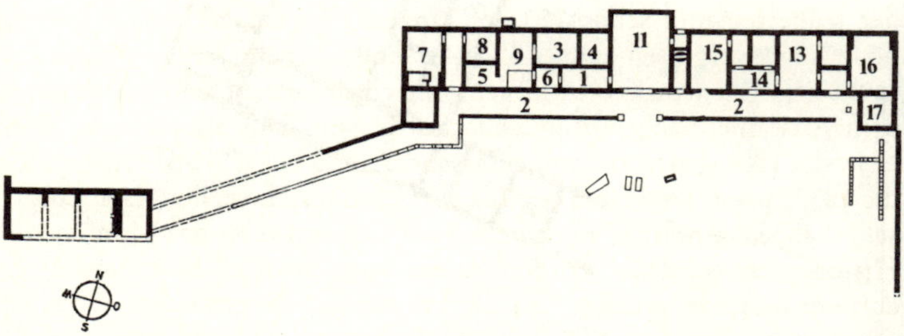

Abb. 79. Bierbach. Grundriß der römischen Prunkvilla. (Aus: Kolling, 474.)

Die von Alfons Kolling (474) nach Angaben von C. Klein veröffentlichte Prunkvilla von Bierbach (Abb. 79) im mittleren Bliestal (bei Homburg/Saar, knapp 2 km südwestlich vom *vicus* Schwarzenacker) war in sanfter Hanglage nach Nordwesten exponiert. Die Gesamtlänge beträgt 67,90 m. Saal 11, das Kernstück der Villa, mißt 10,10 × 7,40 m. Ein 4 m breites Tor führt zur Portikus 2; eine Seitentür gibt Zugang zu dem 1,80 m breiten Korridor 10. Das Appartement (9–8–7–5–4–3–2–1) ist nur durch das Vorzimmer 6 zu betreten. 9 und 5 und 2 sind Eß-

und Wohnzimmer, 7, 8, 3, 4 *cubicula*. Nr. 5 mißt 5,40 × 7,75 m, Nr. 9: 5 × 7,75 m, Nr. 2: 5 × 7,75 m; Nr. 7 und 8 messen: 2,30 × 4,30 und 3,25 × 4,30 m. Der Nordostflügel ist sehr verschieden: hier gibt es eine kleinere Wohneinheit (durch 14 oder 11 nach 15 und 13; 12 ist Korridor) die auch mit dem größeren Raum 16/17 in Verbindung steht. Schwärzungen lassen diesen als Großküche erkennen. Die Portikus (57,50 × 3,20 m) ist vor Raum 11 4,92 m ausgespart. Wie in Nennig führte ein Säulengang zu einem Separatbau, der hier 19,80 × 8 m mißt. Die Masse der Scherbenfunde gehört dem 3. und 4. Jahrhundert an, einige Ausnahmen lassen auf einen Bestand im 2. Jahrhundert schließen.

»Ungefähr sieben Stunden südlich von Trier erweitert sich das reizende Moselthal zu einem von der Natur gebildeten antiken Theater. Der Fluß tritt plötzlich gegen Mittag in den von Bergen umgebenen Halbkreis, durchschneidet die grünende Ebene und verschwindet ebenso plötzlich wieder gegen Mitternacht. Östlich aber erhebt sich sanft ansteigend das Erdreich zu einem Hügel, und hier liegt, auf dem rechten Ufer des Stroms, von Obstbäumen und Gärten umschlossen, N e n n i g, ein freundliches Dorf. [...] Zur römischen Zeit stand hier eine Villa, eine der frühesten und schönsten des ganzen Flusses, die, lang erhalten, noch länger vergessen, und endlich – es sind nun zehn Jahre – wieder ans Licht gezogen wurde.« In diesem lyrisch-dramatisierenden, teilweise dem Ausonius nachempfundenen Stil begann Domkapitular v. Wilmowsky 1866 seinen zusammenfassenden Bericht (475) über die Funde, die 1852 zuerst von Herrn de Musiel auf Schloß Thorn der luxemburgischen »Société pour la Recherche et la Conservation des Monuments Historiques« gemeldet worden waren, noch ehe nach Bonn und Trier darüber berichtet wurde. Von der Prunkvilla, die gefälschte Wandinschriften mit Trajan in Verbindung bringen wollten, ist nicht viel erhalten. Weltberühmt wurde sie durch das herrliche Mosaik (160 qm Fläche) das inmitten besonders kunstvoller geometrischer Dekormotive sieben Bilder aus dem Bereich der Arena zeigt; so, im quadratischen Feld der Mittelachse, einen *retiarius* mit Netz, Dreizack und Dolch, der gegen einen *secutor* (mit Schild) in Gegenwart eines Schiedsrichters kämpft. Am meisten Interesse erweckt das sechseckige Bild einer Wasserorgel mit 27 Pfeifen auf einem sechseckigen Sockel, an dessen Seiten die Wasserpumpen als zylindrische Behälter dargestellt sind.

Als Normalfall der Römervilla im Moselbereich betrachtet man meist den Gutshof von Bollendorf an der Sauer. Der von Paul Steiner 1923 veröffentlichte Grundriß (473) berechtigt zu folgender Beschreibung: »Das auf einem künstlichen Ausschnitt des Berghanges errichtete Gebäude ist bis auf die Grundmauern zerstört [und diese seit Jahren in sehr schlechtem Konservierungszustand]. Vom aufgehenden Mauerwerk sind nur wenige Teile erhalten; immerhin liegen erfreulicherweise die meisten Türschwellen noch an ihren alten Plätzen, was unsere Vorstellung von der alten Einrichtung des Hauses wesentlich erleichtert. Der ummauerte Raum stellt nahezu ein Quadrat dar von 26,50 zu 23,50 m. Das Vorderhaus ist zum größten Teil unterkellert, der Kellerraum unter der Halle (2) durch vorgezogene Flügel erweitert. Der große ungeteilte Raum H hinter dem Frontbau setzt von dessen Flanken etwas zurück, wodurch auch im Grundriß der Turmcharakter der Eckräume (1 und 4) betont erscheint. Auf der Westseite ist die ursprüngliche Abschlußmauer durch den Einbau der Baderäume (6–12) ersetzt, jedoch ein Reststück noch zwischen Raum 6 und Raum 7 erkennbar, auch zwischen Raum 10 und Raum 11. [...] Möglicherweise hat er [der Hauptraum] ein Obergeschoß getragen, zu dem in Raum 17 eine Treppe oder Leiter [...] hinaufführte. Der remisenartige Raum 18 dagegen, der einen Eingang von Osten (mit zur Hälfte erhaltener Türschwelle) hat, ist nachträglich angebaut, wie schon die Schwelle der breiten Doppelflügeltür beweist, die sich nach dem Hauptraum H öffnet.«

Zu den schönsten Römervillen Deutschlands gehört diejenige in Fließem/Odrang. Den Grundriß des Herrenhauses hat gleichfalls Paul Steiner vorgelegt. »Mit seinen 64 Räumen bedeckt es einen quadratischen Raum von 40 m (also 1600 m^2), ohne die Vorbauten der Südfassade. Es hatte nach drei Seiten eine ausgebildete Fassade. Die Hauptfassade war nach Westen dem Wirtschaftshof und der Heerstraße zugekehrt. Nach dorthin gliedert sich der Bau von seinem Kern aus, dessen Mittelachse durch die Räume 15 nach 50 geht, mit schmaler Halle (die in drei Räume geteilt erscheint, aber vielleicht nur im Unterbau geteilt war) und an den Seiten eines großen freien Raumes II entlang vorgeschobenen Flügeln, also ganz wie üblich. Entsprechend gegliedert ist die Front nach Osten, wo heute (und wohl auch schon im Altertum) eine Straße vom Kylltal herauf vorbeizieht. Diese zwei Teile sind als das eigentliche, im ersten Bauplan vorgesehene Haus anzusprechen, das also aus zwei mit dem Rücken gegeneinandergestellten Normalbauten [›Porticusvillen mit vorgezogenen Eckrisaliten‹] besteht. Unorganisch vorgesetzt erscheint die Südfassade mit ihrer 47 m langen Halle mit vorgeschobenen Flügeln, an die sich noch jederseits ein 7 und 10 m breiter Block mit weiter vorgeschobenem halbrundem Ausbau angliedert. Dieser Bauteil ist sehr kräftig gebaut, mit Strebepfeilern reichlich versorgt.« In den rekonstruierten Räumen der Anlage sind besonders schöne vor Ort gefundene Mosaiken ausgestellt.

Fünfter Teil
Werkstoffe und Techniken

Es ist nicht möglich, im Rahmen dieses Buches alle in den letzten Jahren erworbenen Erkenntnisse zur römerzeitlichen Technologie, Ergonomie und Ergometrie auch nur im Ansatz mitzuteilen. Es sollen also hier – wie in den vorausgehenden Kapiteln – solche Fundgattungen in Auswahl vorgestellt werden, die im Zusammenhang mit den bisher behandelten Themen wichtig sind. Zivilisation ist Arbeit; die Romanisierung eine Leistung, die sich auch in Straßen, Brücken, Bauten, Wasserleitungen, Mühlen, Töpfereien, Ziegeleien, Münzstätten, Gießereien, Goldschmieden, Heizungs- und Badeanlagen, *instrumentum domesticum*, Garten- und Ackerbau, Viehzucht und vielem mehr äußert.
Es gehört zu den Merkmalen der neueren Archäologie, daß sie dank überaus verfeinerter Methoden auch solche Spuren sichert, die von sehr vergänglichen, flüchtigen Tätigkeiten berichten, die zum Alltagsleben gehörten und nicht eigentlich für die Mitteilung an die Nachwelt bestimmt waren. Der Geist unserer Zeit ist gerade für Erkenntnisse dieser Art offen, die aus sehr verschiedenen Wissenschaftssparten stammen und modernstes Instrumentarium (Computer, Magnetometrie, Rasterelektronenmikroskope, Strahlungsmesser usw.) benötigen. Allerdings bleibt gerade dadurch die Forschung in vielen Fällen nur größeren Anstalten vorbehalten, so daß zwischen einer eher herkömmlichen (und überaus nützlichen) Archäologie und einer neuen (ebenfalls unabdingbaren) manchmal tiefe Lücken klaffen, in denen sich Mißverständnisse, Mißmut und Entfremdung anzusiedeln pflegen. Diese abzubauen und beide Gruppen zu einer produktiven Zusammenarbeit zu veranlassen, sollte eine der Aufgaben der Politiker sein, die das Wohl und Gedeihen der Geschichtsforschung als ganzer zu sichern haben – also sowohl dort, wo öffentlichkeitswirksame, spektakuläre Leistungen vollbracht werden, als auch dort, wo schlicht und unauffällig Tag für Tag gegraben, gesammelt, registriert, gerechnet, archiviert, verglichen, gezeichnet, berichtet wird. Schließlich müßte fachintern dafür Sorge getragen werden, daß gerade in diesen eher technischen Disziplinen nicht geschichtslos gearbeitet wird: zum einen wäre dies eine Zweckentfremdung der ganzen Forschungstätigkeit, zum anderen wäre das

Gleichgewicht des Arbeitsprozesses gefährdet, der nicht in sich, sondern im historischen Kontext seinen Sinn und sein Ziel haben muß. Die beste Beschreibung einer römerzeitlichen Heizungsanlage hat wenig Sinn, wenn sie *nur* zu Vergleichen mit heutigen Heizungstechniken führt: sie muß vorrangig ein Beitrag zum besseren Verständnis der *damaligen* Energieversorgung sein, d. h. der Arbeitseinteilung, der Energiequellennutzung, der Beziehungen und Bindungen zum gesamten Umfeld.

Erstes Kapitel
Holz

F. Kretzschmer hat 1950/51 als erster die Hypokaustheizung in den *principia* der Saalburg systematisch untersucht und ausprobiert und konkrete Resultate veröffentlicht (599). 1976 wurden die Versuche erneuert. Abb. 80 zeigt den Grundriß der Örtlichkeiten, in denen 12 Meßstellen (eine in der Decke, die anderen oberflächig an Wänden und Boden) in allen denkbaren Entfernungen zum *praefurnium*, zur Tür und zum Rauchabzug angebracht wurden. Das Ergebnis der Messungen gibt Abb. 81 wieder.
Die Kurve 1^n mißt die Gastemperatur am Austritt des *praefurnium*, 11^n die Außentemperatur, 6 die Temperatur der Raumluft. Die Kurvenspitzen – am 28. Februar gegen 23 Uhr, am darauffolgenden 1. März zwischen 9 und 10, dann zwischen 15 und 16 Uhr – entsprechen einem starken Ansteigen der Gastemperatur, die dann relativ gleichmäßig über 9 bzw. 5 Stunden absinkt. Infrarotdirektdarstellungen haben dieses Phänomen am *praefurnium*-Austritt sichtbar gemacht. Wesentlich ist das fast ständige Gleichbleiben der Raumtemperatur (bei 18 Grad Celsius nach 5 Stunden intensiven Heizens mit 25 kg Holzkohle) am dritten Tage des Experimentes.
Insgesamt wurden 30 kg Holzkohle verfeuert (am 26. 2. um 16.15, 16.45, 19.05, 19.20, 22.05 Uhr; am 27. 2. um 8.05 und 8.40 Uhr), dann, bis zum 4. 3. um 9.05 Uhr, 290,70 kg Holz: etwa 60 kg für die ersten, nur etwa 17–20 kg für die zweiten und 25 kg für die dritten 24 Stunden. »Stark heizen« (bei »kräftigem Nachtfrost«, so der Bericht des Heizers) bedeutet praktisch eine Verdoppelung der Eingabe: Z. B. 20,50 kg am 4. 3. um 7.45 Uhr gegenüber 12,10 kg am 3. 3. um 7.45 Uhr (bei Nachtfrost und morgendlichem Reif), 10,40 kg am 2. 3. um 8.35 Uhr (Nachttemperatur + 3 °C) und nur 8 kg am 1. 3. um 9 Uhr (Nachttemperatur + 6 °C).
»Die Hypokaustenheizung ist eine Strahlungsheizung. Was die Art der Wärmeübertragung auf den Menschen angeht, hat sie in Verbindung mit tubulierten Wänden Ähnlichkeit mit einer heutigen Fußbodenheizung, bei der zusätzlich Heizkörper in den Wänden hochgezogen worden sind. Die Hypokaustenheizung ist jedoch in früheren Zeiten [etwa 1910 von G. Fusch aufgrund von »Fehldeutungen archäologischer

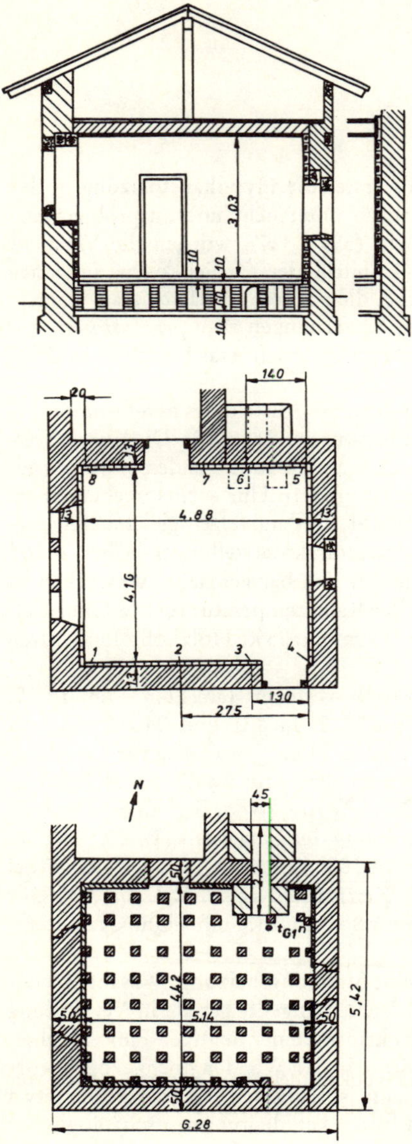

Abb. 80. Saalburg, *principia.* Der Versuchsraum mit der Hypokaustheizung. (Aus: Hüser, 597.)

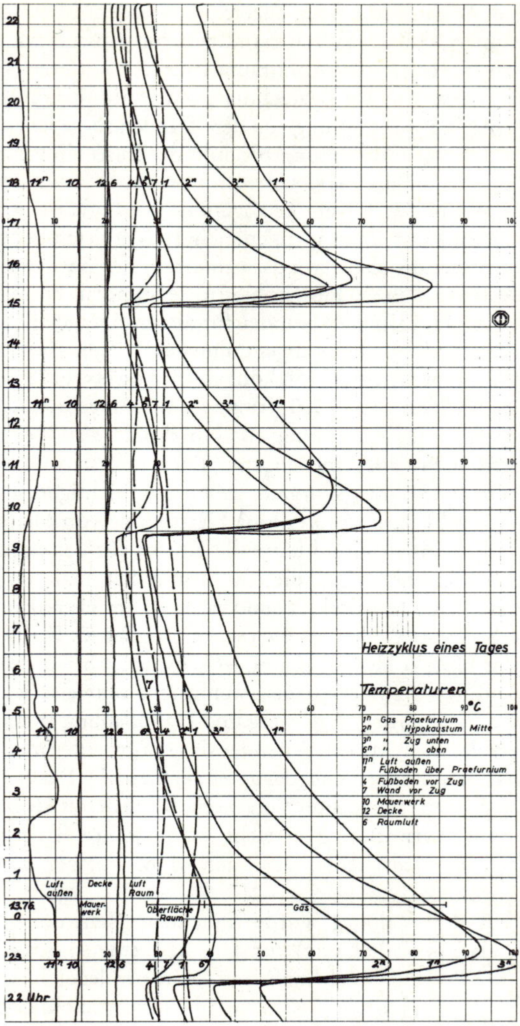

Abb. 81. Saalburg. Versuch mit der Hypokaustheizung: Temperaturverlauf vom 28. Februar, 22 Uhr, bis 1. März, 22 Uhr. (Aus: Hüser, 597.)

Befunde«] als Warmluftheizung bezeichnet worden. Man hat die Vermutung geäußert, daß die Tubuli zum Raum hin geöffnet waren, so daß Warmluft aus ihnen in den Wohnraum eintreten konnte« (H. Hüser, 597). Hüser weist also die Bezeichnung »Warmluftheizung« zurück, betrachtet aber Wärmestrahlung von den Wänden als gegeben und Gasbeheizung (Gas = »Verbrennungsprodukt der Luft«) in verschiedenen Anordnungen als möglich und sinnvoll, wenn auch kaum als rentabel, da die »Warmluft« durch Kamine abgeführt wird und nicht wiedergewonnen werden kann. Zum mengenmäßigen Vergleich bedenke man, daß mutatis mutandis also etwa das *caldarium* der Barbarathermen in Trier mindestens 7 Tonnen Holzkohle pro 24 Stunden verbrauchte, also etwa 24 Tonnen Holz (pro 24 Stunden für diesen einzigen Raum) aufgeboten werden mußten. Die (angenommenen) 27 *praefurnia* des Gesamtbaues verbrauchten den Holzkohlenwert von etwa 108 Tonnen pro 24 Stunden, im Jahr fast 24000 Tonnen. Allerdings mahnt D. Baatz (586) daran, daß »die Verwendung von Holzkohle (also Meilerkohle) in Hypokausten nicht nur eine enorme Energieverschwendung wäre, denn bei dem Verkohlungsvorgang gehen die flüchtigen, brennbaren Bestandteile des Holzes verloren; die Herstellung von Meilerkohle ist außerdem arbeitsintensiv und hätte die Kosten für das Brennmaterial ganz erheblich erhöht. Aus diesem Grund hat man im Altertum üblicherweise keine Holzkohle, sondern Holz im Hypokaustum verbrannt«. Ob das so eindeutig erwiesen ist, bleibt m. E. fraglich. Die Effizienz der Holzkohlenbeheizung ist schwach, aber dieser Nachteil kann, z. B. durch Raumersparnis, wenigstens teilweise wettgemacht werden. Die Beschaffung, Lagerung und Handhabung entsprechender Holzmengen kann ebenso ›arbeitsintensiv‹ sein wie der Meilerbetrieb. Die jüngsten Betriebsversuche (darunter auch von D. Baatz, 586) praktizieren übrigens ein gemischtes Verfahren, bei dem mit Holzkohle eine Art Vor- und Aufwärmung erreicht wird, während dann mit gut getrockneten Buchenscheiten kräftiger, d. h. zügiger nachgefeuert wird.

Ebenfalls auf der Saalburg wurde (in einem Nebenraum der eben erwähnten Hypokaustheizung) von D. Baatz eine sog. Kanalheizung ausprobiert (586). Der Raum mißt nur 24 m^3; in jeder Ecke befinden sich zwei Stränge von *tubuli* (5 × 12 cm); die *suspensura* über den kreuzförmig disponierten Kanälen besteht aus Platten aus vulkanischem Tuff und einem Mörtelestrich, das ganze ist 24 cm dick. Bei Beginn des Experiments lag die Raumtemperatur bei 5,2° C. Am zweiten Tag, gegen 12.30 Uhr (also nach praktisch 24 Stunden Betrieb und Verfeuerung von 7,5 kg Holzkohle und 32,9 kg Holz) stieg sie auf 16° C, gegen 21.15 Uhr auf 17° C, um 22 Uhr (bei einer Außentemperatur von −3,3° C) auf 18° C. Der Fußboden hatte inzwischen 20° C, und »so fühlte man sich behaglich warm«.

Abb. 82 zeigt einerseits die Wirkung des Systems auf dem einfachsten Wege: die Hitze folgt zuerst den Kanälen am Fuße des aufgehenden Mauerwerkes, zudem die (ebenso logische) Überheizung (bei 50° C!) des direkten Vorfeldes an der Ofenmündung. Dies kann erklären, daß *praefurnia* gelegentlich »an der relativ kalten Außenwand des zu behei-

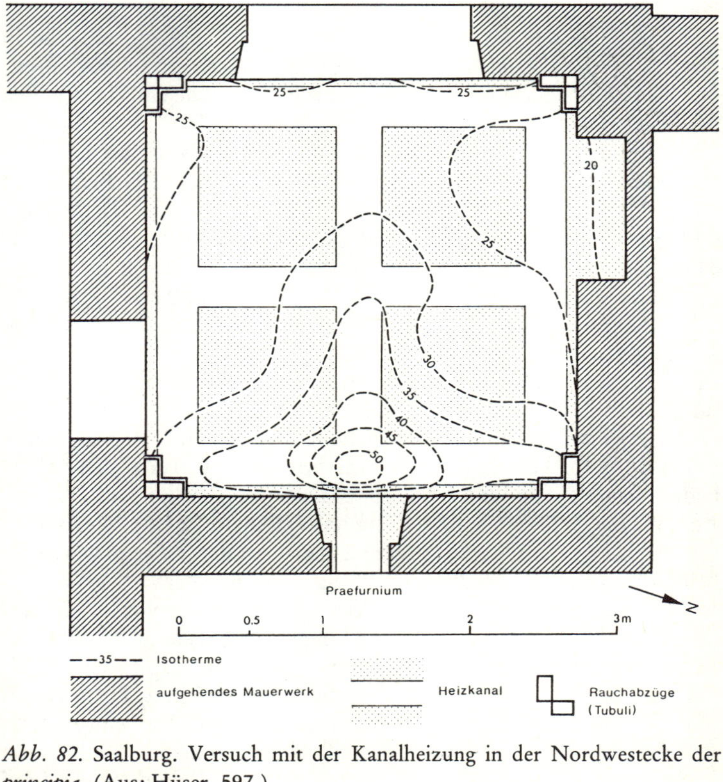

Abb. 82. Saalburg. Versuch mit der Kanalheizung in der Nordwestecke der *principia*. (Aus: Hüser, 597.)

zenden Raumes« angeordnet waren und gerade dadurch heizungstechnisch vorteilhaft funktionierten. Es wird auch deutlich, daß die vier Mauerblöcke als Wärmeregulatoren wirken, mit dem Ergebnis, daß schließlich der größte Teil des Bodens zwischen 30° C und 25° C aufweist. Da diese Messungen im Augenblick der stärksten Beheizung registriert wurden (über 21° C Raumtemperatur), dürfte man im Regelfall insgesamt auch am Boden sehr angenehme Temperaturen vorgefunden haben. Bei diesen Versuchen stellte man wiederum fest, daß die Ecktubuli mit zur Erwärmung des Raumes beitrugen.

Riesige Holzmengen wurden auch im Straßen- und Brückenbau verbraucht. Die römische Sumpfbrücke bei Bickenbach (an der Straße von Germersheim nach Dieburg) bestand »aus mindestens 300 senkrecht, z. T. durch das Moor getriebenen Eichenholzpfosten, die in Dreierformation standen. Die Brückenjoche waren etwa 4,50 m breit; ihre Abstände voneinander lagen jeweils bei 3 m. Die einzelnen Pfähle der Brückenjoche waren bis zu 5 m lang, hatten einen Durchmesser von 25–40 cm und wogen fast 5 Zentner« (W. Geyer, 594). Spuren zahlreicher Reparaturen lassen auf eine längere Benutzung schließen. Dann wurden horizontale Bretter und Balken auf die Mooroberfläche gelegt und mit einer Kiessandschicht bedeckt; es war also eher ein Straßendamm als eine Brücke. Die von Tacitus erwähnten *pontes longi* (Knüppeldämme durch sumpfige Gebiete), deren Datierung einst umstritten war, können nun doch aus dem Fundzusammenhang der römischen Zeit zugeschrieben werden. Die Technik selbst mag älter sein.
In Neersen (Kreis Kempen-Krefeld) wurden 1969 bei Ausschachtungsarbeiten Holzbalken in einer Schlickschicht festgestellt, die zu einem zugeschütteten Bachbett gehörte. In den Schlick waren drei eichene Querbalken eingelegt, die mit horizontal verlaufenden Bohlen bedeckt waren (Abb. 83). Die Eichenbalken (im Abstand von 2,30 bzw. 2 m) maßen 5,20 bis 5,40 m (Schnitt: 7/15 × 20/22 cm), die Bohlen 6,80 m (bei 6–8 cm Stärke, Breite: 24 cm). An der Südseite waren die beiden östlichen Querbalken auf Erlenbalken aufgelegt.
In Xanten wurden Holzbauspuren im Bereich der vorkoloniezeitlichen Dorfsiedlung, der »Kernsiedlung« (Sprachgebrauch von H. v. Petrikovits für das Gebiet am Hafentor), und in der Kapitolsinsula (bis hin zum Bereich der südlichen Ummauerung) gesichert. Dazu gehört u. a. das sog. Rechteck III, bestehend aus bis etwa 22 cm eingetieften, fast ebenso breiten Gräbchen, die ein Rechteck von etwa 13 × 13 m mit leicht abgerundeten Ecken umgrenzen. Regelmäßige, dunklere (weil

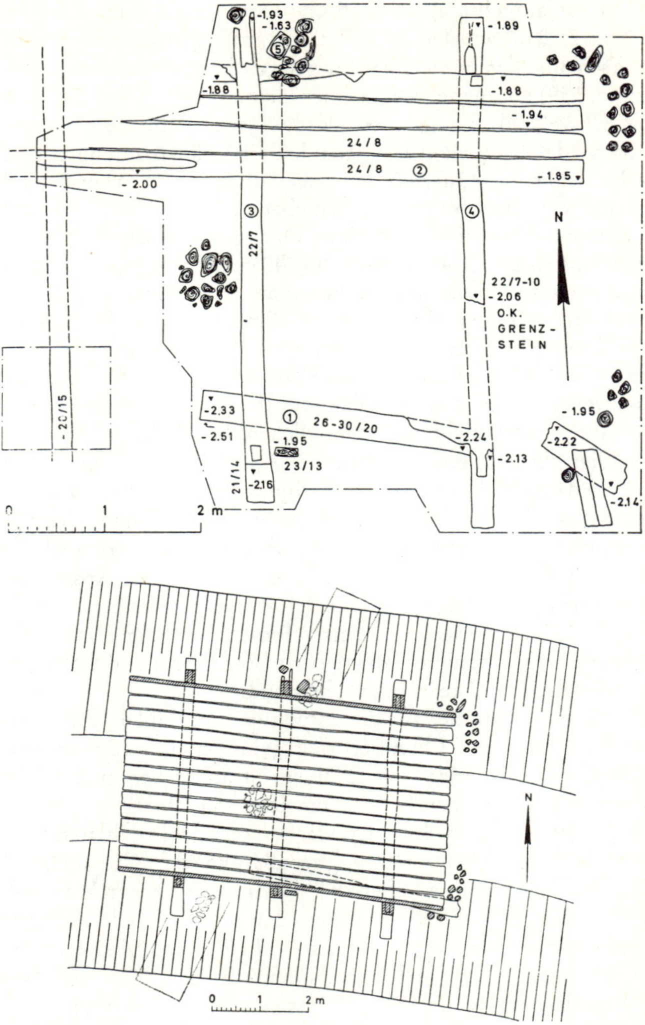

Abb. 83. Neersen. Befundplan und Rekonstruktion einer Holzbrücke zur Durchquerung sumpfigen Geländes. (Aus: Bindung, 589.)

mit Humus aufgefüllte) quadratische Unterbrechungen (im Abstand von 2 bis 2,20 m) wurden als 20 × 27 cm große Pfostengruben erkannt. Dazwischen sollen Schwellbalken gelegen haben; der Ausgräber (G. Binding, 589) nimmt an, daß in einer Umbauphase B eine Bretterwand in die Schwellbalken eingenutet wurde. Das eben beschriebene Rechteck III wird teilweise von 26–40 cm breiten Gräben durchbrochen, die man bei fehlenden Querwänden oder Stützen nicht ›Häuser‹ nennen kann und vorsichtigerweise als ›Langbauten‹ bezeichnet. »Pfostenbau XIII« (18 × 6,50 m) dürfte jedoch ein Haus gewesen sein. Die 50–55 cm dicken Pfosten sind in 45 cm tiefe, bis 140 cm lange Gräben eingelassen, die mit Sand und Holzkohlestückchen aufgefüllt sind.
Der Bezug zwischen diesen ersten römerzeitlichen Siedlungen (in denen ›Römisches‹ kaum faßbar wird) und den ›vorrömisch-spätkeltischen‹, ›protorömischen‹ (vgl. S. 79) ist so eng, daß die gewonnenen Erkenntnisse eine kulturelle Rückkoppelung bis ins zweite vorchristliche Jahrhundert nicht nur ermöglichen, sondern gleichsam erfordern. Dies gilt u. a. etwa auch für die Ausgrabungen auf der Altburg bei Bundenbach im Hunsrück durch R. Schindler (612). Beeindruckend ist nicht nur die Vielzahl der (etwa 201) festgestellten Wohnungsspuren (teils quadratisch, teils rechteckig), sondern auch die soziale und politische Hierarchisierung, die sich in den Ausmaßen der Häuser und in ihrer Lage innerhalb der ›Burgmauer‹ äußert. Aus den in vier Grundrißkategorien gegliederten Pfostenbefunden lassen sich Gebäudetypen rekonstruieren, die teils als Wachtturm und Getreidespeicher, teils als Wohnhäuser anzusehen sind.
1940 schloß A. Günther aus dem Studium von Pfählen, die man zwischen Koblenz und Ehrenbreitstein gefunden hatte, daß es dort eine ›Pfahlbrücke‹ gab. Man wollte sie in strategischen und zeitlichen Zusammenhang mit der Errichtung des Limes bringen. Die Funde erregten gerade hier großes Interesse, da von »der laienhaften Heimatforschung« noch 1979 die Meinung geäußert wurde, »Caesars Brückenschlag über den Rhein, welcher 15 km stromab zwischen Weissenturm und Neuwied zwar von jeher vermutet, aber bisher nicht sicher belegt ist, habe vor Koblenz stattgefunden« (H. Fehr, 592). Die Frage war also: gab es in Koblenz außer der (unumstrittenen) Moselbrücke auch eine Rheinbrücke, und welcher Zeit wäre diese zuzuweisen?
Es war in Koblenz bekannt, daß es ehedem im Rhein eine Untiefe gab, »Kapuzinergrund« genannt, »die einst möglicherweise sogar als Insel über die Wasseroberfläche hinausragte« und sich Brückenbauern geradezu anbot. Tatsächlich waren schon mehrfach Pfähle gefunden wor-

den, bis man 1980 die Rheinsohle unter Ausnutzung eines Taucherschachts gründlich absuchte: 72 Pfähle wurden festgestellt, davon 51 hochgezogen (die durch 2 oder 3 bis 10 mm dicke Nägel befestigten eisernen Pfahlschuhe konnten nicht geborgen werden, so fest waren sie – bis zu 3 m unter der Sohle! – eingerammt worden). Alle Pfähle standen lotgerade, von schrägen Stützen oder schrägen Eisbrechern gab es keine Spuren. Nachgewiesen wurden 7 Joche (7 × 4 m im Rechteck, 11,50 × 4 mit der dreieckigen Vorspitze) von insgesamt 25–28 Jochen mit mehr als 600 Pfählen. F. D. Schieferdecker (611) hat einen Rekonstruktionsvorschlag veröffentlicht, anhand dessen er mit der Bernoullischen Gleichung die Belastbarkeit der Brücke berechnen konnte (Abb. 84). Einem

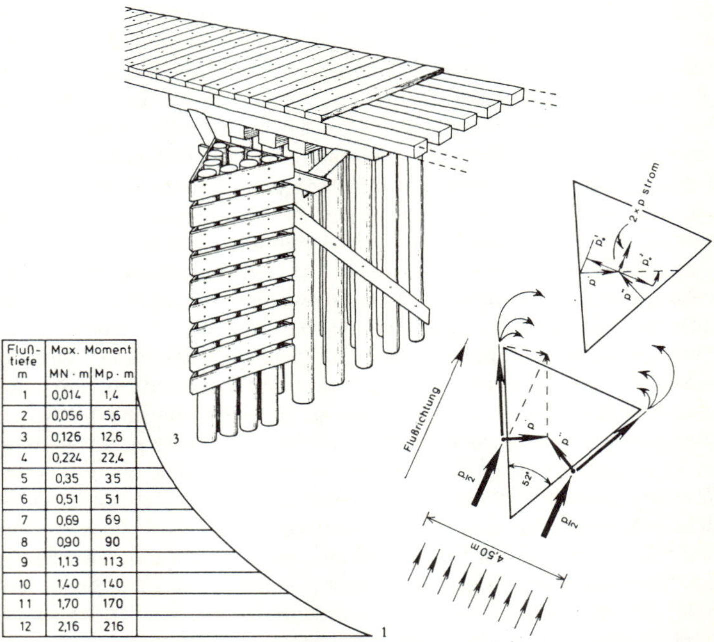

Flußtiefe m	Max. Moment MN · m	Max. Moment Mp · m
1	0,014	1,4
2	0,056	5,6
3	0,126	12,6
4	0,224	22,4
5	0,35	35
6	0,51	51
7	0,69	69
8	0,90	90
9	1,13	113
10	1,40	140
11	1,70	170
12	2,16	216

Abb. 84. Rheinbrücke bei Koblenz: Wellenbrecher und Strömungsangriff. (Aus: Schieferdecker, 611.)

1: Zunahme des Belastungsmoments entsprechend der Flußtiefe. 2: Zerlegung im Wellenbrecherdreieck. 3: Verbindung von Joch und Wellenbrecher.

jeden Pfahl (Durchmesser 45 cm, vollkommen gerade Eichenstämme) können pro cm^2 0,2 Kilonewton (kN) zugetraut werden, also pro Joch (à 15 Pfähle) 4500 kN, d. h. etwa 45 Tonnen Gesamtlast (Brücke + Nutzlast). So waren die damals gängigen Lasten, selbst bei relativ intensivem Gegenverkehr auf der 7 m breiten Brückenrollbahn, für die Joche unproblematisch. Kritischer war natürlich das Druckverlagerungsverhältnis in den Zwischenjochbereichen. Man nimmt an, daß über den Pfahlreihen des Jochs pro Reihe ein Holm angebracht wurde, auf den dann (im einfachsten Rechnungsfall) 5 etwa 10 m lange Balken (im Schnitt 0,40 × 0,40 m) von Joch zu Joch verlegt wurden. Schieferdecker (611) schlägt vor, durch zusätzliche Holme einen doppelten Vorteil zu erreichen: zum einen wird die Brücke um 0,40 m (auf 0,80 m über den Pfählen) gehoben; dann beträgt die Höhe von der Flußsohle bis zu den Zwischenjochdurchgängen etwa 8,50 m, 4,50 über dem Wasser, 3,50 an den Tragwerksverstrebungen; zum anderen wird der Druck auch außerhalb der Joche in diese hinein verlagert. Zum Einrammen der 600–800 Pfähle (die waldgerecht, d. h. mit dem – konisch zugespitzten – Wurzelansatzteil versetzt wurden) verwendete man gleichzeitig mehrere, auf Flößen schwimmende Rammbären. Der Pfahl wurde zwischen Führungszangen an den Bestimmungsort gebracht; das Rammgewicht über eine Rolle von etwa 20 Leuten hochgezogen, dann abgelassen. »So beträchtlich die Handwerkskunst des Rammens ist, so ist doch die Organisation, das Bestimmen von einigen 100 geeigneten Bäumen, das Fällen, das Heranschaffen mit Zugtieren, das Sägen auf Länge, das Abbeilen, das Flößen, Anpassen, Überplatten und Verzapfen über 330 m Fluß hinweg die eigentliche erstaunliche Leistung.« Man hat errechnet, daß das Einrammen eines Pfahles anderthalb bis zweieinhalb Stunden benötigt; bei Verwendung von vier Rammen mag die Erstellung der Baufundamente der Koblenzer Brücke zwischen 35 und 39 Tagen beansprucht haben (nach E. Mensching, 601, »vier bis sechs Wochen«). Zur Datierung kann mit Sicherheit nur gesagt werden, daß die Koblenzer Brücke nicht von Caesar errichtet wurde.

Wo Späne fallen, gibt es Hobel. Neben Säge, Axt, Dechsel, Raspel und Bohrer war die *runcina* (das Wort steht u. a. bei Varro, *De lingua latina* 6,96) das Hauptwerkzeug römischer Zimmerleute und Schreiner, die es öfters auf ihren Grabsteinen darstellen ließen. Hobelfunde sind von der Saalburg bekannt (Abb. 85), ebenso, mit Eisenbeschlag, aus Köln. Der 37,80 cm lange Kasten des Saalburg-Exemplars ist aus Buchenholz, mit durchbrochenen Handgriffen; die Breite des Hobelmauls (etwas vor der Sohlenmitte angebracht) beträgt 2,40 cm (4,05 bei dem Kölner Exemplar). Das Eisen sitzt im Winkel von etwa 50 Grad im Spankasten. Vom Zugmantelkastell gibt es eine eiserne Hobelsohle von 35,3 cm Länge und 1,3 cm Stärke. Vier kräftige Eisenbolzen hielten den hölzernen Hobelkasten; die Sohlenenden waren verstärkt und aufgezogen, um ein Verrutschen des Kastens zu verhindern. Ähnliche eiserne Hobelsohlen stammen vom Feldbergkastell, aus Steinkritz, von Miltenberg-Altstadt sowie von Seltz, Verulamium, Caerwent, Silchester usw. Es darf also angenommen werden, daß zumindest ein Teil dieser Gerätschaften aus

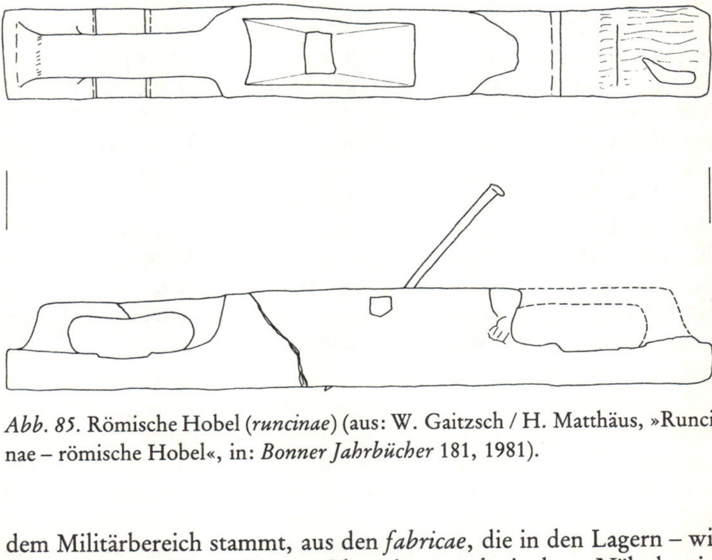

Abb. 85. Römische Hobel (*runcinae*) (aus: W. Gaitzsch / H. Matthäus, »Runcinae – römische Hobel«, in: *Bonner Jahrbücher* 181, 1981).

dem Militärbereich stammt, aus den *fabricae*, die in den Lagern – wie Bonn, Haltern, Neuss, Vetera, Oberstimm – oder in deren Nähe betrieben wurden.

Abschließend muß ein Wort zur Dendrochronologie gesagt werden. Sie erschien Mitte und Ende der sechziger Jahre als das absolute Mittel, um zu präzisen, endgültigen Datierungen zu gelangen. 1977 meldete (unter vielen anderen) D. Baatz (585) ernste Bedenken an, 1981 schreibt E. Mensching (601): »Manche der früheren Vermutungen über römische Brücken [...] sind begreiflicherweise sehr hypothetisch, zumal ›alte‹ im Fluß geborgene oder festgestellte Pfähle keineswegs aus der Antike stammen müssen. Die Dendrochronologie hat jüngst die Daten vor

Konstantin um 27 Jahre korrigiert (statt 44 n. Chr. jetzt also 71 n. Chr.), wodurch auch noch vor kurzem vorgelegte Datierungen überholt sind – selbstverständlich kann eine Differenz von 27 Jahren für die historische Interpretation weitreichende Folgen haben.«

Eine 1975 durchgeführte dendrochronologische Datierung des Ubier-Übergangs vom rechten zum linken Rheinufer und eine 1976/77 vorgeschlagene Frühdatierung des westlichen Teiles des rätischen Limes sind nicht die einzigen, die aus diesem Grunde berichtigt werden mußten. Allerdings muß deutlich gesagt werden, daß die Dendrochronologen selbst sich im allgemeinen recht vorsichtig äußern, und daß es die Archäologen und Historiker sind, denen der Vorwurf nicht erspart werden kann, in vielen, teilweise heiß diskutierten Fällen leichten Fußes den Sprung vom Boden der Tatsachen auf die lichte Wolke persönlichen oder kollektiven Wunschdenkens gewagt zu haben. Den »vorrömischen Moselübergang« und die berühmt-berüchtigte »Pfahljochbrücke« in Trier versieht E. Hollstein (in Ternes, 559, Nr. 200–204) mit Fragezeichen, die ihn ehren, ebenso wie sein »vermutlich« zu den mageren 5 Pfählchen (*in* den späteren Pfahlrosten!).

Holzfunde können also nicht allein zur Datierung herangezogen werden. Sie müssen wie alle anderen mechanisch-analytischen Ergebnisse dem Gesetz der Historiographie unterworfen bleiben, die auf eine Summe von Informationen zum Zweck der (auch dann noch weitgehend hypothetischen) Wahrheitsfindung angewiesen ist.

Zweites Kapitel
Eisen

Allein die Limeskastelle Saalburg, Feldberg und Zugmantel haben ein komplettes römerzeitliches *instrumentarium* überliefert: Äxte, Beile, Hacken, Hämmer, Dechsel, Meißel, Keile, Bohrer, Sägen, Feilen, Schleifeisen, Brecheisen, Nagelzieher, Zangen, Ambosse, Kellen, Schaber, Spachtel, Kratzer, Zirkel, Schaufeln, Spaten, Rasenstecher, Pflugscharen, Sensen, Sicheln, Karstzinken, Gabeln, Spaltmesser, Zugmesser, Dreheisen ...

Im frühen Mittelalter wird für das althochdeutsche *ackus* das lateinische *securis*, für das althochdeutsche *bihal* das lateinische *ascia* gebraucht; der heute geläufige Unterschied zwischen Axt und Beil (Axt: längerer Stiel, beidhändige Bedienung, schmale Schneide, größeres Gewicht; Beil: kürzerer Schaft, einhändige Bedienung, breite Schneide, kleineres Gewicht) kann man am römischen Fundmaterial jedoch nicht nachweisen, weil keine Schäfte erhalten sind. Berechnungen aus der Kreisflugbahn, die der Axtkörper beim Ausholen und Zuschlagen beschreibt, haben ergeben, daß bei einer guten Axt Schaftende und Schneidenferse in einem sehr spitzen Winkel zueinander stehen müssen; demnach könnte man nötigenfalls für die gefundenen Klingen eine ideale Schaftlänge errechnen. Allerdings ist nicht erwiesen, ob »dieses nach modernen Forschungen festgelegte Prinzip uneingeschränkt auf antike Äxte übertragen werden kann« (Pietsch, 607). »Typisch für eine römische Axt ist ihr langer Nacken, i. e. der Teil zwischen Schaftlochrand und ›Bahn‹, bzw. das nach vorne gelagerte Schaftloch. Die gleichmäßige Verteilung des Gewichts vor und hinter das Schaftloch fördert einen genauen und ruhigen Hieb.« Größere Axtklingen messen 20 cm in der Länge und wiegen 1–3 Kilo. Wozu die gefundenen ›Miniaturäxte‹ (4–7,50 cm lange Klingen von 50 g Gewicht) und kleinen Äxte (10 cm lange Klingen von 250–470 g Gewicht, meist um 300 g) mit Schaftlochlappen dienten, ist nicht geklärt. Pietsch schlägt eine Mehrzweckverwendung »in vielerlei Bereichen des Hauses und Handwerks« vor. *Dolabrae* sind Äxte mit einer Spitze oder Hacke auf der anderen Seite des Schaftlochs. Sie werden oft im Zusammenhang mit Pionier- und Schanzarbeiten erwähnt, in der Landwirtschaft bei der Bearbeitung von Obstbäumen und Weinbergen, auch als Schlachtbeil und Steinhacke verwendet. Aus der Inschrift CIL V 908 (Aquileia) kennen wir einen *dolabrarius collegii fabrum*. Schaufelhacken (*ligo*, *rutrum*) dienten bei Schanzarbeiten: im Schlag wurde das Erdreich aufgeschnitten, dann in Schanzkörbe – wie sie etwa auf der Trajanssäule dargestellt sind – gezogen und eingefüllt.

An Hämmern (*malleus*, *marcus* und Diminutiva) unterscheidet man: zweibahnige Vorschlag- und Treibhämmer (für grobe Schmiedearbeit, im Steinbruch; Gewicht 5,50 Kilo), Finnen- oder Schmiedehämmer (eine Bahn, eine horizontale Schneide), Schreinerhämmer (Nagelzieher, mit zwei Zinken), Markierhämmer (Forstbetrieb). Der Dechsel (*ascia*) ist *das* Werkzeug der Holzbearbeitung, kombiniertes Hammer- und Schneidewerkzeug der Zimmerleute, Schreiner, Tischler, Küfer, Bauschreiner usw. An Meißeln sind 200 Typen registriert (Pietsch): Hohleisen (nur zur Holzbearbeitung), Lochbeitel (zum Lochen von Balken oder kräftigen Brettern; die Schneide ist einseitig geschärft, allgemein leicht verbreitert, um Einklemmen zu verhindern); Stemmbeitel (mit einseitiger Schneide); Tüllenmeißel (mit langer, schmaler Klinge), Flach- und Breitmeißel usw.

Das lateinische Wort für die Säge ist *serra*. In Vers 363 der *Mosella* des Ausonius ist die Rede von hydraulischen Mühlen und von »stridentes serrae«, heulenden Sägen, die das Wasser der Ruwer durch »levia marmora«, ein glänzendes, marmorähnliches Gestein, treibt. Auf ikonographischen Darstellungen (Reliefs, Glas- und Wandbilder) sind sog. Kloben- und Bandsägen, also nur Holzsägen, dargestellt. Columella erwähnt eine kleine Säge zum Ausschneiden der Reben, Celsus spricht von der »serrula«, einer (kleinen?) Säge, die beim Amputieren (»praecidere«) Verwendung findet, aber anscheinend so ›rauh‹ arbeitet (»exasperare«), daß der lädierte Knochen danach geglättet werden muß (*De medicina* 7,33,2). Im Bereich der Saalburg wurden 16 Sägentypen festgestellt, die sich durch Länge und Stellung von Blatt und Griff, Schrägung und Abwinkelung der Zähne, Schneidelinie (konkave, relativ schmale Blätter sind Baumsägen) und »Stoß« (Schrägstellung der Zähne ergibt breiteren Schnitt, z. B. in jungem Holz) voneinander unterscheiden.

Von Varro wissen wir, daß die Pflugschar *vomer* hieß, von Plinius, daß es fünf Arten davon gab. Das Vorschneidemesser (Kolter, Seche) schnitt den Boden vor der Pflugschar auf. Die Sense heißt *falx*; sie wurde zur Heumahd gebraucht. »Im Unterschied zur heutigen Sense ist bei der antiken die Griffplatte nicht nach oben gewinkelt, sondern liegt auf der gleichen Ebene wie das Blatt; das hatte zur Folge, daß das Blatt nicht wie heute parallel zum Boden geführt werden konnte, und die Halme [...] nicht direkt über dem Boden geschnitten wurden. [...] Der zweite Unterschied zwischen moderner und antiker Sense liegt im Winkel, den die Griffplatte, bzw. der Stiel mit dem Blatt bildet« (Pietsch, 607). Die genaue Technik des Mähens bleibt z. T. kontrovers: K. D. White vermutet z. B., daß Plinius Getreide- und Heuernte verwechselt. Es wird seit langem diskutiert, ob die *falx* nicht eine Sichel ist; das Fehlen von Sensenstielen erlaubt es jedoch nicht, schlüssige Versuche anzustellen. Sog. Hippen (*falx arboraria*, *silvatica* oder *vinitoria*) werden auf vielen römischen Denkmälern dargestellt (Abb. 86). Größere Exemplare dienen als Schlagmesser in der Baumkultur, beim Beschneiden und Abschlagen von Zweigen und dünneren Ästen. Die Hippe ist also in erster Linie ein Gerät der Land- und Forstwirtschaft sowie des Obst- und Weinbaus. Häufige Darstellungen in dionysisch-kulti-

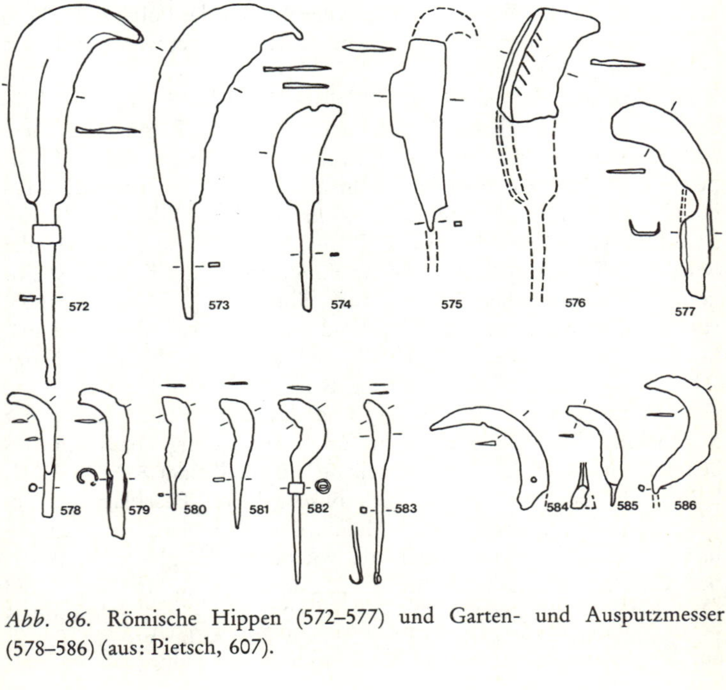

Abb. 86. Römische Hippen (572–577) und Garten- und Ausputzmesser (578–586) (aus: Pietsch, 607).

schen Szenen führen manchmal zu der zu engen Bezeichnung »Rebmesser«.

Die (durch Inschriften belegte) Vielfalt des Schmiedehandwerks (man unterscheidet *armamentarii*, Werkzeugmacher; *falcarii*, Sichel- und Sensenmacher; *dolabrarii*, Hackenschmiede; *cultrarii*, Messerschmiede; *clavarii*, Nagelschmiede) setzt »großes technisches Können« und »fortgeschrittene Spezialisierung der Produktion« (Gomolka, 595) voraus. Dies trifft vielleicht besonders auf Waffen- und Ausrüstungsstücke zu, die zuerst noch aus Italien importiert, dann aber im Laufe des ersten nachchristlichen Jahrhunderts vor Ort hergestellt wurden. Typologien und Herkunftsbestimmungen werden z. T. dadurch erschwert, daß die Ikonographie oft »historisierende Rüstungen« (G. Waurick, 616) vorzieht, die mit den real belegten (Abb. 87) »keinerlei Übereinstimmungen« feststellen lassen. Dasselbe gilt für die Schwertfunde aus Rheingönheim, Mainz-Weisenau und Mainz-Gustavsburg. Eine (bisher einzigartige) Ausnahme bildet der 1976/77 bekanntgewordene Fund von Theilenhofen: ein Kavalleriehelm »mit überreichen Verzierungen«, die G. Waurick (616) mit der Angabe des Polybios (6,25,3) in Verbindung bringt, daß Reiter sehr leicht bekleidet waren und »wie griechische gerüstet«.

Rohgußstücke, Halbfabrikate, Fehlgüsse, Modeln, Schmelztiegel (in Straubing, Rheingönheim, Niederbieber, Saalburg, Zugmantel, Wiesbaden, Heftrich, Holzhausen), Giesslöffel (Straubing, Pfünz, Steinheim) und Schmelzbomben im Fundmaterial sind Anzeichen dafür, daß die Garnisonen (in den sog. *fabricae*) Produktionswerkstätten betrieben. Das Rohmaterial bestand z. T. aus Altmetall, das neuverwendet wurde: G. Ulbert (615) hat 1969 im Fundmaterial des Kastells Rheingönheim »militärischen Schrott« aufgeführt, den J. Oldenstein (605) ebenso wie den Bronze- und Eisenfund von Faimingen, den Gordianskopf aus Niederbieber, die ›Abfallgrube‹ aus Mainz-Philippsschanze (Dolche, Schwerter, Lanzenspitzen, Bruchstücke von Helmen, Reste eines Kettenpanzers, Werkzeuge) und das ›Altwarendepot‹ auf der Steinheimer Mainspitze als »zur Zweitverwendung angesammeltes Schmelzgut« bezeichnet. Halbfabrikate (Bügelteil einer Aucissa-Fibel, halbfertige Schnallendorne, Helmbuschgabeln, Beschlagplatte in Rheingönheim; Gürtelhaken in Mainz, Beschlagstücke aus Straubing usw.), Gußmodeln (vom Zugmantel, von der Saalburg) werden derselben Gattung und Zweckbestimmung zugeschrieben. In Neuss sind Öfen bekannt, die (nach v. Petrikovits, 606) schon im 1. Jahrhundert Kupfer verhüttet haben; in Niederbieber, Heftrich und Holzhausen ist

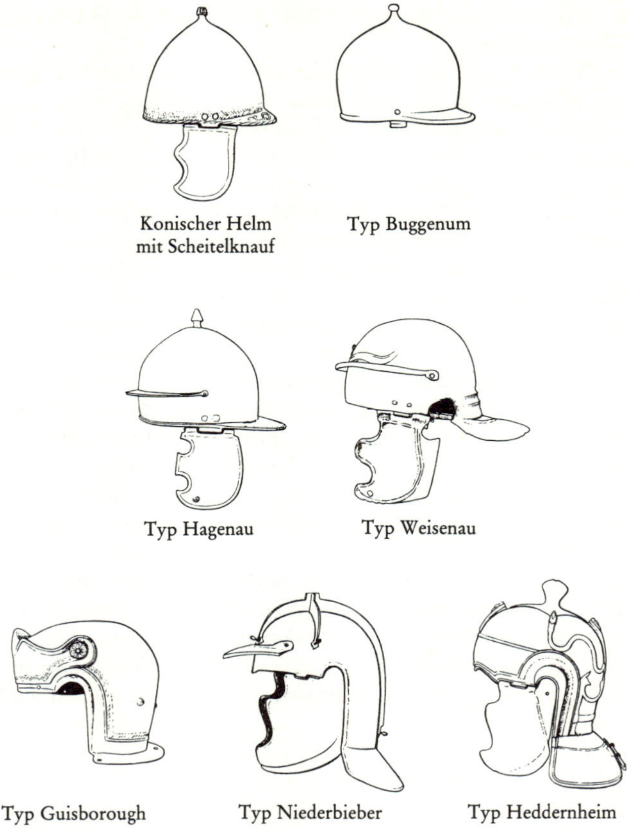

Abb. 87. Typen römischer Helme (aus: Waurick, 616).

nach 150 Bronzemetallurgie betrieben worden. Besonders wertvolle sog. Paradeausstattungsstücke wurden weiterhin importiert. Der berühmte Straubinger Schatz wurde in Pannonien hergestellt. Hammer und Amboß weisen auch im zivilen Bereich auf Eisenverarbeitung hin. Schmiede (*fabri ferrarii*) brauchten eine Esse (wie in Kriftel oder Horath); der Blasebalg blies die Glut an, bis das Roheisen schmiedebereit war. Ausonius (*Mosella* 267 f.) erwähnt die mit Wolle abgedichteten

Zulassungsventile des Balges, der die *fabriles ignes*, das Werkstattfeuer, zum Wirken bringt.

Erzvorkommen gab es in der Pfalz (Ramsen, Grünstadt, Eisenberg), im Hagenschießwald bei Pforzheim (nach v. Petrikovits, 606, und Gomolka, 595), in der Nordeifel (Brauneisenstein in Iversheim, Arloff, Kreuzweingarten, Ahrweiler), sowie wahrscheinlich im Bereich Manching, zwischen Salzach und Inn, vielleicht in der Gegend von Augsburg. In Xanten und Pfünz (und wohl an vielen andern Orten) wurde Rasenerz geschmolzen. Kupfervorkommen sind bekannt in Göllheim, Wallerfangen, Kordel, Gressenich (dort wurde auch Galmei, Zinkerz, abgebaut, das mit Kupfer Messing bildet; Plinius kannte die Galmeifunde, zu denen auch Wiesloch bei Heidelberg zu rechnen ist). Soweit möglich, betrieben die Römer Tagebau (Hagenschieß, Braubach, Berg vor Nideggen) durch Schürfung in Gräben, die 15 bis 50 m breit waren und 0,50 bis 4 m tief gingen. In der Nähe lagen nicht selten kaiserliche Domänen mit Gehöften, deren Einwohner »als Nebenzweig der Landwirtschaft, vielleicht in den Wintermonaten, Bergbau und Verhüttung betrieben haben« (Gomolka, 595). Tiefbauschächte sind bei Eisenberg, Kordel, Göllheim und Wallerfangen belegt.

Weil in Bad Ems ein schwerer Eisenmeißel neben Bleierzüberresten gefunden wurde, nimmt man – wohl zu Recht – an, daß die Erzbrocken vor der Verhüttung zerkleinert wurden. Die sauren Eisenerze wurden geröstet; die Verhüttung selbst fand in sog. Rennöfen statt (Abb. 88). Der Ofenraum wurde in abwechselnden Lagen mit Holzkohle und Erz beschickt, das Feuer durch Tondüsen und Windkanäle (oft auch zu-

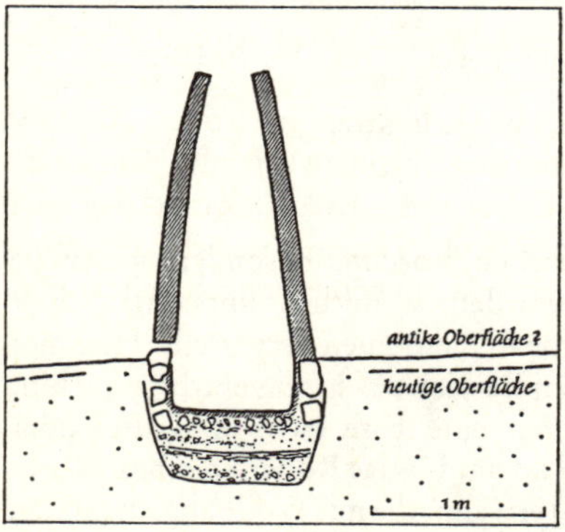

Abb. 88. Hesselbach. Senkrechter Schnitt durch einen Metallofen. (Aus: Ternes, 60.)

sätzlich durch Blasebälge) angefacht. Die Reduktion setzte bei 1100–1250° C ein. Die dünnflüssige Laufschlacke wurde abgelassen, dann sackte das geschmolzene Eisen (mit Schlacken vermischt) auf die Ofensohle; dort wurde es als sog. Luppe ausgebrochen, ausgeheizt und umgeschmiedet. Der Holzkohlebedarf betrug etwa das Zehnfache der Gewinnmenge an Eisen. Deshalb mußten in der Nähe der Rennöfen nicht nur entsprechend viele Meiler, sondern auch eine aufbauende, planende Forstwirtschaft betrieben werden, die über längere Zeiten den Anforderungen dieser Produktionsart gewachsen war.
Nördlich von Dalheim (Kreis Höxter, Westfalen) wurde von März 1973 an eine römische Siedlung auf einer Fläche von 110 × 70 m ausgegraben, an deren Ostflanke Schmelzöfen und Werkstätten lagen. Die Häuser (z. B. Haus F 229) waren etwa 13 m lang, mit leicht ausgebauchten Längswänden, 4 bis 5 m breit, zweischiffig, vom Typus Soest-Ardey aus der jüngeren Eisenzeit, obwohl um gut 4 m kürzer. Als Nebengebäude bezeichnet der 1983 von K. Günther vorgelegte Bericht (595a) »fünf Vier- und zwei Sechspfostengrundrisse, die in annähernd gleichen Größen von 2 × 2 m bzw. 3,40 × 3,40 m vorkommen. Es dürfte sich um Speicherbauten handeln«. Zudem gibt es zehn »Grubenhäuser«, in denen die 1,80/1,50 m weiten konischen Gruben als Vorratskammern identifiziert werden. In der Nähe des Wohn-Stallhauses F 229 liegt eine große Lehmgrube, »aus der offensichtlich Material für den Wandbewurf der Häuser entnommen wurde«. Später diente sie als Abfallgrube. Südlich der Siedlung wurden fünf Öfen festgestellt, die wegen schwacher Beheizungsspuren als Back- oder Dörröfen bezeichnet werden. Ein Eisenhammer und zahlreiche Schmelztiegelrandstücke, Altmetall, Barren und Halbfabrikate führten zu der Annahme, daß Metall verarbeitet wurde. Zwar sind die Funde über die ganze Anlage verstreut, doch häufen sie sich östlich des eigentlichen Siedlungsareals. Schlackenfunde bezeugen Eisenverhüttung, aber keine Rennfeueröfen, die etwas abgelegen haben müssen. Mit Lehm ausgekleidete Öfen im Werkstattbereich belegen dagegen Bronzeverarbeitung. Es ist bekannt, daß auch (und gerade) in größeren Siedlungen (Köln, Neuss, Trier) die ›gewerblichen Öfen‹ außerhalb der eigentlichen Wohngebiete angebracht waren.

Drittes Kapitel

Ton

»Als ein Maßstab für den römischen Anteil an der Entwicklung der Provinzen können die Erzeugnisse der keramischen Produktion gelten. In ihr zeigt sich in hervorragendem Maße die unterschiedliche Organisation der römischen und der heimischen Wirtschaft« (v. Bülow, 590). Wie bereits allgemein dargelegt wurde, möchte man dort, wo Konsumgüter im Rahmen eines Zivilisierungsprozesses quantitativ (durch ihr Vorhandensein oder Fehlen, dann durch meßbare Mengen) gewertet werden, eher von Indikatoren als von Maßstäben sprechen. Bedenklich ist der Schluß, daß die Präsenz römischer Waren zu der Annahme eines römischen Konsumhabitus oder, noch mehr, einer römischen Wirtschaftstaxonomie berechtige. Das Auftauchen japanischer Autos verweist weder auf einen Zivilisationswechsel noch auf strategische Absichten eines nipponischen Kulturimperialismus. Die Feststellung eines sich über Jahrhunderte erstreckenden Übergangs zu intensiveren Produktionsverfahren ist jedoch unumstritten. Gleichwohl ist Vorsicht gegenüber Thesen geboten, die von präindustrieller Produktions- und Vertriebsstrategie sprechen, denn diese Entwicklung war im wesentlichen durch die unmittelbare Bedarfsdeckung für die germanischen und rätischen Heere bedingt und nur zum Teil durch kulturelle Bedürfnisse. Das gilt es zu berücksichtigen, wenn man akzeptiert, daß »sich im Limesgebiet die neuen Produktionsverhältnisse der antiken Klassengesellschaft weitgehend« durchsetzen (v. Bülow). Es ist richtig, daß »die wirtschaftliche Leistungsfähigkeit erheblich gesteigert und die Provinzen am Rhein ökonomisch relativ selbständig wurden«. Die Ausgrabungen lehren aber auch ausnahmslos, daß der wesentliche Produktionsprozeß der ›hauseigene‹ war, ja, neueste Forschungen ergeben sogar ein sparsames Konsumverhalten gegenüber Luxusgütern, die über Jahrzehnte aufgehoben, vorsichtig gebraucht, jedenfalls meist nicht zur Abhängigkeit gegenüber Modetrends führten. Nur für die wenigen, die profitmäßig am Großbedarf der militärischen Körperschaften beteiligt waren, gab es materiellen und gesellschaftlichen Aufstieg. Von einer »Konfrontation unterschiedlicher Gesellschaftsordnungen« oder einer »spezifischen Entwicklung der römischen Provinzen« kann im 2. Jahrhundert wohl nicht mehr die Rede sein.

Ins Auge sticht Ausgräbern wie Museumsbesuchern vor allem die sog. *terra sigillata* (TS) – oft auch *Arretina*, arretinische Ware, nach dem ursprünglichen Herstellungsort *Arretium* (Arezzo) bei Florenz genannt –, Keramik mit dunkelrotem bis orangegelb-rotem Überzug, der mit dem Gefäßkörper verbunden ist, aufgesetzte oder einmodellierte oder -gegossene Reliefverzierungen dauerhaft trägt und mit Recht als ›Luxusgeschirr‹ betrachtet wird. »Der gestochene Ton wird längere Zeit in völliger Ruhelage geschlämmt. Dabei bildet sich an der Oberfläche eine glänzende Haut, die nur aus den feinsten Bestandteilen des Tones besteht und den Schlicker für den Überzug der Gefäße ergibt. Dieser Schlicker erhält seine rote Farbe durch die Oxydation des enthaltenen Eisens während des Brandes« (Schleiermacher, zit. bei v. Bülow, 590).
Auch das Formungsverfahren ist spezifisch: aus Ton werden Modeln (Formschüsseln) erstellt, in die ein Negativdekor eingestempelt wird. In diese Formschüsseln, von denen sich jede zur Fertigung von 50 Gefäßen verwenden läßt, wird der weiche Ton hineingepreßt. Auf der Töpferscheibe werden dann Fuß und Mund an- und ausgearbeitet; nachdem das Gefäß mit dem eisenhaltigen Überzug versehen wurde, gelangt es in den gut belüfteten Ofen. Die »einfachen Töpferöfen« waren (wegen zu großer Temperaturschwankungen und zu engem Kontakt der Ware mit dem Feuer) für das Brennen dieser dünnwandigen Gefäße nicht geeignet. Deshalb nahm man – nach Darstellungen von W. Drack für Baden (*Aquae Helveticae*) und R. Forrer für Heiligenberg im Elsaß – an, daß »auf die Pfeifen im Brennrost verschiedene Tonröhren gestellt [wurden], die dazu dienten, das Brenngut nur einer indirekten Hitze auszusetzen, den Rauch nach oben abzuleiten und gleichzeitig die Kuppel des Ofens abzustützen« (v. Bülow, 590). Der »Weg der Sigillata« ist oft dargestellt worden. Durch die Stationierung von Truppen und den Ausbau von Verwaltungsstrukturen stieg die Nachfrage in den ersten fünfzig Jahren des ersten nachchristlichen Jahrhunderts so stark, daß man dazu überging, in Gallien (La Graufesenque, Montans, Banassac), dann in Nordostgallien und im Rheinland (Rheinzabern, Chémery-Faulquemont) zu produzieren. Lezoux wirkte (im 2. Jahrhundert) als Relaisstation, von wo südgallische Importe bis nach Britannien, Pannonien, Trier und Rheinzabern weitervermittelt wurden. In einer nachfolgenden Etappe wurden ostgallische Faktoreien entwickelt: Luxeuil, La Madelaine, Blickweiler, Eschweiler Hof. Am Beispiel der Rheinzaberner Keramik, die so unterschiedlichen Einwirkungen während verschiedener Zeitperioden unterlag, läßt sich

zeigen, daß man bei den Fortschritten der Produktion nicht von einer Einheitlichkeit und Kontinuität ausgehen kann (Abb. 89). Daß Originalität und handwerkliche Qualität bei (im 2. Jahrhundert) zunehmender Produktionsmenge abflauten, erstaunt heute niemand.

Abb. 89. Hauptformen rotüberzogener Glanztonware aus Rheinzabern (aus: H. Bernard, »Untersuchungen im frührömischen Rheinzabern«, in: *Archäologisches Korrespondenzblatt* 11, 1981).

Südöstlich der Colonia Ulpia Traiana wurden im *vicus* (*extra muros*) eisenverarbeitende und Töpferbetriebe festgestellt. Abb. 90 zeigt vier davon. Das Grabungsprofil zeigt, daß Ofen 4 die jüngste, 2 (unter 4) die älteste Anlage ist. »Am höchsten war Ofen 2 mit einer Höhe des Brennraumes von 80 cm noch erhalten. In dieser Höhe war der lichte Ansatz der Kuppel noch [...] zu bemerken. [...] Die Seiten der Öfen waren nicht mit Wölbtöpfen und einer dazugehörigen Lehmumkleidung gesetzt, sondern bestanden aus rohem Lehm, der zum Teil bis zur Schwärze verziegelt war« (Heimberg/Rüger, 596a). Die zu brennenden Gefäße wurden über der Lochtenne des Ofens (*suspensura*) gestapelt, so daß die in der »Hölle« (Feuerungsgrube oder -sohle) durch den Raum nach oben und die Abdeckung hindurchzog.
Auf der Flur »Altgehäg«, zwischen Rheinzabern und Jockgrim, wurden 1975 die Überreste eines Ziegelbrennofens (5,20 × 5,20 m) festgestellt, in direktem Kontakt mit einer ›Bedienungsgrube‹ von 5,50 × 5,50 m. Der Feuerungskanal war 7 m lang und 0,95 m breit; er war »flach wannenartig ausgebildet und durch die intensive Feuereinwirkung stark versintert« (Bernhard, 587). Der Ofen von Jockgrim hatte acht ›Nebenzüge‹ von 1,30 × 0,40 m, über denen die gestapelten Ziegel gebrannt wurden. Etwa 20 Pfostengruben umrahmten die Ofenanlage: man nimmt an, daß es sich um einen (hölzernen) Schutzbau von etwa 9 × 9,50 m über dem Ofen, 5,50 × 6,50 m über der Bedienungsgrube gehandelt hat. Ähnliche Verhältnisse bestanden in Bedburg-Garsdorf (Piepers, 606a). Vier Ziegelstempel belegen die (bislang unbe-

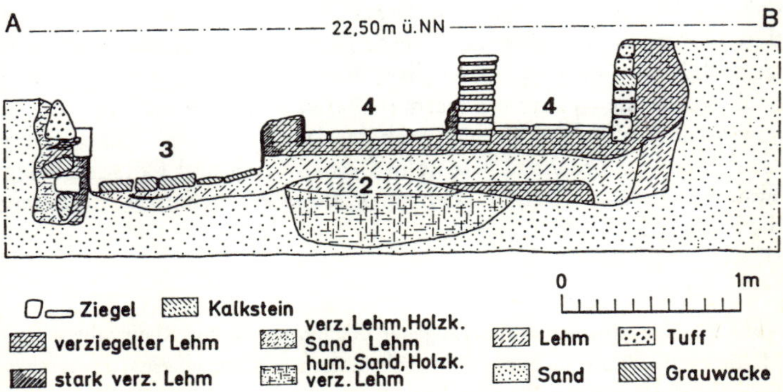

Abb. 90. Xanten. Töpferöfen im Gewerbevicus. (Aus: Heimberg/Rüger, 596a.)

kannten) *milites Portis(ienses)*, die wohl mit den *milites Menapienses* (in Rheinzabern), *Vindices* (in Speyer), *Martenses* (in Altrip), *secundae Flaviae* (Worms) und *Acincenses* (Andernach) zu den regionalen Grenztruppen der zweiten Hälfte des 4. Jahrhunderts gehören. Ich verfüge über keine Produktionszahlen für Ziegeleien; für Töpfereien rechnet man, daß bei einem Brennraum von 1,50 m Durchmesser und einem Gefäßdurchmesser von 0,20 m etwa 150 bis 300 Gefäße pro Brand ›ausgestoßen‹ wurden. Mit fünf Öfen kann man zwischen 39000 und 78000 Einheiten pro Jahr produzieren. Derartige Betriebe dürfen als Großbetriebe (v. Bülow, 590) betrachtet werden. L. Ludowici hat errechnet, daß dazu 100 bis 150 Arbeiter notwendig waren. Über ihren rechtlichen und sozialen Status, oder auch nur über die Besitzverhältnisse und die Art der Verwaltung, läßt sich nichts Stichhaltiges aussagen. Da einfaches Gebrauchsgeschirr praktisch überall dort hergestellt werden konnte, wo irgendeine Art von Ton in Reichweite war, gab es zunächst eher Eigenfabrikation. Erst am Ende des 2. Jahrhunderts zeichnet sich die Tendenz ab, auch in diesem Bereich zu organisieren, und zwar in rheinnahen Gebieten: Urmitz und Trier lieferten rheinab- und -aufwärts. Nach 259 zog sich die Produktion noch weiter nach Westen zurück: »In Mayen begann die Entwicklung des bedeutendsten Zentrums für die Herstellung von Gebrauchsgeschirr der spät- und nachrömischen Zeit im Rheinland« (v. Bülow, 590). Die dort anstehende Basaltlava wurde seit alters zur Herstellung von Mühlsteinen ausgebeutet. Grobe Keramik (»die gröbste Ware, die im Rheinland hergestellt wurde« – v. Bülow) produzierte man hier seit jeher in kleinen Mengen. Sie läßt sich von anderen Produkten dadurch unterscheiden, daß zur Magerung grobe blaugraue Vulkansande verwendet wurden, deren Ursprung nachgewiesen werden kann. Die Mayener Töpfe sind (je nach Brand) ockergelb, ziegelrot, dunkelrot bis schwarz. In Andernach wurde die (relativ typenarme) Ware auf Schiffe verladen, die sie sowohl nach Nijmegen als auch nach Basel und (vielleicht über die Aare) in die Schweiz brachten, wo sie in Bern, Zürich und Corroux belegt sind. Von den Schiffern und den *negotiatores artis cretariae* war bereits die Rede (vgl. S. 173 ff.).

Viertes Kapitel
Stein

In Vers 363 der *Mosella* werden Sägen erwähnt, die »levia marmora«, glänzenden Marmor, schnitten. Solchen gibt es im Moselgebiet jedoch nicht, und man nimmt an, daß der Dichter eine recht vage Bemerkung des Plinius über Vorkommen »in den Ardennen« (?) hierhin lokalisiert hat, um Betriebsamkeit auch in ihrer technischen Form zu dokumentieren.

Die Karte Abb. 91 belegt für das linksrheinische Gebiet Basaltsteinbrüche zwischen Mayen und Brohl sowie am Kaiserstuhl, Kalkstein bei Longwy, Jaumont und Châtillon, Vulkantuff in Kruft und Brohl, Sandstein in Nievelstein, Altenhof bei Trier und im Elsaß. In den »Katzensteinen« bei Satzvey-Firmenich (Kreis Euskirchen) wurden Sohle und Abbaufront eines Steinbruches gefunden (Abb. 92). Die Sohle »wird in der Nordostecke des Schnittes von einer gut 1 m hohen Stufe begrenzt, die sich östlich des Schnittes und in den Schnitt 2 hinein annähernd bogenförmig unter der Trauflinie hinzieht. [...] In der Steinbruchsohle ist der Rest eines Quaders erhalten, der 0,45 m tief freigeschrotet war. Der nördliche und östliche Schrotgraben sind rund 0,15 m breit. Der nur mit seiner Sohle erhaltene, dritte Schrotgraben an der freien Südseite des Quaders hat eine spitze Sohle. An diesen Schrotgraben schließen in seinem freigelegten Teil drei durch grobe Spitzhiebe angelegte Keiltaschen an. Beim Versuch einer Horizontalabkeilung ist der Quader in Ostwestrichtung schräg gesprungen und der losgelöste Teil entfernt worden« (Löhr, 600).

Schon die Bibliographie von Josef Röder (609) vermittelt uns einen Eindruck von den Orten und Problemen, die in diesem Zusammenhang wichtig sind: »Toutonenstein und Heunesäulen bei Miltenberg. Ein Beitrag zur alten Steinindustrie am Untermain«; »Basaltlavaindustrie von Mayen und Niedermendig«; »Unterirdischer Tuffabbau«; »Die Tuffsteinbrüche in Pellenz«; »Antike Steinbrüche in der Vordereifel«; »Brohltaltuff«; »Sägespuren an Kalksteingrabmälern«; »Steinverwendung im Rheinland«; »Interferenzmikroskopie zum Studium von Gesteinsoberflächen«; »Sandsteinabbau um Miltenberg, am Kriemhildenstuhl«; »Stelentechnik«; »Mühlsteinbrüche bei Mayen, Steinbrüche am Drachenfels«; »Marmorimporte nach Germanien«.

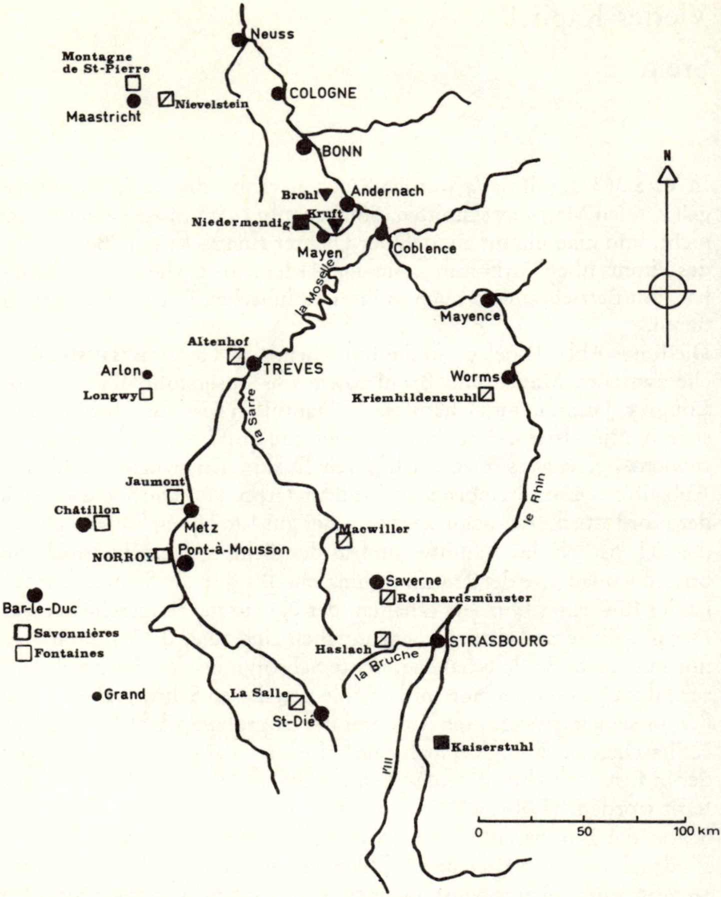

Abb. 91. Antike Steinbrüche an Rhein und Mosel (aus: Bedon, 588).

◪ Sandstein. ■ Basalt. □ Kalkstein. ▼ Vulkanischer Tuff.

Abb. 92. Katzensteine (Kreis Euskirchen). Sohle eines römischen Steinbruchs. (Aus: Löhr, 600.)

In Steinheim an der Murr kam 1974 ein roh bearbeiteter Altarstein aus Lettenkeupersandstein zutage. Auch im Odenwald sind halbfertige Säulen zu besichtigen; die Absprungmulden, aus denen die rohe Trommel ausgekeilt wurde, sind gelegentlich in Steinbrüchen zu erkennen.

Fünftes Kapitel
Glas

Glas wird durch ein relativ kompliziertes Verfahren erzeugt: aus reinem, eisenfreien Sand, Feuerstein oder Quarz wird durch Erhitzen (Mürbemachung) Kieselsäure gewonnen. »Ausgelaugte Buchenasche liefert Pottasche (Kaliumkarbonat), die Asche von Strandpflanzen (in Meeresnähe) die Soda (Natriumkarbonat). Dann werden bei ca. 1200 Grad Celsius die Kieselsäure und das alkalische Flußmittel (Kali oder Natron) zu einer dünnflüssigen Masse zusammengeschmolzen, die nach dem Abkühlen das Rohglas in Form von starren, amorphen Klumpen ergibt. Durch Beimischen von Oxyden verschiedener Metalle kann die Glasmasse unterschiedliche Färbungen erhalten, andererseits ruft chemische Verunreinigung eine ungewollte Grün- oder Braunfärbung hervor« (B. Döhle, in Günther/Köpstein, 234), Gebiete um Nievelstein und Herzogenrath (nördlich von Aachen), Buschbell, Frechen und Großkönigsdorf bei Köln, in der Hochmark bei Kordel, bei Trier, Worms und Kreuznach boten (vom Glassand her) günstige Ausgangsbedingungen, deren Nutzung längst durch (wenngleich karge und unsystematische) Funde gesichert ist.

Besonders berühmt ist die Kölner Glasproduktion, über die eine 1984 posthum veröffentlichte Studie von F. Fremersdorf (593) Auskunft gibt. Von »flachen Tellerchen mit hochgebördeltem Rand« bis zur Griffschale, von Kragentassen, glattwandigen, zylindrischen Bechern und Pokalen bis zu Faltenbechern, die manchmal geradezu an Jugendstilvasen erinnern, reicht die kunst- und qualitätsvolle Produktion. Zu den späten Prunkstücken (zwischen 300 und 350) gehören nicht nur die immer wieder abgebildeten *diatreta* (Netzgläser), sondern z. B. auch der Muschelpokal vom Kartäuserhof. An den schlanken, zylindrischen Pokalkörper sind zwei breite Glaslinien eingesetzt, zwischen die je viermal ein vertikales Streifenornament mit drei Muscheln oder Torsaden eingegeben wurde, deren Teile sich in die Pokalwand stützten. Daneben gibt es die zahllosen geblasenen kugeligen Flaschen, Henkelkännchen, zweihenklige Flaschen (darunter die sog. Delphinflaschen) und Kannen, *aryballoi* (kugelige Salbölbehältnisse), Trinkhörner. Vor den Toren von Köln, zwischen Frechen und Buschbell, fand man unerschöpfliche Mengen feinsten weißen Diluvialsandes, der bis zu 99,97 % aus reiner Kieselsäure besteht. So günstig ist die Situation sonst nirgends im römischen Rheinland (Fremersdorf). Seit dem 2. Jahrhundert gab es eine systematische Produktion von Fensterglas, das in Städten und Villen, aber auch in den Limeskastellen Verwendung fand.

Sechstes Kapitel

Kalk

In Iversheim zwischen Münstereifel und Euskirchen (in der Erftniederung, von der bereits mehrmals die Rede war) hat W. Sölter von 1966 bis 1968 im Auftrag des Rheinischen Landesmuseums in Bonn eine römische Kalkbrennerei ausgegraben, die später z. T. konserviert und dem Publikum (unter einem Schutzbau, am Rande einer Bundesstraße) zugänglich gemacht wurde. Abb. 93 zeigt die Gesamtdisposition der über 30 m langen römerzeitlichen Werkhalle.

Das Mauerwerk (aus örtlich anstehendem Dolomit) weist Spuren von mehreren Bauperioden auf. Mauer 8 trennte die Halle in zwei Räume mit jeweils drei Öfen. Diese sind etwa 3 m ›lang‹, bis auf die Felssohle eingetieft; sie sind aus in der Nähe verfügbarer Grauwacke – wie sie auch in Köln üblich war – gemauert. Diese enthält viel Quarz, so daß in der Hitze in Verbindung mit dem Kalk eine Glasur entsteht, die grün, blau oder gelb gefärbt ist, je nach den Metalloxyden, die ans Feuer gerieten. Ein Ofen ›fraß‹ täglich 10 Raummeter Holz und pro Ladung 25 Tonnen Dolomit.

In der Feuerkammer (Abb. 94) wurden zuerst die hölzernen Lehrbögen errichtet. Sie »können aus Weidenästen gebogen und in den Ofen gespannt werden. Mit Weidenzweigen werden die Bögen verspannt und nach oben wie ein gekrümmtes Gitter geschlossen. Die Form dieser Lehrverschalung gleicht einer halbierten Birne. Darauf wird der Himmel gesetzt. Kein Rost oder andere Hilfsmittel trennen den zu brennenden Stein von den Flammen. [...] Nur der Druck der einzelnen Steine gegeneinander hält den Himmel zusammen. Das Gebäude braucht ein Auflager, die Ofenbank. Nun wird der Ofen mit Stein vollgeschüttet. Bohlen werden über Ofenrand und hintere Werkhallenmauer gelegt. [...] 25 Tonnen Steine trägt der Himmel. [...] Die voll beschickten Öfen können gezündet werden« (Sölter, 614).

In 30 Tagen beschaffen vier Öfen 125 t Kalk; mit sechs Öfen ist eine Steigerung auf 200 t (+60 %), mit acht Öfen auf 237,5 t (+90 %) zu erreichen. Die enorme Zuwachsrate beruht auf der geschickten Berechnung und Nutzung der Abkühlungs-, Entleerungs- und Neubestükkungsphasen im Verhältnis zu den in den verschiedenen feueraktiven Stadien arbeitenden Öfen. Dolomit enthält Kalzium und Magnesium

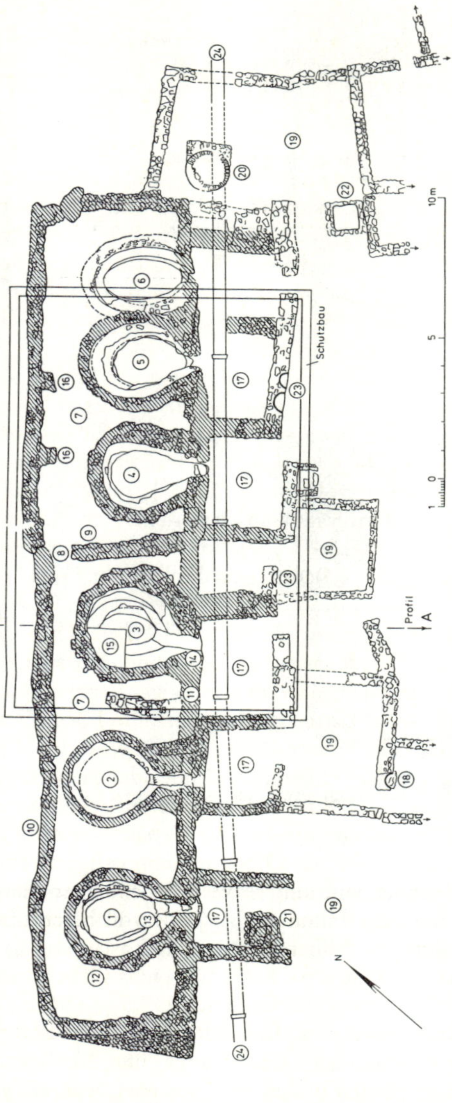

1–6: Kalköfen
7: Werkhalle
8: Durchgang
9: Mittelmauer
10: Futtermauer
11: Ofenbrust
12: Ofenmantel
13: Ofenbank
14: Ofenschnauze
15: Kalkfüllung
16: Strebepfeiler
17: Küchen
18: Weihenische
19: Älteres Arbeitslager
20: Backofen
21: Feuerstelle
22: Herdstelle
23: Lampennischen
24: Wasserleitung (modern)
Schraffiert: Letzte Periode

Abb. 93. Die römischen Kalköfen von Iversheim (aus: Sölter, 614).

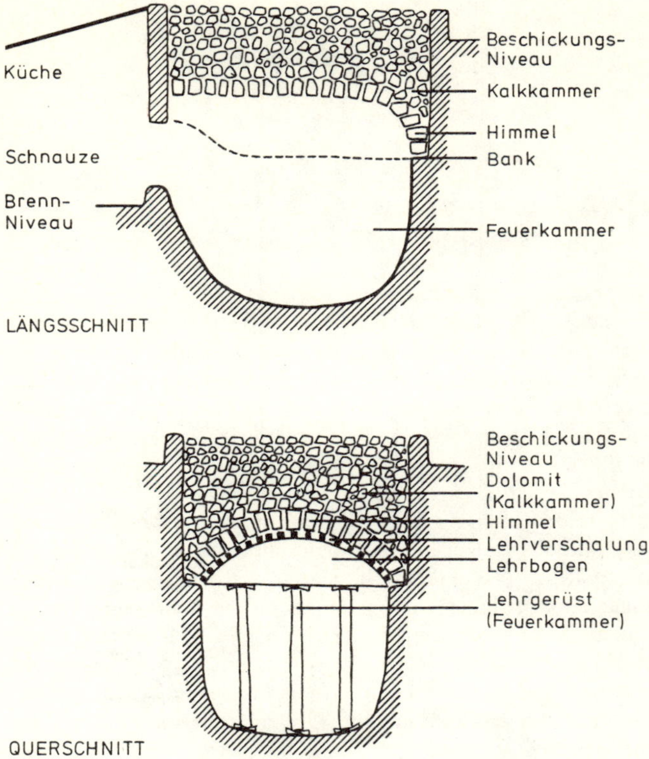

Abb. 94. Ofen einer römischen Kalkbrennerei (aus: Sölter, 614).

$CaMg(CO_3)_2$. Unter Wärmeeinwirkung (etwa 1050° C) dissoziieren sich Kalzium (zu CaO) und Magnesium (zu MgO), das Kohlendioxyd (CO_2) entweicht nach oben: deshalb mußte die Kalkbrennerei nach allen Seiten belüftet sein.

Siebtes Kapitel
Wasser

Wasser gehört zu den absoluten Vorbedingungen menschlichen Daseins und Schaffens. Von Wasserverteilungskanälen und Abwässern in Städten war bereits die Rede. Hier soll noch der Zuleitung gedacht werden.

In dem Kapitel über Mainz wurde der Aquädukt erwähnt, der am Ende des ersten nachchristlichen Jahrhunderts aus Finthen und Drais über etwa 8 km bei starkem Gefälle (von 64 auf 39 m) das Wasser in ein *castellum divisorium* an der Südecke des Legionslagers brachte. Von den Pfeilern des Aquädukts (die dort ursprünglich bis zu 25 m hoch waren) sind die »Römersteine« im Zahlbach übriggeblieben. Vom Verteiler aus führten Tonrohre (mit Stempeln der *legio I Adiutrix*) in die verschiedenen Teile des Lagers und der *canabae*.

Köln bezog sein Wasser aus über 100 km Entfernung durch die Eifelwasserleitung, über die wir besonders gut unterrichtet sind und deren konservierte Reste mancherorts besichtigt werden können. Dieser großzügigen Anlage gingen ältere voraus: Leitung A aus dem Hürther Tal, südwestlich von Köln, Leitung B aus Burbach, C aus dem Gleueler Tal, D aus Frechen-Bachem, die in Hürth-Hermülheim, an der Südostecke des Burggeländes, zusammenkamen und in den Kollektor in Richtung Köln einmündeten. Im Zuge einer Gesamterneuerung des Systems wurde die Hauptleitung insgesamt 3 m höher gelegt.

Abb. 95 zeigt: (1) die in Stampfbeton mit Basaltkleinschlag ausgeführte ältere Leitung (0,42 × 0,65 m im Lichten, Wandstärke 0,30 m); (2) einen Estrichputz mit Eierstabfugung (Ziegelklein); (3) ein Gußmauerwerk mit Grauwacke; (4) eine 34 cm dicke Tuffplatte; (5) das neue Tuffmauerwerk; (6) die Bodengrundierung aus Stampfbeton mit Basaltkleinschlag; (7) Wandputz mit Holzkohleeinschluß; (8) Estrich mit Eierstabfugung (Ziegelklein); (9) Estrich mit grobem Ziegelsplitt. Insgesamt wurde eine Überhöhung von 3 m erreicht. Es ist selbstverständlich, daß beide Leitungen ursprünglich überwölbt waren, wie dies z. B. in Breitenbenden (Kreis Schleiden), Eiserfey, Kallmuth, Sechtem-Walberberg usw. nachgewiesen wurde.

Die Vorgebirgsquellen gaben nicht genug Wasser für die wachsende Stadt; deshalb griff man auf das Eifelwasser zurück, das in der Luftlinie

50 km, in der Trasse fast 100 km weit herangeschafft werden mußte. Beim Bau mußten ungefähr 300000 Kubikmeter Erdreich ausgehoben werden: der Graben, in dem der Kanal 2 bis 2,50 m eingetieft wurde, war zwischen 1,20 und 1,60 m breit. Zwischen Hermülheim und Eiserfey hat der Kanal die lichte Weite von 0,70/0,76 m, bei einer genutzten »Wangenhöhe« von 0,72/0,75 m. In Kallmuth-Klausbrunnen wurde 1953 eine römische Brunnenstube freigelegt, deren Grundriß wir wiedergeben (Abb. 96). »Die Quellfassung ist eine im Lichten

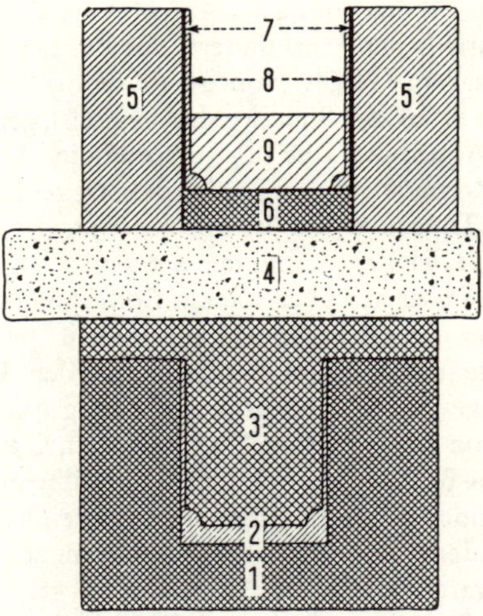

Abb. 95. Eifelwasserleitung bei Hürth-Hermülheim (Kreis Köln). Schnitt durch die aufgestockte Leitung (zweite Phase). (Aus: Haberey, 596.)

3,50 × 5,80 m große gemauerte, oben offene Kammer, die fast 3 m tief durch Gehänge- und Verwitterungsschutt bis in den anstehenden zerklüfteten Kalkfelsen eingelassen ist. Sie sammelte aus dem Hang – Südwest- und Nordwestseite der Kammer – hervorquellendes Wasser. Dieser Aufgabe entsprechend sind beide Seitenwände in ihrem Fundament wasserdurchlässig angelegt. Das Wasser stieg 0,30 m hoch an und lief dann durch eine Rinne in der Mitte der Nordostseite über ein kleines Klärbecken in die unterirdische Leitung nach Köln. Bevor sie im Jahre

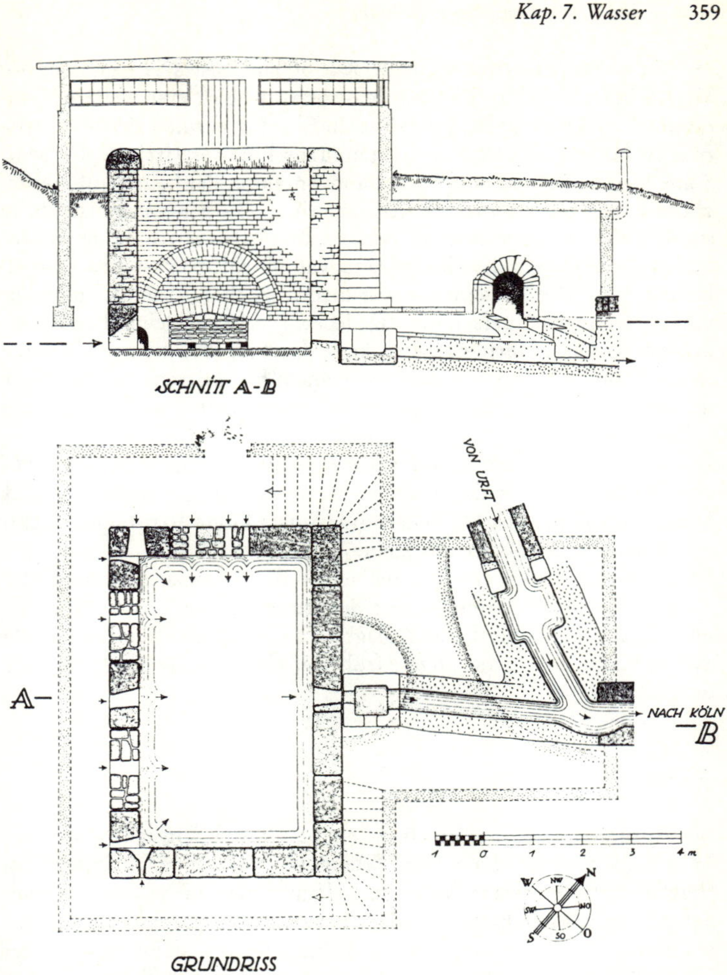

Abb. 96. Eifelwasserleitung bei Kallmuth (Kreis Schleiden). Grundriß der Quellfassung. (Aus: Haberey, 596.)

1948 versiegte, lieferte die Quelle 300–500 m³ bestes Trinkwasser pro Tag« (Haberey, 596). 1952 wurde östlich von Urft eine weitere Brunnenstube (1,93 × 1,86 m) freigelegt. In Eiserfey wurde 1959 »ein kreisrundes Becken von 3,05 m lichtem Durchmesser [freigelegt]. Seine Sohle liegt bei 320,10 m ü. N. N. und 2 m unter der heutigen Oberfläche, die wohl auch der römischen entspricht. Die Ringmauer ist 0,52 m stark, aus sauber zugerichteten Natursteinen exakt errichtet; den Boden bilden Ziegelplatten. Die Innenwand war mit rotem Wasserputz ausgekleidet. [. . .] Die Mauerkrone war ursprünglich mit Sandsteinblöcken von halbrundem Querschnitt abgedeckt. [. . .] Das kleine, handwerklich sauber ausgeführte Bauwerk hatte die Aufgabe, die zwei Wurzelstränge von Urft und von Weyer zu einem Hauptstrang zu vereinigen und diesen Treffpunkt zur leichteren Überwachung offen zu halten« (Haberey).
In Vussem wurden die Spuren eines Aquädukts festgestellt, dann 1960 am Osthang das von den Pfeilern 12, 13 und 14 getragene Teilstück wiederaufgebaut. Mit 14 Pfeilern (maximale Höhe 10 m) überbrückte der Aquädukt über 80 m das kleine Tal.
Berechnungen haben ergeben, daß alle in die Eifelwasserleitung eingespeisten Quellen zusammen eine Schüttmenge von 17000–20000 m³ pro Tag abgaben. Die älteren Anlagen wurden durch Münzfunde in die zweite Hälfte des 1., die jüngere frühestens in die Mitte des 2. Jahrhunderts datiert.

Mühlen

Bei Ausgrabungen in Lösnich (Kreis Bernkastel-Wittlich) wurde seit 1973 ein »römisches Land- und Weingut« (Neyses, 603) etappenweise freigelegt. Außer dem mehrfach umgebauten Herrenhaus, einer Kelteranlage, sechs Wirtschaftsgebäuden, einer Ofenanlage, einem ummauerten Kultbezirk, einem Friedhof und einem Schiefersteinbruch wurden etwa 200 m nördlich des Herrenhauses »eine in den Schieferfelsen eingeschrotete Radrinne« festgestellt (Abb. 97). Sie »hat einen trapezförmigen Querschnitt mit einer unteren Breite von 0,60 m, die sich nach oben auf 1,18 m verbreitert [A]. An der östlichen Seite des Berghanges befindet sich 2,90 m über der Sohle der Rinne eine Felseinarbeitung, in der sich unschwer das Auflager für die Radachse (Wellbaum) erkennen läßt [A+C]. Auf der gegenüberliegenden Seite schuf man auf dem angelegten Felsplateau parallel zur Radrinne einen bis zu 0,20 m tiefen

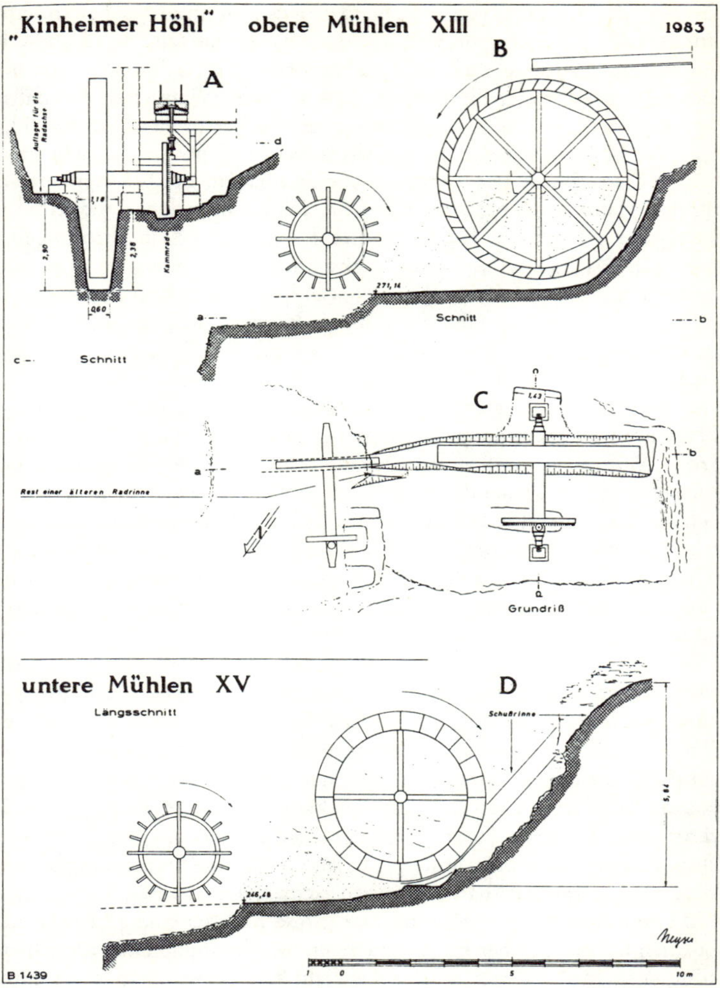

Abb. 97. Grundriß und Schnitte der Mühlen im römischen Weingut von Lösnich (aus: Neyses, 603).

Graben, der nur für ein entsprechend großes Kammrad geschaffen sein konnte« (Neyses). Es gibt Anhaltspunkte dafür, daß talseitig (B und C) ein weiteres Rad angebracht war. Es kann nicht ausgeschlossen werden, daß noch etwas tiefer die Kraft eines 4 m hohen Wasserfalls ebenfalls genützt wurde. Da die Wasserleistung des Kluckertbaches (mit etwa 5 l, maximal 10 l pro Sekunde) keinesfalls ausreicht, diese Anlage zu betreiben, müssen Stauvorrichtungen bestanden haben, die Wassermengen für den Mahlbetrieb bereithielten. »Tatsächlich befinden sich oberhalb im flacher werdenden Tal beiderseits des Baches Felsabschrotungen, wodurch das Bachtal auf eine durchschnittliche Breite von 13 m gebracht worden ist. [...] Da aber keinerlei Reste ehemaliger Staumauern gefunden wurden, werden diese möglicherweise in Holz-Lehmkonstruktion ausgeführt gewesen sein« (Neyses). Rund 90 m weiter entdeckte man eine zweite Mühlenanlage (D). Besonders wichtig sind die von Neyses vorgelegten (aus dem Fundzustand gut begründeten) Berechnungen über Dimensionen und Leistung der Mühlen. Das obere, große Mühlenrad muß einen Durchmesser von ziemlich genau 6 m gehabt haben; obgleich die Tiefe der Rinne (2,90 bzw. 2,38 m) eigentlich zu der Annahme führen müßte, daß das Rad »mittelschlächtig« betrieben wurde (das zufließende Wasser trifft die Mitte des Rades, das nur im unteren Teil die Wasserauswirkung entgegennimmt) und sich zudem in der Literatur (Vitruv, *De architectura* 5,485) nur unterschlächtige Räder erwähnt finden (das Wasser trifft nur die untere Hälfte des Rades; Auswirkung nur 35 %!), schlägt Neyses vor, hier einen oberschlächtigen Betrieb anzunehmen, der (bei 70 % Auswirkung) die Wassermenge optimal nutzt, die er von oben auf die vordere Hälfte des Rades gibt. Die Übertragung (s. Abb. 97 A) vom Kammrad auf die Getreidemahlvorrichtung geschah über ein sog. Laternentriebrad, das aus dem Kastell Zugmantel bekannt ist und 1912 von J. Jacobi veröffentlicht wurde. Jacobi nahm für einen Läuferstein von 0,75 m im Durchmesser 160 Umdrehungen pro Minute an; die Berechnung bleibt kontrovers, vergleichbare Angaben schwanken zwischen 60 und 172 Umdrehungen pro Minute. Das große Rad der oberen Mühle in Lösnich hat ganz sicher keine derartigen Geschwindigkeiten erreichen können. Seiner Anlage, seinem Gewicht und seiner Betriebsart entsprechend, schlägt Neyses 5 Umdrehungen pro Minute vor, was bei einem größtmöglichen Kammrad von 2,20 m Durchmesser mit 92 Zähnen (und einem Laternenrad mit sechs eisernen Triebstöcken) ein Übersetzungsverhältnis von 15,3:1 ergeben hätte, also 77 Umdrehungen pro Minute für den Mühlenstein. In der Stunde wären für den Betrieb dieser Anlage 360 m^3 Wasser aufzubieten gewesen. Mit den (angenommenen) 4000–5000 m^3 gestauten Wasserreserven war der Tagesbedarf also gut zu bestreiten.

Natürlich wurden diese hydraulischen Anlagen nicht nur zum Mahlen von Getreide benutzt; der mehrfach zitierte Vers des Ausonius (*Mosella* 363) stellt zwar die »saxa cerealia« (›Getreidesteine‹, Getreidemahlsteine) voran, dann aber folgt (V. 364) die Angabe, daß die Ruwer »tra(hit) stridentes serras per levia marmora«, heulende Sägen durch glatte »Marmorblöcke« jagt. Die Ruwer hat über 9 von 12 Monaten einen Fluß von 630 l pro Sekunde, gibt also überreiche Kraft zum Betrieb hydraulischer Anlagen ab. Marmor gibt es, wie gesagt, an der Ruwer keinen, es sei denn, daß man welchen hinbrachte, weil eben hier, in der Nähe von Trier, die technischen Voraussetzungen zur Beschneidung und Verarbeitung der importierten Blöcke gegeben waren.

Achtes Kapitel
Vegetalia

Über Wein und Weinbau ist seit der wegweisenden Studie von Siegfried Loeschcke (382) m. E. nichts generell Weiterführendes publiziert worden. Hier und da wird jetzt die Meinung wieder geäußert, auch Weinkultur und ›Weinproduktion‹ seien erheblich jünger, als man das ehedem glauben machen wollte. Um so interessanter sind die von A. Neyses schon 1977 veröffentlichten »Weinkelterhäuser« aus Lösnich-Hinterwald, Neumagen (Dhron) und Maring-Noviand (602). Während der Ringstein aus Koblenz eine eher runde oder ovale Bütte darstellt, gibt das Mosaik von Vienne ein viereckiges Becken wieder, in dem die Trauben zertreten werden. In Lösnich wurde zuerst ein 4,32 × 6,33 m großes Becken erkannt; davor (allerdings nicht in der Achse) liegt ein kleineres Becken, 1,20 × 2,56 m groß; beide sind mit wasserdichtem Putz und Viertelseierrundstäben versehen. Das kleinere Becken liegt 1,20 m tiefer als das größere und hat an der Nordostseite zwei ziegelgemauerte Stufen. Beide Becken gehören zu einem überdachten Bauwerk, das auch fünf Feuerstellen enthielt.

In Neumagen (Dhron) entdeckte man ein Becken von 2,80 × 3,80 m, dem ebenfalls ein kleineres Becken (1,58 × 1,06 m) vorgelagert ist. Beide sind in Tonplatten verlegt und verkleidet. Das kleinere Becken liegt 0,85 m tiefer als das große. In der Nähe gab es einen relativ gut erhaltenen Darrofen. »Auffallenderweise haben die Untersuchungen des Ofeninhalts durch Frau Dr. Hopf [. . .] keine Spuren von Brotgetreide erbracht (Neyses, 602; vgl. S. 365 f.). Dagegen fand man Reste von Linsen.

In Maring-Noviand stellte man ähnliche Verhältnisse fest: das größere Becken mißt 5,98 × 2,53 m im Lichten (es hat also bei 0,64 m festgestellter Füllhöhe eine Kapazität von 9,69 m^3), das kleinere 1,43 × 0,93 m (bei 0,75 bis 1 m Höhe, Fassungsvermögen 1–1,33 m^3). Man nimmt also an, daß die größeren Becken zur Zerstampfung der Trauben dienten, die kleineren vorübergehend den Most aufnahmen. Eine Reliefszene von einem Sarkophagdeckel aus der Villa Albani ist in dieser Hinsicht eindeutig. Die geernteten Trauben werden in das Kelterbecken gegeben und von drei kräftigen, nackten Jünglingen zertreten. Am schmalen Ende des Kelterbeckens gibt es das kleine Mostbecken, aus dem kleine

Amphoren abgefüllt werden. Aus diesen wird der Wein in verpichte Körbe gegeben, dann aus diesen in die bauchigen *dolia*, in denen sich die Gärung vollzog. Billige Tafelweine wurden in großen Holzfässern, bessere Lagen (und Importweine) in mit Stroh umgebenen Amphoren zu Wasser und zu Lande transportiert. Da von Schiffen bereits mehrmals gesprochen wurde und über Wagen seit alters nichts Neues mitzuteilen ist, beschränken wir uns hier darauf, eine schematische Typologie abzubilden (Abb. 98). Die dargestellten Fuhrwerke »lassen sich in zwei große Kategorien einteilen: ziemlich leichte zweirädrige Wagen mit Deichselgabel und vierrädrige Deichselwagen für den Transport von schweren Ladungen. Diese Fuhrwagen sind zwar kurz, aber ihr Ladegewicht [...] konnte bis anderthalb Tonnen erreichen« (Raepsaet, 608).

Über Pflanzen und Ackerbau haben die neuerdings systematisch (und sehr erfolgreich) betriebenen archäobotanischen Studien Aufschluß gebracht. So wurden in Xanten (wie vorher in Neuss) schon während der Ausgrabungen systematisch Bodenproben entnommen, d. h. aus möglichst allen Jahrhunderten der antiken Besiedlung und (um die Gegenprobe zu den ›militärischen‹ Untersuchungen in Neuss zu erbringen) ausschließlich aus der Xantener Zivilsiedlung. So ermöglichen »die Ergebnisse aus den beiden Untersuchungen [...], die Lebensmittelversorgung der Zivilbevölkerung und der Besatzungstruppe zu vergleichen« (Knörzer, 598). Die Untersuchung der 155 Bodenproben hat folgendes ergeben:

Kultur- und Nahrungspflanzen:
- *Getreidepflanzen:* Einkorn, Dinkel, Emmer, Gerste, Saathafer, Rispenhirse;
- *Hülsenfrüchte:* Erbse, Linse;
- *Gemüse- und Salatpflanzen:* Kohl, Möhren, Sellerie, Pastinak, Runkelrübe, Mangold;
- *Öl- und Gespinstpflanzen:* Lein, Mohn und Leindotter;
- *Gewürzpflanzen:* Petersilie, Fenchel, Koriander, Dill;
- *Nüsse, Obst und Beerenfrüchte:* Haselnuß, Walnuß, Weintraube, Birne, Süßkirsche, Pflaume, Zwetschge, Schlehe, Schwarzholunder, Himbeere;

Heilpflanzen:
- Bilsenkraut, Judenkirsche, Eisenkraut;

Unkräuter:
- Kornrade, Roggentrespe, Wicken, Brennesseln.

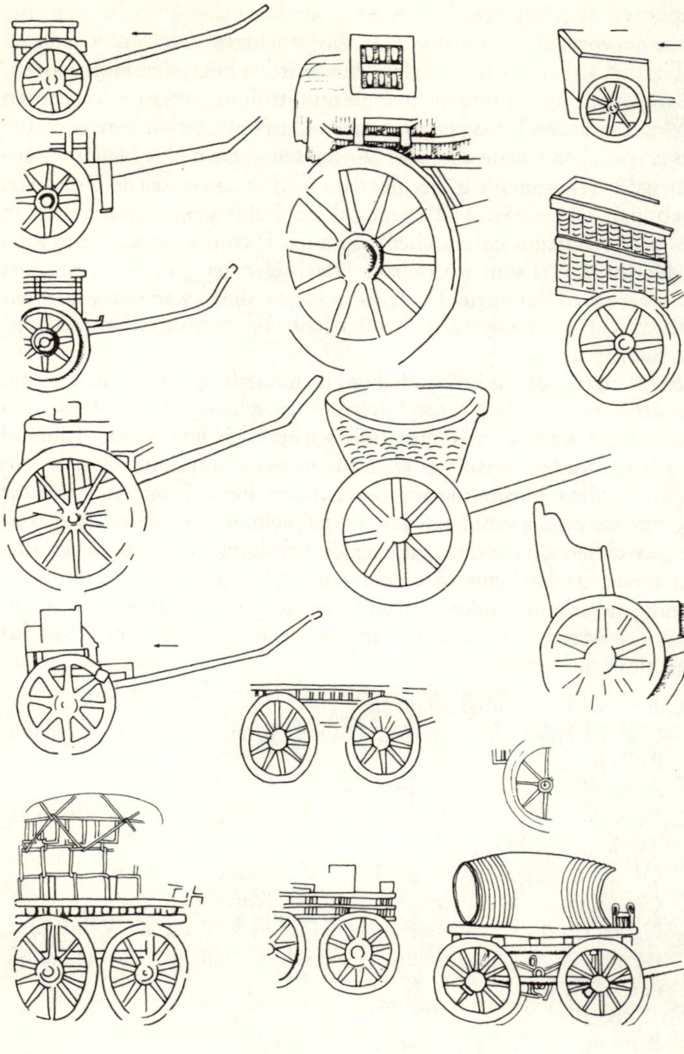

Abb. 98. Typen römischer Wagen (aus: Raepsaet, 608).

Wegen der möglichen Hinweise auf Viehhaltung inner- und außerhalb der Siedlung sind Spuren von Grünlandvegetation besonders interessant. Überreste im städtischen Siedlungsabfall bekunden dies sowohl für die *colonia* als auch für die Vorgängersiedlung des ersten nachchristlichen Jahrhunderts. Sie stammen aus Heuschobern, die mit Gras aus den stadtnahen Wiesen beschickt wurden. Man nimmt an, daß im allgemeinen der Heuertrag recht mäßig war: die besten heutigen Grasarten waren damals nicht bekannt, und bei fehlender Düngung lohnte sich eine zweite Mahd wohl kaum. So ließ man wahrscheinlich nach dem Schnitt das Vieh auf den Wiesen weiden. Der riesige Holzbedarf läßt annehmen, daß in Stadtnähe ursprünglich sog. Bruchwälder gerodet wurden, an deren Stellen Feuchtwiesen traten, die durch Gräben drainiert wurden. Viele Spuren aus dem Feuchtwiesenbereich (u. a. in *insula* 7) erbringen den Beweis dieser Kulturpraxis in der Nähe von Xanten.

Interessant sind auch die Ergebnisse betr. die Rheinufervegetation (Abb. 99). Vom Silberweidenwald bis zu den Zweizahngesellschaften am Mittelwasserniveau folgen Uferweidenbusch, Ufersaumgesellschaft und Flutrasengesellschaften. Die Mittelhochwasserlinie reicht bis in den Uferweidenbereich. Im Hafengebiet unterscheidet man (Abb. 100) am Ufersaum (in Abfallschichten): perenne Sträucher und Kräuter wie Kratzbeere, Brennessel und krause Distel, dazu die üblichen Ruderalpflanzen: Klette, Kratzdisteln und Schierling; im Flutrasen: Fingerkraut, Ampfer, Hahnenfuß-Arten, Wildkresse und rauhe Segge; am Wasserrand die *bidens*-Arten, Knöterich, Gänsefuß usw. Auffällig ist die Assoziation von nitrophilen Arten (*ranunculus, rumex maritimus*), wie sie heute ohne weiteres aus dem hohen Gehalt des Rheinwassers an Salzen aus landwirtschaftlichen Düngerrückständen und Industrieanlagen zu erklären sind. Das damalige Auftreten dieser Artenkombination hängt ohne Zweifel mit den lokalen Schuttablagerungen und den Abwasserleitungen vor der römischen Stadt zusammen. Die im Siedlungsbereich der Colonia Ulpia Traiana anfallenden jauchehaltigen Abwässer wurden durch in der Straßenmitte liegende Gräben gesammelt. Diese leiteten die Flüssigkeit jeweils unter den Türmen der flußseitigen Stadtmauer hindurch direkt in den Rhein. An solchen Stellen müssen nitratreiche Schlammflächen entstanden sein.

Man lebte aber nicht nur von pflanzlichen Nahrungsmitteln: in Xanten stammen 97,31 % der untersuchten Knochenfunde von Haustieren: Rind (60,25 %), Schwein (12,98 %), Pferd (11,64 %), Hund (6,28 %), Schaf/Ziege (4,08 %), Haushuhn (1,38 %), Gans (0,54 %), Ente

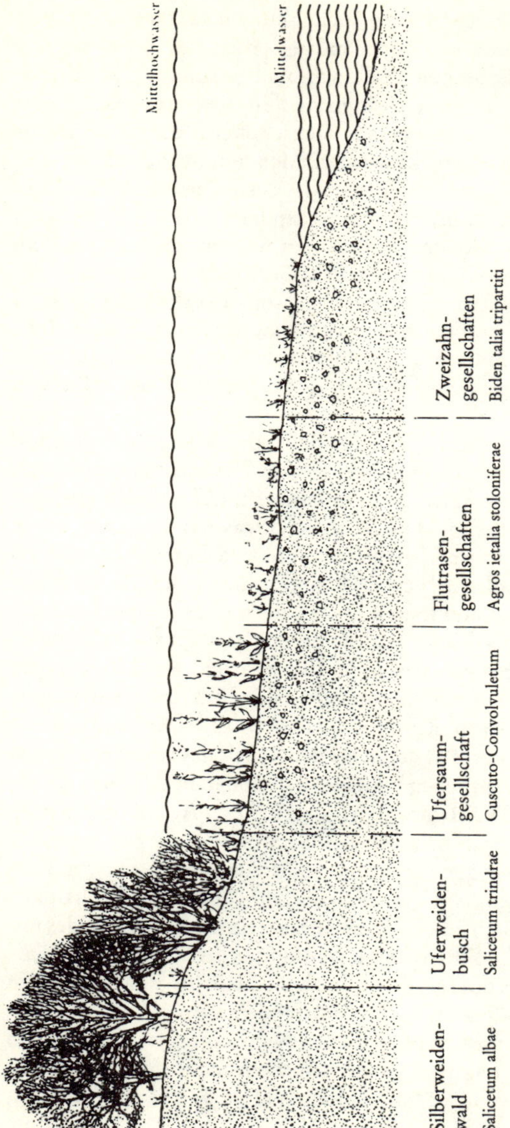

Abb. 99. Vegetation am ungestörten Rheinufer (aus: Knörzer, 598).

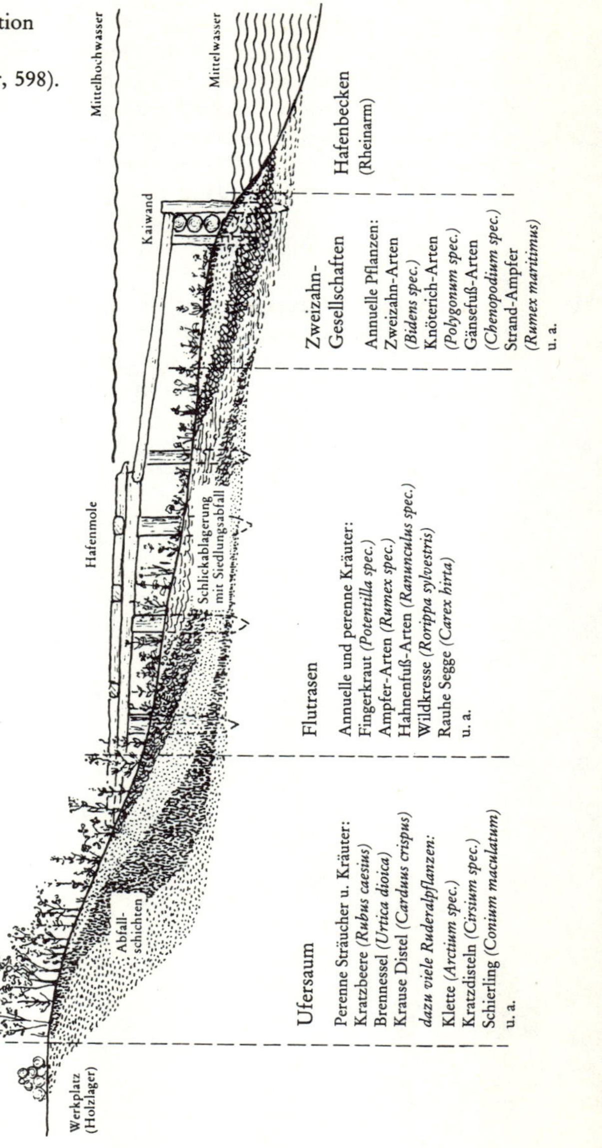

Abb. 100. Ufervegetation im Hafenbereich von Xanten (aus: Knörzer, 598).

(0,16 %) – die natürlich nicht alle ›Konsumzwecken‹ dienten! Das umliegende Weideland bot der Rinderzucht ausreichend Futter. Kornfelder lagen selbstverständlich auf trockeneren Böden. Geerntet wurde mit den S. 338 f. beschriebenen Sensen und Sicheln. Nach dem Dreschen mußten Dinkel- und Emmerähren noch entspelzt werden: dazu dienten die relativ häufigen Darröfen, in denen die Körner (bei mäßiger Hitze) getrocknet wurden; dann wurden die harten Spelzen herausgeklopft, abschließend im Winde geworfelt, d. h. mit Schaufeln und Körben emporgeworfen, damit nun »Spreu vom Weizen getrennt« werde.

Der Vergleich mit Neuss zeigt, daß in den Militärlagern die Ernährung abwechslungsreicher und nahrhafter war. Von Südfrüchten z. B. sind in Xanten nur Feige und Weintraube (in extrem geringen Mengen) belegt, in Neuss dagegen zusätzlich: Kichererbse, Olive, Reis, Pfirsich, Bockhornklee, Linsenwicke.

Bibliographie

Die Bibliographie, zunächst nach Gattungen, dann nach Sachgebieten geordnet und zugleich der Gliederung des Buches folgend, enthält jene Titel, auf die im Text (mit Hilfe der fortlaufenden Numerierung) Bezug genommen wird, sowie jeweils anschließend eine Auswahl weiterführender Literatur zum Thema. Ein Verzeichnis der wichtigsten Periodika – deren Titel in der Bibliographie gelegentlich in abgekürzter Form erscheinen – findet sich am Schluß (S. 402).

Teil 1: Römisches Deutschland?

Kap. 1: Der Weg der jüngeren Forschung

(1) Ternes, Ch.-M.: La vie quotidienne en Rhénanie romaine (Ier – IVe siècle). Paris 1972. – Dt., erw. und verb. Ausg.: Die Römer an Rhein und Mosel. Geschichte und Kultur. Übers. von D. Basrai in Zsarb. mit dem Autor. Stuttgart: Reclam, 1975 [u. ö.].

Die »Klassiker«

(2) Cramer, F.: Deutschland in römischer Zeit. Berlin 1912.
(3) Dragendorff, H.: Westdeutschland zur Römerzeit. Leipzig ^{2}1919.
(4) Frings, Th.: Germania Romana. 2 Bde. Bes. von G. Müller. Halle 1966–68.
(5) Germania Romana. Ein Bilder-Atlas. Hrsg. von der Römisch-Germanischen Kommission des Deutschen Archäologischen Instituts. 5 Tle. Bamberg 1926–30. [Siehe Nr. 335, 369, 370, 508, 539.]
(6) Hertlein, F. / Paret, O. / Goessler, P.: Die Römer in Baden-Württemberg. 3 Bde. Stuttgart 1928–32.
(7) Heuss, A.: Römische Geschichte. Braunschweig ^{3}1971.
(8) Jullian, C.: Histoire de la Gaule. Bd. 3. Paris 1923. S. 321 ff.
(9) Koepp, F.: Die Römer in Deutschland. Bielefeld ^{2}1926.
(10) Kornemann, E.: Römische Geschichte. Bd. 2: Kaiserzeit. 3. Aufl. bearb. von H. Bengtson. Stuttgart 1954.
(11) Mommsen, Th.: Römische Geschichte. Vollst. Ausg. in 8 Bdn. München 1976.
(12) Müllenhoff, K.: Deutsche Altertumskunde. 5 Bde. Berlin 1870–1900.
(13) Riese, A.: Das rheinische Germanien in der antiken Literatur. Leipzig 1892. [Vgl. auch Nr. 41.]
(14) – Das rheinische Germanien in den antiken Inschriften. Leipzig/Berlin 1914. Nachdr. Groningen 1968.
(15) Wagner, F.: Die Römer in Bayern. München ^{4}1928.

(16) Alföldi, A.: Rhein und Donau in der Römerzeit. In: Jahresbericht der Gesellschaft Pro Vindonissa 1953/54. S. 3 ff.
(17) Aubin, H.: Die Römerzeit in Deutschland, aus ihrem Fortwirken. In: Handbuch der deutschen Wirtschafts- und Sozialgeschichte. Hrsg. von H. A. und W. Zorn. Bd. 1. Stuttgart 1971. S. 39 ff.

(18) Bengtson, H.: Grundriß der römischen Geschichte mit Quellenkunde. Bd. 1: Republik und Kaiserreich bis 284 n. Chr. München 1967.
(19) Capelle, W.: Das alte Germanien. Nachrichten der Griechen und Römer. Jena 1937.
(20) Colin, J.: Les antiquités romaines de la Rhénanie. Paris 1927.
(21) Cramer, F.: Römisch-germanische Studien. Gesammelte Beiträge zur römisch-germanischen Altertumskunde. Breslau 1914.
(22) Dessau, H.: Geschichte der römischen Kaiserzeit. 2 Bde. Berlin 1924–30.
(23) Dragendorff, H.: Zur Geschichte der frührömischen Okkupation Germaniens. In: Berichte der Römisch-Germanischen Kommission 1 (1904) S. 13 ff.; 2 (1905) S. 48 ff.; 3 (1906/07) S. 151 ff.; 5 (1909) S. 73 ff.
(24) Feist, S.: Germanen und Kelten in der antiken Überlieferung. Baden-Baden ^{2}1948.
(25) Formigé, J.: L'occupation du Rhin sous la domination romaine. In: Revue rhénane 3 (1922/23) S. 92 ff.
(26) Grenier, A.: Études d'archéologie rhénane. Quatre villes romaines de Rhénanie: Trèves, Mayence, Bonn, Cologne. Paris 1925. Neudr. ebd. 1956.
(27) Harms, C.: Die Entdeckung Germaniens und der Germanen. Quellenzeugnisse aus der Antike. Bielefeld/Leipzig 1937.
(28) Haug, F. / Sixt, H.: Die römischen Inschriften und Bildwerke Württembergs. Stuttgart ^{2}1914.
(29) Hertlein, F.: Die Geschichte der Besetzung des römischen Württembergs. Stuttgart 1928.
(30) – Klassikerstellen zur Archäologie. In: Germania 9 (1925) S. 15 ff. und 10 (1926) S. 126 ff.
(31) Kersten, W. / Neuffer, E.: Bilder zur rheinischen Vorgeschichte. Frankfurt a. M. 1937.
(32) Klumbach, H.: Rheinhessen zur Römerzeit. In: Führer zu vor- und frühgeschichtlichen Denkmälern. Bd. 12. [Siehe Nr. 69.] S. 42 ff.
(33) Klose, J.: Roms Klientelstaaten an Rhein und Donau. Breslau 1934.
(34) Nack, E.: Germanien. Länder und Völker der Germanen. Wien/Heidelberg 1958.
(35) Paret, O.: Die Siedlungen des römischen Württemberg. Stuttgart 1932.
(36) – Württemberg in vor- und frühgeschichtlicher Zeit. Stuttgart 1961.
(37) Petrikovits, H. von: Die Erforschung des römischen Rheinlandes seit dem zweiten Weltkrieg. In: Rheinisches Jahrbuch 1 (1956) S. 80 ff.
(38) – Das römische Rheinland. Archäologische Forschungen seit 1945. Köln 1960.
(39) – Neue Forschungen zur römerzeitlichen Besiedlung der Nordeifel. In: Germania 34 (1956) S. 108 ff.
(40) Pflaum, H.: Das römische Kaiserreich. In: Propyläen Weltgeschichte. Hrsg. von A. Heuss [u. a.]. Bd. 4: Rom; Die römische Welt. Berlin 1963. S. 317 ff.
(41) Riese, A.: Nachträge zu »Das rheinische Germanien in der antiken Literatur«. In: Berichte der Römisch-Germanischen Kommission 8 (1913/15) S. 7 ff.
(42) Roeren, R.: Zur Archäologie und Geschichte Südwestdeutschlands im 3. bis 5. Jahrhundert n. Chr. In: Jahrbuch des Römisch-Germanischen Zentralmuseums 7 (1960) S. 214 ff.
(43) Schmitz, H.: Die Zeit der Römerherrschaft am Rhein. In: Das erste Jahrtausend 1 (1962) S. 7 ff.
(44) Schneider, H. (Hrsg.): Germanische Altertumskunde. München 1938. Verb. Nachdr. ebd. 1951.

(45) Schönberger, H.: Römerzeit [des Untermaingebiets]. In: Führer zu vor- und frühgeschichtlichen Denkmälern. Bd. 8. [Siehe Nr. 69.] S. 30 ff.
(46) Schoppa, H.: Die Bedeutung des Mittelrheingebietes in römischer Zeit. In: Nassauische Annalen 70 (1959) S. 13 ff.
(47) Schumacher, K.: Besiedelungs- und Kulturgeschichte der Rheinlande. Bd. 2: Die römische Periode. Mainz 1923.
(48) Sprater, F.: Die Pfalz unter den Römern. 2 Tle. Ludwigshafen 1929–30.
(49) Stein, E.: Histoire du Bas-Empire. 2 Bde. Paris 1949–59.
(50) Stroheker, K. F.: Germanentum und Spätantike. Zürich 1965.
(51) Wagner, E.: Fundstätten und Funde aus vorgeschichtlich-römischer und alemannisch-fränkischer Zeit im Großherzogtum Baden. 2 Bde. Tübingen 1908–11.
(52) Wahle, E.: Die Besiedlung Südwestdeutschlands in vorrömischer Zeit nach ihren natürlichen Grundlagen. In: Berichte der Römisch-Germanischen Kommission 12 (1920) S. 1 ff.
(53) – Die Vor- und Frühgeschichte des unteren Neckarlandes, erläutert an den vor- und frühgeschichtlichen Sammlungen des kurpfälzischen Museums. Heidelberg 1925.
(54) Wesenberg, G.: Provinciae. In: Pauly's Realencyclopädie der classischen Altertumswissenschaft. Bd. 23,1. Stuttgart 1957. Sp. 995 ff. [»Germaniae«: Sp. 1018 ff.]
(55) Wolff, G.: Zur römischen Städte- und Ortskunde: Besiedlung der südlichen Wetterau in vorgeschichtlicher und römischer Zeit. In: Berichte der Römisch-Germanischen Kommission 2 (1905) S. 69 ff.

Wesentliche neuere Gesamtdarstellungen

(56) Petrikovits, H. von: Die Rheinlande in römischer Zeit. Mit einem Überblick über die rheinische Vorgeschichte. Düsseldorf 1980.
(57) Filtzinger, Ph. [u. a.]: Die Römer in Baden-Württemberg. Stuttgart/Aalen 1976. 3., völlig neubearb. Aufl. 1986.
(58) Kellner, H. J.: Die Römer in Bayern. München ^{4}1978.
(59) Bechert, T.: Römisches Germanien zwischen Rhein und Maas. Die Provinz Germania Inferior. München 1982.

Forschungsberichte

(60) Ternes, Ch.-M.: Die Provincia Germania Superior im Bilde der jüngeren Forschung. (Mit Beiträgen von Raymond Chevallier [Tours/Paris]). In: Aufstieg und Niedergang der römischen Welt. Geschichte und Kultur Roms im Spiegel der neueren Forschung. Hrsg. von H. Temporini und W. Haase. Bd. II,5,2. Berlin / New York 1976. S. 721 ff. [Bibliographie: S. 1090–1233.]
(61) – Die römerzeitliche Civitas Treverorum im Bilde der Nachkriegsforschung. I. Von der Gründung bis zum Ende des 3. Jahrhunderts. In: Ebd. Bd. II,4. Berlin / New York 1975. S. 320 ff.
(62) – Bilans d'archéologie rhénane et trévire. I (1970–71). In: Caesarodunum (Tours) 7 (1972) S. 381 ff. – II (1972–73). In: Caesarodonum 9 (1974) S. 240 ff. – III (1974–75). In: Bulletin des Antiquités Luxembourgeoises 7 (1976) H. 1/2. S. 95 ff. – IV (1976–78). In: Bulletin des Antiquités Luxembourgeoises 9 (1978) S. 85 ff. – V (1978–81). (Zus. mit F. Faber.) In: Bulletin des Antiquités Luxembourgeoises 11/12 (1980–81) S. 31 ff.

Bibliographien

(62a) Beck, D.: Archäologische Bibliographie deutschsprachiger Hochschulschriften aus dem Arbeitsgebiet der Römisch-Germanischen Kommission für die Jahre 1945–1964. In: Berichte der Römisch-Germanischen Kommission 49 (1968) S. 153 ff.
(62b) Knies, H.: Mainz und Rheinhessen. Eine Bibliographie für die Jahre 1939–1954. Mainz 1956.
(62c) Keyser, E.: Bibliographie zur Städtegeschichte Deutschlands. Köln 1969.

Museumsführer

(63) Mörmann, K.: Der deutsche Museumsführer in Farbe. Frankfurt a. M. 1979.
(64) Museen in Baden-Württemberg. Stuttgart/Aalen 1976.
(65) Museen und Sammlungen in Bayern. München 1981.
(66) Städtische Kunstsammlungen Augsburg. Römisches Museum Augsburg. Augsburg 1978.
(67) Schindler, R.: Landesmuseum Trier. Führer durch die vorgeschichtliche und römische Abteilung. Trier ²1972.
(68) Stümpel, B. [u. a.]: Alzeyer Museum. 2. erw. Aufl. Alzey 1973.

Führer zu Denkmälern

(69) Führer zu vor- und frühgeschichtlichen Denkmälern. Hrsg. vom Römisch-Germanischen Zentralmuseum Mainz. 50 Bde. Mainz 1964–82. [Hier bes. wichtig: Bd. 3: Mannheim, Odenwald, Lorsch, Ladenburg. 1973. – Bd. 8: Miltenberg, Amorbach, Obernburg, Aschaffenburg, Seligenstadt. 1967. – Bd. 12: Nördliches Rheinhessen. Ingelheim, Bingen, Bad Kreuznach, Alzey, Oppenheim. 1967. – Bd. 15: Südliches Rheinhessen, nördliche Vorderpfalz. Worms, Kirchheim-Bolanden, Donnersberg. 1969. – Bd. 21: Hochtaunus. Bad Homburg, [Saalburg,] Usingen, Königstein, Hofheim. 1972. – Bd. 32: Trier. 1977.]
(70) Führer zu archäologischen Denkmälern in Deutschland. Hrsg. vom Nordwestdeutschen und dem West- und Süddeutschen Verband für Altertumsforschung. Bd. 1 ff. Stuttgart 1983 ff.
(71) Führer zu archäologischen Denkmälern in Baden-Württemberg. Hrsg. von dem Förderkreis für die Ur- und Frühgeschichtliche Forschung in Baden und der Gesellschaft für Vor- und Frühgeschichte in Württemberg und Hohenzollern. Bd. 1 ff. Stuttgart 1979 ff.
(72) Führer zu archäologischen Denkmälern in Bayern. Schwaben. Bd. 1. O. Schneider [u. a.]: Archäologische Wanderungen in Augsburg. Stuttgart/Aalen 1977. Bd. 2. H. Frei / G. Krahe: Archäologische Wanderungen im Ries. Ebd. 1979.
(73) Führer der Verwaltung der staatlichen Schlösser in Rheinland-Pfalz. H. 10: Trier, Porta Nigra. Mainz 1978.
(74) Beck, W. / Planck, D.: Der Limes in Südwestdeutschland. Limes-Wanderweg Main – Rems – Wörnitz. Stuttgart 1980.
(75) Hilgers, W.: Römische Straße. Rheinauenpark Bonn. Köln 1979.
(76) Hinz, H.: Xanten zur Römerzeit. Xanten 1967.

Die Gymnasium-Beihefte

(77) Germania Romana. I. Römerstädte in Deutschland. Heidelberg 1960. (Gymnasium-Beihefte. 1.)
(78) Germania Romana. II. Kunst und Kunstgewerbe im römischen Deutschland. Ebd. 1965. (Gymnasium-Beihefte. 5.)
(79) Germania Romana. III. Römisches Erbe auf germanischem Boden. Ebd. 1970. (Gymnasium-Beihefte. 7.)

Kunstdenkmäler

(80) Schoppa, H.: Die Kunst der Römerzeit in Gallien, Germanien und Britannien. [München/Berlin 1957.]
(81) Petrikovits, H. von: Die Originalität der römischen Kunst am Rhein. In: 8e Congrès international d'archéologie classique. Paris 1963. Paris 1965.
(82) Gabelmann, H.: Die Typen der römischen Grabstelen am Rhein. In: Bonner Jahrbücher 172 (1972) S. 64 ff.

Rechtsstatus

(83) Wightman, E. M.: Der Meilenstein aus Buzenol, eine Inschrift aus Mainz und die Rechtsstellung des römischen Trier. In: Trierer Zeitschrift 39 (1976) S. 61 ff.
(84) Wolff, H.: Kriterien für lateinische und römische Städte in Gallien und Germanien und die ›Verfassung‹ gallischer Stammesgemeinden. In: Bonner Jahrbücher 176 (1976) S. 45 ff.
(85) – Civitas und Colonia. In: Historia 26 (1977) S. 204 ff.

Romanisierung

(86) Chevallier, R.: Rome et la Germanie au premier siècle de notre ère. Brüssel 1961.
(87) Ternes, Ch.-M.: La romanisation de la Gaule du Nord-Est et des Germanies. Remarques préliminaires à une étude historique et archéologique du phénomène. In: Bulletin des Antiquités Luxembourgeoises 7 (1976) H. 3/4. S. 162 ff.
(88) – Recherches concernant la Gaule et les Germanies. I: Les relations entre Rome et les provinces du Nord-Est. In: Revue des Études Latines 56 (1978) S. 226 ff.
(89) – Les Trévires vus par Jules César. In: Bulletin des Antiquités Luxembourgeoises 10 (1979) S. 71 ff.
(90) – Tamdiu Germania vincitur. La critique tacitéenne de la politique romaine de Germanie. In: Histoire et Historiographie. Paris 1980. S. 165 ff.
(91) – Germania Romana. Einführung in Geschichte und Kultur. Luxemburg 1980.

Militär und Verwaltung

(92) Alföldy, G.: Die Legionslegaten der römischen Rheinarmeen. Köln/Wien/Graz 1967.
(93) – Die Hilfstruppen der römischen Provinz Germania Inferior. Düsseldorf 1968.
(94) Dobson, B.: The Significance of the Centurion and the Primipilaris in the Roman Army and Administration. In: Aufstieg und Niedergang der römischen Welt. [Siehe Nr. 60.] Bd. II,1. Berlin / New York 1974. S. 392 ff.
(94a) Domaszewsky, A. von: Trier. In: Korrespondenzblatt der Westdeutschen Zeitschrift 23 (1904) S. 163 ff.

(95) Domaszewsky, A. von: Die Rangordnung des römischen Heeres. Einf., Bericht und Nachtr. von B. Dobson. Köln/Wien/Graz, 1967.
(96) Doppelfeld, O.: Heer und Verwaltung in den Rheinlanden. In: Römer am Rhein. Ausstellung des Römisch-Germanischen Museums Köln. [Katalog.] Köln 1967. S. 23 ff.
(97) Hoffmann, D.: Das spätrömische Bewegungsheer und die Notitia Dignitatum. 2 Bde. Düsseldorf 1969.
(98) Kraft, K.: Zur Rekrutierung der Alen und Kohorten an Rhein und Donau. Bern 1951.
(99) Ritterling, E. Legio. In: Pauly's Realencyclopädie der classischen Altertumswissenschaft. Bd. 12,1. Stuttgart 1924. Sp. 1186 ff. Bd. 12,2. Ebd. 1925. Sp. 1211 ff.
(100) – / Groag, E. / Stein, E.: Die Fasti des römischen Deutschland unter dem Prinzipat. Wien 1932.
(101) Roxan, M.: The Distribution of Roman Military Diplomas. In: Epigraphische Studien 12 (1981) S. 287 ff.
(102) Saxer A.: Untersuchungen zu den Vexillationen des römischen Kaiserheeres von Augustus bis Diokletian. Köln/Wien/Graz 1967.
(103) Stein, E. / Ritterling, E.: Die kaiserlichen Beamten und Truppenkörper im römischen Deutschland unter dem Prinzipat. Wien 1932.
(104) Wiegels, R.: Numerus exploratorum Tribocorum et Boiorum. In: Epigraphische Studien 12 (1981) S. 309 ff.

(105) Alföldi, A.: Die Germania als Sinnbild der kriegerischen Tugend des römischen Heeres. In: Germania 21 (1937) S. 95 ff.
(106) Bechert, T.: Die cohors II Raetorum in Wiesbaden. In: Fundberichte aus Hessen 9/10 (1969/70) S. 86 ff.
(107) Berchem, D. van: L'armée de Dioclétien et la réforme constantinienne. Paris 1952.
(108) Callies, H.: Die fremden Truppen im römischen Heer des Prinzipats und die sogenannten ›nationalen numeri‹. In: Berichte der Römisch-Germanischen Kommission 45 (1964) S. 130 ff.
(109) Christol, M.: La carrière de Traianus Mucianus et l'origine des protectores. In: Chiron 7 (1977) S. 393 ff.
(110) Davies, R. M.: Cohors I Cugernorum. In: Chiron 7 (1977) S. 385 ff.
(111) Drexel, F.: Die Grenztruppen des obergermanischen Limes im 2. Jahrhundert. In: Germania 8 (1924) S. 13 ff.
(112) Ensslin, W.: Germanen in römischen Diensten. In: Gymnasium 52 (1941) S. 5 ff.
(113) Filtzinger, Ph.: Bemerkungen zur römischen Okkupationsgeschichte Südwestdeutschlands. In: Bonner Jahrbücher 157 (1957) S. 181 ff.
(114) Herz, P.: Die ala Parthorum et Araborum. Bemerkungen zur römischen Heeresgeschichte. In: Germania 60 (1982) S. 173 ff.
(115) Herzog, E.: Zur Okkupations- und Verwaltungsgeschichte des rechtsrheinischen Römerlandes. In: Bonner Jahrbücher 102 (1898) S. 83 ff.
(116) Hoffmann, D.: Die Gallienarmee und der Grenzschutz am Rhein in der Spätantike. In: Nassauische Annalen 84 (1973) S. 1 ff.
(117) Kellner, H. J.: Exercitus Raeticus. Truppenteile und Standorte im 1. bis 3. Jahrhundert. In: Bayerische Vorgeschichtsblätter 36 (1971) S. 207 ff.
(118) Kienast, D.: Untersuchungen zu den Kriegsflotten der römischen Kaiserzeit. Bonn 1966.

(119) Kraft, K.: Die Rolle der Colonia Iulia Equestris und die römische Auxiliarrekrutierung. In: Jahrbuch des Römisch-Germanischen Zentralmuseums 4 (1957) S. 81 ff.
(120) Nesselhauf, H.: Die spätrömische Verwaltung der gallisch-germanischen Länder. Berlin 1938.
(121) – Umriß einer Geschichte des obergermanischen Heeres. In: Jahrbuch des Römisch-Germanischen Zentralmuseums 7 (1960) S. 151 ff.
(122) Oldenstein-Pferdehirt, B.: Forschungen zum obergermanischen Heer. I. Die römischen Hilfstruppen nördlich des Main. In: Jahrbuch des Römisch-Germanischen Zentralmuseums 30 (1983) S. 347 ff. II. Die Geschichte der Legio VIII Augusta. In: Jahrbuch des Römisch-Germanischen Zentralmuseums 31 (1984) S. 397 ff.
(123) Petrikovits, H. von: Die römischen Streitkräfte am Niederrhein. Düsseldorf 1967.
(124) Radnoti, A.: Zur Dislokation der Auxiliartruppen in den Donauprovinzen. In: Limesstudien. Vorträge des 3. Internationalen Limeskongresses in Rheinfelden/Basel, 1957. S. 134 ff.
(125) Radnoti-Alföldi, M.: Zu den Militärreformen des Kaisers Gallienus. In: Ebd. S. 13 ff.
(126) Ritterling, E.: Zur römischen Legionsgeschichte. In: Westdeutsche Zeitschrift 12 (1893) S. 203 ff.
(127) Speidel, M. P.: Germanicus' Gardereiter. Ein neues Zeugnis zur Geschichte der singulares. In: Germania 53 (1975) S. 165 f.
(128) Stein, E.: Die Organisation der weströmischen Grenzverteidigung im 5. Jahrhundert und das Burgunderreich am Rhein. In: Berichte der Römisch-Germanischen Kommission 18 (1928) S. 92 ff.
(129) – Die kaiserlichen Beamten und Truppenkörper im römischen Deutschland unter dem Prinzipat. Mit Benützung von E. Ritterlings Nachlaß. Wien 1932. Nachdr. Amsterdam 1965.

Kap. 2: Kartographie

(130) Die Germania des Tacitus. Erl. von R. Much. 3. Ausg. bes. von H. Jankuhn und W. Lange. Heidelberg 1967.
(131) Menghin, W.: Kelten, Römer und Germanen. Archäologie und Geschichte. München 1980.
(132) Bogaers, J. E. / Rüger, C. B.: Der niedergermanische Limes. Materialien zu seiner Geschichte. Bonn 1974.
(133) Rüger, C. B.: Germania Inferior. Untersuchungen zur Territorial- und Verwaltungsgeschichte Niedergermaniens in der Prinzipatszeit. Köln/Graz 1968.
(134) Garbsch, J.: Der spätrömische Donau-Iller-Rhein-Limes. Stuttgart 1970.
(135) Aubin, H. / Niessen, J.: Geschichtsatlas der Rheinprovinz. Bonn/Köln 1926.
(136) Beier, H. E.: Untersuchung der Gestaltung des römischen Straßennetzes im Gebiet von Eifel, Hunsrück und Pfalz aus der Sicht des Straßenbauingenieurs. Goslar 1971.
(137) Berger, D.: Alte Wege und Straßen zwischen Mosel, Rhein und Fulda. Ein Versuch. In: Rheinische Vierteljahresblätter 22 (1957) S. 176 ff.
(138) Bogaers, J. E.: Civitates und Civitas-Hauptorte in der nördlichen Germania Inferior. In: Bonner Jahrbücher 172 (1972) S. 312 ff.

(139) Christmann, E.: Beiträge zur Römerstraßenforschung in der Pfalz. In: Pfälzer Heimat 23 (1972) S. 41 ff.
(140) Dauber, A.: Der Forschungsstand als innere Gültigkeitsgrenze der Fundkarte, dargestellt am Beispiel Nordbadens. In: Ur- und Frühgeschichte als historische Wissenschaft. Festschrift zum 60. Geburtstag von Ernst Wahle. Hrsg. von H. Kirchner. Heidelberg 1950. S. 94 ff.
(141) Eidmann, P.: Der Pilgerpfad, eine römische Heerstraße. In: Der Odenwald 12 (1965) S. 115 ff.
(142) Ernst, E. / Klingsporn, H. (Hrsg.): Hessen in Karte und Luftbild. Topographischer Atlas. Tl. 1. Neumünster 1969.
(143) Es, W. A. van: Das niederländische Flußgebiet von der Römerzeit bis ins Mittelalter. (Beiheft zu den Berichten der Römisch-Germanischen Kommission 58, 1977.)
(144) Fabricius, E.: Erläuterungen zum Geschichtlichen Atlas der Rheinprovinz. Bonn 1913.
(145) Filtzinger, Ph.: Ein Beitrag zur archäologischen Luftbildforschung an der oberen Donau. In: Kölner Jahrbuch für Vor- und Frühgeschichte 9 (1967/68) S. 62 ff.
(146) Fingerlin, G.: Die römische Straßenstation in Lahr und ihre Töpfereibetriebe. In: Archäologische Nachrichten aus Baden 18 (1970) S. 23 ff.
(147) Goessler, P.: Tabula Imperii Romani. Bl. M 32: Mogontiacum. Frankfurt a. M. 1940 [Karte 1:1000000 und Textheft.]
(148) Hafemann, D.: Beiträge zur historischen Geographie des nördlichen Rheinhessen. 3. Die ländlichen Siedlungen in römischer Zeit. In: Mitteilungsblätter zur rheinischen Landeskunde 6 (1957) S. 37 ff.
(149) Hagen, J.: Die Römerstraßen der Rheinprovinz. Bonn ^{2}1932.
(150) Haushofer, K. (Hrsg.): Der Rhein. Sein Lebensraum, sein Schicksal. 2 Bde. Berlin 1931.
(151) Herrnbrodt, A.: Übersichtskarte der archäologischen Denkmäler im Rheinland. Bonn 1969. [Karte 1:200000 und Textheft.]
(152) Hertlein, F. / Wolff, G.: Art, Naturgeschichte und Kennzeichen der Römerstraßen. In: Fundberichte aus Schwaben N.F. 2 (1922/24) S. 53 ff.
(153) Hertlein, F. / Goessler, P.: Die Straßen und Wehranlagen des römischen Württemberg. Stuttgart 1930.
(154) Heuberger, R.: Die Westgrenze Rätiens. In: Prähistorische Zeitschrift 34/35 1949/50) S. 47 ff.
(155) Kiekebusch, W.: Archäologische Karten Deutschlands und der Grenzgebiete. In: Reallexikon der Vorgeschichte. Hrsg. von M. Ebert [u. a.]. Bd. 1. Berlin 1924. S. 212 ff.
(156) Maull, O.: Verkehrsgeographie des Rheingebietes. In: K. Haushofer (Hrsg.): Der Rhein. Sein Lebensraum, sein Schicksal. Bd. 1. Berlin 1931. S. 58 ff.
(157) Meisen, K. [u. a.]: Geschichtlicher Handatlas der deutschen Länder am Rhein. Köln 1950.
(158) Müller, R.: Tabula Germaniae secundae. Itinerarstraßen im 4. Jahrhundert. Orte und Zeugen der Peutingerschen Tafel und des Antoninischen Itinerars. Köln 1946.
(159) Müller, K. Th. Ch.: Alte Straßen und Wege in Oberhessen. Bd. 1: Das Gebiet zwischen Kinzig und Nidder. Darmstadt 1928.
(160) Nahrgang, K.: Archäologische Fundkarte des Mainmündungsgebietes. In: Mainzer Zeitschrift 29 (1934) S. 28 ff.

(161) Niederehe, J.: Straße und Weg in der gallo-romanischen Toponomastik. Genf/Paris 1967.
(162) Nierhaus, R.: Zur Bevölkerungsdichte der Oberrheinlande unter der römischen Herrschaft. In: Badische Forschungen 15 (1939) S. 91 ff.
(163) – Römische Straßenverbindungen durch den Schwarzwald. In: Badische Forschungen 23 (1967) S. 117 ff.
(164) Niessen, J.: Geschichtlicher Handatlas der deutschen Länder am Mittel- und Niederrhein. Köln 1950.
(165) Ölmann, F.: Gallorömische Straßensiedlungen und Kleinhausbauten. In: Bonner Jahrbücher 128 (1923) S. 77 ff.
(166) Petrikovits, H. von: Bemerkungen zur Westgrenze der römischen Provinz Niedergermanien. In: Studien zur europäischen Vor- und Frühgeschichte. Festschrift für Herbert Jankuhn. Hrsg. von M. Claus [u. a.]. Neumünster 1968. S. 115 ff.
(167) – Militärisches Nutzland in den Grenzprovinzen des römischen Reiches. In: Actes du 7ᵉ congrès international d'épigraphie grecque et latine 1977. Paris 1979. S. 229 ff.
(168) Schetter, W. / Uslar, R. von: Zu den pontes longi (Tac. Ann. I,63,3). In: Gymnasium 87 (1971) S. 201.
(169) Schlueter, O.: Die Besiedlung Deutschlands. In: Deutschland. Die natürlichen Grundlagen seiner Kultur. Hrsg. von der Kaiserl. Leopold. Deutschen Akademie der Naturforscher zu Halle. Leipzig 1928. S. 286 ff.
(170) Schmid, W. P.: Hydronymia Germaniae. Reihe A. Lfg. 7: Das Flußgebiet des Main. Wiesbaden 1970.
(171) Schumacher, K.: Ortsnamen und Römerstraßen in Westdeutschland. In: Mainzer Zeitschrift 10 (1915) S. 63 ff.
(172) Seel, K. A.: Römerzeitliche Fluren im Mayener Stadtwald. In: Bonner Jahrbücher 163 (1963) S. 317 ff.
(173) Sölter, W.: Das römische Germanien aus der Luft. Bergisch-Gladbach 1981.
(174) Springer, O.: Die Flußnamen Württembergs und Badens. Stuttgart 1930.
(175) Stengel, E. E. / Uhlhorn, F. (Bearb.): Geschichtlicher Atlas von Hessen. Lfg. 1 ff. Frankfurt a. M. 1960 ff.
(176) Weisgerber, J.: Erläuterungen zur Karte der römerzeitlich bezeugten rheinischen Namen. In: Rheinische Vierteljahresblätter 23 (1958) S. 1 ff.

Teil 2: Das Bild der Geschichte

(177) Baltzer, M.: Die Alltagsdarstellungen der treverischen Grabdenkmäler. In: Trierer Zeitschrift 46 (1983) S. 7 ff.
(177a) Beck, J. J.: Römische Herrschergestalten. Kaiser Domitian. In: Bulletin des Antiquités Luxembourgeoises 16 (1985) S. 83 ff.
(178) Berchem, D. van: La conquête de la Rhétie. In: Museum Helveticum 25 (1968) S. 1 ff.
(178a) Braunert, H.: Omnium provinciarum populi Romani ... fines auxi. In: Chiron (1971) S. 208 ff.
(179) Brunt, P. A.: Tacitus and the Batavian Revolt. In: Latomus 19 (1960) S. 494 ff.
(180) Christ, K.: Zur augusteischen Germanienpolitik. In: Chiron 7 (1977) S. 149 ff.

(181) Corpus Inscriptionum Latinarum. Hrsg. von der Preußischen Akademie der Wissenschaften. Bd. 13: Inscriptiones trium Galliarum et Germaniarum Latinae. 6 Tle. Berlin 1899–1943.
(182) Duchesne, L.: Fastes épiscopaux de l'ancienne Gaule. 3 Bde. Paris 1907–15. [V. a. Bd. 3, S. 30–44.]
(183) Eggers, H.-J.: Zur absoluten Chronologie der römischen Kaiserzeit im Freien Germanien. In: Jahrbuch des Römisch-Germanischen Museums 2 (1955) S. 196 ff.
(184) Etienne, R.: Bordeaux antique. Bordeaux 1962.
(185) Ewig, E.: Trier im Merowingerreich. Civitas, Stadt, Bistum. Trier 1954.
(186) – Spätantikes und fränkisches Gallien. Gesammelte Schriften (1952–1973). 3 Bde. Zürich/München 1976–79.
(187) Gose, E.: Katalog der frühchristlichen Inschriften in Trier. Berlin 1958.
(187a) Gutenbrunner, S.: Die Stammesgliederung der rheinischen Germanen. In: Beiträge zur Geschichte der deutschen Sprache und Literatur 60 (1936) S. 360 ff.
(188) Hachmann, R. / Kossack, G. / Kuhn, H.: Völker zwischen Germanen und Kelten. Schriftquellen, Bodenfunde und Namengut zur Geschichte des nördlichen Westdeutschlands um Christi Geburt. Neumünster 1962.
(189) Hachmann, R.: Die Germanen. Genf 1971.
(190) Recueil des inscriptions chrétiennes de la Gaule antérieures à la renaissance carolingienne, publié sous la direction de Henri-Irénée Marrou. Bd. 1: Première Belgique. Hrsg. von N. Gauthier. Paris 1975.
(191) Kellner, H.-J.: Zur römischen Verwaltung in den Zentralalpen. In: Bayerische Vorgeschichtsblätter 39 (1974) S. 92 ff.
(191a) Kornemann, E.: Wann wurde Trier römische Kolonie? In: Westdeutsche Zeitschrift 23 (1903) S. 178 ff.
(192) Kraft, K.: Zum Legionslager Augsburg-Oberhausen. In: Aus Bayerns Frühzeit. Friedrich Wagner zum 75. Geburtstag. Hrsg. von J. Werner. München 1962. S. 139 ff.
(193) Krier, J.: Die Treverer außerhalb ihrer Civitas. Mobilität und Aufstieg. Trier 1981.
(194) Marx, F.: Ausonius. In: Pauly's Realencyclopädie der classischen Altertumswissenschaft. Bd. 2. Stuttgart 1896. Sp. 2562 ff.
(195) – Ausonius und die Mosella. In: Jahrbuch des Vereines von Altertumsfreunden im Rheinland 120 (1911) S. 1 ff.
(196) – Ausonius' Lied von der Mosel. In: Rheinisches Museum 80 (1932) S. 368 ff.
(196a) Nagl, A.: Valentinianus I. In: Pauly's Realencyclopädie der classischen Altertumswissenschaft. Bd. II,7,2. Stuttgart 1948. Sp. 2158 ff.
(197) Nesselhauf, H.: Die Besiedlung der Oberrheinlande in römischer Zeit. In: Badische Forschungen 19 (1951) S. 71 ff.
(198) Norden, E.: Die germanische Urgeschichte in Tacitus' Germania. Stuttgart ^{4}1959.
(199) Reallexikon der Germanischen Altertumskunde. Hrsg. von H. Jankuhn [u. a.]. Bd. 1 ff. Berlin 1973 ff.
(200) Tacitus: Die Historien. Komm. von H. Heubner. Bd. 5. Heidelberg 1982. [V. a. S. 158 ff.]
(201) Ternes, Ch.-M.: Ausone. Bibliographie objective et subjective. (Bulletin des Antiquités Luxembourgeoises 14, 1983.)
(202) Timpe, D.: Arminius-Studien. Heidelberg 1970.
(203) Wiedemer, H. R., Die Walenseeroute in frührömischer Zeit. In: Helvetia Anti-

qua. Festschrift für Emil Vogt. Hrsg. von R. Degen [u. a.]. Zürich 1966. S. 167 ff.
(204) Wenskus, R., Stammesbildung und Verfassung. Das Werden der frühmittelalterlichen gentes. Köln ^{2}1977.
(205) Wightman, E. M.: The Patterns of Rural Settlement in Roman Gaul. In: Aufstieg und Niedergang der römischen Welt. Bd. II,4. Berlin / New York 1975. S. 584 ff.
(206) Wiltheim, A.: Luciliburgensia sive Luxemburgum Romanum. Hrsg., übers. und erl. von Ch.-M. Ternes. H. 3: Augusta Treverorum. I. Luxemburg 1985.
(207) Zöllner, E.: Geschichte der Franken bis zur Mitte des sechsten Jahrhunderts. Auf der Grundlage des Werkes von L. Schmidt unter Mitw. von J. Werner neu bearb. München 1970. [V. a.: »Stammesbildung und Frühgeschichte«, S. 1–43; »Von der Antike zum Mittelalter«, S. 254–262; Quellenverzeichnis: S. 263–269.]

(208) Albert, R.: Das Bild des Augustus auf den frühen Reichsprägungen. Studien zur Vergöttlichung des ersten Princeps. Speyer 1981.
(209) Alföldi, A.: Studien zur Geschichte der Weltkrise des 3. Jahrhunderts n. Chr. Darmstadt 1967.
(210) Alföldy, G.: Ein Friedensschluß des Kaisers Commodus mit den Germanen. In: Historia 20 (1971) H. 1. S. 84 ff.
(211) Baatz, D. / Riediger, H.: Römer und Germanen am Limes. Frankfurt a. M. 1966.
(212) Baatz, D.: Zur Grenzpolitik Hadrians in Obergermanien. In: Roman Frontier Studies. Tel Aviv 1969. S. 112 ff.
(213) – Zum archäologischen Nachweis eines Alemanneneinfalles am obergermanischen Limes unter Elagabal. In: Bonner Jahrbücher 171 (1971) S. 377 ff.
(214) Baetke, W.: Die Aufnahme des Christentums durch die Germanen. Ein Beitrag zur Frage der Germanisierung des Christentums. Darmstadt 1959.
(215) Bechert, T.: Ein Alamanneneinfall am obergermanischen Limes unter Elagabal. In: Epigraphische Studien 8 (1969) S. 53 ff.
(216) Behn, F.: Römertum und Völkerwanderung. Stuttgart 1963.
(217) Boegli, H.: Studien zu den Koloniegründungen Caesars. Murten 1966.
(218) Böhner, K.: Die Frage der Kontinuität zwischen Altertum und Mittelalter im Spiegel der fränkischen Funde des Rheinlandes. In: Trierer Zeitschrift 19 (1950) S. 82 ff.
(219) – Der Übergang vom Altertum zum Mittelalter im Bereich des römischen Main-Limes. In: Führer zu vor- und frühgeschichtlichen Denkmälern. Bd. 8. [Siehe Nr. 69.] S. 61 ff.
(220) Bowersock, G. W.: Augustus and the Greek World. Oxford 1965.
(221) Brunt, P. A.: The Revolt of Vindex and the Fall of Nero. In: Latomus 18 (1959) S. 531 ff.
(222) Christ, K.: Zur römischen Okkupation der Zentralalpen und des nördlichen Alpenvorlandes. In: Historia 6 (1957) S. 416 ff.
(223) – Römische Geschichte. Einführung, Quellenkunde, Bibliographie. Darmstadt 1973.
(224) Cramer, P. / Pescheck, Ch. [u. a.]: Einführung in die Vor- und Frühgeschichte des Untermaingebietes. In: Führer zu vor- und frühgeschichtlichen Denkmälern. Bd. 8. [Siehe Nr. 69.] S. 1 ff.

(225) Deininger, J.: Die Provinziallandtage der römischen Kaiserzeit. Von Augustus bis zum Ende des 3. Jahrhunderts n. Chr. München 1965.
(226) Doppelfeld, O.: Römer am Rhein. In: Römer am Rhein. [Siehe Nr. 96.] S. 13 ff.
(227) – Der Rhein und die Römer. Köln 1970.
(228) Ekholm, G.: Die absolute Chronologie der römischen Kaiserzeit. In: Jahrbuch des Römisch-Germanischen Zentralmuseums 4 (1957) S. 119 ff.
(229) Ewig, E.: Der Mittelrhein im Merowingerreich. Eine historische Skizze. In: Nassauische Annalen 82 (1971) S. 49 ff.
(230) Fischer, F., Die keltischen Oppida Südwestdeutschlands und ihre historische Situation. In: Archeologické Rozhledy 23 (1971) H. 3/4. S. 417 ff.
(231) – Caesar und die Helvetier. Neue Überlegungen zu einem alten Thema. In: Bonner Jahrbücher 185 (1985) S. 1 ff.
(232) Gilles, R. C.: How Caesar Bridged the Rhine. In: The Classical Journal 64 (1969) S. 359 ff.
(233) Goessler, P.: Die älteste Besiedlungsgeschichte des Tübinger Bodens. In: Tübinger Blätter 29 (1938) S. 1 ff. und 30 (1939) S. 6 ff.
(234) Günther, R. / Köpstein, H. (Hrsg.): Die Römer an Rhein und Donau. Zur politischen, wirtschaftlichen und sozialen Entwicklung in den römischen Provinzen an Rhein, Mosel und oberer Donau im 3. und 4. Jahrhundert. Berlin (Ost) 1975.
(235) Heinen, H.: Trier und das Trevererland in römischer Zeit. Trier 1985.
(236) Heuss, A.: Die völkerrechtlichen Grundlagen der römischen Außenpolitik in republikanischer Zeit. In: Klio-Beiheft N. F. 31 (1933) S. 60 ff.
(237) Jankuhn, H.: Das Freie Germanien bis 500. In: Handbuch der deutschen Wirtschafts- und Sozialgeschichte. Hrsg. von H. Aubin und W. Zorn. Bd. 1. Stuttgart 1971. S. 56 ff.
(238) Körner, G.: Zur Chronologie der römischen Kaiserzeit im Freien Germanien. In: Jahrbuch des Römisch-Germanischen Zentralmuseums 4 (1957) S. 108 ff.
(239) Koestermann, E.: Der Zug der Cimbern. In: Gymnasium 76 (1969) S. 310 ff.
(240) Latouche, R.: Aspect démographique de la crise des grandes invasions. In: Population 2 (1943) S. 681 ff.
(241) Lewuillon, S.: Histoire, société et lutte des classes en Gaule: une féodalité à la fin de la république et au début de l'empire. In: Aufstieg und Niedergang der römischen Welt. Bd. II,4. Berlin / New York 1975. S. 525 ff.
(242) Musset, L.: Les invasions. Les vagues germaniques. Paris 1965.
(243) Neuss, W.: Die Anfänge des Christentums im Rheinlande. Bonn 1933.
(244) Oldfather, W. A. / Canter, H. V.: The Defeat of Varus and the German Frontier Policy of Augustus. New York 1915.
(245) Petit, P.: La paix romaine. Paris 1967.
(246) – Le premier siècle de notre ère. Paris 1968.
(247) Petrikovits, H. von: Das Fortleben römischer Städte an Rhein und Donau im frühen Mittelalter. In: Trierer Zeitschrift 19 (1950) S. 72 ff.
(248) – Arminius. In: Bonner Jahrbücher 166 (1966) S. 175 ff.
(249) – Beiträge zur römischen Geschichte und Archäologie. 1931–1974. Bonn 1976.
(250) – Germania (Romana). In: Reallexikon für Antike und Christentum. Hrsg. von Th. Klauser [u. a.]. Bd. 10. Stuttgart 1978. Sp. 548 ff.
(251) Rémondon, R.: La crise de l'Empire romain. De Marc-Aurèle à Anastase. Paris 1964.

(252) Schleiermacher, W.: Die Spätlatènezeit in der Wetterau. In: Saalburg-Jahrbuch 11 (1952) S. 21 ff.
(253) – Die Besetzung Germaniens durch Drusus. In: Analecta Archaeologica. Festschrift für Fritz Fremersdorf. Köln 1960. S. 231 ff.
(254) Schmidt, L.: Zum Namen Arminius. In: Germania 27 (1943) S. 53 f.
(255) Schmithenner, W. (Hrsg.): Augustus. Darmstadt 1969.
(256) Schulz, W.: Der Wanderzug der Kimbern zum Gebiet der Boier. Ein Versuch der Festlegung auf prähistorisch-archäologischer Grundlage. In: Germania 13 (1929) S. 139 ff.
(257) Timpe, D.: Der Triumph des Germanicus. Untersuchungen zu den Feldzügen der Jahre 14–16 n. Chr. in Germanien. Bonn 1968.
(258) – Drusus' Umkehr an der Elbe. In: Rheinisches Museum 110 (1967) S. 289 ff.
(258a) Urban, R.: Der »Bataveraufstand« und die Erhebung des Iulius Classicus. Trier 1985.
(259) Wells, C. M.: The Augustan Penetration of Germany: Dates and Destinations. In: Roman Frontier Studies. Tel Aviv 1971. S. 1 ff.
(260) – The German Policy of Augustus. An Examination of the Archaeological Evidence. Oxford 1972.
(261) Wesenberg, G.: Provinciae. In: Pauly's Realencyclopädie der classischen Altertumswissenschaft. Bd. 23,1. Stuttgart 1957. Sp. 995 ff. [»Germaniae«: Sp. 1018 ff.]

»Germanen«

(262) Behn, F.: Die Markomannenhütten auf der Marcussäule. In: Germania 3 (1919) S. 52 ff., 83 f.
(263) – Die Markomannen am Rhein. In: Forschungen zur Vor- und Frühgeschichte 2 (1957) S. 98 ff.
(264) Bernhart, M.: Die Geschichte der Germanen im Spiegel der römischen Münzen. In: Blätter für Münzfreunde 76 (1941) S. 193 ff.
(265) Böhme, A.: Tracht- und Bestattungssitten in den germanischen Provinzen und der Belgica. In: Aufstieg und Niedergang der römischen Welt. Bd. II,12,3. Berlin / New York 1985. S. 423 ff.
(266) Collinder, B.: The Name Germani. In: Arkiv 59 (1944) S. 19 ff. [Bibliographie: S. 33 ff.].
(267) Drexel, F.: Die germanischen Hütten auf der Markussäule. In: Germania 2 (1918) S. 114 ff.
(268) Günther, R.: Zur Entstehung des Feudalismus bei den Franken. Die römisch-germanische Auseinandersetzung im 4. und 5. Jahrhundert. In: Zeitschrift für Geschichtswissenschaft 20 (1972) S. 427 ff.
(269) Koch, R.: Die Tracht der Alamannen in der Spätantike. In: Aufstieg und Niedergang der römischen Welt. [Siehe Nr. 60.] Bd. II,12,3. Berlin / New York 1985. S. 456 ff.
(270) Koethe, H.: Beiträge zur Darstellung von Germanen. In: Germania 21 (1937) S. 250 ff.
(271) Kraft, K.: Zur Entstehung des Namens Germania. Wiesbaden 1971.
(272) Krogmann, W.: Zum Problem des Germanennamens. In: Beiträge zur Namensforschung 3 (1952) S. 139 ff.
(273) Kunze, R.: Die Germanen in der antiken Literatur. Eine Sammlung der wich-

tigsten Textstellen. Bd. 1: Römische Literatur. Leipzig/Wien 1906. Bd. 2: Griechische Literatur. Ebd. 1907.
(274) Nierhaus, R.: Das swebische Gräberfeld von Diersheim. Studien zur Geschichte der Germanen am Oberrhein vom gallischen Krieg bis zur alamannischen Landnahme. Berlin 1966.
(275) Nuber, H. U.: Municipes Vangiones. In: Germania 50 (1972) S. 251 ff.
(276) Preidel, H.: Über den Zusammenhang der markomannischen Kulturentwicklung mit der politischen Geschichte des Stammes. In: Germania 12 (1928) S. 151 ff.
(277) Schmit, L.: Zur Geschichte der Triboker, Nemeter und Wangionen. In: Zeitschrift für Geschichte des Oberrheins N. F. 51 (1937/38) S. 259 ff.
(278) – Zur Geschichte der Hermunduren. In: Germania 23 (1939) S. 262 ff.
(279) Schoppa, H.: Die Besitzergreifung des Limesgebietes durch die Alamannen. In: Nassauische Annalen 67 (1956) S. 1 ff.
(280) Schulz, W.: Staat und Gesellschaft in germanischer Vorzeit. Leipzig 1926.
(281) – Die germanische Familie in der Vorzeit, Leipzig 1925.
(282) – Das germanische Haus in vorgeschichtlicher Zeit. Leipzig ^{2}1923.
(283) Stümpel, G.: Name und Nationalität der Germanen. Eine neue Untersuchung zu Poseidonius, Caesar und Tacitus. Leipzig 1932.

Tacitus und seine »Germania«

(284) Borszák, I.: Das Germanicusbild des Tacitus. In: Latomus 28 (1969) S. 588 ff.
(285) Delz, J.: Der Namenssatz und weitere korrupte Stellen in den kleinen Schriften des Tacitus. In: Museum Helveticum 27 (1970) S. 224 ff.
(286) Focke, F.: Der Namenssatz. In: Satura. Früchte aus der antiken Welt. [Festschrift Otto Weinreich.] Baden-Baden 1952. S. 31 ff.
(286a) P. Cornelii Taciti ›De Germania‹. Erkl. von A. Gudeman. Berlin 1916.
(287) Gutenbrunner, S.: Über ›decumates agri‹ als ›Zehntland‹ aufgefaßt. In: Klio 34 (1942) S. 357 ff.
(288) Hertlein, F.: Decumates agri. In: Germania 13 (1929) S. 51 f.
(289) Hesselmeyer, E.: Tacitus und die Zehntlandstheorie. In: Klio 31 (1938) S. 92 ff.
(290) – Dekumatland – Zehntland – Egartenland. In: Klio 36 (1944) S. 175 ff.
(291) Heubner, A.: Neues zum ›Namensatz‹ des Tacitus (Germ. 2.2). In: Gymnasium 69 (1962) S. 426 ff.
(292) Ihm, H.: Agri Decumates. In: Pauly's Realencyclopädie der classischen Altertumswissenschaft. Bd. I,1. Stuttgart 1893. Sp. 893 ff.
(293) Kaspers, W.: Zu ›decumates agri‹. In: Hermes 76 (1941) S. 315 ff.
(294) Krass, K.: Urgentibus imperii fatis. Tac. Germania 33. In: Hermes 96 (1968) S. 591 ff.
(295) Lauwers, P.: De vrijheidszin der Germanen in Tacitus' »De origine et situ Germanorum«. In: Hermeneus 42 (1970/71) S. 18 ff.
(296) Melin, B.: Zum Namensatz der Germania. In: Eranos 61 (1963) S. 143 ff.
(297) Pekkanen, T.: Tac. Germ 2,3 and the Name Germani. In: Arctos 7 (1972) S. 107 ff.
(298) Pöschl, V.: Tacitus. Darmstadt 1969.
(299) Rau, R.: Decumates agri. In: Germania 12 (1928) S. 143 ff.
(300) Schnetz, J.: ›Decumates‹ agri (Tac. Germ. 29). Eine Textverderbnis. In: Zeitschrift für Namenforschung 14 (1938) S. 227 ff.

(301) Schnetz, J.: Noch einmal die ›decumates agri‹. In: Zeitschrift für Namenforschung 16 (1940) S. 121 ff.
(302) – Ellis Hesselmeyer in »Die Welt als Geschichte« II und Walter Sontheimer in RE über decumates agri. In: Zeitschrift für Namenforschung 16 (1940) S. 130 ff.
(303) – Der Zusammenbruch der Form decumates (Tac. Germ. 29). Die agrarhistorische Lösung des Problems. In: Zeitschrift für Namenforschung 18 (1942) S. 14 ff.
(304) Steidle, W.: Tacitusprobleme. In: Museum Helveticum 22 (1965) S. 81 ff.
(305) Steinhausen, W.: Der Namensatz in cap. 2 der Germania des Tacitus, samt einer Kritik der wichtigsten neueren Ansichten über den Germanennamen. In: Rheinische Vierteljahresblätter 20 (1955) S. 12 ff.
(306) Syme, R.: Tacitus. 2 Bde. Oxford 1958.

Teil 3: Menschen und ihre Götter

(307) Corpus Signorum Imperii Romani. Corpus der Skulpturen der römischen Welt. Deutschland. Hrsg. von der Römisch-Germanischen Kommission des Deutschen Archäologischen Instituts zu Frankfurt am Main und der Prähistorischen Staatssammlung München. Bd. I,1: Raetia (Bayern südlich des Limes) und Noricum (Chiemseegebiet). Aus dem Nachlaß von F. Wagner bearb. von G. Gamer und A. Rüsch. Bonn 1973. Bd. II,1: Germania Superior. Alzey und Umgebung. Bearb. von E. Künzl. Ebd. 1975. Bd. II,2: Germania Superior. G. Bauchhenss: Die große Juppitersäule aus Mainz. Ebd. 1984. Bd. II,3: Germania Superior. G. Bauchhenss: Denkmäler des Juppiterkultes aus Mainz und Umgebung. Ebd. 1980. Bd. III,1: Germania Inferior. Bonn und Umgebung. Militärische Grabdenkmäler. Bearb. von G. Bauchhenss. Ebd. 1978. Bd. III,2: Germania Inferior. Bonn und Umgebung. Zivile Grabdenkmäler. Bearb. von G. Bauchhenss. Ebd. 1979.
(308) Dragendorff, H. / Krüger, E.: Das Grabmal von Igel. Trier 1924.
(309) Drexel, F.: Die Götterverehrung im römischen Germanien. In: Berichte der Römisch-Germanischen Kommission 14 (1922/23) S. 1 ff.
(310) Dumézil, G.: Les dieux des Indo-Européens. Paris 1952.
(311) Eilers, W.: Semiramis. Entstehung und Nachhall einer altorientalischen Sage. Wien 1971.
(312) Espérandieu, E.: Recueil général des bas-reliefs, statues et bustes de la Germanie romaine. Paris/Brüssel 1931.
(313) Galsterer, B. und H.: Die römischen Steininschriften aus Köln. Köln 1975.
(314) Hahl, L.: Zur Stilentwicklung der provinzialrömischen Plastik in Germanien und Gallien. Darmstadt 1937.
(315) Horn, H. G.: Mysteriensymbolik auf dem Kölner Dionysosmosaik. Bonn 1972.
(316) Kähler, H.: Die rheinischen Pfeilerdenkmäler. In: Bonner Jahrbücher 139 (1934) S. 145 ff.
(317) Körber, K.: Die große Jupitersäule im Altertumsmuseum der Stadt. Mainz 1915.
(318) Lehner, H.: Die antiken Steindenkmäler des Provinzialmuseums in Bonn. Bonn 1918.

(319) Massow, W. von: Die Grabdenkmäler von Neumagen. Berlin/Leipzig 1932.
(320) Parlasca, K.: Die römischen Mosaiken in Deutschland. Berlin 1959. ^{2}1971.
(321) Petrikovits, H. von: Zu CIL XIII 8648 aus Vetera (Caeliusstein). In: H. v. P.: Beiträge zur römischen Geschichte und Archäologie. 1931–1974. Bonn 1976. S. 103 ff.
(322) Quilling, F.: Die Jupitersäule des Samus und Severus. Das Denkmal in Mainz und seine Nachbildung auf der Saalburg. Leipzig 1918.
(323) Ristow, G.: Götter und Kulte in den Rheinlanden. In: Römer am Rhein. [Siehe Nr. 96.] S. 57 ff.
(324) Schleiermacher, W.: Studien an Göttertypen der römischen Rheinprovinzen. In: Berichte der Römisch-Germanischen Kommission 23 (1933) S. 109 ff.
(325) Schoppa, H.: Römische Götterdenkmäler in Köln. Köln 1959.
(326) – Römische Bildkunst in Mainz. Wiesbaden 1963.
(327) Ternes, Ch.-M. (Hrsg.): La religion romaine en milieu provincial. Luxemburg 1985.

(328) Baatz, D.: Wandmalereien aus einem Limeskastell. In: Gymnasium 75 (1968) S. 262 ff. [Echzell.]
(329) Baldes, H.: Sandsteinhäuschen aus dem römischen Kreuznach. In: Germania 7 (1923) S. 74 ff.
(330) Beckmann, Ch.: Metallfingerringe der römischen Kaiserzeit im Freien Germanien. In: Saalburg-Jahrbuch 26 (1969) S. 7 ff.
(331) Behrens, G.: Ein Mithräum in Bingen. In: Germania 6 (1922) S. 81 ff.
(332) – Frühchristliches aus Alzey und Kreuznach. In: Germania 7 (1923) S. 29 f.
(333) – Germanische und gallische Götter in römischem Gewand. Mainz 1944.
(334) Berger, L. / Joos, M.: Das Augster Gladiatorenmosaik. In: Römerhaus und Museum Augst. Jahresbericht 1969/70. S. 3 ff.
(335) Bersu, M.: Kunstgewerbe und Kunsthandwerk. Bamberg 1930. (Germania Romana. [Siehe Nr. 5.] Tl. 5.)
(336) Blümlein, C.: Bilder aus dem römisch-germanischen Kulturleben. München/ Berlin ^{2}1926.
(337) Brommer, F.: Vulcanus in Alzey. In: Alzeyer Geschichtsblätter 8 (1971) S. 60 f.
(338) Büttner, A.: Figürlich verzierte Bronzen vom Kastell Zugmantel. In: Saalburg-Jahrbuch 20 (1962) S. 62 ff.
(339) Derolez, R. L. M.: De godsdienst der Germanen. Roermond/Maaseik 1959.
(340) Domaszewsky, A. von: Die Religion des römischen Heeres. In: Westdeutsche Zeitschrift 14 (1895) S. 1 ff.
(341) Drexel, F.: Die Gottheiten der equites singulares und die Juppitersäulen. In: Germania 8 (1924) S. 49 ff.
(342) – Antikes Sagengut auf römischen Denkmälern des Rheinlandes. In: Trierer Zeitschrift 3 (1928) S. 165 ff.
(343) Egger, R.: Die Wachstafel von Rottweil. In: Germania 36 (1958) S. 373 ff.
(344) Exner, K.: Die provinzialrömischen Emailfibeln der Rheinlande. In: Berichte der Römisch-Germanischen Kommission 29 (1939) S. 31 ff.
(345) Ferri, S.: Arte Romana sul Reno. Mailand 1931.
(346) Focke, R.: Das Dreigötterrelief von der Brigachquelle. In: Badische Fundberichte 20 (1956) S. 123 ff.
(347) Frenz, H. G.: Der Ehrenbogen des Dativius Victor zu Mainz und seine neue

Rekonstruktion. In: Berichte der Römisch-Germanischen Kommission 62 (1981) S. 219 ff.
(348) Gabelmann, H.: Römische Grabbauten der frühen Kaiserzeit. Stuttgart 1979.
(349) Gall, H. von: Bemerkungen zum Bogen des Dativius Victor in Mainz. In: Jahrbuch des Römisch-Germanischen Zentralmuseums 15 (1968) S. 98 ff.
(350) Gamer, G.: Kaiserliche Bronzestatuen aus den Kastellen und Legionslagern an der Rhein- und Donaugrenze des römischen Imperiums. Bonn 1969.
(351) Garbsch, J. / Kellner, H.-J.: Das Mithraeum von Pons Aeni [Pfaffenhofen]. In: Bayerische Vorgeschichtsblätter 50 (1985) S. 355 ff.
(352) Geib, K. / Guthmann, O.: Der Kreuznacher Mosaikboden. Kreuznach ²1958.
(353) Gerster, E.: Mittelrheinische Bildhauerwerkstätten im 1. Jahrhundert nach Christus. Bonn 1938.
(354) Goessler, P.: Wochengötterdenkmäler aus Cannstatt. In: Germania 16 (1932) S. 203 ff.
(355) Grimm, G.: Die Zeugnisse ägyptischer Religion und Kunstelemente im römischen Deutschland. Leiden 1969.
(356) Guthmann, O.: Das Zirkusmosaik [im Karl-Geib-Museum in Bad Kreuznach]. In: Führer zu vor- und frühgeschichtlichen Denkmälern. Bd. 12. [Siehe Nr. 69.] S. 155 ff.
(357) Hassel, F. J.: Das Sol-Mosaik aus Münster-Sarmsheim. In: Ebd. S. 137 f.
(358) Heinz, W.: Der Altar der Diana Abnoba in Badenweiler. In: Archäologische Nachrichten aus Baden 27 (1981) S. 13 ff.
(359) Haug, F.: Römische Kellertische. In: Germania 3 (1919) S. 10 ff.
(360) Hoffmann, H. / Claer, V. von: Antiker Gold- und Silberschmuck. Katalog mit Untersuchung der Objekte auf technischer Grundlage. Mainz 1968.
(361) Jacobi, H.: Das Heiligtum des Jupiter Dolichenus auf dem Zugmantel. In: Saalburg-Jahrbuch 6 (1914/24) S. 271 ff.
(362) Kaehler, H.: Die römischen Kapitelle des Rheingebietes. Berlin 1939.
(363) Kienle, R. von: Das Auftreten keltischer und germanischer Gottheiten zwischen Oberrhein und Limes. In: Archiv für Religionswissenschaft 35 (1938) S. 252 ff.
(364) Klumbach, H. / Baatz, D.: Eine römische Parade-Gesichtsmaske aus dem Kastell Echzell, Kreis Büdingen (Hessen). In: Saalburg-Jahrbuch 27 (1969) S. 73 ff.
(365) Klumbach, H.: Römisches Quellheiligtum bei Nierstein. In: Führer zu vor- und frühgeschichtlichen Denkmälern. Bd. 12. [Siehe Nr. 69.] S. 248 f.
(366) – Altes und Neues zum ›Schwert des Tiberius‹. In: Jahrbuch des Römisch-Germanischen Zentralmuseums 17 (1970) S. 123 ff.
(367) Koch, R.: Kunst der Römerzeit. Tl. 1: Funde aus den Kastellorten Böckingen, Wimpfen und Jagsthausen. Heilbronn 1971.
(368) Koepp, F.: Römische Bildkunst am Rhein und an der Donau. In: Berichte der Römisch-Germanischen Kommission 13 (1921) S. 1 ff.
(369) – Die Grabdenkmäler. Bamberg 1926. (Germania Romana. [Siehe Nr. 5.] Tl. 3.)
(370) – Die Weihedenkmäler. Bamberg 1928. (Germania Romana. [Siehe Nr. 5.] Tl. 4.)
(371) Koethe, H.: Die keltischen Rund- und Vielecktempel der Kaiserzeit. In: Berichte der Römisch-Germanischen Kommission 23 (1933) S. 10 ff.
(372) Kohl, O.: Zu dem Gladiatorenmosaik von Kreuznach. In: Germania 1 (1917) S. 152.

(373) Kohl, O.: Modell eines römischen Tores in Kreuznach. In: Ebd. S. 153 f.
(374) – »Juno« auf dem Kreuznacher Viergötterstein. In: Germania 2 (1918) S. 85.
(375) Krüger, E.: Das römische Quellenheiligtum in Baden-Baden. In: Ebd. S. 77 ff.
(376) – Diana Tifatina am Limes. In: Germania 17 (1933) S. 104 f.
(377) Kunst und Kunstgewerbe im römischen Deutschland. Heidelberg 1965. (Gymnasium-Beihefte. 5.)
(378) Kutsch, F.: Eine Mainzer Bildhauerwerkstätte claudischer Zeit. In: Schumacher-Festschrift. Zum 70. Geburtstag von Karl Schumacher dargebracht von der Direktion des Römisch-Germanischen Zentralmuseums in Mainz. Mainz 1930. S. 270 ff.
(379) La Baume, P.: Römisches Kunsthandwerk in den Rheinlanden. In: Römer am Rhein. [Siehe Nr. 96.] S. 49 ff.
(380) Lehner, H.: Orientalische Mysterienkulte im römischen Rheinland. In: Bonner Jahrbücher 129 (1924) S. 36 ff.
(381) Linckenheld, E.: Hausgrabsteine in Süddeutschland. In: Germania 15 (1931) S. 28 ff.
(382) Loeschcke, S.: Denkmäler vom Weinbau aus der Römerzeit an Mosel, Saar und Ruwer. Trier [1933].
(383) Menzel, H.: Römisch-Germanisches Zentralmuseum Mainz. Die römischen Bronzen aus Deutschland. Bd. 1: Speyer. Mainz 1960. Bd. 2: Trier. Ebd. 1966.
(384) – Rheinisches Landesmuseum Bonn. Römische Bronzen. Eine Auswahl. Düsseldorf 1969.
(385) Mylius, H. [u. a.]: Die römischen Heilthermen von Badenweiler. Berlin/Leipzig 1936.
(386) Mysteria Mithrae. Hrsg. von U. Bianchi. Leiden 1979.
(387) Neuffer, E.: Ein römisches Familiengrab von Nickenich bei Andernach. In: Germania 16 (1932) S. 22 ff. und 285 ff.
(388) Niemeyer, H. G.: Zur römischen Architektur der Rheinlande. In: Römer am Rhein. [Siehe Nr. 96.] S. 35 ff.
(389) Pagenstecher, R.: Römische Wandmalereien an Bodensee und Jura. In: Germania 2 (1918) S. 33 ff.
(390) Precht, G.: Das Grabmal des L. Poblicius. Köln 1975.
(391) Reusch, W.: Antike Theater in den Rhein- und Mosellanden. Mainz 1964.
(392) Riegl, A.: Spätrömische Kunstindustrie. Wien ^{2}1927.
(393) Riese, A.: Zur Geschichte des Götterkultes im rheinischen Germanien. In: Westdeutsche Zeitschrift 17 (1898) S. 1 ff.
(394) Ristow, G.: Mithras im römischen Köln. Leiden 1974.
(394a) Röring, Ch.: Bemerkungen zum römischen Wagen aus Frenz, Kreis Düren. In: Archäologisches Korrespondenzblatt 8 (1978) S. 319 ff.
(395) Schelb, B.: Heilige Brunnen im Breisgau, aus vorchristlicher und christlicher Zeit. In: Freiburger Diözesan-Archiv F. 3. 1 (1950) S. 204 ff.
(396) Schleiermacher, L.: Das zweite Mithreum in Stockstadt a. M. In: Germania 12 (1928) S. 46 ff.
(397) Schleiermacher, M.: Zu Ikonographie und Herleitung des Reitermotivs auf römischen Grabsteinen. In: Boreas. Münstersche Beiträge zur Archäologie 4 (1981) S. 69 ff.
(398) – Römische Wandmalerei in Köln. In: Roman Wall Painting of the Western Empire. Oxford 1982. S. 91 ff.
(399) Schoppa, H.: Orientalische und griechische Einflüsse in der provinzialrömi-

schen Kultur mit besonderer Berücksichtigung des Limesgebietes nördlich des Mains. In: Nassauische Annalen 64 (1953) S. 1 ff.
(400) Schopa, H.: Keltische Einflüsse in der provinzialrömischen Plastik. In: Bonner Jahrbücher 158 (1958) S. 268 ff.
(401) – Keltische Einflüsse in der römischen Plastik in Gallien und Germanien. In: Celticum 12 (1965) S. 267 ff.
(402) – Die römische Bildkunst am Rhein. In: Germania Romana. II. Kunst und Kunstgewerbe in Deutschland. Heidelberg 1965. (Gymnasium-Beihefte. 5.) S. 49 ff.
(403) – Zur römischen Plastik am Mittelrhein in augusteischer und claudischer Zeit. In: Forschungen zur Kunstgeschichte und christlichen Archäologie 6 (1966) S. 1 ff.
(404) Schwertheim, E.: Die Denkmäler orientalischer Gottheiten im römischen Deutschland. Münster 1973.
(405) Sommer, M.: Das Heiligtum der Matronae Veteranehae bei Abenden. In: Bonner Jahrbücher 185 (1985) S. 313 ff.
(406) Ternes, Ch.-M.: Sanctuaires et cultes en pays trévire et rhénan. In: Caesarodunum 9 (1974) S. 246 ff.
(407) Tóth, I.: Destruction of the sanctuaries of Iuppiter Dolichenus on the Rhine and in the Danube region (235–238). In: Acta Archaeologica Hungarica 25 (1973) S. 109 ff.
(408) Vermaseren, M.J.: Mithras. Geschichte eines Kultes. München 1965.
(409) – Der Kult des Mithras im römischen Germanien. Aalen 1974.
(410) – Der Kult der Kybele und des Attis im römischen Germanien. Aalen 1979.
(411) Weisgerber, L.: Zur Inschrift von Nickenich. In: Germania 17 (1933) S. 14 ff., 95 ff.
(412) Weynand, R.: Form und Dekoration der römischen Grabsteine der Rheinlande im 1. Jahrhundert. In: Bonner Jahrbücher 108/109 (1902) S. 185 ff.
(413) Winter, F.: Stilzusammenhänge in der römischen Skulptur Galliens und des Rheinlandes. In: Bonner Jahrbücher 131 (1926) S. 1 ff.
(414) Wissowa, G.: Religion und Kultus der Römer. München ^{2}1912.

Juppitersäulen

(415) Bauchhenss, G. / Noelke, P.: Die Jupitersäulen in den germanischen Provinzen. Köln 1981.
(416) Filtzinger, Ph.: Die Jupitergigantensäule von Walheim. In: Fundberichte aus Baden-Württemberg 1 (1974) S. 437 ff.
(417) Hertlein, F.: Die Juppitergigantensäulen. Stuttgart 1910.
(418) Sprater, F.: Die Jupitersäulen. Ein Beitrag zur Religionsgeschichte der Kelten und Germanen. In: Pfälzer Heimat 2 (1951) S. 65 ff.

Teil 4: Stadt, Lager, Gutshof

Köln

(419) Binsfeld, W.: Ein Theatermodell aus Köln. In: Kölner Jahrbuch für Vor- und Frühgeschichte 8 (1965/66) S. 44 ff.

(420) Boeselager, D. von / Precht, G.: Der Mosaikfund am Südturm des Kölner Domes. In: Bonner Jahrbücher 183 (1983) S. 385 ff.
(421) Bracker-Wester, U.: Die römischen Mosaiken von Köln. In: Archäologisches Korrespondenzblatt 4 (1974) S. 237 ff.
(422) Filtzinger, Ph.: Zur Lokalisierung der Zweilegionenfestung ›apud aram Ubiorum‹. In: Kölner Jahrbuch für Vor- und Frühgeschichte 6 (1962/63) S. 23 ff.
(423) Fremersdorf, F.: Das Alter der römischen Stadtmauer Kölns. In: Bonner Jahrbücher 139 (1934) S. 64 ff.
(424) – Neue Beiträge zur Topographie des römischen Köln. Berlin 1950.
(425) Hellenkemper, H.: Architektur als Beitrag zur Geschichte der Colonia Claudia Ara Agrippinensium. In: Aufstieg und Niedergang der römischen Welt. Bd. II,4. Berlin / New York 1975. S. 783 ff.
(426) Kühnemann, E. / Binsfeld, W.: Die Grabungen im Kapitolbezirk. In: Kölner Jahrbuch für Vor- und Frühgeschichte 8 (1965/66) S. 46 ff.
(427) La Baume, P.: Das römische Köln. In: Bonner Jahrbücher 172 (1972) S. 271 ff.
(428) Meier-Arendt, W. / La Baume, P.: Das Praetorium. In: Führer zu vor- und frühgeschichtlichen Denkmälern. Bd. 38. [Siehe Nr. 516.] S. 92 ff.
(429) Neu, S.: Das Haus mit dem Dionysos-Mosaik. In: Ebd. S. 68 ff.
(430) Noelke, P.: Zur Grabplastik im römischen Köln. In: Ebd. Bd. 37,1. [Siehe Nr. 514.] S. 124 ff.
(431) – Das Grabmal des Lucius Poblicius. In: Ebd. Bd. 39. [Siehe Nr. 517.] S. 104 ff.
(432) Precht, G.: Baugeschichtliche Untersuchungen zum römischen Praetorium in Köln. In: Rheinische Ausgrabungen (Köln) 14 (1973) S. 15 ff.
(433) Rathgens, H.: St. Maria im Kapitol zu Köln. Düsseldorf 1913.
(434) Weisgerber, J. L.: Die Namen der Ubier. Köln/Opladen 1968.

Mainz

(435) Baatz, D.: Mogontiacum. Neue Untersuchungen am römischen Legionslager in Mainz. Berlin 1962.
(436) Chamoux, F.: Une sculpture de Mayence. In: Bulletin de la Société Nationale des Antiquaires de France. Jg. 1963. S. 205 ff.
(437) Decker, K. V. / Selzer, W.: Mogontiacum: Mainz, von der Zeit des Augustus bis zum Ende der römischen Herrschaft. In: Aufstieg und Niedergang der römischen Welt. Bd. II,4. Berlin / New York 1975. S. 457 ff.
(438) Frenz, H. G.: Zur Benennung des ›Mainzer Kopfes‹. In: Archäologisches Korrespondenzblatt 12 (1982) Nr. 3. S. 373 ff.
(439) Hassel, F. J.: Die römische Siedlung und das Auxiliarlager von Mainz-Weisenau. In: Führer zu vor- und frühgeschichtlichen Denkmälern. Bd. 11. [Siehe Nr. 518.] S. 105 f.
(440) Helbig, W.: Führer durch die öffentlichen Sammlungen klassischer Altertümer in Rom. 4., völlig neubearb. Aufl. Hrsg. von H. Speier. Bd. 1: Die päpstlichen Sammlungen im Vatikan und Lateran. Bearb. von B. Andreae. Tübingen 1963. Bd. 4: Die Staatlichen Sammlungen. Museo ostiense in Ostia antica. Museo der Villa Hadriana in Tivoli. Villa Albani. Bearb. von B. Andreae [u. a.]. Ebd. 1972.
(441) Höckmann, O.: »Keltisch« oder »Römisch«? Bemerkungen zur Typengenese der spätrömischen Ruderschiffe von Mainz. In: Jahrbuch des Römisch-Germanischen Zentralmuseums 30 (1983) S. 403 ff.

(442) Hübner, W.: Die Eigenschaften der Tierkreiszeichen in der Antike. Ihre Darstellung und Verwendung, unter besonderer Berücksichtigung des Manilius. Wiesbaden 1982.
(443) Kähler, H.: Porträtkopf des jugendlichen Augustus. In: Römer am Rhein. [Siehe Nr. 96.] S. 135 ff.
(444) Klumbach, H.: Mainz zur Römerzeit. In: Führer zu vor- und frühgeschichtlichen Denkmälern. Bd. 11. [Siehe Nr. 518.] S. 35 ff.

Xanten

(445) Hinz, H.: Colonia Ulpia Traiana. Die Entwicklung eines römischen Zentralortes am Niederrhein. I. Prinzipat. In: Aufstieg und Niedergang der römischen Welt. Bd. II,4. Berlin / New York 1975. S. 825 ff. [Literaturverzeichnis: S. 866 ff.].

Rottweil

(446) Goessler, P.: Arae Flaviae. Führer durch die Altertumshalle der Stadt Rottweil. [Augsburg] 1928.
(447) Planck, D.: Die Topographie des römischen Rottweil. In: Bonner Jahrbücher 172 (1972) S. 195 ff.
(448) – Arae Flaviae. Neue Untersuchungen zur Geschichte des römischen Rottweil. 2 Bde. Stuttgart 1976.
(449) Rüsch, A.: Arae Flaviae. Das römische Rottweil. In: Aufstieg und Niedergang der römischen Welt. Bd. II,5,1. Berlin / New York 1976. S. 560 ff.
(450) – Das römische Rottweil. Stuttgart 1981.
(451) Wilmanns, J. C.: Die Doppelurkunde von Rottweil und ihr Beitrag zum Städtewesen in Obergermanien. In: Epigraphische Studien 12 (1981) S. 1 ff.

Augsburg

(452) Kellner, H.-J.: Das römische Augsburg. In: Aufstieg und Niedergang der römischen Welt. Bd. II,5,2. Berlin / New York 1976. S. 690 ff.
(453) Ohlenroth, L.: Zum Stadtplan der Augusta Vindelicum. In: Germania 32 (1954) S. 76 ff.
(454) Overbeck, B.: Raetien zur Prinzipatszeit. In: Aufstieg und Niedergang der römischen Welt. Bd. II,5,2. Berlin / New York 1976. S. 658 ff.

Trier

(455) Boutron, F.: Augusta Trevirorum. Paris 1903.
(456) Egger, R.: Ein collegium castorum in Trier. In: Trierer Zeitschrift 22 (1953) S. 56 ff.
(457) Goethert-Polaschek, K.: Basilika. In: Trier. Kaiserresidenz und Bischofssitz. Die Stadt in spätantiker und frühchristlicher Zeit. Mainz 1984. S. 143 ff.
(458) Gose, E.: Die Porta Nigra in Trier. 2 Bde. Berlin 1969.
(459) Hettner, F.: Zu den römischen Altertümern von Trier und Umgebung. II. Die sogenannte Basilika. In: Westdeutsche Zeitschrift 10 (1891) S. 223 ff.
(460) Krencker, D. [u. a.]: Die Trierer Kaiserthermen. Abt. 1. Ausgrabungsbericht und grundsätzliche Untersuchung römischer Thermen. Augsburg 1929.

(461) Laufner, R. (Hrsg.): Geschichte des Trierer Landes. Bd. 1. Trier 1964.
(462) Reusch, W.: Die Ausgrabungen im Westteil der Trierer Kaiserthermen. Vorbericht über die erste Grabungskampagne 1960–61. In: Germania 42 (1964) S. 92 ff. – 2. Bericht. In: Berichte der Römisch-Germanischen Kommission 51/52 (1970–71) S. 233 ff.
(463) Schindler, R.: Ein Kriegergrab mit Bronzehelm der Spätlatènezeit aus Trier-Olewig. Zum Problem des frührömischen Trier. In: Trierer Zeitschrift 34 (1971) S. 43 ff.
(464) – War Trier Stammesmittelpunkt der Treverer? In: Landeskundliche Vierteljahresblätter (Trier) 19 (1973) Nr. 3. S. 87 ff.
(465) Trier. 2000 Jahre Stadtentwicklung. Trier/Igel 1984. [Ausstellungskatalog.]
(466) Trier. Augustusstadt der Treverer. Stadt und Land in vor- und frührömischer Zeit. Mainz 1984.
(467) Trier. Kaiserresidenz und Bischofssitz. Die Stadt in spätantiker und frühchristlicher Zeit. Mainz 1984.
(468) Wilmowsky, N. J. von: Römische Mosaiken aus Trier und Umgebung. Trier 1888.

Dörfer und »Villen«

(469) Berchem, D. van: L'échec de la politique romaine d'urbanisation et l'essor des bourgs indigènes. In: D. v. B.: Les routes et l'histoire. Genf 1982. S. 219 ff.
(470) Cämmerer, B.: Pforzheim-Hagenschieß. Gutshof. In: Ph. Filtzinger [u. a.]: Die Römer in Baden-Württemberg. Stuttgart/Aalen 1976. S. 454 ff.
(471) Czysz, W.: Ein römischer Gutshof am Fundplatz 77/132 im Hambacher Forst. In: Ausgrabungen im Rheinland 77 (1978) S. 118 ff.
(472) Hinz, H.: Kreis Bergheim. Düsseldorf 1969.
(473) Steiner, P.: Römische Landhäuser im Trierer Bezirk. Berlin 1923.
(474) Kolling, A.: Die Villa von Bierbach. Schwarzenacker 1968.
(475) Wilmowsky, J. N. von: Die römische Villa zu Nennig und ihr Mosaik. Bonn 1866.

Lager

(476) Baatz, D.: Limeskastell Saalburg. In: Führer zu vor- und frühgeschichtlichen Denkmälern. Bd. 21. [Siehe Nr. 69.] S. 137 ff.
(477) – Die Saalburg. Ein Führer durch das römische Kastell und seine Geschichte. Bad Homburg v. d. H. ^{7}1981.
(478) Bechert, T.: Der Stand der Asciburgium-Forschung. Vorbericht über die Ausgrabungen bis 1971. In: Beiträge zur Archäologie des römischen Rheinlandes 3 (1972) S. 141 ff. [V. a. S. 172 ff.]
(479) – The Roman Military Settlement of Asciburgium. Topography and Chronology. In: Roman Frontier Studies. Oxford 1980. S. 501 ff.
(480) Bender, H.: Der spätrömische Wachtturm von Passau-Haibach und seine Rekonstruktion. In: Germania 61 (1983) S. 597 ff.
(481) Eckerle, A.: Hüfingen. Kastell und Bad. In: Ph. Filtzinger [u. a.]: Die Römer in Baden-Württemberg. Stuttgart/Aalen 1976. S. 303 ff.
(482) Filtzinger, Ph.: Kastell Hüfingen im Luftbild. In: Badische Fundberichte 23 (1967) S. 107 ff.
(483) Keller, F. J.: Neue Ausgrabungen in der Südhälfte des Römerkastells Alzey

(Rheinhessen). In: Berichte der Römisch-Germanischen Kommission 53 (1972) S. 297 ff.
(484) Mildenberger, G.: Neue Grabungen im Kastell Rißtissen. In: Fundberichte aus Schwaben N. F. 16 (1962) S. 106 ff.
(485) Planck, D.: Neue römische Ausgrabungen am obergermanischen Limes bei Welzheim. In: An Rems und Murr 2 (1975) H. 3. S. 55 ff.
(485a) – Das Kleinkastell Rötelsee. In: Ph. Filtzinger [u. a.]: Die Römer in Baden-Württemberg. Stuttgart/Aalen 1976. S. 561 ff.
(486) Radnoty, A.: Legionen und Auxilien am Oberrhein im 1. Jahrhundert nach Christus. In: Roman Frontier Studies 1967. Tel Aviv 1971. S. 138 ff.
(487) Revellio, P.: Die canabae von Kastell Hüfingen. In: Badische Fundberichte 20 (1956) S. 115 ff.
(488) Schönberger, H.: Das Nordtor des Römerkastelles in Heilbronn-Böckingen. In: Germania 38 (1960) S. 55 ff.
(489) – Das römische Kastell Öhringen-West (Bürgkastell). In: Berichte der Römisch-Germanischen Kommission 53 (1972) S. 233 ff.
(489a) – Das römische Öhringen. In: Führer zu vor- und frühgeschichtlichen Denkmälern. [Siehe Nr. 69.] Bd. 24: Hohenloher Land. Öhringen. Jagsthausen, Künzelsau, Langenburg. Mainz 1973. S. 119 ff.
(490) – Kastell Künzing-Quintana. Die Grabungen von 1958 bis 1966. Berlin 1975.

(491) Aquae Granni. Beiträge zur Archäologie von Aachen. Hrsg. von H. Cüppers [u. a.]. Köln 1982.
(492) Anthes, E.: Spätrömische Kastelle und feste Städte im Rhein- und Donaugebiet. In: Berichte der Römisch-Germanischen Kommission 10 (1917) S. 86 ff.
(493) Baatz, D.: Zur Frage augusteischer canabae legionis. In: Germania 42 (1964) S. 260 ff.
(494) – Ausgrabung des Numeruskastells Hesselbach. In: Roman Frontier Studies 1967. Tel Aviv 1971. S. 98 ff.
(495) – Das römische Kastell Hunneburg bei Butzbach und seine Umgebung. In: Wetterauer Geschichtsblätter 20 (1971) S. 1 ff.
(496) Bach, A.: Mattium, Aquae Mattiacae – Wiesbaden. In: Beiträge zur Namenforschung 3 (1951/52) S. 113 ff.
(497) Bayer, H.: Die ländliche Besiedlung Rheinhessens und seiner Randgebiete in römischer Zeit. In: Mainzer Zeitschrift 62 (1967) S. 125 ff.
(498) Bechert, T.: Zu einigen Bauinschriften aus römischen Legionslagern. In: Epigraphische Studien 8 (1968) S. 39 ff.
(499) Bellen, H.: Das Drususdenkmal apud Mogontiacum und die Galliarum civitates. In: Jahrbuch des Römisch-Germanischen Zentralmuseums 31 (1984) S. 385 ff.
(500) Binsfeld, W.: Die Namen Kölns zur Römerzeit. In: Mouseion. Festschrift für O. H. Förster. Hrsg. von H. Ladendorff und H. Vey. Köln 1960. S. 72 ff.
(501) Bohn, O.: Rheinische »Lagerstädte«. In: Germania 10 (1926) S. 25 ff.
(502) Büsing, H.: Römische Militärarchitektur in Mainz. Mainz 1982.
(503) Curschmann, J.: Die römischen Gutshöfe in Rheinhessen in siedlungsgeschichtlicher Bedeutung. In: Volk und Scholle 4 (1926) S. 33 ff., 103 ff.
(504) Dahm, L.: Die römischen Mosaiken aus der Johann-Philipp-Straße in Trier. In: Trierer Zeitschrift 46 (1983) S. 157 ff.
(505) Deckers, J. / Noelke, P.: Die römischen Grabkammern in Köln-Weiden. Köln 1980.

(506) Dietz, K. [u. a.]: Regensburg zur Römerzeit. Regensburg 1979.
(507) Doppelfeld, O.: Das römische Köln. I. Ubier-Oppidum und Colonia Agrippinensium. Mit Beiträgen von G. Biegel und J. Bracker. In: Aufstieg und Niedergang der römischen Welt. Bd. II,4. Berlin / New York 1975. S. 715 ff. [V. a. I,2: »Geschichte der Anfänge«, S. 718 ff.; I,4: »Germanen und Römer«, S. 722 ff.]
(508) Drexel, F.: Die bürgerlichen Siedlungen. Bamberg 1924. (Germania Romana. [Siehe Nr. 5.] Tl. 2.)
(509) Faber, F.: Recherches récentes sur les villas gallo-romaines dans la cité des Trévires. In: Caesarodunum 17 (1982) S. 353 ff.
(510) Fehring, G. F.: Frühmittelalterliche Wehranlagen in Südwestdeutschland. In: Château Gaillard. Études de castellologie médiévale 5 (1972) S. 37 ff.
(511) Filtzinger, Ph.: Kastell Koblenz. In: Bonner Jahrbücher 160 (1960) S. 168 ff.
(512) Fischer, U.: Aus Frankfurts Vorgeschichte. Frankfurt a. M. 1971.
(513) Franke, P. R.: Die römischen Fundmünzen aus dem Saalburg-Kastell. In: Saalburg-Jahrbuch 15 (1956) S. 5 ff.
(514) Führer zu vor- und frühgeschichtlichen Denkmälern. [Siehe Nr. 69.] Bd. 37,1: Köln I. Einführende Aufsätze. Mainz 1980. [V. a. die Aufsätze von Hellenkemper, La Baume, Ristow, Noelke.]
(515) Führer zu vor- und frühgeschichtlichen Denkmälern. [Siehe Nr. 69.] Bd. 37,2: Köln I. Pläne. Ebd. 1980.
(516) Führer zu vor- und frühgeschichtlichen Denkmälern. [Siehe Nr. 69.] Bd. 38: Köln II. Exkursionen: Nördliche Innenstadt. Ebd. 1980. [V. a. die Kapitel »Dom und Umgebung« und »Praetorium – Rheinufer«.]
(517) Führer zu vor- und frühgeschichtlichen Denkmälern. [Siehe Nr. 69.] Bd. 39: Köln III. Exkursionen: Südliche Innenstadt und Vororte. Ebd. 1980. [V. a.: P. Noelke: »Das Grabmal des Lucius Poblicius«, S. 104 ff.; P. La Baume: »Römisches Flottenkastell Alteburg«, S. 119 ff.]
(518) Führer zu vor- und frühgeschichtlichen Denkmälern. [Siehe Nr. 69.] Bd. 11: Mainz. Ebd. 1969. [V. a.: H. Klumbach: »Mainz zur Römerzeit«, S. 35 ff.; »Denkmäler und Fundstätten der Römerzeit«, S. 101 ff.; »Die Mainzer Museen«, S. 202 ff.]
(519) Gechter, M.: Das spätantike Bonner Legionslager. In: Roman Frontier Studies 1979. Oxford 1980. S. 531 ff.
(520) Gilles, K. J.: Die »Alteburg« bei Zell, eine spätrömische Befestigung an der Mittelmosel. In: Archäologisches Korrespondenzblatt 3 (1973) S. 67 ff.
(521) – Zur spätrömischen und frühmittelalterlichen Topographie von Bitburg und Neumagen. In: Trierer Zeitschrift 45 (1982) S. 293 ff.
(522) Gottlieb, G. / Rupprecht, G.: Das römische Augsburg. Historische und methodische Probleme einer Stadtgeschichte. Mit einer Bibliographie. München 1981.
(523) Gropengiesser, E. / Jacob, G.: Die Stadt Mannheim. In: Führer zu vor- und frühgeschichtlichen Denkmälern. Bd. 3. [Siehe Nr. 69.] S. 6 ff.
(524) – Baden-Baden in römischer Zeit. In: Badische Heimat 24 (1937) S. 85 ff.
(525) Guthmann, O.: Kreuznach und Umgebung in römischer Zeit. Kreuznach 1965.
(526) Hartung, H. R. / Precht, G.: Kurzführer: Archäologischer Park Xanten. Köln 1979.
(527) Haselier, G.: Geschichte der Stadt Breisach am Rhein. Bd. 1: Von den Anfängen bis zum Jahr 1700. Breisach 1969. [V. a. S. 24–40.]

(528) Heinz, W. H.: Römische Bäder in Baden-Württemberg. Typologische Untersuchungen. Tübingen 1979.
(529) Hinz, H.: Zur Bauweise der Villa Rustica. In: Germania Romana. III. Römisches Erbe auf germanischem Boden. Heidelberg 1970. (Gymnasium-Beihefte. 7.) S. 15 ff.
(530) Hinz, H. [u. a.]: 4. Bericht über die Ausgrabungen in der Colonia Ulpia Traiana bei Xanten. In: Beiträge zur Archäologie des römischen Rheinlandes 2 (1971) S. 96 ff. [V. a.: »Die Holzperioden«, S. 111 ff.; Hausgrundriß: S. 179 ff.]
(531) Hinz, H.: Xanten zur Römerzeit. Xanten ^{3}1976.
(532) Hübener, W.: Zum römischen und frühmittelalterlichen Augsburg. In: Jahrbuch des Römisch-Germanischen Zentralmuseums 5 (1958) S. 154 ff.
(533) – Römische Wehranlagen an Rhein und Donau als militärgeschichtliche Quellen. In: Militärgeschichtliche Mitteilungen 2 (1968) S. 27 ff.
(534) Illert, G.: Worms. In: Führer zu vor- und frühgeschichtlichen Denkmälern. Bd. 12. [Siehe Nr. 69.] S. 1 ff.
(535) Jorns, W.: Der spätantike Burgus mit Schiffslände und die karolingische Villa Zullestein. In: Archäologisches Korrespondenzblatt 3 (1973) S. 75 ff.
(536) Kellner, H.-J.: Augsburg, Hauptstadt Rätiens. In: Aufstieg und Niedergang der römischen Welt. Bd. II,5,2. Berlin / New York 1976. S. 690 ff.
(537) Klumbach, H.: Bingen. In: Führer zu vor- und frühgeschichtlichen Denkmälern. Bd. 12. [Siehe Nr. 69.] S. 127 ff.
(538) – Alzey zur Römerzeit. In: Ebd. S. 214 ff.
(539) Koepp, F.: Die Bauten des römischen Heeres. Bamberg 1924. (Germania Romana. [Siehe Nr. 5.] Tl. 1.)
(540) Koethe, H.: Straßendorf und Kastell bei Jünkerath. In: Trierer Zeitschrift 11 (1936). Beiheft. S. 50 ff.
(541) Kolling, A.: Funde aus der Römerstadt Schwarzenacker und ihrer nahen Umgebung. Homburg (Saar) 1971.
(542) Koschik, H.: Das römische Feldlager von Weissenberg in Bayern. In: Berichte der Bayerischen Denkmalpflege 21 (1980) S. 138 ff.
(543) La Baume, P.: Das römische Flottenkastell Alteburg. In: Führer zu vor- und frühgeschichtlichen Denkmälern. Bd. 39. [Siehe Nr. 517.] S. 119 ff.
(544) Lehner, H.: Zu den römischen Zollstationen im Rheinland. In: Germania 16 (1932) S. 104 ff.
(545) Müller-Wille, M. / Oldenstein, J.: Die ländliche Besiedlung von Mainz in spätrömischer und frühmittelalterlicher Zeit. In: Berichte der Römisch-Germanischen Kommission 62 (1981) S. 261 ff.
(546) Paret, O.: Grinario. Das römische Kastell bei Köngen. Tübingen 1939.
(547) Planck, D.: Das römische Bad in Heidenheim. In: Denkmalpflege in Baden-Württemberg 11 (1982) S. 52 ff.
(548) Precht, G.: Zur Rekonstruktion und Sicherung des ›Hafentempels‹ der Colonia Ulpia Traiana. In: Koldewey-Gesellschaft. Bericht über die 31. Tagung für Ausgrabungswissenschaft und Bauforschung, Osnabrück 1980. Bonn 1982. S. 89 ff.
(549) Ritterling, E.: Das Kastell Niederbieber. In: Bonner Jahrbücher 120 (1911) S. 259 ff.
(550) – Das frührömische Lager bei Hofheim im Taunus. Nassauische Annalen 40 (1912).

(551) Schindler, R.: Das Straßennetz des römischen Trier. In: 100 Jahre Rheinisches Landesmuseum Trier. Mainz 1979. S. 121 ff.
(552) Schleiermacher, W.: Civitas und vicus. In: Provincialia. Festschrift für Rudolf Laur-Belart. Hrsg. von E. Schmidt [u. a.]. Basel 1968. S. 444 ff.
(553) Schnurbein, S. von: Untersuchungen zur Geschichte der römischen Militärlager an der Lippe. In: Berichte der Römisch-Germanischen Kommission 62 (1981) S. 5 ff.
(554) Sprater, F.: Das römische Rheinzabern. Speyer 1948.
(555) Stephan, E.: Städte zwischen Rhein, Main und Neckar. Ihre Entstehung und ihre Stadtwerdung. In: Mainzer Zeitschrift 53 (1958) S. 29 ff.
(556) Swoboda, K. M.: Römische und romanische Paläste. Eine architekturgeschichtliche Untersuchung. Wien [3]1969.
(557) Ternes, Ch.-M.: Les origines de Trèves. Paramètres économiques, sociaux et politiques. In: Revue archéologique de Picardie 3 (1984) H. 3/4. S. 49 ff.
(558) – De quand date l'urbanisation systématique de la Germanie romaine? In: Caesarodunum 20 (1985) S. 319 ff.
(559) – Augusta Treverorum. Eléments d'une bibliographie générale. In: Bulletin des Antiquités Luxembourgeoises 16 (1985) S. 7 ff.
(560) Trier, B.: Das Haus im Nordwesten der Germania Libera. 2 Bde. Münster 1969.
(561) Wahl, J.: Der römische Militärstützpunkt auf dem Frankfurter Domhügel. Mit einer Untersuchung zur germanischen Besiedlung des Frankfurter Stadtgebietes in vorflavischer Zeit. Bonn 1982.
(562) Wells, C. M.: The Supposed Augustan Base at Augsburg-Oberhausen. A New Look at the Evidence. In: Saalburg-Jahrbuch 27 (1970) S. 63 ff.

Limes

(563) Baatz, D.: Der Limes im Hochtaunus. Archäologische Karte 1 : 50000.
(564) – Zu den älteren Bauphasen des Odenwaldlimes. In: Studien zu den Militärgrenzen Roms. Köln/Graz 1967. (Beihefte zu den Bonner Jahrbüchern. 19.) S. 86 ff.
(565) – Der Limes von der Saalburg zum Feldberg-Kastell. In: Führer zu vor- und frühgeschichtlichen Denkmälern. Bd. 21. [Siehe Nr. 69.] S. 166 ff.
(566) Block, M. R.: The Roman Limes, a Fortified Line for the Taxation and Protection of Salt Trade? (A Hypothesis.) In: Roman Frontier Studies 1967. Tel Aviv 1971. S. 186 ff.
(567) Dauber, A.: Der Odenwaldlimes. In: Führer zu vor- und frühgeschichtlichen Denkmälern. Bd. 3. [Siehe Nr. 69.] S. 88 ff.
(568) Fabricius, E.: Limes. [Obergermanien, Rätien.] In: Pauly's Realencyclopädie der classischen Altertumswissenschaft. Bd. 13,1. Stuttgart 1926. Sp. 582 ff.
(569) Filtzinger, Ph.: Frührömische Befestigungen an der oberen Donau. Diss. Tübingen 1956.
(570) Gechter, M.: Die Anfänge des niedergermanischen Limes. In: Bonner Jahrbücher 179 (1979) S. 1 ff.
(571) Kellner, H.-J.: Bedeutung des Ausbaues des Obergermanisch-Rätischen Limes unter Antoninus Pius. In: Roman Frontier Studies 1967. Tel Aviv 1971. S. 102 ff.
(572) Der obergermanisch-rätische Limes des Römerreichs. Im Auftrage der Reichs-

Limeskommission hrsg. von E. Fabricius, F. Hettner und O. v. Sarwey. Abt. B. Bd. 1–5. Leipzig/Berlin 1914–37.
(573) Oldenstein, J.: Der obergermanisch-rätische Limes des Römerreiches. Fundindex. Mainz 1982.
(574) Rüger, C. B.: Research on the Limes of Germania Inferior (German Part) 1974–1979. In: Roman Frontier Studies 1979. Oxford 1980. S. 495 ff.
(575) Schleiermacher, W.: Der obergermanische Limes und spätrömische Wehranlagen am Rhein. In: Berichte der Römisch-Germanischen Kommission 33 (1943–50) S. 133 ff.
(576) – Der römische Limes in Deutschland. Berlin ^{2}1961.
(577) Schönberger, H.: Das Kastell Altenstadt. Zum äußeren obergermanischen Limes. In: Germania 35 (1957) S. 54 ff.
(578) – Die Kastelle in Miltenberg. In: Führer zu vor- und frühgeschichtlichen Denkmälern. Bd. 8. [Siehe Nr. 69.] S. 75 ff.
(579) – Der römische Limes in Deutschland. Begriff und Funktion. In: Historische Raumforschung (Hannover) 7 (1969) S. 13 ff.
(580) – Recent Research on the Limes in Germania Superior and Raetia. In: Roman Frontier Studies 1979. Oxford 1980. S. 541 ff.
(581) Schönberger, H. [u. a.]: Das Kastell Okarben und die Besetzung der Wetterau seit Vespasian. Berlin 1980.
(582) Simon, H.-G.: Das Kleinkastell Degerfeld in Butzbach, Kreis Friedberg (Hessen). Datierung und Funde. In: Saalburg-Jahrbuch 25 (1968) S. 6 ff.
(583) Ulbert, G. / Fischer, T.: Der Limes in Bayern. Von Dinkelsbühl bis Eining. Stuttgart 1983.
(584) Wolff, G.: Zur Geschichte des obergermanischen Limes. In: Berichte der Römisch-Germanischen Kommission 9 (1916) S. 18 ff.

Teil 5: Werkstoffe und Techniken

(585) Baatz, D.: Bemerkungen zur Jahrringchronologie der römischen Zeit. I. In: Germania 55 (1977) S. 173 ff. II. (Zus. mit R. Fellmann.) In: Germania 56 (1978) S. 547 ff.
(586) – Heizversuch an einer rekonstruierten Kanalheizung in der Saalburg. In: Saalburg-Jahrbuch 36 (1979) S. 31 ff.
(587) Bernard, H.: Ein spätrömischer Ziegelbrennofen bei Jockgrim, Kreis Germersheim. In: Saalburg-Jahrbuch 36 (1979) S. 5 ff.
(588) Bedon, R.: Les carrières et les carriers de la Gaule romaine. Paris 1984.
(589) Binding, G.: Holzbauperioden des 1. Jahrhunderts unter der Colonia Ulpia Traiana bei Xanten. In: Rheinische Ausgrabungen 12 (1969) S. 1 ff.
(590) Bülow, G. von: Die Keramikproduktion. In: R. Günther / H. Köpstein (Hrsg.): Die Römer an Rhein und Donau. [Siehe Nr. 234.] S. 230 ff.
(591) Eick, C. A.: Die römische Wasserleitung aus der Eifel nach Köln. Bonn 1867.
(592) Fehr, H.: Eine Rheinbrücke zwischen Koblenz und Ehrenbreitstein aus der Regierungszeit des Claudius. In: Bonner Jahrbücher 181 (1981) S. 287 ff.
(593) Fremersdorf, F.: Die farblosen Gläser der Frühzeit in Köln, 2. und 3. Jahrhundert. Köln/Bonn 1984. [Bibliographie der Veröffentlichungen von F. Fremersdorf, zsgest. von H. Stiegeler: S. VIII ff.]

(594) Geyer, W. [u. a.]: Die römische Sumpfbrücke bei Bickenbach (Kreis Darmstadt). In: Saalburg-Jahrbuch 34 (1977) S. 29 ff.

(595) Gomolka, G.: Die Metallproduktion. In: R. Günther / H. Köpstein (Hrsg.): Die Römer an Rhein und Donau. [Siehe Nr. 234.] S. 189 ff.

(595a) Günther, K.: Eine Siedlung der älteren römischen Kaiserzeit mit Schmiedewerkstätten bei Warburg-Daseburg (Kreis Höxter, Westfalen). In: Germania 61 (1983) S. 1 ff.

(596) Haberey, W.: Die römischen Wasserleitungen nach Köln. Die Technik der Wasserversorgung einer antiken Stadt. Bonn 1972.

(596a) Heimberg, U. / Rüger, C. B.: Eine Töpferei vor der Colonia Ulpia Traiana. In: Beiträge zur Archäologie des römischen Rheinlandes 3 (1972) S. 84 ff.

(597) Hüser, H.: Wärmetechnische Messungen an einer Hypokaustenheizung in der Saalburg. In: Saalburg-Jahrbuch 36 (1979) S. 12 ff.

(598) Knörzer, K.-H.: Römerzeitliche Pflanzenfunde aus Xanten. Köln 1981.

(599) Kretzschmer, F.: Der Betriebsversuch an einem Hypokaustum der Saalburg. In: Germania 31 (1953) S. 64 ff.

(600) Löhr, H.: Ein römischer Steinbruch in den Katzensteinen bei Satzvey-Firmenich, Kreis Euskirchen. In: Bonner Jahrbücher 176 (1976) S. 319 ff.

(601) Mensching, E.: Die Koblenzer Rheinbrücke, P. Pomponius Secundus und der Brückenbau an Rhein und Mosel. In: Bonner Jahrbücher 181 (1981) S. 313 ff.

(602) Neyses, A.: Drei neuentdeckte gallo-römische Weinkelterhäuser im Moselgebiet. In: Archäologisches Korrespondenzblatt 7 (1977) Nr. 3. S. 217 ff.

(603) – Die Getreidemühlen beim römischen Land- und Weingut von Lösnich (Kreis Bernkastel-Wittlich). In: Trierer Zeitschrift 46 (1983) S. 209 ff.

(604) Ölmann, F.: Römische Villen im Rheinland. In: Jahrbuch des österreichischen archäologischen Institutes 24 (1928) Beibl. 1. S. 228 ff.

(605) Oldenstein, J.: Studien zu Beschlägen und Zierat an der Rüstung der römischen Auxiliareinheiten des obergermanisch-rätischen Limesgebietes aus dem 2. und 3. Jahrhundert. In: Berichte der Römisch-Germanischen Kommission 57 (1976) S. 49 ff.

(606) Petrikovits, H. von: Bergbau und Hüttenwesen in der römischen Rheinzone. In: Beiträge zur römischen Geschichte und Archäologie. 1931–1974. Bonn 1976. S. 216 ff.

(606a) Piepers, W.: Römische Ziegel- und Töpferöfen bei Bedburg-Garsdorf, Kreis Bergheim-Erft. In: Beiträge zur Archäologie des römischen Rheinlandes 2 (1971) S. 340 ff.

(607) Pietsch, M.: Die römischen Eisenwerkzeuge von Saalburg, Feldberg und Zugmantel. In: Saalburg-Jahrbuch 39 (1983) S. 5 ff.

(608) Raepsaet, G.: Attelages antiques dans le Nord de la Gaule. Les systèmes de traction par équidés. In: Trierer Zeitschrift 45 (1982) S. 215 ff.

(609) [Röder, J.] Schriftenverzeichnis Josef Röder. In: Bonner Jahrbücher 176 (1976) S. 357 ff.

(609a) Rüger, C. B.: Die spätrömische Großfestung in der Colonia Ulpia Traiana. In: Bonner Jahrbücher 179 (1979) S. 499 ff.

(610) Samesreuther, E.: Römische Wasserleitungen in den Rheinlanden. In: Berichte der Römisch-Germanischen Kommission 26 (1936) S. 24 ff.

(611) Schieferdecker, F.-D.: Brückenbautechnische Überlegungen zur römerzeitlichen Rheinbrücke bei Koblenz. In: Bonner Jahrbücher 181 (1981) S. 313 ff.

(612) Schindler, R.: Die Altburg bei Bundenbach, eine befestigte Höhensiedlung des 2./1. Jahrhunderts im Hunsrück. Mainz 1977.

(613) Schleiermacher, M.: Römische Leder- und Textilfunde aus Köln. In: Archäologisches Korrespondenzblatt 12 (1982) Nr. 2. S. 295 ff.
(614) Sölter, W.: Römische Kalkbrenner im Rheinland. Düsseldorf 1970.
(615) Ulbert, G.: Das frührömische Kastell Rheingönheim. Die Funde aus den Jahren 1912 und 1913. Berlin 1969.
(616) Waurick, G.: Untersuchungen zur historisierenden Rüstung in der römischen Kunst. In: Jahrbuch des Römisch-Germanischen Zentralmuseums 30 (1983) S. 265 ff.

(617) Aubin, H.: Der Rheinhandel in römischer Zeit. In: Bonner Jahrbücher 130 (1925) S. 1 ff.
(618) – Die Rheinbrücken im Altertum und Mittelalter. Eine kriegs- und wirtschaftsgeschichtliche Studie. In: Rheinische Vierteljahresblätter 7 (1937) S. 111 ff.
(619) Baas, J.: Die Obstarten aus der Zeit des Römerkastells Saalburg. In: Saalburg-Jahrbuch 10 (1951) S. 14 ff.
(620) – Kultur- und Wildpflanzenreste aus einem römischen Brunnen von Rottweil-Altstadt. In: Fundberichte aus Baden-Württemberg 1 (1974) S. 373 ff.
(621) – Pflanzenreste aus den römerzeitlichen Siedlungen Mainz-Weisenau und Mainz-Innenstadt und ihr Zusammenhang mit Pflanzenfunden aus vor- und frühgeschichtlichen Stationen Mitteleuropas. Ein Beitrag zur Geschichte der Kulturpflanzen. In: Saalburg-Jahrbuch 28 (1971) S. 61 ff.
(622) Baatz, D.: Die gestempelten Ziegel aus dem Bad des Limeskastells Echzell. In: Saalburg-Jahrbuch 22 (1965) S. 118 ff.
(623) Badawi, H. / Habermehl, K. H.: Osteologische Untersuchungen an Tierknochenresten des Römerkastells Altenstadt. In: Saalburg-Jahrbuch 24 (1967) S. 79 ff.
(624) Bassermann-Jordan, F.: Der Weinbau der Pfalz im Altertum. Speyer ^{2}1947.
(625) Behaghel, H.: Eine Eisenverhüttungsanlage der Latènezeit im Oppidum auf dem Michelsberg bei Kelheim (Donau). In: Germania 24 (1940) S. 111 ff.
(626) Behn, F.: Steinindustrie des Altertums. Mainz 1926.
(627) – Vom Felsberg im Odenwald. In: Germania 9 (1925) S. 47 ff.
(628) Behrens, G.: Zu Typologie und Technik der provinzialrömischen Fibeln. In: Jahrbuch des Römisch-Germanischen Zentralmuseums 1 (1954) S. 220 ff.
(629) Biehn, H.: Römische Holzgerätschaften aus einem Grabfund bei Heßloch (Rheinhessen). In: Mainzer Zeitschrift 31 (1936) S. 14 ff.
(630) Bernard, H.: Studien zur spätrömischen Terra Nigra zwischen Rhein, Main und Neckar. In: Saalburg-Jahrbuch 40/41 (1985) S. 34 ff.
(631) Bertsch, K.: Der Obstbau im vor- und frühgeschichtlichen Deutschland. In: Germanenerbe 6 (1941) S. 103 ff.
(632) Brockmeyer, N.: Arbeitsorganisation und ökonomisches Denken in der Gutswirtschaft des römischen Reiches. Bochum 1968.
(633) Brogan, O.: Trade between the Roman Empire and the Free Germans. In: Journal of Roman Studies 26 (1936) S. 195 ff.
(634) Busch, A. L.: Die römerzeitlichen Schuh- und Lederfunde der Kastelle Saalburg, Zugmantel und Kleiner Feldberg. In: Saalburg-Jahrbuch 22 (1965) S. 158 ff.
(635) Chevallier, R.: Les voies romaines. Paris 1972. [V. a. »Les voies de Gaule« (S. 181–199) und Bibliographie (»Galliae«: S. 264–269; »Germaniae«: S. 270–272).]
(636) Christ, K.: Antike Münzfunde Südwestdeutschlands. Münzfunde, Geldwirt-

schaft und Geschichte im Raume Baden-Württembergs, von keltischer bis in alamannische Zeit. 2 Bde. Heidelberg 1960.
(637) Dauber, A.: Römische Holzfunde aus Pforzheim. In: Germania 28 (1944–50) S. 227 ff.
(638) – Ein römischer Brunnen von Pforzheim. In: Badische Forschungen 19 (1951) S. 63 ff.
(639) Decker, K. V.: Römisches Spielbrett und Spielgerät im Mittelrheinischen Landesmuseum Mainz. In: Bonner Hefte zur Vorgeschichte 3 (1972) S. 19 ff.
(640) Deppert-Lippitz, B.: Römischer Goldschmuck – Stand der Forschung. In: Aufstieg und Niedergang der römischen Welt. Bd. II,12,3. Berlin / New York 1985. S. 117 ff.
(641) Doppelfeld, O.: Vom unterirdischen Köln. Köln 1979.
(642) Dopsch, A.: Wirtschaftliche und soziale Grundlagen der europäischen Kulturentwicklung aus der Zeit von Caesar bis auf Karl den Großen. Tl. 1. Wien 1918.
(643) Dragendorff, H. / Watzinger, C.: Arretinische Reliefkeramik, mit Beschreibung der Sammlung in Tübingen. Reutlingen 1948.
(644) Drexler, F. / Jänecke, E.: Untersuchungen von Mörtel aus dem spätrömischen Kastell Altrip. In: Germania 12 (1928) S. 56 ff.
(645) Eggers, H. J.: Der römische Import im Freien Germanien. Hamburg 1951.
(646) Ekholm, G.: Zur Geschichte des römisch-germanischen Handels. Breslau 1933.
(647) Engelhardt, E.: Die römische Wasserleitung in Bingen. Bingen [1978].
(648) Fietz, A.: Römische Getreidereste aus dem nördlichen Baden. In: Beiträge zu naturkundlichen Forschungen in Südwestdeutschland 13 (1954) S. 99 ff.
(649) Fischer, Ch.: Zum Beginn der Terra-Sigillata-Manufaktur von Rheinzabern. In: Germania 46 (1968) S. 321 ff.
(650) Fischer, U.: Das Ende des Steinkastells von Heddernheim. Zur Datierung des späten südgallischen Importes und der Reformen am chattischen Limes. In: Germania 39 (1961) S. 164 ff.
(651) Gödel, O.: Über einige Steinbrüche. In: Pfälzer Heimat 21 (1970) S. 2 ff.
(652) Gothein, E.: Zur Geschichte der Rheinschiffahrt. In: Westdeutsche Zeitschrift 14 (1895) S. 231 ff.
(653) Gündel, F.: Die römische Mainbrücke bei Frankfurt a. M. In: Germania 6 (1922) S. 68 ff.
(654) Habermehl, K. H.: Die Tierknochenfunde im römischen Lagerdorf Butzbach. In: Saalburg-Jahrbuch 18 (1959/60) S. 67 ff.
(655) Haberey, W.: Spätantike Gläser von Mayen. In: Bonner Jahrbücher 147 (1942) S. 249 f.
(656) Held, W.: Die Grundbesitzverhältnisse in den römischen Rhein- und Oberdonauprovinzen im 3. und 4. Jahrhundert, unter besonderer Berücksichtigung archäologischer Quellen. I. In: Zeitschrift für Archäologie 5 (1971) H. 2. S. 215 ff.
(657) Heukemes, B.: Römische Keramik aus Heidelberg. Bonn 1964.
(658) Hinz, H.: Die Landwirtschaft im römischen Rheinland. In: Rheinische Vierteljahresblätter 36 (1972) S. 1 ff.
(659) Hopf, M.: Verbreitung von Kulturpflanzen im Rhein-Main-Gebiet. In: Archäologisches Korrespondenzblatt 2 (1972) H. 4. S. 355 ff.
(660) Jacobi, H.: Die Be- und Entwässerung unserer Limeskastelle. In: Saalburg-Jahrbuch 8 (1934) S. 32 ff.

(661) Jacobsthal, P. / Langsdorff, A.: Die Bronzeschnabelkannen. Ein Beitrag zur Geschichte des vorrömischen Imports nördlich der Alpen. Berlin 1929.
(662) Jankuhn, H.: Wirtschafts- und Sozialgeschichte der Vor- und Frühzeit Mitteleuropas. In: Handbuch der deutschen Wirtschafts- und Sozialgeschichte. Hrsg. von H. Aubin und W. Zorn. Bd. 1. Stuttgart 1971. S. 11 ff.
(663) Jorns, W. (Hrsg.): Der Felsberg im Odenwald. Mit geologischen und archäologischen Beiträgen zur Entstehung der Felsmeere und der Technik der römischen Granitindustrie. Kassel/Basel 1959.
(664) – Zur Salzgewinnung in Bad Nauheim während der Spätlatènezeit. In: Germania 38 (1960) S. 178 ff.
(665) Knapp, R.: Die Vegetation der Umgebung von Butzbach in der Gegenwart und in der Römerzeit. In: Saalburg-Jahrbuch 30 (1973) S. 115 ff.
(666) Körber-Grohne, U.: Stand der botanischen Untersuchungen für die Archäologie in Süddeutschland und ihre derzeitigen Möglichkeiten. In: Archäologisches Korrespondenzblatt 3 (1973) S. 381 ff.
(667) Körber-Grohne, U. [u. a.]: Flora und Fauna im Ostkastell von Welzheim. Stuttgart 1983.
(668) Kretzschmer, F.: Hypokausten. In: Saalburg-Jahrbuch 12 (1953) S. 7 ff.
(669) Kunow, J.: Römisches Importgeschirr in der Germania Libera bis zu den Markomannenkriegen: Metall- und Glasgefäße. In: Aufstieg und Niedergang der römischen Welt. Bd. II,12,3. Berlin / New York 1985. S. 229 ff.
(670) Laur-Belart, R.: Gallische Schinken und Würste. In: Ur-Schweiz 17 (1953) S. 33 ff.
(671) Ledroit, J.: Die römische Schiffahrt im Stromgebiet des Rheins. In: Kulturgeschichtliche Wegweiser durch das Römisch-Germanische Zentralmuseum. Nr. 12. Mainz 1930.
(672) Lehner, H.: Ein Tuffsteinbruch des ober- und niedergermanischen Heeres bei Kruft. In: Germania 5 (1921) S. 130 ff.
(673) Löhberg, K.: Untersuchungen an Eisenfunden aus Limeskastellen. In: Saalburg-Jahrbuch 26 (1969) S. 142 ff.
(674) Menzel, H.: Antike Lampen. Katalog der Lampen des Römisch-Germanischen Zentralmuseums Mainz. Mainz [2]1969.
(675) Mylius, H.: Die römische Marktbasilika in Lopodunum. In: Germania 30 (1952) S. 56 ff.
(676) Neyses, A.: Die Ruwer-Wasserleitung des römischen Trier. Trier [o. J.].
(677) Nierhaus, R.: Zur Verbreitung der spätrömischen Eifelkeramik am Oberrhein. In: Germania 24 (1940) S. 47 ff.
(678) Nuber, H. U.: Zum Ende der reliefverzierten Terra-Sigillata-Herstellung in Rheinzabern. In: Mitteilungen des historischen Vereines der Pfalz 67 (1969) S. 136 ff.
(679) Pleiner, R.: Die Eisenverhüttung in der Germania Magna zur römischen Kaiserzeit. In: Berichte der Römisch-Germanischen Kommission 45 (1964) S. 11 ff.
(680) Rech, M.: Eine römische Glashütte im Hambacher Forst bei Niederzier, Kreis Düren. In: Bonner Jahrbücher 182 (1982) S. 349 ff.
(681) Reutti, F.: Tonverarbeitende Industrie im römischen Rheinzabern. Vorbericht über die Grabungen der Jahre 1978–1981. In: Germania 61 (1983) S. 33 ff.
(682) Revellio, P.: Römische Bäder in Baden. In: Badische Forschungen 14 (1938) S. 33 ff.

(683) Ricken, H.: Die Bilderschüsseln der Kastelle Saalburg und Zugmantel. In: Saalburg-Jahrbuch 8 (1934) S. 130 ff.
(684) Riedel, M.: Köln, ein römisches Wirtschaftszentrum. Köln 1982.
(685) Rieth, A.: Werkzeuge der Holzbearbeitung: Sägen aus vier Jahrtausenden. In: Saalburg-Jahrbuch 17 (1958) S. 47 ff.
(686) Röder, J.: Das Werden der Besitzverhältnisse im Mayener Basaltgebiet. In: Germania 34 (1956) S. 248 ff.
(687) – Zur Lavaindustrie von Mayen und Volvic (Auvergne). In: Germania 31 (1953) S. 24 ff.
(688) – Die antiken Tuffsteinbrüche des Pellenz. In: Bonner Jahrbücher 157 (1957) S. 213 ff.
(689) – Zur Steinbruchgeschichte des Pellenz und des Brohltales. In: Bonner Jahrbücher 159 (1959) S. 47 ff.
(690) – Antike Steinbrüche in der Vordereifel. In: Römisch-Germanische Kommission des Deutschen Archäologischen Instituts. Neue Ausgrabungen in Deutschland. Hrsg. von W. Krämer. Berlin 1958. S. 268 ff.
(691) – Die mineralischen Baustoffe der römischen Zeit im Rheinland. In: Bonner Universitätsblätter. Jg. 1970. S. 7 ff.
(692) Rösger, A. / Will, W.: Die Drususbrücke zu Bonn. Nochmals Flor. Epit. 2,30,26. In: Bonner Jahrbücher 185 (1985) S. 27 ff.
(693) Roller, O.: Eine römische Glashütte in der Pfalz. In: Pfälzer Heimat 8 (1957) S. 60 ff.
(694) – Die wirtschaftliche Entwicklung des pfälzischen Raumes während der Römerzeit. In: Beiträge zur pfälzischen Wirtschaftsgeschichte (Ludwigshafen). Jg. 1968. S. 40 ff.
(695) Schroeder, K.: Über den römischen Brunnen von Belginum bei Wederath im Hunsrück und die darin enthaltenen Sämereien mit einem Vergleich anderer römischer Brunnen. In: Trierer Zeitschrift 42 (1979) S. 101 ff.
(696) Roman Shipping and Trade. Britain and the Rhine Provinces. London 1978.
(697) Steinhausen, J.: Die Waldbienenwirtschaft der Rheinlande in ihrer historischen Entwicklung. In: Rheinische Vierteljahresblätter 15/16 (1950/51) S. 226 ff.
(698) Ulbert, G.: Römische Holzfässer aus Regensburg. In: Bayerische Vorgeschichtsblätter 24 (1959) S. 6 ff.
(699) Wegner, H. H. / Heimberg, U.: Wasser für die CVT. Reste römischer Wasserleitungen der Colonia Ulpia Traiana bei Xanten. In: C. V. T. 1. und 2. Arbeitsbericht. [o. O., o. J.] S. 36 ff.
(700) Wild, J. P.: The Clothing of Britannia, Gallia Belgica and Germania Inferior. In: Aufstieg und Niedergang der römischen Welt. Bd. II,12,3. Berlin / New York 1985. S. 362 ff.

Periodika

L'Année Archéologique (Luxemburg). 1970–79.
L'Année Philologique (Paris). 1928 ff.
Archäologische Bibliographie (Berlin). Hrsg. vom Deutschen Archäologischen Institut. 1932 ff.
Archäologische Nachrichten aus Baden (Freiburg i. Br.). Hrsg. von dem Förderkreis für die Ur- und Frühgeschichtliche Forschung in Baden. 1968 ff.

Archäologisches Korrespondenzblatt. Urgeschichte, Römerzeit, Frühmittelalter. Hrsg. vom Römisch-Germanischen Zentralmuseum in Mainz. 1971 ff.
Bayerische Vorgeschichtsblätter (München). Hrsg. von der Kommission für Bayerische Landesgeschichte bei der Bayerischen Akademie der Wissenschaften. 1931 ff.
Berichte der Römisch-Germanischen Kommission (Mainz). Hrsg. von der Römisch-Germanischen Kommission des Deutschen Archäologischen Instituts. 1904 ff.
Bonner Jahrbücher des Rheinischen Landesmuseums Bonn. 1895 ff.
Chiron (München). Mitteilungen der Kommission für Alte Geschichte und Epigraphik des Deutschen Archäologischen Instituts. 1971 ff.
Fundberichte aus Baden-Württemberg (Stuttgart). Hrsg. vom Landesdenkmalamt Baden-Württemberg. 1974 ff.
Germania (Mainz). Anzeiger der Römisch-Germanischen Kommission des Deutschen Archäologischen Instituts. 1917 ff.
Jahrbuch des Römisch-Germanischen Zentralmuseums in Mainz. 1954 ff.
Nassauische Annalen (Wiesbaden). Jahrbuch des Vereins für Nassauische Altertumskunde und Geschichtsforschung. 1913 ff.
Das Rheinische Landesmuseum Bonn. Berichte aus der Arbeit des Museums.
Saalburg-Jahrbuch (Berlin). Bericht des Saalburg-Museums. 1951 ff.
Trierer Zeitschrift für Geschichte und Kunst des Trierer Landes und seiner Nachbargebiete. 1926 ff.

Abbildungsnachweis

Tafeln

Die Ziffern verweisen auf die Tafelnumerierung. Alle nicht eigens nachgewiesenen Photographien stammen von Charles-Marie Ternes.

1 Grabmal der Secundinii in Igel bei Trier. Gesamtansicht von Süden. (Foto: Rheinisches Landesmuseum, Trier.)
2 Saalburg, Lagervorstadt. Sog. Kanalisationsheizung.
3 Saalburg, Principia.
4 Xanten, Archäologischer Park. Rekonstruiertes Amphitheater.
5 Xanten, Archäologischer Park. Rekonstruierte Stadtmauer an der Rheinuferseite, Innenseite.
6 Mittelbogen des römischen Nordtores mit den Initialen C. C. A. A. (Colonia Claudia Ara Agrippinensium). Römisch-Germanisches Museum, Köln.
7 Römische Stadtmauer in Köln.
8 »Große« Juppitersäule in Mainz (Nachbildung).
9 »Große« Mainzer Juppitersäule, Detail vom unteren Sockel: Merkur und Felicitas (nach F. Quilling). Mittelrheinisches Landesmuseum, Mainz.
10 »Große« Mainzer Juppitersäule, Detail: Mars und Victoria (unten; erste Trommel); Virtus und Vulkan (oben; zweite Trommel). Mittelrheinisches Landesmuseum, Mainz.
11 »Große« Mainzer Juppitersäule, fünfte Trommel (Juno) und Kapitellbekrönung. Mittelrheinisches Landesmuseum, Mainz.
12 Jagdszene. Römisch-Germanisches Museum, Köln.
13 »Große« Mainzer Juppitersäule, Detail der Randborte: Eichhörnchen. Mittelrheinisches Landesmuseum, Mainz.
14 Grabstele des Vonatorix, Detail. Rheinisches Landesmuseum, Bonn.
15 Bürger aus Mainz: Blussus, Menimane und ihr Sohn. Mittelrheinisches Landesmuseum, Mainz.
16 Grabstein des Marcus Caelius aus Bologna. Rheinisches Landesmuseum, Bonn. (Foto: Michael Jeiter.)
17 Weihung an die Dea Virtus. Römisch-Germanisches Museum, Köln.
18 Grabstein des Annaius Dazervus aus Bad Kreuznach. Karl-Geib-Museum, Bad Kreuznach. (Foto: Museum.)
19 Saalburg. Weihung an den Genius der Hundertschaft des Claudius Celeris.
20 Grabstele des Titus Claudius Halotus. Römisch-Germanisches Museum, Köln.
21 Weihung an die Matronae Aufaniae. Rheinisches Landesmuseum, Bonn. (Foto: Museum.)
22 Bärtiger Flußgott, häufig als »Rhenus Pater« bezeichnet. Römisch-Germanisches Museum, Köln.
23 Detail eines Grabsteins aus Köln: Kämpfende Gladiatoren (links sog. »Olympiados«, rechts »Thraex«). Römisch-Germanisches Museum, Köln.
24 Beinförmige Zweihenkelflasche auf Standreif; im Inneren kleines Glaskännchen mit Fadenauflagen (Fremersdorf, 593, Nr. 79). Römisch-Germanisches Museum, Köln.

25 Weihung an die Amme Severina (Ende 3. Jh.). Römisch-Germanisches Museum, Köln.
26 Marmorkopf der Göttin Aphrodite. Römisch-Germanisches Museum, Köln.
27 Der »Mainzer Kopf«. Mittelrheinisches Landesmuseum, Mainz.
28 Das Nickenicher Familiengrabmal. Rheinisches Landesmuseum, Bonn.
29 Sog. Kornmarktmosaik in Trier, Detail: Männliche Figur (Eusebius), ein Tablett mit geweihtem Brot zum rituellen Bankett tragend.
30 Sol-Mosaik aus Münster-Sarmsheim, Detail mit Tierkreiszeichen. Rheinisches Landesmuseum, Bonn.
31 Kaiserthermen in Trier, Ansicht von Südosten: Überreste des Caldariums. (Foto: Rheinisches Landesmuseum, Trier.)

Textabbildungen

Folgenden Verlagen, Institutionen und Personen wird für die Genehmigung zur Wiedergabe von Textabbildungen gedankt:

Akademie-Verlag, Berlin (Ost) (Abb. 9, 13, 72); Bayerischer Schulbuch-Verlag, München (Abb. 6); Anton Hiersemann Verlag, Stuttgart (Abb. 15); Verlagsgruppe List / Süddeutscher Verlag / Südwest-Verlag, München (Abb. 3, 5, 12); Rheinland-Verlag, Puhlheim-Brauweiler (Abb. 93, 94); Konrad Theiss Verlag, Stuttgart (Abb. 65, 66, 68, 75, 77, 78); Verlag Philipp von Zabern, Mainz (Abb. 37, 38, 42, 55–58, 60); Amt für Denkmalpflege, Trier (Abb. 50–52); Landschaftsverband Rheinland, Bonn (Abb. 76); Rheinisches Landesmuseum, Trier (Abb. 97); Römisch-Germanisches Museum, Köln (Abb. 33); Römisch-Germanisches Zentralmuseum, Mainz (Abb. 41); Prof. J. E. Bogaers, Nijmegen (Abb. 2).

Orts-, Personen- und Sachregister

Ortsnamen sind in Großbuchstaben, Personennamen gesperrt und lateinische Begriffe kursiv gesetzt.

Das tägliche Leben in früheren Zeiten

Jérôme Carcopino: Rom. Leben und Kultur in der Kaiserzeit.
3. Auflage. Vorwort von Raymond Bloch. Herausgegeben von Edgar Pack. 512 Seiten

John Chadwick: Die mykenische Welt
Übersetzt von Ingeburg von Steuben. 270 Seiten

Paul-Marie Duval: Gallien. Leben und Kultur in römischer Zeit.
Übersetzt von Carl Helmut Steckner. 400 Seiten

Robert Etienne: Pompeji. Das Leben in einer antiken Stadt.
3. Auflage. Übersetzt von Irmgard Rauthe-Welsch. 463 Seiten

Paul Faure: Die griechische Welt im Zeitalter der Kolonisation
Übersetzt von Edgar Pack. 410 Seiten

Paul Faure: Kreta. Das Leben im Reich des Minos.
2. Auflage. Übersetzt von Isolde und Karl Friedrich Eisen. 476 Seiten

Robert Flacelière: Griechenland. Leben und Kultur in klassischer Zeit.
2. Auflage. Übersetzt und herausgegeben von Edgar Pack. 479 Seiten

Jacques Heurgon: Die Etrusker
3. Auflage. Übersetzt von Irmgard Rauthe-Welsch. 448 Seiten

J. T. Hooker: Sparta. Geschichte und Kultur.
Übersetzt von Erich Bayer. 320 Seiten

Pierre Montet: Ägypten. Leben und Kultur in der Ramses-Zeit.
2. Auflage. Neu herausgegeben von Rudolf Scheer. 453 Seiten

Pierre Riché: Die Welt der Karolinger
Übersetzt und herausgegeben von Cornelia und Ulf Dirlmeier. 392 Seiten

Konrad Spindler: Die frühen Kelten
447 Seiten

Charles-Marie Ternes:
Die Römer an Rhein und Mosel. Geschichte und Kultur.
2. Auflage. Übersetzt von Dorothea Basrai. 351 Seiten

Philipp Reclam jun. Stuttgart

Reclams Lexikon der antiken Mythologie

Von Edward Tripp. Aus dem Englischen übersetzt von Rainer Rauthe. 560 Seiten. 72 Abb. 5 Karten. Format 15 × 21,5 cm. Paperback und Gebunden

Ein Nachschlagewerk, das in 2200 Stichworten über den gesamten Bereich der griechischen und römischen Mythologie informiert. Es ist streng nach den antiken Quellen erarbeitet und behandelt Götter, Heroen und andere Gestalten des Mythos, stellt die geographischen Schauplätze der Ereignisse, aber auch Kultorte und Kulte vor und erklärt die Sternbilder sowie himmlische, irdische und unterirdische Erscheinungen – dies alles mit einem Höchstmaß an Vollständigkeit und Anschaulichkeit. Die Bebilderung vermittelt darüber hinaus einen Eindruck von der visuellen Kraft und Lebendigkeit antiker Mythen.

»Ein Lexikon dieser allgemeinverständlichen und in erster Linie orientierenden Art gehört zu den Gebrauchsbüchern, die für das immer wieder nötige Nachschlagen, aber auch für eine kontinuierliche Lektüre unerläßlich sind.«

Joachim Günther im *Tagesspiegel*, Berlin

»Angesiedelt in der Mitte zwischen Nachschlagewerk und Lesebuch, zugeschnitten auf die Interessen eines nichtspezialisierten Benutzers, mit zutreffenden Bildbeigaben versehen und durch Karten übersichtlich ergänzt, so präsentiert sich Tripps Lexikon als handlicher, brauchbarer Band.«

Die Zeit, Hamburg

Philipp Reclam jun. Stuttgart